本书配套数字化资源包含水产品生产相关
标准、生产视频等，可扫描二维码获取

“十二五”职业教育国家规划教材
经全国职业教育教材审定委员会审定
国家级精品课配套教材

水产品加工技术

(第二版)

主编 李玉环

中国轻工业出版社

图书在版编目（CIP）数据

水产品加工技术/李玉环主编. —2 版. —北京：中国轻工业出版社，2025. 8

“十二五”职业教育国家规划教材

ISBN 978-7-5019-9720-6

Ⅰ. ①水…　Ⅱ. ①李…　Ⅲ. ①水产品加工－高等职业教育－教材　Ⅳ. ①S98

中国版本图书馆 CIP 数据核字（2014）第 067578 号

责任编辑：张　靓　　责任终审：滕炎福　　整体设计：锋尚设计

文字编辑：刘逸飞　　责任校对：吴大朋　　责任监印：张　可

出版发行：中国轻工业出版社（北京鲁谷东街 5 号，邮编：100040）

印　　刷：三河市万龙印装有限公司

经　　销：各地新华书店

版　　次：2025 年 8 月第 2 版第 11 次印刷

开　　本：720×1000　1/16　印张：21. 75

字　　数：519 千字

书　　号：ISBN 978-7-5019-9720-6　定价：45. 00 元

邮购电话：010-85119873

发行电话：010-85119832　010-85119912

网　　址：http://www. chlip. com. cn

Email：club@ chlip. com. cn

251170J2C211ZBW

本书编写人员

主　编　李玉环（日照职业技术学院）

参　编　路红波（辽宁农业职业技术学院）

黄　海（日照职业技术学院）

石晶红（河套学院）

李银塔（威海海洋职业学院）

邹　盈（温州科技职业学院）

前　言

本教材按照工学结合人才培养模式的要求，融入自信自立、守正创新、问题导向、以全民健康为前提的职业素养，进行工作过程系统化课程设计。教材内容的选择以满足水产品加工及质量检验岗位所需职业能力的培养为核心，结合生产管理和产品开发职业岗位能力需求所必需的知识、技能，解构了传统的学科体系课程内容，构建了基于工作过程的行动体系课程内容。本教材既贯彻先进的高职理念，又注意教材的理论完整性、校企融合的前沿性，以及职业岗位能力、创新创造能力的渗透，注重培养学生可持续发展能力，为现代化海洋食品产业体系发展输送德才兼备的高素质技能型专业人才。

本教材按照水产品加工技术工作岗位人才需求共设计 9 个学习项目、30 个能力训练工作任务，将水产品加工需要掌握的知识和技能重组于工作过程与任务中，适合理论实训一体化教学。

本教材内容全面跟踪现代水产品加工与质量管理岗位职业标准，把知识点任务化，所有任务来源于企业，每个任务按实际工作完整地训练以培养学生的职业素质，将工作和学习完美融合。教材的编写以最新的标准、规范、技术和工艺为依据，以典型产品为载体介绍先进水产品加工技术、方法和最新工艺以及产品质量控制，使学生能够掌握水产品加工与质量管理岗位的实际工作技能，实现与用人单位的零距离对接。

本教材由李玉环担任主编，具体编写分工为：李玉环编写绪论、项目一、项目八中能力训练的任务一、任务三以及附录，黄海编写项目二，路红波编写项目三和项目九，石晶红编写项目五和项目四中能力训练的任务二，李银塔编写项目六，邹盈编写项目四中的知识准备和能力训练的任务一、任务三和项目八中的知识准备和能力训练的任务二。全书由李玉环统稿。

本教材既可作为高职高专院校食品类相关专业学生的教材，也可作为水产品加工企业在职人员的培训教材以及从事水产品加工的科技人员及相关研究人员的参考用书。

本教材在编写过程中得到了山东美佳集团有限公司徐波的大力支持，还参考了兄弟院校出版的教材，在此一并致谢！

由于时间仓促和编者水平有限，书中难免有疏漏或不妥之处，恳请广大读者惠予指正，以便及时修订。

编者

目录

项目二 低温水产品加工

项目三 水产品干制加工

项目四 水产品腌熏加工

项目五 海藻食品加工

项目六　水产罐头加工

项目七　鱼糜制品加工

项目八 水产调味品加工

项目九 水产品综合利用技术

绪 论

【学习目标】

1. 掌握目前水产品加工现状与发展趋势；
2. 了解我国水产品加工业存在的问题。

一、 我国水产品加工业发展现状

我国水产品加工历史悠久，加工方式多样，一般可分为传统加工和现代加工两大类。传统加工主要指腌制、干制、熏制、糟制和发酵等，现代加工主要指以鱼糜制品加工、即食紫菜加工、烤鳗加工、灌装和软包装加工、新型干制品加工和冷冻制品为代表的水产品加工。随着科学技术的进步以及先进生产设备和加工技术的引进，我国的水产品加工能力、加工产品种类和产量、加工技术及装备等方面发展很快，目前水产品加工业已发展成为以冷冻冷藏水产品为主，鱼糜制品、调味休闲食品、干制品、海藻食品以及海洋药物等多个门类为辅的较为完善的水产品加工体系。

1. 水产品加工能力和产量显著增加

从加工能力来看，《中国渔业年鉴（2013 年）》数据显示，2013 年我国有水产品加工企业 9774 家，比 2012 年的 9706 家净增 68 家，增长 0.7%；年水产品加工能力达 2745.3 万 t，比 2012 年增加 107.3 万 t，增长 4.07%。从加工程度来看，2012 年，全国水产品总量 5907.68 万 t，加工总量 1633.2 万 t，占水产总量的 27.65%，2013 年水产总量 6172 万 t，水产品加工量 1954 万 t，占水产总量的 31.66%，加工程度比 2012 年提高 34.01%。从加工技术和设备来看，改革开放以来，经过我国科技人员的努力，一大批新产品、新设备被开发出来，同时引进了大量国外的先进技术和设备，不仅大大改善了工人的劳动强度，而且提高了产品质量和效率，保证了产品的质量安全。

2. 水产品加工的区域优势初步形成

水产品加工空间布局日趋合理。《中国渔业年鉴（2013 年）》数据显示，2013 年我国规模以上水产品加工企业 2750 家。其中，山东 675 家、福建 409 家、辽宁 385 家、浙江 367 家、江苏 309 家、湖北 132 家、广东 128 家、安徽 62 家、广西 57 家、湖南 50 家、江西 43 家、海南 44 家、河北 22 家、内蒙古 17 家、河南 11 家、吉林 11 家、云南 9 家、上海 5 家、四川 4 家、新疆 4 家、重庆 3 家、青海 1 家、宁夏1家、北京1家。从空间分布来看，水产加工企业主要集中在浙江、山东、福建、辽宁、浙江、广东等沿海地区的格局没有变化，但内陆的湖北、江西、湖南、安徽、河南、云南等省的水产品加工企业也获得了较快发展。

3. 水产品加工原料种类结构发生较大变化

鱼类、虾类、贝类、中上层鱼类和藻类加工工业体系正在逐步建立和完善。虽然冷冻水产品的产量仍占水产品加工总量的60%左右，但鱼糜和鱼糜制品、干腌制品、罐制品的比重已大幅上升，尤其是烤鳗、紫菜、鱿鱼丝、冷冻小包装产品、海藻类等方便食品被大规模开发推广，不仅品种繁多，而且质量也达到或接近世界水平。

4. 水产加工品质量不断提高

近年来水产品质量管理工作得到充分重视，水产品质量监督检测体系逐渐成形。水产品质量管理工作正在逐步健全并参照国际惯例，开始实行水产品质量认证、产品抽查制度和个别产品的许可制度，明显地促进了某些水产品的质量改善。水产加工企业普遍树立了“以质取胜”的意识，制定了科学的产品质量、卫生标准，采用GMP和SSOP操作规程。有的外向型加工企业，在加工生产中实施了危害性分析与关键控制点（HACCP）规范，确保了水产品加工产业链、供应链产品可靠安全。

5. 水产品贸易不断扩大，成为第一大宗出口农产品

近年来，我国水产品贸易取得了重大突破。2022年《中国渔业年鉴》统计，2020年我国水产品进出口总量948万t，总额346亿美元，2021年我国水产品进出口总量954.8万t，总额399亿美元，同比分别增长0.72%、15.41%。

6. 水产品加工技术取得一定进展

近几年，酶技术在水产品加工中得到了很大发展。酶技术用于水产品的组织降解，如去皮、脱鳞、脱卵膜中，其反应温和，不需使用强机械力和强酸强碱，可以更好地保存水产品组织的原有性状。海洋水产品如贝类、鱼类等都可以用酶法替代传统的机械法和化学法脱除皮等不需要的组织，减少对肌肉组织的伤害，提高了产品收率。

酶技术还可用于水产品的脱腥、脱苦、去异味。水产品腥味的成分较复杂，有胺类、挥发性酸、烯醛等十多类物质，这些腥气特征化合物的前体物质主要是碱性氨基酸。利用微生物或酶催化腥味物质代谢转变成无腥味、无害的物质，从而达到去除腥味的效果。

利用酶技术生产生物活性物质或功能性食品成分，利用各种专一性强的脂肪水解酶处理水产品，可以起到富集EPA和DHA的作用。

二、我国水产品加工业存在的问题

1. 水产品加工水平低

我国水产品加工比例远低于世界平均水平。据FAO统计，自20世纪70年代

以来，世界水产品产量的75%左右是经过加工而后销售的，鲜销的比例只占总产量的1/4。而目前我国水产品加工比例仅占总产量的30%左右，其中淡水水产品的加工比例更低，占我国水产品总产量60%多的淡水产品中，加工比例不足10%，而鲜销比例超过95%。加工产品也以初加工的速冻品、罐头、腌制品等为主，真正深加工的比例非常低。《中国渔业年鉴（2011年）》数据显示，2010年，全国水产品总量53730024t，加工量16332457t，占30.4%，其中，冷冻水产品占加工产品的比例为18.7%、鱼糜制品及干腌制品占4.5%、罐制品占0.45%、饲料占2.78%、鱼油制品占0.07%、其他加工品占2.11%。

2. 企业规模小

2010年我国水产品加工企业达9762家，但规模企业不多，从业人数超过1000人的企业屈指可数，水产品加工业仍以小规模加工企业为主。《中国渔业年鉴（2011年）》数据显示，2010年，全国水产加工能力达23884991t，企业平均加工能力只有2446.7t，加工数量16332457t，企业平均加工数量只有1673.1t（表0－1）。

表0－1　　2010年全国及部分省份水产品加工能力

省份	企业数量	加工能力/（t/年）	企业平均加工能力/（t/年）	加工数量/t	企业平均加工数量/t
全国	9762	23884991	2446.7	16332457	1673.1
广东	1174	4231133	3604.0	1442633	1228.8
山东	1942	7128187	3670.5	4885897	3030.8
辽宁	1017	2618929	2575.2	2007041	1973.5
江苏	983	1195323	1216.0	1069306	1087.8
福建	1156	2769183	2395.5	2432677	2104.4
浙江	2198	2369597	1078.1	2124413	966.5

注：农业部渔业局，《中国渔业年鉴（2011年）》。

3. 科技投入不足

一是水产品加工技术创新能力不强，尤其是基础研究和应用基础研究薄弱，缺乏引领产业发展的原创性成果，加之集成创新和引进消化吸收再创新不够，致使一些制约水产品加工产业的关键技术问题，如淡水鱼土腥味重、蛋白质易冷冻变性、水产品保活保鲜技术、水产动物蛋白质高效利用技术、海洋生物活性物质高效分离技术等产业化的关键技术等长期得不到有效解决。二是成果转化率低，科技与产业发展结合不够紧密。水产品加工技术向现实生产力转化能力弱、技术成果产业化程度低，依然是制约中国水产业发展的一大障碍。由于一些研究内容与产业的需求关联度不高，产学研结合不紧密，以及推广经费短缺等原因，水产品加工技术成果的转化率相对较低。这就需要政府的大力支持和政策扶持，国家科研院所和高校加强研究，大幅提高原始创新能力、集成创新能力和引进消化吸收再创新能力，形成以自主知识产权为核心的技术体系，进一步提升我国水产品加工业的国际竞争力。

4. 综合利用率不高

近年来，随着我国水产品加工业的发展，产生了大量的鱼鳞、鱼皮、鱼骨以及虾壳等加工下脚料，这些下脚料中含有丰富的蛋白质、甲壳素、钙等有用成分。目前，利用这些下脚料虽然也开发生产了一些如胶原蛋白质、蛋白胨、添加剂、鱼粉、鱼油、甲壳素、壳聚糖等产品，但综合利用程度不高，大多下脚料仍被废弃，有些综合利用技术又会造成环境的二次污染。因此，迫切需要研究开发相关的低成本的、环境友好型的、切实有效的综合利用技术。

5. 出口市场集中度偏高

改革开放以来，我国虽向150多个国家和地区出口水产品，但出口市场主要集中在日本、韩国、美国和欧盟等国家和地区。《中国渔业年鉴》等近几年数据显示，多数年份对日本、韩国、美国、欧盟等市场的出口都占出口总额的70%以上，个别年份甚至高达80%以上。出口市场集中度偏高，不利于出口市场的稳定，进而会影响水产品贸易的健康发展。

6. 加工质量安全隐患依然存在

水产品的质量问题已成为水产品上市和出口的最大障碍。有些企业设备简陋、卫生条件差、工艺技术落后，产品不进行必要的检验即流入市场；甚至个别生产厂家为谋取不正当利益，在加工过程中掺杂使假，不正当使用添加剂甚至使用违禁的药物和化学品进行水产品保鲜加工，导致质量参差不齐，存在严重的安全隐患。如2003年恩诺沙星事件、2004年孔雀石绿事件、2005年硝基呋喃代谢物事件等，不仅严重影响了我国水产品声誉，也使养殖渔民和加工企业遭到重大损失。

三、我国水产品加工业发展趋势

1. 企业规模化趋势

全国渔业系统以习近平新时代中国特色社会主义思想为指导，贯彻落实党中央、国务院和农业农村部党组有关决策部署，统筹疫情防控和渔业经济发展，坚持稳字当头、稳中求进工作总基调，全面贯彻新发展理念，围绕稳产保供重点任务，推动渔业高质量发展，渔业经济保持较好发展态势。水产品加工业之间的强强联合，包括水产食品企业之间的联合、传统水产品与新型产品的联合、民族产业与国外先进企业的联合等。通过企业横向联合，实现水产品加工企业的规模化发展。同时，建设产业园区、打造产业集群，也是产业规模化发展的普遍选择。

2. 生产标准化趋势

地点设在美国的全球养殖联合会制定了《最严谨的水产养殖规范》（BAP），BAP 的主要内容是检验全球范围内的水产品繁育和养殖过程以及养殖场和加工厂的各项生产标准。2005 年年底，全球最大的零售商沃尔玛公司要求采购商在全球采购虾类产品时，生产商必须满足 BAP 标准要求，并通过第三方认证机构——美国养殖认证委员会（ACC）的认证。2006 年 1 月 1 日，欧盟开始实施的《欧盟食品及饲料安全管理法规》，强化了食品安全的检查手段，要求所有从第三国进口到欧盟的海产品都必须获得相关国家的认证，获得认证的企业由欧盟委员会批准进口。2006 年 5 月 29 日，日本有关部门对所有进口农产品实施《食品残留农业化学品肯定列表制度》，该制度涉及 302 种食品、799 种农业化学品、54782 个限量标准，平均每一产品的检测指标超过 300 个。

3. 精深加工发展的趋势

水产品深加工具有高附加值、高科技含量、高市场占有率、高出口创汇率的“四高”特点。对水产品进行深加工，不仅可提高资源的有效利用率，实现加工增值、缓解水产品市场供需矛盾，而且能带动诸如加工机械、包装材料和物流等相关产业的发展，具有明显的经济效益和社会效益。

4. 产品多元化趋势

由于市场的多元化需求，因此水产品要想满足市场需求，也必须走多元化之路。针对市场需求和消费需求特点，要大力生产新型水产品，对于已有的水产品，也可以加以改造，以新的形象推向市场，根据水产品资源状况，开展多层次、多系列的水产品精深加工，优化产品结构，提高水产品的档次和质量，以满足不同消费群体的需求。总之，企业要根据市场的发展形势，及时调整产品的品种，尽量做到产品多样化、出口地区多元化，避免单一产品和市场带来的风险。因此，中国水产品加工业的发展方向是方便水产品、合成水产品、保健水产品、美容水产品、新型水产饮料和调味品。

5. 产品高附加值趋势

高档水产品进口呈现上升趋势，名优新品种仍将被大量引进国内。由于近几年人民收入的提高，特别是城镇居民消费水平的提高，对安全中高档进口水产品的需求增加；同时根据中国加入 WTO 的关税减让承诺，中国的水产品进口关税逐年下降，一些进口养殖水产品如鲑鱼类（三文鱼）、甲鱼等因关税降低而竞争力增强，市场占有率上升。出口产品为高附加值产品或加工增值产品，有利于产业升级和提高国际竞争力，进而促进产业可持续发展和企业获取更大的效益。

6. 高新技术在水产加工中的应用趋势

顺应国际食品工业发展趋势，应用各种食品保鲜与加工高新技术，如微冻、冷冻保藏、超高压、真空包装、气调、蛋白质冷冻变性防止技术、谷氨酰胺转氨酶交联技术、超微粉碎、低温酶解、生物发酵、膜分离、超高温瞬时杀菌、冷冻干燥以及微胶囊化等技术有效开发利用海洋食物资源，突破低值鱼类、中上层鱼类、甲壳类的综合加工利用技术，开发出系列海产深加工产品，从而实现科技含量高、产品附加值高和废弃物利用率高的“三高”目标，提高海洋水产品在海洋经济中的比重和地位。

思考题 >>

做一个水产食品市场调查，了解水产食品种类、特点、市场行情等，写出调查报告。

项目一 水产食品原料

【学习目标】

1. 知道水产食品原料的种类、特性、鲜度变化和鲜度保持方法；

2. 能正确鉴定水产食品原料的鲜度，能根据产品加工需求选购水产食品加工原料；

3. 培养胜任水产品加工企业原料采购、品质管理岗位工作的职业素养；

4. 具备重视食品质量安全、为人类健康负责的精神；

5. 养成保护海洋生态环境的大局意识。

知识准备

一、 常见的水产经济动物

（一） 海洋鱼类

1. 带鱼

带鱼又称刀鱼、牙带、白带鱼、鳞刀鱼、柳带、裙带、脚带、青棕带、带条鱼等。带鱼属硬骨鱼纲、鲈形目、带鱼科、带鱼属，广泛分布于世界各地的温带、热带海域。我国沿海均产带鱼，以东海、黄海的分布密度为大，是我国高产的经济鱼种，也是我国主要海产经济鱼类之一，但由于捕捞过度，20 世纪 80 年代以来资源渐趋衰退。带鱼体显著侧扁，延长成带状，尾细长如鞭（图 1－1）。一般体长 60～120cm，体重 200～400g。头窄长而侧扁，前端尖突。两颌牙发达而尖锐。眼大、位较高，眼间隔平坦、中间微凹。体表光滑，鳞退化成表皮银膜，全身呈富有光泽的银白色。背鳍长，臀鳍不明显，无腹鳍。带鱼为多脂鱼类，肉味鲜美，经济价值很高。除鲜销外，可加工成罐制品、鱼糜制品、腌制品和冷冻小包装等。

2. 大黄鱼

大黄鱼又称黄鱼、大王鱼、大黄花鱼、大鲜、红瓜、金龙、黄瓜、黄金龙、桂花黄鱼、大仲、红口等。属硬骨鱼纲、鲈形目、石首鱼科、黄鱼属，通常生活在我国近海 60m 以内沿岸浅海的中上层，浙江、福建沿海和广东琼州海峡东部全年均能见到。大黄鱼体长椭圆形，侧扁，一般体长30～40cm。尾柄细长，其长为高的3倍多（图1－2）。头大而侧扁，背侧中央枕骨棘不明显。额部有4个不明显的小孔。背鳍和臀鳍的鳍条基部2/3以上被小圆鳞，背鳍的起点在胸鳍起点的上方。鱼体黄褐色，腹面金黄色。我国捕捞大黄鱼已有1700年的捕捞历史，是我国主要海产经济鱼类之一。该鱼的种群资源量虽然较大，但近数十年来，由于捕捞过度，该鱼资源几乎陷于枯竭境地，攻克了大黄鱼繁育养殖技术，并开始进行人工养殖，满足消费者对海鲜美味的需求。大黄鱼肉质鲜嫩，可鲜销或加工成黄鱼鲞，目前绝大部分为鲜销，被视为上等佳肴。大黄鱼的鱼鳔，经干制加工为海产“八珍”之一的鱼肚。

图1－1　带鱼

图1－2　大黄鱼

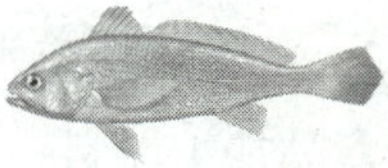
图1－3　小黄鱼

3．小黄鱼

小黄鱼又称黄花鱼、小鲜、大眼、花鱼、小黄瓜、古鱼、黄鳞鱼、小春鱼、金龙、厚鳞仔。小黄鱼属硬骨鱼纲、鲈形目、石首鱼科、黄鱼属，是温水性底层或近底层鱼类，主要分布在我国渤海、黄海和东海，主要产地在江苏、浙江、福建、山东等省沿海。该鱼资源也趋于枯竭。小黄鱼的外形与大黄鱼极相似，但体形较小，一般体长16～25cm，体重200～300g。背侧黄褐色，腹侧金黄色（图1－3）。小黄鱼可供鲜食或腌制，也是婴幼儿及病后体虚者的滋补和食疗佳品；但由于个体较小，其利用价值不及大黄鱼。

4．海鳗

海鳗又称鳗鱼、牙鱼、狼牙鳝、门鳝、长鱼、即勾、勾鱼。海鳗属硬骨鱼纲、鳗形目、海鳗科、海鳗属，为暖水性近底层鱼类，也是凶猛肉食性鱼类。海鳗是海产经济鱼类，分布于印度洋和太平洋，我国沿海均产，主要产于东海。海鳗体长近似圆筒形，后部侧扁（图1－4）。一般体长35～60cm，体重1000～2000g。头长而尖，口大，口裂达眼后方。眼大呈卵圆形。全身光滑无鳞。背部银灰色，个体大的呈暗褐色，腹部近乳白色。背鳍及臀鳍边缘呈黑色。海鳗肉质洁白细嫩，味道鲜美，营养丰富，是经济价值很高的海产鱼类。除鲜销之外，其干制品“鳗鲞”及鳗鱼肚为名贵海味。海鳗还可加工成罐头以及作为鱼丸、鱼香肠的原料。用鳗鱼制作的鱼糜制品不但色白味美，而且富有弹性。海鳗的肝脏可作为生产鱼肝油的原料。

图1－4　海鳗

图1－5　银鲳

图1－6　绿鳍马面鲀

5. 银鲳

银鲳又称平鱼、白鲳、长林、车片鱼、鲳鱼、镜鱼、草鲳、白伦、扁鱼等。银鲳属硬骨鱼纲、鲈形目、鲳科，是暖水性中下层鱼类，分布于印度洋和太平洋，我国沿海均产，东海与南海较多。银鲳体呈卵圆形，侧扁，一般体长20～30cm，体重300g左右。头较小，吻圆钝略突出。口小，稍倾斜，下颌较上颌短，体被小圆鳞，易脱落，侧线完全。体背部呈青灰色，胸、腹部为银白色，全身具银色光泽并密布黑色细斑。无腹鳍，尾鳍深叉形（图1－5）。银鲳是名贵的海产食用鱼类之一，肉质细嫩且刺少，尤其适于老年人和儿童食用。银鲳的加工制品有罐头、咸干、糟鱼及鲳鱼鲞等。

6. 绿鳍马面鲀

绿鳍马面鲀又称马面鱼、象皮鱼、孜孜鱼、皮匠鱼、面包鱼、扒皮鱼、羊鱼、老鼠鱼等。绿鳍马面鲀属硬骨鱼纲、鲀形目、革鲀科、马面鲀属，是暖水性中下层鱼类，分布于太平洋西部，我国主要产于东海、黄海及渤海，东海产量最大。绿鳍马面鲀体较侧扁，呈长椭圆形，与马面相像（图1－6），一般体长10～20cm，体重40g左右。头短，口小。眼小，位高、近背缘。鳃孔小，位于眼下方。鳞细小，绒毛状。体呈蓝灰色，无侧线。第一背鳍有两个鳍棘，第一鳍棘粗大并有3行倒刺；腹鳍退化成一短棘，附于腰带骨末端不能活动；臀鳍形状与第二背鳍相似；尾柄长、尾鳍截形，鳍条墨绿色。第二背鳍、胸鳍和臀鳍均为绿色，故而得名。绿鳍马面鲀是中国重要的海产经济鱼类之一，肉质结实，营养丰富，除鲜食外，经深加工制成美味烤鱼片畅销国内外，是出口的水产品之一。绿鳍马面鲀也可加工成罐头食品、软罐头和鱼糜制品。

7. 鳕鱼类

鳕鱼类是鳕形目的总称，属硬骨鱼纲。鳕鱼多是生活在海洋底层和深海中下层的冷水性鱼类，广泛分布于世界的各大洋。鳕鱼种类繁多，其中太平洋鳕和狭鳕最为有名。

狭鳕又称明太鱼，属于鳕形目、鳕科、狭鳕属，是底层鱼类中产量居首的鱼种，广泛分布于朝鲜海域、北海道周围、鄂霍次克海、白令海、阿拉斯加以及加利福尼亚以北美洲沿海，在我国黄海东部有分布。狭鳕身体长形，后部侧扁；眼侧上位，眼间隔小于眼径。口大，前位，斜形。下颌前端较上颌长（图1－7）。体背侧橄榄色，腹侧银色，两侧各有2～3纵行暗黄斑。背鳍与胸鳍暗橄榄色，臀鳍与腹鳍灰色。狭鳕肉色较太平洋鳕略深。狭鳕肉主要作为冷冻鱼糜、鱼糜制品的原料，也可加工成冷冻鱼片或咸干制品。

太平洋鳕又称大头鳕，属于鳕形目、鳕科、鳕属，是冷水性底层鱼类，分布于太平洋北部沿岸海域，我国主要产于黄海和东海北部。太平洋鳕体长，稍侧扁，尾部向后渐细。头大，下颌较上颌短，背部褐色或灰褐色，腹部白色，散有许多褐色斑点（图1－8）。太平洋鳕是重要的经济鱼类，鱼肉白色，脂肪含量低，是代表性的白色肉鱼类。除鲜销外，可加工成鱼片、鱼糜制品、干制品、咸鱼、罐头制品等。此外，鳕鱼肝大而含油量高，富含维生素 A 和维生素 D，是提取鱼肝油的原料。

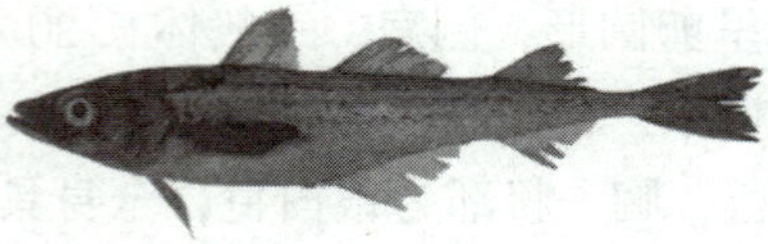

图 1－7　狭鳕

图 1－8　太平洋鳕

8. 鲥鱼

鲥鱼又称鲙鱼、白磷鱼、白力鱼、曹白鱼、春鱼、鲞鱼、网扁、火鳞鱼、鳞子鱼。鲥鱼属硬骨鱼纲、鲱形目、鲱科、鲥属，是暖水性中上层经济鱼类，分布于印度洋和太平洋西部，我国渤海、黄海、东海和南海均产，其中以东海产量最多。鲥鱼体侧扁，背窄，一般体长 25～40cm，体重250～500g。头部背面通常有两条低的纵行隆起背。眼大、凸起而明亮，口向上翘。体无侧线，全身被银白色薄圆鳞，腹缘有锯齿状棱鳞，头及体背缘灰褐色，体侧位银白色。背鳍短小，腹鳍甚小，臀鳍长，尾鳍深叉像燕尾形（图 1－9）。鲥鱼是我国重要的经济鱼类之一，肉质鲜嫩肥美，口味香醇，除鲜食外，加工成的咸鲥鱼或鲥鱼鲞均为名特水产品，少数也加工成罐头远销国外。

9. 鲀类

鲀类是鲀科的总称，以东方鲀属为典型代表，俗称河豚，属硬骨鱼纲、鲀形目，各种河豚主要分布于太平洋西部，我国的南海、东海、黄海、渤海及鸭绿江、辽河、长江、钱塘江、珠江等各大河流都有产出。我国沿海鲀类资源丰富，年产可达数万吨。常见的鲀类有暗纹东方鲀（图 1－10）、星点东方鲀、条纹东方鲀、虫纹东方鲀、紫色东方鲀及铅点东方鲀等。鲀类体粗大呈亚圆筒形，一般体长 15～35cm，体重 150～350g。头部宽或侧扁。体无磷或被刺鳞，体表有艳丽的花纹，因品种不同而花纹的色泽、形状各异。河豚有尾柄。背鳍与臀鳍相似且对称；胸鳍宽短；无腹鳍；尾鳍弧形或浅凹状。河豚肉味腴美，除少数种类完全无毒外，多数种类的内脏含有剧毒的河豚毒素，人误食后会中毒，甚至死亡。加工河豚需具备河豚处理资质，进行严格的去毒处理，方可食用或加工，整鱼不得上市销售。我国有关部门规定未经处理的鲜河豚及其制品严禁在市场上销售，去除毒素的河豚可加工成腌制品、熟食品和罐头等。

图 1－9　鲥鱼

图 1－10　暗纹东方鲀

10. 鲐鱼

鲐鱼又称鲐巴鱼、青花鱼、油胴鱼、鲭鱼、花池鱼、花巴、青占、花鲱等。

鲐鱼属硬骨鱼纲、鲈形目、鲭科，为暖水性外海中上层深海鱼类，分布于太平洋西部，我国沿海一带均有分布。鲐鱼体粗壮微扁，呈纺锤形，一般体长 20～40cm，体重 150～400g。头大、前端细尖似圆锥形，眼大位高，口大，上下颌等长。体被细小圆鳞，体背呈青黑色或深蓝色，体两侧胸鳍水平线以上有不规则的深蓝色虫蚀纹（图 1－11）。腹部白而略带黄色。背鳍两个，相距较远；尾鳍深叉形、基部两侧有两个隆起脊；胸鳍浅黑色，臀鳍浅粉红色，其他各鳍为淡黄色。鲐鱼是我国重要的经济鱼类之一，产量较高，鱼肉结实，肉味可口，除鲜食外，是水产品加工的主要对象之一。加工产品有腌制品和罐头，其肝可提炼鱼肝油。鲐鱼与其他红色肉鱼类一样，肌肉中含有多量游离组氨酸，当受到能产生组氨酸脱羧酶的细菌污染时，组氨酸会被分解而产生有毒的组胺，使食者发生过敏性食物中毒，出现脸部潮红、头痛、荨麻疹、发热等症状。组胺的产生与鱼的鲜度有关，非常新鲜的鲐鱼，一般不会产生较多的组胺。另外，在加工过程中，盐水浸渍、冲洗、高温杀菌等都会去除活泼组胺，因此鲐鱼加工品一般不会发生组胺中毒。

11. 鲱鱼

鲱鱼又称青条鱼、青鱼、红线、海青鱼等。鲱鱼属硬骨鱼纲、鲱形目，分布于西北太平洋，我国只产于黄海和渤海。鲱鱼体延长而侧扁，一般体长 25～35cm，体重 20～80g。眼有脂膜，口小而斜，体被薄圆鳞，鳞片较大，排列稀疏，容易脱落。腹部钝圆，无侧线。腹缘有弱小棱鳞。背鳍始于腹鳍的前方，尾鳍深叉形。背侧为蓝黑色，腹部为银白色（图 1－12）。鲱鱼产量大，肉质肥嫩，脂肪含量高。除鲜食外，鱼肉可制鱼糜、罐头、熏制品、干制品、鱼油等。此外，鲱鱼的鱼卵大，富含营养，是我国重要的出口水产品之一。值得注意的是，鲱鱼腹部脂肪多，纤维质少，容易破肚，造成内脏外溢，经营者在运销过程中需特别小心。

图 1－11　鲐鱼

图 1－12　鲱鱼

12. 大眼金枪鱼

大眼金枪鱼是金枪鱼类的一种。属硬骨鱼纲、鲈形目、金枪鱼属，为暖水大洋性中上层鱼类，广泛分布于热带、亚热带海域，我国分布于南海和东海。大眼金枪鱼体呈纺锤形，较高，被细小圆鳞，胸部鳞片较大，形成胸甲（图 1－13）。有两个背鳍。第 2 个背鳍和臀鳍后方各有 8～9 个分离小鳍。体长 1.5～2.0m，体重一般 80kg 以下。体背蓝青色，侧面及腹面银白色。鱼体呈灰色，肥满，尾短，头和眼明显较大。金枪鱼具有很高的营养价值，与一般鱼类和肉类相比，具有低脂肪、低热量和高蛋白的特点，而且其 DHA、EPA 和其他不饱和脂肪酸的含量高。金枪鱼类肉味鲜美，素有“海

图 1－13　大眼金枪鱼

中鸡肉”之称。冷冻品大多用于制罐头，如油浸金枪鱼罐头、盐水金枪鱼罐头、茄汁金枪鱼罐头等。在日本用金枪鱼肉制作生鱼片，被视为上等佳肴。

（二）淡水鱼类

1. 青鱼

青鱼又称青鲩、黑鲩、乌青、螺蛳青、青棒、黑鲲等，属硬骨鱼纲、鲤形目、鲤科、青鱼属。青鱼是生活在我国江河湖泊的底层鱼类，较多分布在长江以南，是我国主要淡水养殖鱼类之一。青鱼体长筒形，尾部侧扁，腹圆无棱，鳞大而圆，体色及各鳍青黑，腹部灰白（图1－14）。青鱼以浮游动物为食，生长快，鱼体大的可达50kg，食用青鱼的商品规格为2.5kg。青鱼肉厚刺少，味鲜美，多脂，富含营养，青鱼100g肉含蛋白质19.5g、脂肪5.2g，并含有大量维生素，是淡水鱼中的上品，经济价值很高。除鲜食外，也可加工成糟醉品、熏制品和罐头食品等。

2. 草鱼

草鱼又称鲩、白鲩、草鲩、草根鱼、草包鱼、草棒、厚鱼等，属硬骨鱼纲、鲤形目、鲤科、草鱼属。草鱼生活在我国江河湖泊水体的中下层，以水生植物为食，是我国主要淡水养殖鱼类之一。草鱼的外形与青鱼根相像，它们的主要区别是：吻端较青鱼为钝，体茶黄色（图1－15）。草鱼生长快，鱼体大的可达30kg左右，适宜上市的食用商品草鱼的规格以1.5～2kg为佳。草鱼具有丰富的营养价值，100g肉含蛋白质17.9g、脂肪4.3g，并含有多种维生素。草鱼肉厚、刺少、味鲜美，肉质白嫩、韧性好、出肉率高。草鱼的加工与青鱼相似。

图1－14 青鱼

图1－15 草鱼

3. 鲢鱼

鲢鱼又称白鲢、鲢子、白胖头、竹叶鲢、连条子、地瓜鱼、跳鲢等，属硬骨鱼纲、鲤形目、鲤科、鲢亚科。鲢鱼自然分布于我国东北部、中部、东南、南部地区江河中，是生活在江河湖泊中的上层鱼类，与青、草鱼一样，是我国主要养殖鱼类之一。目前全国各地均有养殖，是淡水鱼养殖的优良品种。鲢的体形侧扁，稍高，头较大，约为体长的1/4，腹部狭窄隆起似刀刃。体色银白，鳞细小（图1－16）。鲢鱼以食浮游植物为主，浮游动物为辅，生长快，个体大的可达10kg，食用鲢鱼的商品规格为0.5～1kg。鲢鱼以鲜食为主，可加工成罐头、熏制品或咸干品，也可加工成冷冻鱼糜，成为生产各种鱼糜制品的中间原料。

4. 鳙鱼

鳙鱼又称花鲢、胖头鱼、大头鱼、包公鱼、黑胖头、黄鲢、黑鲢、红鲢、麻鲢等，属硬骨鱼纲、鲤形目、鲤科、鲢亚科。鳙鱼分布于我国中部、东部和南部地区的江河中，但长江三峡以上和黑龙江流域则无鳙的自然分布。鳙鱼很多习性与鲢鱼相似，栖息于江河湖泊的中上层，活动力没有鲢鱼强。鳙鱼是优良的淡水经济鱼类之一，目前全国各地均有养殖。鳙鱼与青鱼、草鱼、鲢鱼一起合称为我国四大家鱼。鳙鱼的外形似鲢鱼，但体色稍黑，腹部自腹鳍后才有棱。头特别大，头长约为体长的1/3（图1－17）。个体大的鳙鱼可达35～40kg，食用鳙鱼的商品规格为0.5～1kg。鳙鱼营养丰富、肉质肥嫩，特别是鳙鱼头，大而肥美，可烹调成美味佳肴。鳙鱼以鲜食为主，也可加工成罐头、熏制品或咸干品。

图1－16　鲢鱼

图1－17　鳙鱼

5. 鲤鱼

鲤鱼又称鲤子、鲤拐子等，属硬骨鱼纲、鲤形目、鲤科、鲤亚科。鲤鱼是我国分部最广、养殖历史最悠久的淡水经济鱼类，除西部高原水域外，广大的江河、湖泊、池塘、沟渠中都有分布。鲤鱼是典型的杂食性底层鱼类，觅食能力强，对饵料的要求低。鲤鱼对水质要求不高，适应性强，能在水质恶劣的环境中生存，生命力强，是淡水鱼中总产量最高的一种鱼。黄河鲤鱼是中国的四大名鱼之一。鲤鱼体长，略侧扁，腹部圆（图1－18）。背部在背鳍前稍隆起。口下位或亚下位，呈马蹄形。鳞片较大。口角有须两对。背鳍长、臀鳍短，尾鳍深叉形。雄鱼尾鳍多呈橘红色。体背面黑褐色或带黄色，侧面金黄色，腹部白色。鲤鱼营养价值很高，特别是含有极为丰富的蛋白质、脂肪、多种维生素。鲤鱼可鲜食，也可制成鱼干。

6. 鲫鱼

鲫鱼又称鲫瓜子、鲋鱼、鲫拐子、朝鱼、刀子鱼、鲫壳子等，属硬骨鱼纲、鲤形目、鲤科、鲤亚科。鲫鱼为我国广泛分布的杂食性底栖鱼类，生活于江河、湖泊、沟渠、池塘的下层水底。它们的适应性强，对水温和盐度、溶氧、pH、水体肥度等适应能力比其他鱼类强。鲫鱼一般体长15～20cm，体侧扁而高，体较厚，腹部圆（图1－19）。头短小，吻钝，无须，鳞大。一般体背面灰黑色，腹面银白色，各鳍条灰白色。因生长水域不同，体色深浅有差异。鲫鱼为我国重要食用鱼类之一，具有很高的营养价值，100g肉含蛋白质13g、脂肪1.1g，并含有大量的钙、磷、铁等矿物质。鲫鱼一般以鲜食为主，肉质细嫩，肉味鲜美，可煮汤，也可红烧。

图1－18　鲤鱼

图1－19　鲫鱼

（三）虾类

1．对虾

中国对虾又称大虾、对虾、黄虾（雄虾）、青虾（雌虾）、明虾等，属节肢动物门、甲壳纲、十足目、游泳亚目、对虾科、对虾属。对虾属种类多、分布广，在黄、渤海有中国对虾，台湾海峡有长毛对虾，南海有墨吉对虾。其中，中国对虾产量最多，是黄、渤海的主要捕捞对象之一。中国对虾个体肥大、甲壳薄、光滑透明，对盐度和温度的适应范围较宽，生长快，是我国目前养殖最广泛的品种。中国对虾体长而侧扁，略呈梭状。对虾雌雄异体，雌体长 18～24cm，呈青白色，故又称青虾。雄体长 13～17cm，体色略呈棕黄，故又称黄虾。对虾的身体分为胸部和腹部 2 部分，由 20 个体节组成，即头部 5 节、胸部 8 节和腹部 7 节（图 1－20）。

中国对虾肉质细嫩，味道鲜美，蛋白质含量高，而脂肪含量极低。100g 虾肉含蛋白质 20.6g、脂肪 0.7g，并含有多种维生素及人体必需的微量元素和氨基酸，是一种营养价值较高的动物性食品。对虾的综合利用价值很高，虾壳中的甲壳素具有多种活性功能作用，虾头中的内容物可以提取虾脑油等虾类调味料，是中国水产品出口的主要品种。

2．沼虾

沼虾是沼虾属的总称，又称河虾、青虾，属节肢动物门、甲壳纲、十足目、长臂虾科。沼虾属广泛分布于日本、东南亚和我国南北各地的淡水江河湖泊中。我国已知沼虾 20 多种，其中以日本沼虾（图 1－21）最为常见。沼虾分头胸部和腹部 2 部分。整个体形呈长筒状，头胸部较粗大。5 对步足中前 2 对呈钳状，第 2 对粗壮，雄性特别粗大，通常超过体长。青虾体色呈青蓝色，并有棕黄绿色斑纹，体色的深浅随栖息的环境而变化。

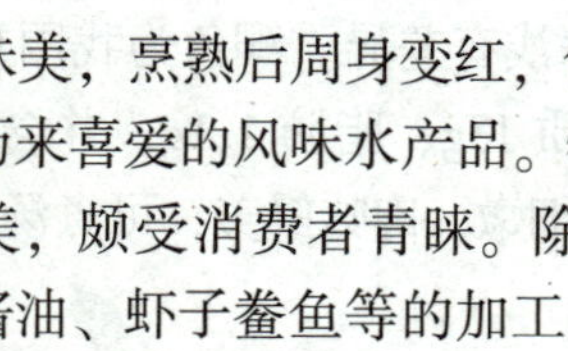

图 1－20　对虾

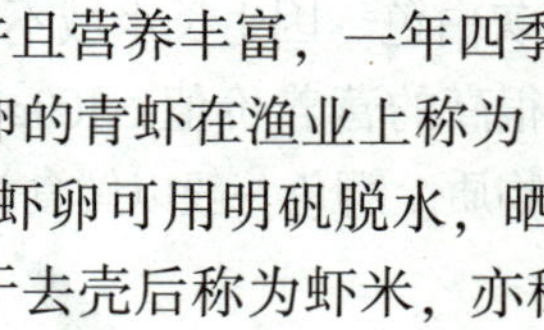

图 1－21　日本沼虾

沼虾肉味美，烹熟后周身变红，色泽好，并且营养丰富，一年四季均衡上市，是我国人民历来喜爱的风味水产品。特别是抱卵的青虾在渔业上称为“带子虾”，其味特别鲜美，颇受消费者青睐。除鲜食外，虾卵可用明矾脱水，晒干后销售，或用于虾子酱油、虾子鲞鱼等的加工。虾体晒干去壳后称为虾米，亦称“湖米”，以区别海产的虾米。

（四）蟹类

1．梭子蟹

梭子蟹在分类上属节肢动物门、甲壳纲、十足目、梭子蟹科，是一群温、热带能游泳的经济蟹类。我国沿海均有分布，群体数量以东海居首，南海次之，黄海、渤海最少。我国沿海梭子蟹约有18种，其中体型大，食用价值、经济价值较高的是三疣梭子蟹。

三疣梭子蟹又称梭子蟹、枪蟹、海螃蟹、海蟹、飞蟹等。三疣梭子蟹全身分为头胸部、腹部和附肢。头胸甲呈菱形，背面有3个隆起，其上面的颗粒较其他部分密集，故称三疣梭子蟹（图1－22）。复眼1对，具柄。步足5对，第1对大而坚硬，称螯足，螯足发达，长节呈棱柱形，内缘具钝齿，第5对步足扁平如桨，称游泳足，具有较强的游泳能力。腹部扁平（俗称蟹脐），雄蟹腹部呈三角形，雌蟹呈圆形。雄蟹背面茶绿色，雌蟹紫色，腹面均为灰白色。梭子蟹是我国沿海重要的经济蟹类。蟹肉多，脂膏肥满，肉味鲜美，营养丰富，可直接烹调成各种美味佳肴，深受国内外消费者喜爱，也是重要的出口创汇产品。梭子蟹除活蟹直接供内、外销外，可加工成冻蟹肉块、冻蟹肉等冷冻小包装产品，也可加工成烤蟹、炝蟹、蟹肉干、蟹酱、梭子蟹糜、蟹肉罐头等食品。蟹壳经加工后可广泛应用于医药、化工、纺织、环保等行业中。

2. 中华绒螯蟹

中华绒螯蟹又称河蟹、螃蟹、毛蟹、清水蟹，属甲壳纲、十足目、方蟹科、绒螯蟹属。中华绒螯蟹是我国一种重要的洄游性水产经济动物，分布较广，北起辽宁、南至福建均有，长江流域产量最大，在我国淡水捕捞业中占有相当重要的位置。中华绒螯蟹身体分头胸部和腹部2部分，附有步足5对。头胸部的背面为头胸甲所包盖，俗称“蟹斗”，一般呈黄色或墨绿色，腹部为灰白色。胸部第1对螯足俗称蟹钳（图1－23）。成熟的雄性中华绒螯蟹螯足壮大，掌部绒毛浓密，并由此而得名。

中华绒螯蟹的体重一般为100～200g，可食部分约占1/3。其肉质鲜美，尤以肝脏和生殖腺最肥，因此生殖洄游季节正是其捕捞时节。雌蟹只可食活蟹，因死蟹体内的蛋白质分解后会产生蟹毒碱。中华绒螯蟹是我国重要的出口创汇水产品。阳澄湖的“清水大闸蟹”驰名中外，每年有数百吨销往港澳地区，海外市场潜力很大。

图1－22　三疣梭子蟹

图1－23　中华绒螯蟹

（五）头足类

1. 乌贼类

乌贼类是乌贼科的总称，属头足纲、乌贼目。乌贼也称墨鱼，属于软体动物，它的内壳退化变成白色的内骨骼。《本草纲目》记载，乌贼又名海螵蛸。味咸、微温，入肝、肾二经，其功效为收敛止血，固精止带，制酸，敛疮。可以治疗消化性溃疡和月经过多等。乌贼鱼肉是一种高蛋白、低脂肪、低热量的肉类，乌贼墨有促凝血及一定的抑癌作用。我国主要捕捞乌贼类有东海的曼氏无针乌贼、黄海和渤海的金乌贼。

金乌贼又称墨鱼、乌鱼、乌贼、海螵蛸、斗鱼、目鱼、大乌子等，我国沿海均有分布。金乌贼胴体呈卵圆形，左右对称（图1－24）。金乌贼体色黄褐色，胴体上有棕紫色与白色细斑相间，雄体胴背有波状条纹，在阳光下呈金黄色光泽。体内墨囊发达，在受到外界刺激特别是躲避强敌时有喷墨行为。

金乌贼的可食部分约占总体重的92%，其肉洁白如玉，具有鲜、嫩、脆的特点，且营养丰富。乌贼可鲜食，也可干制、熏制和制罐头。金乌贼制成的淡干品称为墨鱼干或北鲞；由曼氏无针乌贼制成的淡干品，俗称螟蛹鲞或南鲞，均为有名的海味。雄性生殖腺干品称为乌鱼穗，雌性产卵腺干品称为乌鱼蛋，均为海味佳品。

2. 柔鱼类

柔鱼类是柔鱼科的总称，属头足纲、枪形目，是重要的海洋经济头足类，柔鱼体稍长，左右对称，分为头，足和胴部（图1－25）。头部两侧眼较大。头部和口周具10只腕，其中4对较短，腕上具2行吸盘；另1对腕较长，为触腕，顶部为触腕穗，穗上有4～8行吸盘。胴部圆周形，狭而长。肉鳍短，分列胴部两侧后端，并相合呈横菱形。

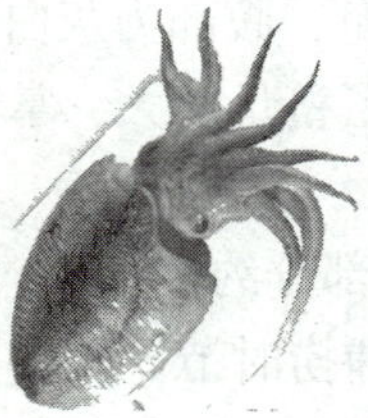
图1－24　金乌贼

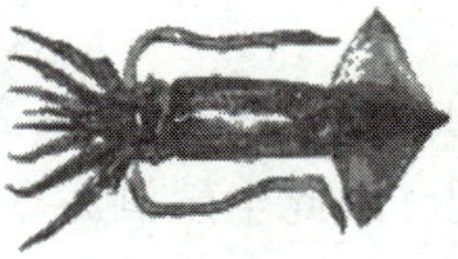
图1－25　柔鱼

柔鱼类是一种具有资源潜力的类群，近年来我国柔鱼类的总渔获量在不断增加。柔鱼除鲜食外，因其肉质较硬，经过干制、熏制或冷冻发酵加工可得美味产品，如香辣鱿鱼丝、鱿鱼干、冷冻鱿鱼卷、油炸鱿鱼卷等，既有风味独特的休闲食品，也可加工成美味佳肴。副产品的利用有用眼球提炼维生素 B_1、用肝脏提炼鱼肝油、用其他内脏制作酱油等。

（六）贝类

1. 牡蛎

牡蛎又称蚝、海蛎子、蛎黄、蚵等，属软体动物门、瓣鳃纲、翼形亚纲、珍珠贝目、牡蛎科。牡蛎在我国沿海分布很广，约有20种，常见的有褶牡蛎（图1－26）、近江牡蛎（图1－27）、密鳞牡蛎、大连湾牡蛎，并已成为养殖的主要品种。

图1－26 褶牡蛎

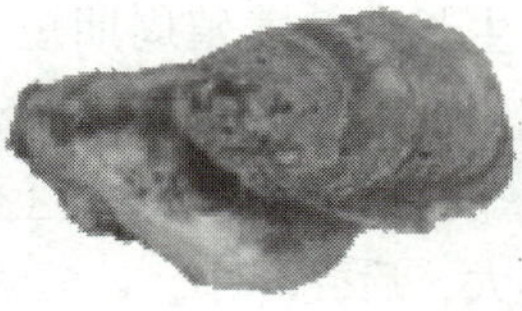

图1－27 近江牡蛎

牡蛎是一种经济价值较高的贝类，肉味鲜美，营养丰富，肉味鲜美，富含蛋白质、脂肪、维生素，以及锌、硒等微量元素、牛磺酸等。《名医别录》记载“主除留热在关节荣卫，虚热去来不定，烦满，止汗，心痛气结，止渴，除老血，涩大小肠，止大小便，治泄精、喉痹、咳嗽、心肋下痞热”。牡蛎是我国卫生部门批准的第一批药食两用的原料。

2. 贻贝

贻贝是贻贝属贝类的总称，俗称海红，属软体动物门、瓣鳃纲、翼形亚纲、贻贝目、贻贝科。贻贝是重要的海产贝类，我国主要的经济品种有紫贻贝、翡翠贻贝、厚壳贻贝，并已进行人工养殖。紫贻贝主要产地在辽宁、山东沿海，厚壳贻贝产于辽宁、山东、浙江、福建，翡翠贻贝主要产于广东和福建。贻贝壳略呈长三角形。紫贻贝壳薄，外壳紫黑色，有光泽（图1－28）。厚壳贻贝壳较紫贻贝厚重，壳表为棕黑色。翡翠贻贝壳大，壳表呈翠绿色，有光泽（图1－29）。

图1－28 紫贻贝

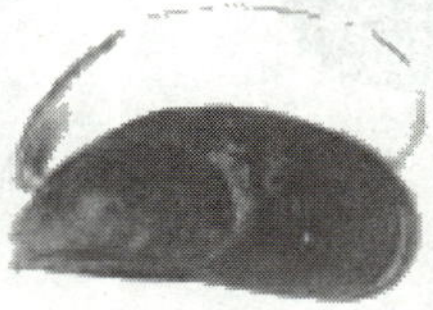

图1－29 翡翠贻贝

贻贝营养丰富，其营养成分有3个特点：① 氨基酸种类多，含量高，占干蛋白的7%以上，含有8种必需氨基酸；② 不饱和脂肪酸含量高，约占鲜品的0.92%；③ B族维生素十分丰富。贻贝的营养价值仅次于鸡蛋，因此贻贝有“海中鸡蛋”之称。贻贝肉味鲜美，是珍贵的海产食品。除鲜食外，也可加工成干制品，称为“淡菜”，也可加工成各种类型的罐头。

3. 扇贝

扇贝科动物属软体动物门、瓣鳃纲、翼形亚纲、珍珠贝目。世界上扇贝的近缘种达300多种，在我国有30余种，其中栉孔扇贝产于辽宁、山东沿海。栉孔扇贝贝壳扇圆形（图1－30），壳高略大于壳长。前耳比后耳大，前耳腹面有一凹陷，形成一孔即为栉孔，孔之下缘生有栉状小齿6～10枚。具足丝。左壳表面主要放射肋约10条，具棘，右壳主要放射肋较多。贝壳一般紫色或淡褐色，间有黄褐色、杏红色或灰白色。

海湾扇贝原产于美国东海岸，1982年引进我国，开展人工养殖。海湾扇贝具有适应能力强、生长快、养殖周期短、产量高等特点。海湾扇贝主要集中产于山东、辽宁、河北。海湾扇贝形态特征是：贝壳中等大小，近圆形（图1－31）。放射肋20条左右，肋较宽而高起，肋上无刺，生长纹较明显。无足丝。壳顶位于背侧中央，前壳耳大，后壳耳小。

扇贝的闭壳肌肥大、鲜嫩，含有丰富的营养物质，为国内外人们所喜爱的高级佳肴。用扇贝闭壳肌制成的干品称为“干贝”，是珍贵的海产八珍之一。扇贝除了鲜食和加工成干贝外，也可制成冻扇贝柱、冻鲜贝或扇贝罐头等。

4．中国圆田螺

中国圆田螺又称螺蛳、田螺、香螺，属腹足纲、节鳃目、田螺科、圆田螺属，我国各淡水水域均有分布。中国圆田螺贝壳大、个体小，壳质薄而坚，陀螺形（图1－32）。壳表面光滑，无肋，黄褐色或绿褐色。壳口卵圆形，周边具有黑色框边。田螺肉供食用，味美，营养价值高。螺肉还有利尿通便、消暑解渴及治黄疸等功用。田螺肉可加工成冷冻品出口。田螺还是青鱼、鲤鱼的天然优质饲料，亦可作为禽畜的饲料。

图1－30　栉孔扇贝

图1－31　海湾扇贝

图1－32　中国圆田螺

思考题 >>

1. 试说出常见的水产经济动物的种类、特征。
2. 说说你知道的水产经济动物的营养特点。
3. 请同学们阅读《中国渔业年鉴（2022年）》，并结合海鲜市场考察，写一篇关于海洋经济动物原料种群结构变化及捕获量的调研报告。

二、常见的水产经济植物

（一）褐藻类

1．海带

海带是海带属海藻的总称，又称昆布、江白菜，属褐藻门、褐藻纲、海带目、海带科。海带属的种类很多，全世界有50余种，东亚20多种。海带生长在水温较低的海域中，附生于海底岩礁上，不畏寒冷，生命力极强。我国渤海、黄海、东海沿岸都有分布，辽宁省的大连、山东省的烟台、浙江省的舟山及福建省的蒲田等地是海带的主要产区。

海带的藻体由“根”（固着器）、柄、叶3部分组成（图1－33）。藻体叶片似宽带，梢部渐窄，一般长2～4m、宽20～30cm。叶边缘较薄软，呈波浪褶，叶基部为短柱状叶柄和固着器相连。新鲜的海带叶面通体呈橄榄色和青绿色。干燥后的海带变成深褐色、黑褐色，海带表面附有白色粉状盐渍。

海带质柔味美，是一种经济价值、营养价值很高的特殊藻类，被誉为“海中蔬菜”。海带含有丰富的营养成分，与菠菜、油菜相比，除维生素C外，其粗蛋白、糖、钙、铁的含量均高出几倍、几十倍。海带是一种含碘量很高的海藻，养殖海带一般含碘0.3%～0.5%，多可达0.7%～10%。海带不仅可食用或加工成干制品，还可制成海带酱油、海带味粉、海带酱、调味海带丝等系列食品。海带还是一种经济价值很高的工业原料，利用海带可以生产高附加值的多种产品，如提取褐藻酸、碘、甘露醇等。从海带中提取的有效成分海带岩藻聚糖硫酸酯具有降血糖、降血脂、抗肿瘤、抗HIV（人免疫缺陷病毒）和增强免疫等功能。

2. 裙带菜

裙带菜（图1－34）又称海芥菜、裙带，属褐藻纲、裙带菜目、翅藻科、裙带菜属。裙带菜属暖温带性海藻，自然生长在海底礁石上，在我国辽宁、山东沿海、浙江舟山嵊泗列岛均有分布。藻体褐色，长1.0～2.0m，宽0.5～1.0m。藻体分为叶片、柄部和固着器3部分。固着器发达，分叉状分枝，尖端稍微膨大，基部扁平，中间突起，用于固着藻体；孢子叶肉厚，富含胶质，滑泽有光。

裙带菜是一种美味适口、营养丰富的海藻，含有19种氨基酸，其中有8种人体必需氨基酸。裙带菜富含钙、镁、铁等10余种无机元素。裙带菜所含大量藻胶酸是一种对人体肠道极为有益的天然膳食纤维，能帮助清除掉肠道内的毒素，有助于人体的正常生长发育，可提高免疫功能。裙带菜不仅可食用，也可加工成干制品或盐渍品。

3. 巨藻

巨藻（图1－35）属褐藻类，是藻类中最长的藻类，是提取褐藻胶的重要原料，也是提取其他化学药品、甘露醇的原料。我国的巨藻是由墨西哥、美国引进，为我国海藻增加了新种类。巨藻个体较大，在我国生长的巨藻长达20m，在国外可达60m以上，喜着生于水深流大的海区。巨藻体内80%是水分，并含有钾和碘等，因此可以提取多种化工原料。

图1－33 海带

图1－34 裙带菜

图1－35 巨藻

4. 马尾藻

马尾藻（图1-36）属褐藻门、鹿角菜目，马尾藻科，常见的种类有海蒿子、羊栖菜、鼠尾藻、匍枝马尾藻等。本属的种类是提取褐藻胶等重要的工业原料，羊栖菜可药用和食用。

图1-36 马尾藻

(1) 海蒿子　主要产于黄渤海沿岸。主枝和分枝圆柱形，其上长有刺状突起，尤其是幼枝特别明显，下部藻叶明显反曲。

(2) 羊栖菜　主要产于福建和广东东部沿海。藻体肥厚肉质，藻叶通常为棒状，长匙形或线形，边缘具锯齿或缺刻，有时叶的顶端膨大形成囊状。羊栖菜是重要的中药材，也可食用。

(3) 鼠尾藻　我国沿海都有生长，主干较短3～5mm长，常常密生鳞片状小叶，或留下叶痕。枝上有纵向沟纹，沟纹常自叶的基部向下。

(4) 匍枝马尾藻　主要产于海南岛。主干圆柱形，表面具有瘤状突起，顶生数条向下具有分枝的匍匐枝，主枝和分枝上密生小刺。

（二）红藻类

1. 紫菜

紫菜是紫菜属藻类的总称，属红藻门、紫菜目、红毛菜科。我国紫菜有10多种，广泛分布于沿海地区较重要的有条斑紫菜（图1-37）、坛紫菜（图1-38）等。我国福建、浙江沿海多养殖坛紫菜，北方则以养殖条斑紫菜为主。紫菜的颜色有绿色、棕红色以及其他鲜艳色，因所含叶绿素A和叶绿素B、胡萝卜素、藻红素和藻蓝素的含量及相互间的比例不同而变化。加工后的紫菜呈深紫色，富光泽。

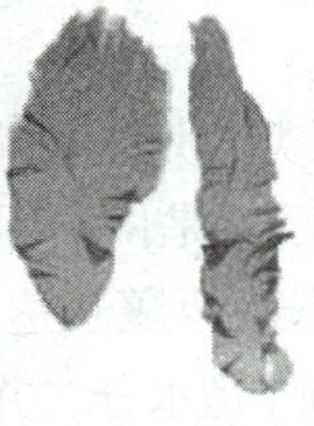

图1-37　条斑紫菜

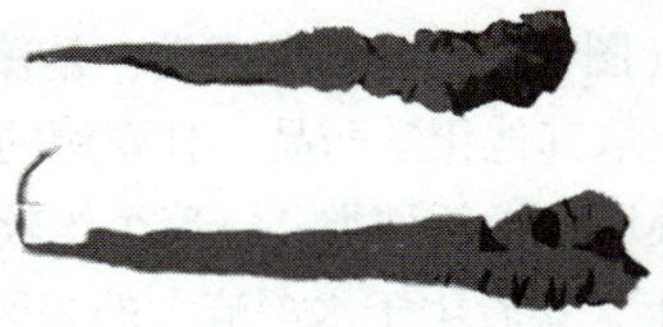

图1-38　坛紫菜

紫菜是蛋白质含量最丰富的海藻之一，通常蛋白质占紫菜干质量的25%～50%。近年来的研究显示，紫菜多糖具有多种生物活性。条斑紫菜多糖具有增强免疫功能、抗衰老、抗凝血、降血脂、抑制血栓形成等作用。紫菜被称为健康食品，可加工成干紫菜、调味紫菜、紫菜酱等产品。

2. 石花菜

石花菜（图1-39）属红藻门、石花菜科、石花菜属，又称鸡毛菜、牛毛菜、冻菜。石菜花属大约有40种，生活在温带海洋里。我国黄海、东海及台湾沿海各地均有分布，以山东半岛海域产量最大。夏、秋季采收，日晒夜露，干燥备用。石花菜是一类重要经济价值和药用价值的海藻，用时以开水浸泡，洗净。藻体含有大量半乳糖胶的多糖类化合物，是制造琼胶（俗称洋菜）的主要原料。

利用石花菜熬制凝胶食用，该凝胶俗称“凉粉”，又名琼胶。琼胶在食品工业中应用广泛，可与砂糖、豆沙混合制成红豆羹，可作为辅助原料用于糖果、面包、果酱、冰淇淋、肉罐头等食品中。

3. 江蓠

江蓠（图1-40）属红藻门、真红藻纲、杉藻目、江蓠科、江蓠属，北方沿海多称“龙须菜”，福建称海面线、棕仔须，广东称粉菜、海菜、蛇菜、沙尾菜。我国沿海各地均有江蓠资源，现广东、广西南方沿海等地已发展养殖。采收江蓠在两广从3月开始，福建沿海要推迟1个月才开始收获。

江蓠体内充满藻胶，含胶达30%以上，是制造琼胶的重要原料之一，广泛应用于工、农、医业，作为细菌、微生物的培养基。沿海群众用其胶煮凉粉食用，也直接炒食。煮水加糖服用，具有清凉、解肠热、养胃滋阴的功效。日本人利用江蓠作海藻沙拉和生鱼片的配菜，在我国北方用来熬制凉粉加调料食用，在南方则将江蓠熬成冻，加适量糖食用，作为降温防暑的饮料。

4. 麒麟菜

麒麟菜（图1-41）又称鸡脚菜、鹿角菜、鸡胶菜。藻体长12~30cm，宽2~3mm，肥厚多肉，紫红色，软骨质，不规则的分枝。一般生长在大干潮线及以下1~2m处的碎珊瑚上，属于多年生海藻，我国养殖的麒麟菜年产量约4000t（干品）。分布我国台湾沿岸，日本、马来群岛、印度尼西亚等地亦有分布。

图1-39 石花菜

图1-40 江蓠

图1-41 麒麟菜

麒麟菜主要成分为多糖、纤维素和矿物质，而蛋白质和脂肪含量非常低。如果从蛋白质和脂肪含量看，麒麟菜的食用营养价值极低。但麒麟菜富含多糖和纤维素，故属于高膳食纤维食物，又是一种不可多得的优质保健食品。麒麟菜因含卡拉胶，因此一直是被当成重要的经济海藻。经盐腌后可直接生食。从麒麟菜中提取的卡拉胶可用于乳酪、面包、蛋糕、豆沙馅、果冻、果酱等多种乳制品、点心、调味品。

（三）绿藻类

孔石莼（图1-42）、浒苔（图1-43）等属于绿藻，一般生长在中潮带、低潮带和岩礁上。这些绿藻藻体鲜嫩，很适合于当蔬菜吃，供鲜炒，做包子馅、汤料等，也可混入面粉制成菜饼、面条等。我国广东沿海居民，在夏季采集浒苔等煮汤做消暑解毒的饮料，也可以用这些绿藻做海藻酱食品。

图1-42 孔石莼

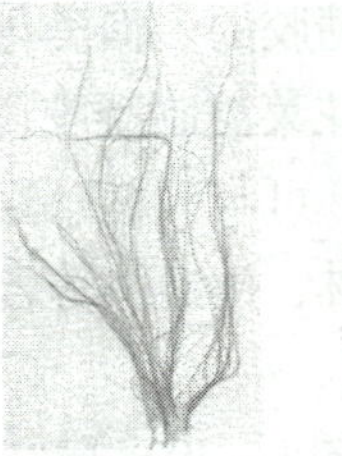

图1-43 浒苔

（四）蓝藻类

蓝藻类主要代表植物是螺旋藻（图1-44），螺旋藻属于一类低等植物，共有35种。常用于培养的螺旋藻有钝顶螺旋藻、极大螺旋藻和盐泽螺旋藻，而作为保健品食用的主要是极大螺旋藻及钝顶螺旋藻这2个品种。

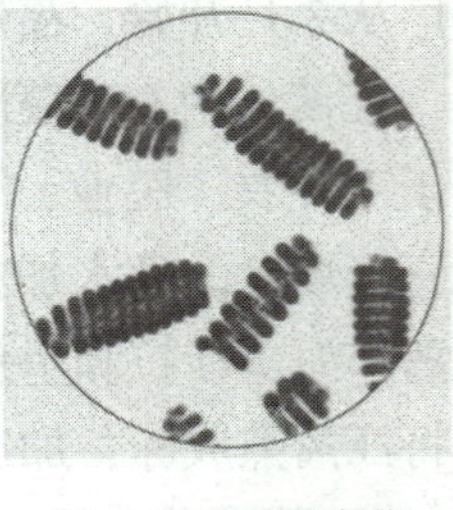

图1-44 螺旋藻

螺旋藻营养丰富，蛋白质含量高达60%~70%，其氨基酸组成与FAO标准最接近，螺旋藻蛋白质是高质量的蛋白质，含量高、组成合理、富含必需氨基酸，还含有蓝藻蛋白、特殊的拟生长因子，且超氧化物歧化酶（SOD）含量也很丰富，还含有维生素、多糖、微量元素等。

螺旋藻制品有多种形式，如螺旋藻粉、螺旋藻片、螺旋藻浓缩液等。螺旋藻粉可与果、蔬酱混合食用，片、胶囊、螺旋藻精提浓缩液等便于随时取用。螺旋藻作为食品，已在我国开发成很多品种，其中螺旋藻饮料、螺旋藻冰淇淋、螺旋藻面制品等已在市场上销售。作为保健品或药品的补充形式，螺旋藻普通食品业将不断得到更新。

思考题>>

1. 主要的褐藻类经济植物有哪些？简述其营养特点。
2. 主要的红藻类经济植物有哪些？简述其营养特点。
3. 请同学们阅读《中国渔业年鉴（2022年）》，并结合海鲜市场考察，写一篇关于海藻原料种群结构变化情况的调研报告。

三、水产食品动物原料的化学成分

鱼类、甲壳类、软体动物的肌肉及其他可食部分富含蛋白质，并含有脂肪、多种维生素和矿物质，含少量的碳水化合物。作为食物源对人类调节和改善食物结构、供应人体健康所必需的营养素起着重要的作用。

鱼贝类肌肉的化学组成不同于陆生动物，由于受种类、季节、洄游、产卵、鱼龄等因素影响，所以其组成变动范围很大。如表1－1所示，鱼贝肉中的水分含量60%～85%、蛋白质约20%、灰分1%～2%、脂质1%～15%，波动很大。

表1－1　几种水产原料可食部分的化学组成　单位:%

鱼贝名称	水分	蛋白质	脂质	碳水化合物	矿物质
鲅鱼	72.5	21.2	3.1	2.2	1.1
带鱼	73.3	17.7	4.9	3.1	1.0
鲤鱼	76.7	17.6	4.1	0.5	1.1
比目鱼	74.6	21.2	2.3	0.5	1.5
牡蛎	82.0	5.3	2.1	8.2	2.4
章鱼	86.4	10.6	0.4	1.4	1.2
红螺	68.7	20.2	0.9	7.6	2.6
墨鱼	79.2	15.2	0.9	3.4	1.3
鲈鱼	77.7	18.6	3.4	0	1.5
对虾	76.5	18.6	0.8	2.8	1.3
河虾	78.1	16.4	2.4	0	3.9
海蟹	77.1	13.8	2.3	4.7	2.1
海带（鲜）	94.4	1.2	0.1	1.6	2.2
海参（鲜）	77.1	16.5	0.2	0.9	3.7
海蜇皮	76.5	3.7	0.3	3.8	15.7

（一）鱼贝类的蛋白质

1. 鱼贝类蛋白质的含量及营养

水产动物是人类的重要食物来源之一。作为食物原料，习惯上将鱼贝类分为可食部分与不可食部分。肌肉是所谓的可食部分，鱼头、皮、内脏、骨等一般皆为不可食部分。一般来说肌肉在鱼类中占体重的40%～50%，无脊椎动物中，如头足类则占70%～80%，在双壳类中则只占20%～30%。一般鱼肉含有15%～22%的粗蛋白质，虾、蟹类与鱼类大致相同，贝类的含量较低为8%～15%，且因种类、季节而异。鱼类和虾、蟹类的蛋白质含量和牛肉、半肥瘦的猪肉、羊肉相近，不同的是脂肪含量低，按干基计蛋白质含量高达60%～90%，而猪、牛、羊因脂肪多，干物中蛋白质含量仅为15%～60%，因此水产品是一种高蛋白、低脂肪和低热量的食物。

鱼类等水产品和其他动物蛋白质一样，含有的必需氨基酸的种类、数量均一平衡。鱼类蛋白质的赖氨酸含量特别高，因此，对于米、面粉等第一限制氨基酸为赖氨酸的食品，可以通过互补作用有效地改善食物蛋白的营养。此外，鱼类蛋白质消化率达97%～99%，和蛋、乳相同，而高于畜产肉类。

2. 鱼贝类肌肉组织

（1）鱼类肌肉组织　鱼肉由普通肉和暗色肉组成（图1－45）。暗色肉存在于体侧线的表面及背侧部和腹侧部之间，肌纤维稍细，富含血红蛋白和肌红蛋白等色素蛋白质及各种酶蛋白。鱼体暗色肉的多少因鱼种而异，一般活动性强的中上层鱼类如鲱、鲐、沙丁鱼和鲣、金枪鱼等的暗色肉多，由鱼体侧线下沿水平隔膜两侧的外部伸向脊骨的周围。分布在外侧的称为表层暗色肉，靠近脊骨的称为深层暗色肉。活动性不强的底层鱼类的暗色肉少，并限于为数不多的表层暗色肉，如鳕、鲽、鲷、鲤等。在运动性强的洄游性鱼类，如鲣、金枪鱼等的普通肉中也含有相当多的肌红蛋白和细胞色素等色素蛋白质，因此也带有不同程度的红色，一般称为红色肉，有时并把这种鱼类称为红肉鱼类，而把带有浅色普通肉或白色肉的鱼类称为白肉鱼类。

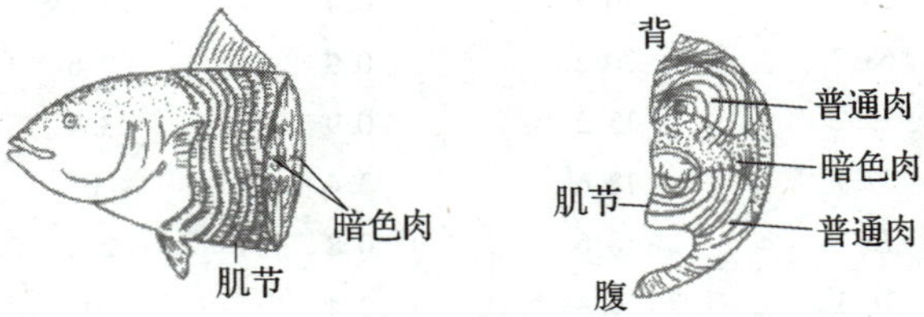

图 1-45　鱼肉的组成

暗色肉较普通肉除含有较多的色素蛋白质之外，还含有较多的脂质、糖原、维生素和酶等，在生理上可以适应缓慢持续性的洄游运动；而普通肉则与此相反，主要适于猎食、跳跃、避敌等的急速运动。在食用价值和加工贮藏性能方面，则暗色肉低于白色肉。

（2）软体动物肌肉　近几年软体动物的渔获量逐年增加，特别是乌贼、鱿鱼类的渔获量更多，这类远距离移动型的软体动物的肌肉组织不同于底栖类贝类的肌肉组织，也与鱼类肌肉有所不同。鱿鱼类经加热后，胴体要收缩，由于内外表皮的收缩率不同以及内部肌肉构造的特异性，在烹调时利用这一点，可将其制成鱿鱼花。在研究鱿鱼胴体时会发现，沿着体轴方向很难撕裂，而与体轴垂直的方向易撕开，这也是由于其肌肉组织结构的特异性造成的。

乌贼类的外套膜是由表皮、内皮及夹在中间的肌肉层所构成的。鱿鱼由 4 层表皮和 2 层内皮构成，表皮及内皮主要由坚韧的胶原蛋白纤维组成，外套膜肌的大部分是由在它的圆圈切面上平行排列的环状肌和与此垂直的连接表皮和内皮的辐射状肌重叠构成的。

章鱼类的外套膜与乌贼、鱿鱼类相比，结缔组织较发达，肌肉通过介于其中央部的薄结缔组织层被分割为表层和内层，其外套膜肌是由与圆圈切面平行排列的环状肌、贯穿了从表皮至内脏排列的辐射状肌以及沿体轴方向排列的纵状肌 3 种肌肉构成的，其腕足肌与外套膜肌基本相似。章鱼身体所具有的多边性、柔软性与它的这种肌肉结构有关。

双壳贝的闭壳肌（尤其是扇贝），能持续有力地收缩贝壳，经研究发现与副肌球蛋白纤维有关。

软体动物的肌纤维可分为横纹肌、斜纹肌、螺旋平滑肌和副肌球平滑肌。扇贝的闭壳肌是横纹肌，头足类外套膜和牡蛎的半透明闭壳肌等肉主要是斜纹肌；副肌球平滑肌除了在章鱼中发现外，还存在于蛤蛎、文蛤等白色不透明的闭壳肌和贻贝的前足牵引肌中。

3. 鱼贝肉的蛋白质组成

按形态、溶解度、存在位置，鱼贝类蛋白质的组成如表 1－2 所示。

表 1－2　鱼贝类肌肉蛋白质的分类

分类	溶解度	存在位置	代表物
肌浆蛋白 20%～50%	水溶性	肌细胞间或肌原纤维间	糖酵解酶、肌酸激酶、小清蛋白、肌红蛋白
肌原纤维蛋白 50%～70%	盐溶性	肌原纤维	肌球蛋白、肌动蛋白、原肌球蛋白、肌钙蛋白
肌基质蛋白	不溶性	肌隔膜、肌细胞膜、血管等结缔组织	胶原蛋白

按其溶解度，鱼贝类蛋白质可分为水溶性（肌浆）、盐溶性（肌原纤维）、碱溶性、水不溶性（基质）等蛋白组分。鱼肉的蛋白组成与哺乳动物的横纹肌接近，只是各部分的比例有所不同，如肌基质蛋白含量高些（约 15%），而鱼肉的只有 10%，这是鱼肉口感比畜肉鲜嫩的原因之一。

（1）肌原纤维蛋白　肌原纤维蛋白由肌球蛋白、肌动蛋白以及称为调节蛋白的原肌球蛋白与肌钙蛋白所组成。肌球蛋白和肌动蛋白是构成肌原纤维粗丝与细丝的主要成分，二者在三磷酸腺苷（ATP）的存在下形成肌动球蛋白，与肌肉的收缩和死后僵硬有关。肌球蛋白具有分解 ATP 的酶活力，是一种盐溶性蛋白。当鱼肉蛋白质在冻藏、加热过程中产生变性时，会导致酶活力的降低或消失；同时，肌球蛋白在盐类溶液中的溶解度降低。这 2 种性质是用于判断肌肉蛋白是否变性的重要指标。在鱼糜制品加工过程中加 2.5%～3.0% 的食盐进行擂溃的作用，主要是利用氯化钠溶液从被擂溃破坏的肌原纤维细胞溶解出肌动球蛋白，使之形成弹性凝胶。此外，在贝类、乌贼等无脊椎动物肌肉的肌原纤维蛋白中还存在一种副肌球蛋白，与肌球蛋白共同构成肌原纤维的粗丝，其与贝类闭壳肌的收缩作用有关。

（2）肌浆蛋白　肌浆蛋白是存在于肌肉细胞肌浆中的水溶性（或稀盐类溶液中可溶的）各种蛋白的总称，种类复杂，其中很多是与代谢有关的酶蛋白。现时常利用一些如乳酸脱氢酶、磷酸果糖激酶、醛缩酶等所谓同工酶的种类特异性，来进行鱼种或原料鱼的种类鉴定。各种肌浆蛋白的相对分子质量一般在 1.0×10^4～3.0×10^4。在低温贮藏和加热处理中，较肌原纤维蛋白稳定，热凝温度较高。此外，色素蛋白的肌红蛋白亦存在于肌浆中。运动性强的洄游性鱼类和海兽等暗色肌或红色肌中的肌红蛋白含量高，是区分暗色肌与白色肌（普通肌）的主要标志。

(3) 肌基质蛋白　肌基质蛋白包括胶原和弹性蛋白，是构成结缔组织的主要成分。二者均不溶于水和盐类溶液，在一般鱼肉结缔组织中的含量前者高于后者4~5倍。胶原是由多数原胶原分子组成的纤维状物质，当胶原纤维在水中加热至70℃以上时，构成原胶原分子的3条多肽链之间的交链结构被破坏而成为溶解于水的明胶。肉类的加热或鳞、皮等熬胶的过程中，胶原被溶出的同时，肌肉结缔组织被破坏，使肌肉组织变得软烂和易于咀嚼。此外，在鱼肉细胞中还存在一种称为结缔蛋白的弹性蛋白以及鲨鱼翅中存在的类弹性蛋白，都同样是与胶原近似的蛋白质。

（二）鱼贝类的脂质

脂质是指用乙醚等有机溶剂从鱼贝类体内提取出的成分，主要有甘油酯、蜡酯、固醇酯、烃类、磷脂、糖酯等。脂质在体内是一种贮能物质，在营养过剩时积蓄在皮下或内脏器官中；在营养缺乏时被当作能源消耗。鱼贝类的总脂质的变化幅度比陆生动物的要大，变化幅度最大的是甘油酯。海产动物的脂质在低温下具有流动性，并富含多不饱和脂肪酸和非甘油三酯等，同陆上动物的脂质有较大的差异。

1. 鱼贝类的脂质含量

鱼类可根据肌肉中脂质含量的多少而大致分类为多脂鱼和低脂鱼。一般来讲，洄游性鱼类肌肉中肌肉色素——肌红蛋白含量较多，故称红肉鱼，其肌肉中脂质含量高；底栖性鱼类肌肉中肌红蛋白含量低，称为白肉鱼，肌肉脂质含量低，一般在1%以下。脂质可以分为以甘油三酯为主的贮藏脂质和以磷脂及固醇为主的组织脂质两类，但实际上组织脂质的含量在不同品种之间并没有太大的差别。因此，鱼种之间所确认的脂质含量的差异，主要是由贮藏脂质含量的差异所致的。

脂质是一般成分中变动最大的，种类之间的变动在0.2%~64%，即含量最低的种类与含量最高的种类之间实际差别可达320倍之多。

鱼贝类的脂质含量受环境条件（水温、栖息深度、栖息场所等）、生理条件（年龄、性别、性成熟度）、食饵状态（饵料的种类、摄取量）等因素的影响而变动，同一种类脂质周年变化也较大，其变化量与水分变化呈负相关关系，即使是同一种属也因渔场和渔汛不同而有差异。一般像鲱鱼、秋刀鱼、沙丁鱼等红肉鱼，产卵洄游时的热能来源以及生殖巢的脂质来源必须消耗脂肪体和胴体部分的肌肉脂质；而像鳕鱼这类白肉鱼的肌肉脂质大部分（80%~90%）是磷脂质，周年变化小，但其肝脏脂肪富含中性脂质，含量依季节变动。此外，养殖鱼鱼体含脂量和脂肪酸组成受饲料的影响。

2. 脂质的组成及分布

(1) 甘油酯　甘油酯是甘油与脂肪酸结合的酯类，包括甘油一酯、甘油二酯、甘油三酯。严格地说，依次应分别称为一酰基甘油、二酰基甘油、三酰基甘油。生物体内以三酰基甘油为多。甘油三酯是积蓄脂肪的主要成分，不仅与生物的营养状况有关，还受到季节、性别、年龄、地域等因素影响。鱼体内脂质和水分含量之和是一个相对稳定的数值，而水分与脂质呈负相关关系。

鱼贝类的脂质的特征是富含 $n-3$ 系的多不饱和脂肪酸，而且这种倾向是海水性鱼贝类比淡水性鱼贝类更显著。此外，磷脂中 $n-3$ 多不饱和脂肪酸的含有率比中性脂质高。因此，越是脂质含量低的种属，其脂质中的 $n-3$ 多不饱和脂肪酸的比例就越高。

脂肪酸对人体是必需的，近年来研究发现，脂肪酸的饱和性与其在人体内的生理功能有密切的关系，如二十二碳六烯酸（DHA）和二十碳五烯酸（EPA）等都属 $n-3$ 型，已被从鱼体中提取出并制成了鱼油丸，用于防治心血管疾病、增强智力等，大大提高了鱼贝类的利用价值。但也正是这种高度不饱和性，给鱼贝类保鲜和加工带来了极大的困难。

脂肪酸的种类很多，是以碳原子数与位置等所决定的。从表 1－3 中可以看出，海水鱼贝类的脂肪酸种类很多，且含有丰富的 DHA 和 EPA；而淡水鱼和其他陆生动植物几乎不含有这 2 种成分。

表 1－3　水生动物与陆生动物脂肪酸组成的比较　单位:%

	黄鱼	带鱼	鳕鱼	鳀鱼	鲤鱼	猪肉
$C_{14:0}$	2.7	5.3	2.9	—	1.8	1.5
$C_{14:1}$	—	0.2	—	0.9	0.1	—
$C_{15:0}$	0.6	0.5	—	—	0.2	微
$C_{16:0}$	27.3	29.4	11.0	27.7	19.8	23.1
$C_{16:1}$	13.2	8.1	8.5	5.0	8.4	2.5
$C_{17:0}$	0.06	0.7	—	2.1	0.2	微
$C_{18:0}$	6.7	7.9	5.3	7.1	4.8	11.3
$C_{18:1}$	24.3	27.6	28.7	20.2	36.0	42.9
$C_{18:2}$	1.6	1.4	5.3	0.4	14.2	10.3
$C_{18:3}$	3.6	1.8	38.4	3.3	3.9	0.9
$C_{19:0}$	0.1	微	—	—	—	0.1
$C_{20:0}$	0.8	0.3	—	—	0.8	0.3
$C_{20:1}$	0.3	0.3	—	—	—	0.2
$C_{20:2}$	0.1	微	—	—	—	0.2
$C_{20:4}$	1.8	0.8	—	—	0.5	0.2
$C_{20:5}$	2.7	1.9	—	22.1	1.1	微
$C_{22:0}$	0.2	微	—	—	0.2	微
$C_{22:1}$	—	0.6	—	—	1.0	微
$C_{22:6}$	5.1	5.3	—	1.3	0.2	—

（2）磷脂 磷脂是一种组织脂肪，主要作为细胞膜的构成成分，也存在于脑、内脏、生殖腺等器官内。磷脂在鱼贝类体内含量占0.3% ~0.6%，占总脂的30%，而中性脂的变动范围是1% ~10%，相对来说磷脂占体重的变化不大。

磷脂是生物体的重要组成成分，海产磷脂更具有种类和结构上的特殊性，连接的高不饱和脂肪酸含量高，且比中性脂含有更多的双键，所以，磷脂在鱼贝类贮藏过程中更加容易被氧化，氧化后的脂肪就产生了小分子化合物，造成鱼贝类外观颜色和气味的变化。

此外，磷脂在贮藏过程中还容易被磷脂酶所水解，生成磷脂酸、甘油二酸酯、乙酰胆碱等成分，造成营养损失。

（3）其他脂质化合物

① 固醇类化合物：固醇类化合物在鱼贝类体内含量不高，主要成分是胆固醇、麦角固醇，胆固醇在一定条件下可以转化成维生素 D_2。几种食品的胆固醇含量见表1－4。

表1－4　几种食品的胆固醇含量　单位：mg/100g

食品名称	胆固醇含量	食品名称	胆固醇含量
鲅鱼	75	螺	150～200
鲳鱼	77	乌贼	268
带鱼	76	对虾	193
鲫鱼	130	海蟹	125
鲤鱼	84	鸡蛋	585
蛤蜊	55～110	猪肉	60～110

② 烃类：在鱼类的肌肉脂质及内脏油中还含有不皂化的、饱和或不饱和、直链或支链的烃类，碳原子数14～33，比较多的是偶数系列，也有少数的奇数系列。角鲨烯（$C_{30}H_{50}$）是最有代表性的一种，具有独特的提高细胞含氧量及人体血红蛋白的携氧能力，能增强细胞活力，促进新陈代谢，提高机体免疫力功能，并能促进胆汁分泌、降低血清总胆固醇、调整脂蛋白比例、防止动脉粥样硬化等，因而广泛应用于药物、功能食品、化妆品等相关领域，现在已制成胶囊作为药物出售。角鲨烯除了在深海性鲨鱼的油中含量较多外，在其他鱼肝中也有分布。

③ 蜡脂：某些鱼类和甲壳类，以脂肪酸和高级醇形成的蜡酯来取代甘油酯作为主要的贮藏脂质。海洋的中层和深层，生物密度稀薄，生物饵料的供给也不安定，生活在那种环境下的桡虫类、南极磷虾类、糠虾类、十足类等甲壳类和矢虫类、乌贼的种属的体组织中存在着大量的脂及蜡脂。一般而言，生息于表层的鱼类热能贮存形式多为甘油酯，而中层及深层鱼类的甘油酯含量低，由蜡脂取代成为主要的贮存脂质。使用含蜡脂多的鱼类易引起腹泻。

（三）鱼贝类的碳水化合物

鱼贝类含有的碳水化合物有多糖，如糖原、黏多糖，也有单糖、二糖。

1. 鱼贝类的糖原

鱼贝类体内最常见的糖类是糖原。和高等动物一样，鱼贝类的糖原贮存于肌肉或肝脏中，是能量的重要来源。其含量同脂肪一样因鱼种生长阶段、营养状态、饵料（饲料）组成等而不同。鱼类组织中糖原和脂肪共同作为能量来源贮存；但同成鱼的个体水平比较来看，糖原含量比脂肪低，这是因为脂肪作为贮藏能量的形式优于糖原。鱼类肌肉糖原的含量还与鱼的致死方式密切相关，活杀时其含量为0.3%～1.0%，这与哺乳动物肌肉的含量几乎相同。但如挣扎疲劳死亡的鱼类，由于体内糖原的消耗，而使其含量降低，而金枪鱼、鲣鱼等洄游性鱼类，糖原含量较高，有报道鲐鱼背部肌肉糖原含量高达2.5%。

贝类特别是双壳贝的主要能源贮藏形式是糖原，因此其含量往往比鱼类高10倍，而且贝类糖原的代谢产物也和鱼类不同，其代谢产物为琥珀酸。例如牡蛎的糖原含量为4%～6%、蛤蜊为2%～6.5%、蛏子为5%～9%、扇贝高达7%。值得注意的是，贝类的糖原含量有显著的季节性变化，一般贝类的糖原含量在产卵期最少，产卵后急剧增加。

2. 鱼贝类的其他糖类

除了糖原之外，鱼贝类中含量较多的多糖类还有黏多糖，如甲壳类的壳中所含的甲壳质（几丁质、甲壳素）就是最常见的中性黏多糖，其他常见的有已糖胺和糖醛酸形成的二糖为基本单位的酸性黏多糖，按硫酸基的有无又可分为硫酸化多糖和非硫酸化多糖，前者有硫酸软骨素、硫酸乙酰肝素、乙酰肝素、多硫酸皮肤素和硫酸角质素，后者有透明质酸和软骨素。硫酸软骨素由于硫酸基的含量和结合位置不同，存在着多种化合物，主要存在于软骨鱼类的软骨、鲨鱼软骨、鱿鱼软骨、鲎软骨、七鳃鳗外皮、鲨鱼外皮中。非硫酸化黏多糖的透明质酸和软骨素存在于金枪鱼眼球的玻璃体和鲨鱼皮中。另外，软骨素大量存在于头足类的外皮中。

（四）鱼贝类的浸出物成分

将鱼贝类组织切碎后，用温水提取，过滤或离心后得到的液体成分称为浸出物，也称抽提物或者萃取物。

鱼肉的浸出物占其干质量的2%～5%，软体动物和节肢动物的较多，约占6%。浸出物中含有多种成分，除去水溶性蛋白、多糖、色素、维生素等成分后，剩余的游离氨基酸、肽、有机碱、核苷酸及其关联化合物、糖原、有机酸等总称为浸出物成分，一般浸出物的概念不包括无机盐。在生物化学上，这类浸出物成分往往同鱼体内pH调节、渗透压等生物新陈代谢有关，从食品学角度来看，游离氨基酸、核苷酸、有机盐基氮等同呈味、鲜度、腐败物质有关。鱼贝类浸出物中也包括不少对人体健康有益的生理活性物质，如牛磺酸、生理活性肽等。它们是一些营养物质、呈味物质、生理活性物质等，对水产品的色、香、味等有着直接或间接的影响。鱼贝类的提取物成分主要包括两大类：一类为含氮的成分，即一般称之为非蛋白氮的成分；另一类为非含氮成分。前者含量远高于后者。

1. 含氮成分

提取物含氮成分的含量，底层鱼类最低，为3~5mg/g，占肌肉总含氮量（包括蛋白氮在内）的10%~15%，洄游性中上层鱼类较高，为5~8 mg/g，占总含氮量的15%~20%，软体动物和甲壳类的含量为7~9mg/g，占总含氮量为20%~25%。而含量最多的是鲨、鳐等软骨鱼类，达13~15mg/g，占总含氮量的1/3以上。软骨鱼类的含量比硬骨鱼类多是因为鲨、鳐鱼的尿素和氧化三甲氨含量显著高于其他鱼类，二者的量即占了提取物氮含量的60%~70%。硬骨鱼类中，红肉鱼的含氮提取物比白肉鱼多，这主要是其咪唑化合物含量高的缘故，鲣鱼仅组氨酸就占了62.8%；与此相反，肌肽、鹅肌肽及核苷酸关联化合物的量，白肉鱼比红肉鱼多。

（1）游离氨基酸（FAA）　游离氨基酸是鱼贝类提取物中最主要的含氮成分。在鱼类的FAA组成中，显示出显著的种类差异特性的氨基酸有组氨酸、牛磺酸、丙氨酸、甘氨酸、赖氨酸、谷氨酸、脯氨酸、精氨酸等，其中以组氨酸、牛磺酸最为特殊。

鱼类特别是属于红肉鱼的鲣、金枪鱼等含有丰富的组氨酸，高达7~18mg/g；而如真鲷、鲆鱼等白肉鱼只有0.1mg/g，形成鲜明的对照；鲐、鳀等部分红肉鱼以及竹荚鱼等中间肉色鱼类含组氨酸2~7.5mg/g。从部位来看，普通肉的组氨酸含量比暗色肉和肝脏高。高含量的组氨酸同呈味相关，但也是引起组氨中毒的一个原因。组氨酸在细菌的作用下，脱羧基生成组氨造成食物中毒。

无脊椎动物中，大量检出Arg、Tau、Gly、Ala、Pro、β-Ala、肌氨酸等FAA。软体动物中Tau、Gly、Ala、Pro、β-Ala等含量高，而甲壳类Tau、Gly、Ala、Pro、Arg等占多数。牛磺酸是分子中含有磺酸基的特殊氨基酸，鱼贝类组织中常被检出，在无脊柱动物各组织以及鱼类的血合肉、内脏中含量较高，其在鱼贝类的生理机能主要是起调节渗透压的作用。牛磺酸对人体起各种调节和维护健康的作用。

（2）低聚肽　鱼类肌肉中含肽量较多，大多是具有活性的寡肽，性质比较特殊的有谷胱甘肽、肌肽、鹅肌肽等。贝类中含量较少。肽也是一种呈味物质，具有提高鲜度和浓度的作用。

（3）核苷酸及其关联化合物　核苷酸是研究鱼贝类鲜度的一个重要化合物，由嘌呤碱基、嘧啶碱基、烟酰胺等与核糖核酸组成。鱼贝类肌肉中主要含腺嘌呤核酸，1g肌肉中含有4~9μmol。在静止状态下肌肉里的核苷酸大部分以ATP的形式存在，但在机体激烈运动时ATP分解，放出能量。鱼体死后在保鲜过程中这种分解还会照样进行。

正常鱼死亡后，主要的核苷酸成分是ATP（三磷酸腺苷），在保鲜过程中ATP逐渐分解成ADP（二磷酸腺苷）、AMP（单磷酸腺苷）、IMP（肌苷酸）、Hx（次黄嘌呤）和HxR（肌苷）。这种分解的速度因鱼贝类种类、死前运动量、保鲜条件等而有所差异，其中的IMP是具有极其鲜味的呈味物质，其鲜度比味精还要高数倍。核苷酸及其关联化合物可作为鲜活度K值的指标。

（4）氧化三甲胺（TMAO）　氧化三甲胺广泛分布于鱼贝类组织中，白色肉鱼类含量比红色肉鱼类多，而鲨鱼等板鳃类鱼含量更多，达1.0%～1.5%。乌贼富含氧化三甲胺，外套膜肌含500～1500mg/kg，但腕肌的含量只有其一半。虾、蟹中含量也稍多。在贝类中，有像扇贝闭壳肌那样含有大量的种类，也有像蝾螺、牡蛎、盘鲍那样几乎不含TMAO的种类。这是海水鱼肌肉中的一种特殊化合物，在淡水鱼中几乎检测不出。它具有一种特殊的海产鲜甜味。

鱼贝类死后其腥臭味很大，其中三甲胺、二甲胺等所占比例较高。在鱼贝类保鲜过程中，在酶的作用下，氧化三甲胺被还原和分解为三甲胺、二甲胺、甲醛等，这两个反应有时在高温加热时也进行：

$$(CH_3)_3NO \rightarrow (CH_3)_3N$$

$$(CH_3)_3NO \rightarrow (CH_3)_2NH + HCHO$$

（5）其他含氮成分　甜菜碱、胍类化合物、尿素等都是抽提物的组成部分，尽管它们的含量都不高，但它们对水产品的色、香、味、营养等都有不同的影响，如甜菜碱有甜鲜味、尿素有臭味等。

2. 非含氮成分

提取物成分中的非含氮成分主要是有机酸和糖。

（1）有机酸　鱼贝类肌肉中检出的有机酸有醋酸、丙酸、丙酮酸、乳酸、延胡索酸、苹果酸、琥珀酸、柠檬酸、草酸等，其主要成分是乳酸和琥珀酸。

乳酸和琥珀酸主要是糖酵解反应生成的，如下式所示：

$$\text{糖原} \xrightarrow{\text{糖酵酶}} \begin{cases} \text{鱼类} \rightarrow \text{乳酸} \\ \text{贝类} \rightarrow \text{琥珀酸} \end{cases}$$

鱼类如金枪鱼、鲣一类的洄游性红肉鱼中，糖原含量可高达1%左右，捕获后乳酸的含量由6～7g/kg增至12g/kg。相比之下，底栖鱼类糖原含量低，乳酸含量也仅在2～3g/kg。乳酸的生成，同鱼体糖原的含量、捕捞法（致死方法）、放置条件有关。无脊椎动物中，有机酸的种类和分布因动物种类而异。贝类体内能量的主要贮藏形式是糖原，所以肌肉内含有较多的糖原，贝类死后，糖原酵解生成大量的琥珀酸。琥珀酸在贝类的呈味上十分重要。虾、蟹类肌肉中乳酸的含量比较高，可达底层鱼类水平。

（2）糖　鱼贝类提取物成分中的糖有游离糖和磷酸糖。游离糖中主要成分是葡萄糖，鱼贝类死后在淀粉酶的作用下由糖原分解生成。太平洋鲱和鳕鱼肌肉中含量为0.03～0.32mg/g，五种煮熟的蟹为0.03～0.09mg/g，双壳贝为3mg/g左右。活鱼肌肉中不存在游离核糖，但死后由ATP代谢产物次黄嘌呤中游离生成，含量不高。此外游离糖中还检出微量的阿拉伯糖、半乳糖、果糖、肌醇等。

（五）其他成分

鱼贝类的维生素含量不仅因种类而异，而且还随其年龄、渔场、营养状况、季节和部位而变化。无论是脂溶性维生素还是水溶性维生素，其在水产动物中的分布都有一定的规律。按部位来分，肝脏中最多，皮肤中次之，肌肉中最少；按种类来分，则红肉鱼多于白肉鱼，多脂鱼类多于少脂鱼类。鳗鲡、八目鳗、银鳕的肌肉中含有较多的维生素 A，南极磷虾也含有丰富的维生素 A，而沙丁鱼、鲤鱼和鲐鱼肌肉中则含有较多的维生素 D。

水产原料的体表、肌肉、血液和内脏等处不同的颜色，都是由各种不同的色素所构成的，这些色素包括血红素、类胡萝卜素、后胆色素、黑色素、眼色素和虾青素等。有些色素常与蛋白质结合在一起而发挥作用，虾青素与蛋白质结合使蛋白质变性而导致虾蟹壳的颜色发生变化。

思考题 >>

1. 简述鱼体营养成分与其他动物相比有何不同。
2. 水产动物的脂质有什么特点？
3. 与白色肉相比，暗色肉有什么特点？加工性能方面有什么影响？
4. 怎样鉴别水产加工品的原料鱼种类？
5. 怎样判断加工贮藏过程中鱼肉蛋白质的变性程度？
6. 什么是浸出物成分？水产动物原料肌肉浸出物主要有哪些？
7. 什么是红肉鱼？什么是白肉鱼？分别举例说明。
8. 根据鱼贝类的化学组成分析其营养特性。
9. 根据鱼贝类的化学组成分析其加工特性。
10. 从贝类食用安全性角度谈谈海洋环境保护重要意义。

四、水产食品植物原料的化学成分

（一）海藻的一般成分

海藻的一般成分是指海藻干物中所含的蛋白质、脂质、碳水化合物、灰分、色素及维生素等物质。由于生长环境的特殊性，海藻不仅含有不同于一般陆生植物的化学成分和比例，而且还含有许多活性物质，这就决定了海藻具有特殊的利用价值。近代，各种海藻也已成为人类在食品、工业和药用方面的重要来源，其组成成分还包括海藻多糖、海藻纤维素、海藻糖胶、海藻胶、糖苷、醇等。

海藻中的主要成分为多糖类物质，占干物质的 40% ~60%，而脂质含量较低，一般为 0.1% ~0.8%，与红藻、绿藻相比，褐藻脂质含量稍高。灰分在藻种间差异较大，一般为 20% ~40%。海藻中蛋白质含量一般在 20% 以下，但紫菜、蜈蚣藻、鼠尾藻、裙带菜等蛋白质的含量在20%以上。海藻中粗纤维的含量一般为2%～5%，超过5%的海藻多半不能食用。在褐藻中，碘、甘露醇和褐藻酸是主要的化学成分。

海藻中一般成分的含量受其生长环境的水温、营养盐等理化因素以及日照、季节的变化、生长场所、藻体部位等各种因素的影响，其中季节性变化是最重要的影响因素。海带中的褐藻酸含量在4、5月份时最高，7月份后降低；甘露醇的季节变化与褐藻酸含量的变化呈相反趋势，即甘露醇在6～7月份时含量低，但7月份后增加，9月份最高；粗蛋白含量在3～5月份较高，6～7月份时较低。海黍子的一般成分的季节性变化是夏季褐藻酸含量增加，甘露醇与褐藻酸变化仍呈相反趋势，粗蛋白含量自春季逐渐上升，4、5月份达最高值至32%，其后下降至8月份的最低值11%。不同地区采集的海带样品中主要成分的含量也有较大差别。

对海带不同部位差异的研究表明，根部及基部的总氮比顶叶部高，基部的褐藻酸中的古洛糖醛酸含量高于叶部，根部的灰分含量也比顶叶部高。对养殖与野生海带的主要成分研究表明，野生的海带含碘量比养殖海带高得多，一般为0.9%；同样，甘露醇含量也有较显著的差异。

（二）海藻中的碳水化合物

碳水化合物是海藻中的主要成分，一般占其干重的50%左右，其中，红藻中的碳水化合物包括琼胶、卡拉胶、红藻淀粉和一些低聚糖和单糖，如木聚糖、甘露聚糖、糖醇等；褐藻中的碳水化合物包括褐藻胶、褐藻淀粉、褐藻糖胶和甘露醇等低分子单糖；绿藻中的碳水化合物包括木聚糖、甘露聚糖、葡聚糖和硫酸杂多糖等。这些多糖的分布与功能见表1－5。

表1－5　　海藻多糖的分布与功能

分布	多糖种类	单糖构成	生理功能
细胞壁	海藻纤维素、木聚糖、甘露聚糖	葡萄糖、木糖、甘露糖	构成细胞壁骨架
细胞质	褐藻淀粉、红藻淀粉	葡萄糖	代谢能耗物质，维持生命所必需的基础物质参与代谢
细胞间质	琼胶、卡拉胶、杂多糖、褐藻胶	L－古洛糖醛酸、D－甘露糖醛酸、D－半乳糖、L－半乳糖及衍生物、3，6－内醚－L－半乳糖	

1. 红藻多糖

红藻碳水化合物包括高相对分子质量的多糖和低相对分子质量的糖醇、糖苷等，多糖中的琼脂和卡拉胶为细胞壁内填充物质，壁内还有木聚糖和甘露糖，而红藻淀粉则是细胞质的组成成分。红藻细胞间质多糖，又称为半乳聚糖或半乳糖胶，是由D－半乳糖或L－半乳糖及其衍生物聚合而成的线性高分子。从其所含半乳聚糖的结构特点来看，可以分为琼胶类和卡拉胶类2类。其中，琼胶类的糖链结构为（1→3）β－半乳糖－（1→4）－3，6－内醚－α－L－半乳糖，卡拉胶类为（1→3）－β－D－半乳糖－（1→4）－3，6－内醚－α－D－半乳糖。

琼胶类和卡拉胶类多糖的结构是红藻多糖的基本骨架，在不同的红藻中，由于进化演变的途径不同，其半乳糖上的不同碳位上还含有不同数量的硫酸基、甲氧基和丙酮酸等取代基而构成相应的衍生物，并表现为具有不同的功能特性。

（1）琼脂（琼胶）

① 琼胶的化学结构。1971年Duckworth等从化学结构上证实，琼胶是由含最低量硫酸基的中性琼胶糖和含中等量硫酸基和丙酮酸的酸性琼胶糖，直至含高量硫酸基的酸性半乳聚糖连续分布的分子混合物组成，即由1，3－糖苷键连接的β－D－半乳糖（D）与1，4糖苷键连接的3，6－内醚－α－L－半乳糖（L）为基本骨架交替连接而成的长链大分子，硫酸基、丙酮酸、甲基等则可与半乳糖C_4、C_6上的羟基结合而形成多种不同的多糖。

当琼胶用碱处理时，可除去C_6位上的SO_4^{2-}形成3，6－内醚半乳糖。以酸或α－琼胶酶水解时，可得到琼胶二糖或琼胶四糖；而用β－琼胶酶水解时，则可得到新琼二糖或新琼四糖。琼胶糖的结构如图1－46所示。

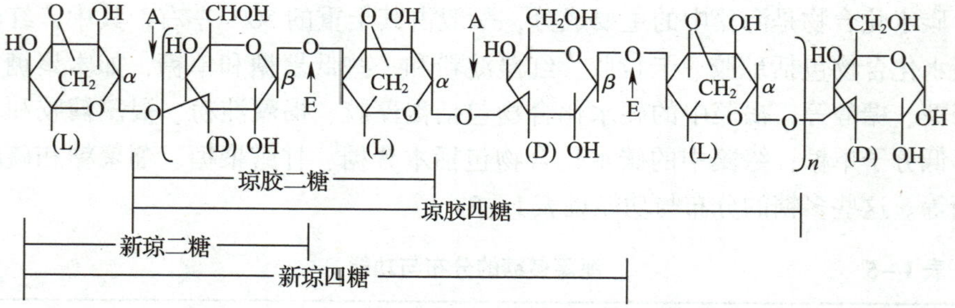

图1－46　琼胶糖的结构

A—易被酸或α－琼胶酶水解的键　E—β－琼胶酶水解的键

（L）—3，6－内醚－α－L－半乳糖（3，6－AG）　（D）—D－半乳糖

② 琼胶的性质。

a. 溶解性：琼胶不溶于冷水，但能吸水膨胀，在80℃以上热水和低浓度（30%～50%）乙醇中溶解，加热至95℃时，溶解度发生变化。

b. 凝固温度与融化温度：琼胶的凝固温度一般在32～43℃，融化温度一般在80～98℃，二者相差50～60℃，这种现象称为滞后性（现象）。融化温度越高，二者之间温差越大。琼胶中—OCH_3含量高，凝固温度也增高，一般—OCH_3增加4%～6%，凝固温度提高10℃左右。

c. 凝胶形成能力：凝胶的形成取决于中性琼胶糖的含量，冷却时，琼胶糖分子以螺旋形状组成双螺旋，生成三维网状结构；再冷却时，双螺旋体聚合排列生成较硬的凝胶。

d. 泌水性：琼胶凝胶随着放置时间的延长，表面能分离出水珠，这一现象称为泌水性。琼胶浓度低于1%时，泌水性更明显，—SO_3含量少，泌水性增加。分泌出的水分中无机盐类含量较多，生产中的加压或冷冻、冷却均可促进泌水性，通过此法可在一定程度上达到对琼胶的提纯，但这一现象对微生物培养不利，易造成菌群混杂而无法分离。

e. 黏度：黏度与相对分子质量有一定的关系，相对分子质量越大，黏度也越大，但黏度与凝胶强度并无对应关系。石花菜琼胶具有较强的凝固力，但其黏度比真江蓠、钩凝菜低。

（2）卡拉胶　经大量研究分析表明，卡拉胶是由1，3－糖苷键连接的β－D－半乳糖（G）与1，4－糖苷键连接的3，6－内醚－α－D－半乳糖（A）为基本骨架交替连接而成的长链大分子，根据β－D－半乳糖C_2、C_4和C_6上结合硫酸基的不同，可将卡拉胶分为β族卡拉胶、κ族卡拉胶、λ族卡拉胶、π族卡拉胶和ω族卡拉胶。由于α－D－半乳糖连接的硫酸基部位和数量的差异，β族卡拉胶又可分为γ、β、δ和α卡拉胶，κ族卡拉胶可分为μ、κ、ν、和τ卡拉胶，λ族卡拉胶可分为ξ、λ和θ卡拉胶。

2. 褐藻多糖

褐藻碳水化合物主要有褐藻胶、褐藻糖胶、褐藻淀粉、褐藻纤维素及低分子糖醇类等。

（1）褐藻胶

① 生产褐藻胶的原料。目前世界各国用来生产褐藻胶的原藻有海带、巨藻、马尾藻、裙带菜、羊栖菜等。美国于1929年利用巨藻开始大规模生产褐藻胶，此后，法国、挪威等国也开始利用海带类和泡叶藻等原料开始生产，我国于1954年首先在青岛建立以马尾藻为原料提取褐藻胶的生产车间，由于海带产量占到整个藻类产量的85%，目前主要从海带中提取褐藻胶，并同时对其他成分进行综合利用，从而有力地促进了这一产业的发展。

② 褐藻胶的化学结构。从广义上讲，褐藻胶是指褐藻酸的盐类；而从狭义上讲，则是指褐藻酸的钠盐。褐藻酸是由1，4－β－D－甘露糖醛酸（M）和1，4－α－L－古洛糖醛酸（G）为基本骨架连接而成的长链大分子。

③ 褐藻胶的性质

a. 溶解度：褐藻胶通常指褐藻酸钠，也是褐藻酸盐类的统称。褐藻酸在水和乙醇、丙酮、苯等有机溶剂中都不溶解，100℃水中溶解度也只有0.31g/100mL。褐藻酸与Na^+、K^+、Li^+和NH_4^+等一价离子和Mg^{2+}、Hg^{2+}二价离子形成的褐藻酸盐为水溶性的（pH＞5.8），而与Ca^{2+}、Mn^{2+}、Fe^{2+}等二价离子形成的褐藻酸盐则为水不溶性的。在强酸性条件下，沉淀的褐藻酸是褐藻酸酐和含游离羧基的褐藻酸二者的平衡混合物。加乙酸于褐藻酸钠中，可形成游离型的水溶性的褐藻酸；加入过剩Mg（OH）$_2$介质，可形成水溶性褐藻酸镁；而如褐藻酸酐与20% $MgSO_4$

溶液相作用，则会生成不溶性的褐藻酸镁。

b. 黏度：褐藻胶为亲水性的多糖胶体，为天然高分子电解质，具有较高黏度。黏度与物质的相对分子质量有一定的关系，一般而言，相对分子质量越大，黏度就越高，反之则低；黏度与温度有关，随温度升高而升高，而270℃后，则黏度会出现不可逆的下降，280℃后每上升1℃，黏度将会下降3%；黏度与种类有关，不同的原藻提取的褐藻胶黏度也不一样；黏度与pH有关，在pH7时黏度最大，由于胶体离子的静电作用而产生聚集的结果，从而使电荷增大，产生极性吸附，吸水性极强，表现为黏度最大，在此pH两侧，则电荷减少，静电的胶体离子的聚集被破坏，导致黏度下降。

c. 凝胶化：低M/G比值的褐藻胶，古洛糖醛酸含量高，其褐藻酸钙的凝胶强度高而脆，且有明显的泌水现象；而高M/G比值的褐藻胶，甘露糖醛酸含量高，其凝胶具有弹性，并比较能忍受高浓度的钙。

d. 吸附金属能力：褐藻酸有较强的吸附金属离子的能力，包括Na^+、K^+、Ca^{2+}、Mg^{2+}等离子，且对高价重金属离子的富集倍数明显地高于一般金属离子。富含高M/G比值对Cd^{2+}离子亲和力大，低M/G比值对Sr^{2+}离子亲和力大。

（2）褐藻糖胶

① 褐藻糖胶的组成。褐藻糖胶是褐藻所特有的、存在于细胞壁基质中的一类多糖，一般生长于潮间带且长时间与空气接触的褐藻中，如墨角藻类中褐藻糖胶的含量高达20%左右；而生长在海洋较深处的海带类中则含量较低，只有1%~2%。褐藻糖胶不是单一化合物，它是由岩藻糖、糖醛酸和硫酸酯等成分所组成，不同褐藻制备的褐藻糖胶也不一样，由于其组成成分的特点，褐藻糖胶一般被称为岩藻糖的硫酸化多糖或岩藻聚糖硫酸酯。

② 褐藻糖胶的性质与功能。褐藻糖胶的相对分子质量在13万~20万，能溶于水、稀酸和稀碱中，但不溶于有机溶剂。褐藻糖胶的溶液有黏性，水溶液放置数天后，黏度则下降，并有少量沉淀出现。

褐藻糖胶用稀酸或稀碱处理，能引起性质上的不可逆变化。在酸性条件下，褐藻糖胶在高浓度Ca盐、K盐、Al盐存在下溶于水中，但黏度很低，表明发生了明显的降解作用。

纯褐藻糖胶具有结合金属离子的作用，其与二价金属离子结合的活性顺序为$Pb^{2+} > Ba^{2+} > Cd^{2+} > Sr^{2+} > Cu^{2+} > Fe^{2+} > Co^{2+} > Zn^{2+} > Mg^{2+} > Mn^{2+} > Cr^{2+} > Ni^{2+} > Hg^{2+} > Ca^{2+}$，因此褐藻糖胶可作为对$Cd^{2+}$、$Ba^{2+}$、$Sr^{2+}$和$Pb^{2+}$等金属离子的结合剂或阻吸剂。褐藻糖胶具有一定的抗凝血效果，从马尾藻的提取物中显示有明显的抑制肿瘤的药物活性；此外，还发现有降血脂、抗病毒和增强机体免疫功能的作用。

3. 海藻纤维素

海藻纤维素是构成海藻细胞壁的主要成分，在干藻中的含量为10%~15%，由β－D－葡萄糖分子以1，4－糖苷键相连。纤维素含量在柄部最高，其次为中部，基部和两边略低，一般也随着季节的变化而上下波动。

4. 低相对分子质量碳水化合物

（1）甘露醇　甘露醇是一种六碳糖醇［$C_6H_8(OH)_2$］，为白色针状结晶，在水中有一定的溶解度，略甜，熔点为166℃，一般是在提取海带中褐藻胶时的一种副产品。

甘露醇在不同海藻中的含量一般有较大差异，通常在10%左右，海带科和昆布科海藻中含量较高，有的品种可高达25%，马尾藻和海蒿子中达到10%～20%，羊栖菜中含量略低，为7%左右。就分布地区而言，北方养殖的种类甘露醇含量高于南方养殖的同类品种；而且，其含量随季节变化波动很大。一般而言，甘露醇在藻体成熟的季节里含量较高，加拿大西海岸生长的巨藻甘露醇含量在2～4月份最高，海囊藻在6～8月份最高，掌状海带在7～8月份较高。值得注意的是，甘露醇含量随季节变化的趋势与褐藻胶的变化相反。甘露醇的生产一般采用水重结晶法或电渗透法。通常作为海带生产褐藻胶和提取碘时的副产品。

甘露醇在医药方面主要是治疗肝炎、休克、青光眼、颅压过高、糖尿病等，六硝酸甘露醇可用作冠状血管扩张药。在食品工业中甘露醇硬脂酸酯用于花生酱，可防止油脂分离，用于饼干不易受潮，用于糖果可起定型作用。

（2）糖苷　褐藻中发现的糖苷主要有1－D－甘露醇－β－D－葡萄糖苷和1，6－D－甘露醇－二（β－D－葡萄糖苷）2种。

（三）海藻中的脂类物质

海藻中能用非极性有机溶剂如乙醚、氯仿、石油醚、正己烷、二氯甲烷或混合溶剂萃取的化学成分，都属于脂类化合物。可分为两类：一类是可被NaOH皂化的组分，如游离脂肪酸及其酯类；另一类是不被NaOH皂化的组分，包括烃类、萜类、甾酸类和色素部分。海藻中总脂含量相差较大，真江蓠0.02%～0.83%、石花菜0.04%～0.49%、海带0.64%～2.03%、海萝0.04%～0.22%、马尾藻0.76%～9.59%、扁浒苔0.85%～2.31%。一般而言，总脂含量范围在0.02%～9.59%之间，由高至低依次为褐藻＞红藻＞绿藻。海藻总脂的含量随藻体的成熟程度、营养状况和季节等因素的变化而变化。

在海藻总脂中，丙酮可溶性脂质占40%～65%，酸价为11～57mg/g，碘价为108～191g/100g。

海藻中的脂肪酸一般为偶数碳链的直链脂肪酸，且大多以结合状态存在。藻类中不饱和脂肪酸的含量较高，二十碳不饱和脂肪酸含量由高至低为红藻＞褐藻＞绿藻，十八碳不饱和脂肪酸含量由高至低为绿藻＞褐藻＞红藻，而且在红藻和褐藻中，二十碳高度不饱和脂肪酸含量高于十八碳不饱和脂肪酸，绿藻中主要是十八碳不饱和脂肪酸。在真江蓠和角叉菜等红藻中，二十碳不饱和脂肪酸含量分别为30.6%和31.7%，其中二十碳五烯酸（EPA）含量分别高达20.1%和

14.2%，海带和昆布等褐藻中二十碳不饱和脂肪酸含量分别为18.1%和29.6%，绿藻中主要是十八碳不饱和脂肪酸，在石莼和肠浒苔中十八碳三烯酸和四烯酸含量分别高达41.3%和38.3%。可见，海藻是提取EPA和其他高度不饱和脂肪酸的较好原料。

思考题 >>

1. 海藻的一般组成有什么特点？
2. 褐藻多糖包括哪几类？
3. 褐藻胶有哪些方面的用途？
4. 褐藻糖胶具有哪些活性功能？
5. 红藻类多糖包括哪几类？
6. 浒苔属于哪类海藻？请辩证谈一下你对近年来许多海区出现的“浒苔灾”。

五、 水产食品原料的特点

水产品加工是以水产动植物为原料，采用机械、物理、化学、微生物学的方法，进行食品加工的生产技术过程。因此，在水产品加工中水产食品原料的特点是不容忽视的重要问题。现将水产食品原料的特点介绍如下。

（一） 渔获量不稳定性

水产品原料的稳定供应是水产食品加工生产的首要条件。但是，水产品原料的不稳定性是水产食品加工生产的一个特点，与农业和畜牧业相比较，鱼类等水产品的渔获量受季节、渔场、海况、气候、环境等多种因素的影响，特别是人为捕捞因素更会引起种群数量剧烈变动，甚至引起整个水域种类组成的变化。所以，水产品加工业受外界因素的影响很大，难以保证一年中稳定供应，从而使水产食品的加工生产具有很强的季节性。

随着我国渔业产量的不断增长，经济鱼类等资源也在发生变化。比较而言，海产经济鱼类资源变化大于淡水鱼类。由于近年来海洋捕捞力量增加过快，同时加上海洋环境条件的变化等诸多因素的综合影响，渔业资源急剧下降。为了保护我国海洋渔业资源，减少幼鱼的海捕产量，我国沿海各海域已实行伏季休渔制度。自20世纪80年代以来，科技工作者攻克了一道道技术难关，大力推广水产养殖业，几十年来，我国水产养殖业持续发展，形成了海参、对虾、大菱鲆、牙鲆、大黄鱼、半滑舌鳎、扇贝、牡蛎、贻贝、海带、紫菜等众多品种规模化养殖，满足人们对海鲜美味日益增长的需求。

（二） 水产食品原料种类多样性

我国水产资源丰富，水产食品原料品种多、分布广，渔获物的种类远比农、畜产品多。水产品加工原料主要是指具有一定经济价值和可供利用的生活于海洋和内陆水域的生物种类，包括海洋和内陆水域的鱼类，甲壳动物、软体动物、棘皮动物、腔肠动物、两栖动物、爬行动物和藻类等。以鱼类为例，我国常见的有经济意义的鱼类有200多种，有海水鱼和淡水鱼之分。我国黄、渤海区以暖温性鱼类为主，东海、南海以及台湾以东海区主要是暖水性鱼类。淡水鱼也有冷水性、冷温性、暖水性鱼类之分。在海水鱼中，按肌肉颜色又可以分成两大类：一类是体内肌红蛋白、细胞色素等色素蛋白含量较高、肉带红色的红肉鱼类，如鲐鱼、沙丁鱼、金枪鱼等洄游性鱼类；另一类是肌肉中仅含少量色素蛋白、肉色近乎白色的白肉鱼类，如鳕鱼、鲷鱼等游动范围较小的鱼类。由此可见，水产加工原料覆盖的范围非常广，不仅有动物，而且有植物，无论是在体积还是在形状上都千差万别，这就是水产品加工原料的种类多样性。

（三） 水产食品原料组成成分易变性

由于水产加工原料种类多，其化学组成和理化性质常受到栖息环境、种类、性别、大小季节和产卵等因素的影响而发生变化。水产品的营养成分是由水分、蛋白质、脂肪、无机盐、维生素和糖类等组成的。鱼肉中的蛋白质和无机盐含量变化并不大，而水分和脂肪含量变化较大，而且脂肪含量的变化通常与水分含量呈反比关系。

水产动物中脂肪含量的多少与种类、年龄、季节及摄食饵料等状况不同而有差异。海洋洄游性中上层鱼类如金枪鱼、鲱、鲐、沙丁鱼等，脂肪含量大多高于鲆、鳕、鲽、鲷、黄鱼等底层鱼类。前者一般称为脂肪性鱼类，其脂肪含量通常在10%～15%，高时可达20%～30%；后者称为少脂鱼类，脂肪含量在5%以下，鲆、鳕、鲽脂肪含量在0.5%左右。鱼体的部位不同，脂肪含量也不同。金枪鱼的脂肉（含脂质较多的腹肉）超过20%，但金枪鱼的红色肉部分的脂肪含量仅1.4%，部位差异幅度极大。鱼体成分随季节有很大变化，因此一年中鱼类有一个味道最佳时期。洄游鱼类在索饵洄游时，鱼体肥度增加，肌肉中脂肪含量增加，鱼肉味道鲜美。鱼体脂肪含量在产卵后迅速降低，风味亦随之变差。例如，鲱鱼在产卵前，体内脂肪含量高达13%左右；产卵后则脂肪消耗殆尽，只有1%左右。贝类中牡蛎的蛋白质和糖原含量亦随季节变化，冬季含量最多时，味最鲜美。水产动物肌肉中所含的无机盐，可因动物种类、季节和其他情况不同而异。

（四） 水产食品原料易腐性

水产品中海藻属于易保鲜的品种，而对于鱼贝类来说则特别容易腐败变质。有如下几点原因：

（1）鱼体表面组织脆弱、鳞片易于脱落，容易遭受细菌侵入。同时，鱼体在消化系统、体表、鳃丝等处都黏附着细菌，并且细菌种类繁多。鱼体死后，这些细菌开始纵深渗透，在微生物的作用下，鱼体中蛋白质、氨基酸及其含氮物质被分解为氨、三甲胺、吲哚、硫化氢、组胺等低级产物，使鱼体产生具有腐败特征的臭味，这个过程就是细菌腐败，也是鱼类腐败的直接原因。

(2) 鱼体内含有活力很强的酶，如内脏中的蛋白质分解酶、脂肪分解酶、肌肉中的ATP（三磷酸腺苷）分解酶等。鱼体死后，在各种蛋白分解酶的作用下，蛋白质分解，游离氨基酸增加，氨基酸和低分子的氮化合物为细菌的生长繁殖创造了条件，加速了鱼体腐败的进程。

(3) 鱼贝类相对畜肉来说，鱼类的肌肉组织水分含量高，肌基质蛋白较少，比畜肉组织柔软、细嫩，因此造成了腐败速率的加快。

(4) 鱼贝类的脂质由于富含EPA、DHA等高度不饱和脂肪酸而易于氧化变质，生成小分子的醛、酮、酸类物质，产生令人难以接受的"酸败味"。不饱和脂肪酸双键被氧化生成的过氧化物及其分解物加快了蛋白质变性和氨基酸的劣化。

(5) 鱼类的肌红蛋白远比哺乳类的肌红蛋白不稳定，在酸性及高温下，氧化速度增大，在同样条件下，金枪鱼及鲣鱼的肌红蛋白（Mb）自动氧化速度要比哺乳动物快，说明贮藏时鱼肉易于发生褐变。这是因为鱼肉Mb的血红素铁从二价自动氧化为三价，变成褐色的高铁Mb的缘故，Mb自动氧化因冻结，解冻处理而被促进。金枪鱼肉一经冻结，解冻即褐变加速就是这个原因。

水产品加工原料的这些特点决定了其加工产品的多样性、加工过程的复杂性和保鲜手段的重要性。对水产品而言，没有有效的保鲜措施，就加工不出优质的产品。因此保鲜是水产品加工中最重要的一个环节，有效的保鲜措施可避免鱼贝类捕获后腐败变质的发生。

思考题 >>

1. 水产食品原料有什么特点？
2. 为什么水产食品原料易于腐败变质？

六、鱼贝类的死后变化及鲜度保持

近年来，我国水产业迅速发展，而相应的水产品鲜度保持和加工技术却没有能够跟上，导致较大的经济损失。与大多数陆产动物相比，水产动物在死后较易腐败变质，因此为了更好地利用经济水产品，则需弄清鱼贝类在死后变化的规律及新鲜与腐败的界限，尽量延长水产品的鲜度的持续时间，即捕获水产品后推迟其开始僵硬的时间，并延长其持续僵硬的时间，为水产品的销售和进一步的深加工、保持应有的鲜度创造有利的条件。

（一）死后僵硬

水产品原料的鲜度以及作为加工原料的适性，直接影响到鱼贝类加工品的风味和质量。刚捕获的新鲜水产品，外表明亮，色泽清晰，体表覆盖着一层透明均匀的稀黏液层。以鱼为例，刚捕获时，眼球明亮突出，鳃为鲜红色，没有任何黏液覆盖。肌肉组织柔软可弯，富有弹性，且气味新鲜，或有"海藻味"。对多脂鱼来说，还有诱人的脂香。但是鱼贝类也是最不容易保存、极易腐败的食品。特别是夏季，有些鱼贝类很难保存1d以上。因此，鱼贝类保鲜是水产业生产十分重要的问题。

鱼贝类死后肌肉中会发生一系列与活体时不同的生物化学和生物学的变化，整个过程可分为初期生化变化和僵硬、解僵和自溶、细菌腐败3个阶段。

1. 初期生化变化

鱼贝类死后，体内的各种酶仍具有活力，一些新陈代谢还在进行，只是与鱼贝类活着时的途径有所不同。如鱼贝类死后，在停止呼吸与断氧条件下，肌肉中糖原酵解生成乳酸，在软体动物中则被分解成章鱼碱和乳酸。与此同时，ATP被其内源性酶分解成相关化合物，直至最后生成次黄嘌呤。

（1）糖的代谢　在鱼贝类的肌肉中，糖原是作为能量的贮存形式而存在着，鱼体死后则被无氧分解。对洄游性的鲣鱼、金枪鱼等红肉鱼来说，一般含有较多的糖原；而对于白肉鱼来说，糖原含量大约仅为红肉鱼的一半。在软体动物尤其是贝类中，体内蓄积着更高含量的糖原；同时，贝类的糖原含量随季节而改变，在汛期时较高。可见糖原含量也因种类的不同而有较大差别。

糖原含量也因鱼贝类被捕获后处理方法不同而不同。如死前剧烈挣扎或长期饥饿等都能使糖原含量显著下降，这就影响到水产品的质量，因此，捕获时应特别注意。而且，鱼贝类的不同部位所含的糖原也不同，一般来说，从头部向尾部含量逐渐增高。同时，由于鱼贝类内源性酶的活力受温度影响很大，因此温度的变化也影响到鱼贝类体内糖原的含量。

糖原酵解的过程中，1mol葡萄糖能产生2mol ATP。通过这样的补给机制，动物即使死亡，在短时间内其肌肉中ATP含量仍能维持不变。然而随着磷酸肌酸和糖原的消失，肌肉中ATP含量显著下降，肌肉开始变硬。

鱼贝类在刚捕获和保鲜过程中，肌肉中糖原发生的生化反应最多的是无氧代谢，因此在鱼贝类肌肉中最终会积累一定量的乳酸；而对于贝类等无脊椎水产动物，当死后进行糖原酵解时，最终产物为丙酮酸。对乳酸含量而言，在洄游性的红色肉鱼类中含量很高，而底栖性白色肉鱼类中则较低，但其值也因鱼的状态、处理方法等不同而显著不同。

一般来说，洄游性的红色肉鱼类比白肉鱼的乳酸含量要高，而且红色肉鱼类的糖原含量也较高。另外，安逸的鱼与疲劳的鱼相比，疲劳的鱼的乳酸含量更高些。同理，挣扎致死的鱼要比即杀死的鱼乳酸含量高；而养殖鱼与天然鱼相比较，前者乳酸含量则较高。

鱼贝类乳酸的含量直接影响到其机体pH的变化。一般来讲，活体动物肌肉的pH为7.2~7.4，动物死后，随着糖原酵解成乳酸，pH下将，下降的程度与肌肉中糖原的含量有关。畜肉的糖原含量为1%左右，死后最低pH为5.4~5.5。洄游性的红肉鱼类糖原含量较高，为0.4%~1.0%，pH最低达5.6~6.0；底栖类的白肉鱼类糖原含量较低，为0.4%左右，最低pH在6.0~6.4。

（2）ATP 及相关物质的代谢　鱼贝类在活着的时候，是靠氧化体内各种有机化合物来补充能量，维持正常新陈代谢，因而同一种类动物肌肉中 ATP 的含量几乎是一定的。但鱼贝类在死后，由于氧的来源中断，ATP 就只能由磷酸肌酸、磷酸精氨酸以及糖酵解作用来补充。当这些物质耗尽之后，ATP 就会开始急剧下降，并按 ATP（三磷酸腺苷）→ADP（二磷酸腺苷）→AMP（一磷酸腺苷）→IMP（肌苷酸）→HxP（次黄嘌呤核苷）→Hx（次黄嘌呤）的顺序发生分解，由于 IMP 是具有强烈鲜味的呈味物质，所以建议在鱼被杀死后经过一小段时间再食用，此时 IMP 含量要稍微高一些，风味当然要比活鱼更加鲜美。但在肌肉中含量比 ATP 高数倍的 CrP（磷酸肌酸），在肌酸激酶的催化作用下，可将由 ATP 分解产生的 ADP 重新再生成 ATP。其反应式如下：

$$ATP + H_2O \longrightarrow ADP + Pi$$

$$ADP + CrP \rightleftharpoons ATP + Cr$$

式中　Pi 为无机磷酸；Cr 为肌酸。

同时，2mol ADP 在腺苷酸激酶（adenylate kinase）的作用下，可生成 1mol ATP 和 1mol AMP。其反应式如下：

$$2ADP \rightleftharpoons ATP + AMP$$

综上所述，ATP 是鱼贝类死后迅速分解的物质，所以如果明确了 ATP 的分解进程和机制，就可以找到其与鲜度之间的关系，对进一步保持鱼贝类鲜度有重要作用。

2. 僵硬

（1）感官变化　刚死的鱼体，肌肉柔软且富有弹性。放置一段时间后，肌肉收缩变硬，失去伸展性或弹性。如用手指压，指印不易凹陷；手握鱼头，鱼尾不会下弯；口紧闭，鳃盖紧合，整个躯体挺直，鱼体进入僵硬状态，如图 1－47 所示。鱼贝类死后僵硬一般发生在死后数分钟至数十小时期间，其持续时间为数小时至数十小时，总的说来比畜肉短。这是因为鱼贝类结缔组织少、组织柔软、水分含量高、微生物数量多的缘故。

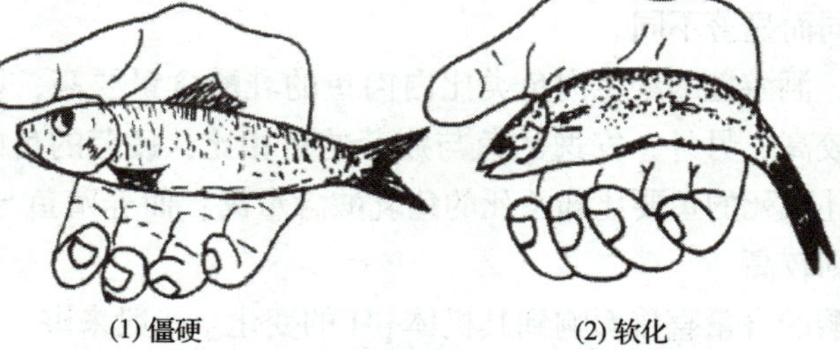

(1) 僵硬　　(2) 软化

图 1－47　鱼体死后的僵硬与软化

当僵硬进入最盛期时，不仅肌肉收缩剧烈，而且持水性下降。一些不带骨的鱼肉片，长度会缩短甚至产生裂口，并有液汁向外渗出。表 1－6 列举的是印度洋中一些鱼类的情况。

表 1－6 鱼片僵硬时的收缩率（贮存温度 30℃）

鱼种	收缩率/%	鱼种	收缩率/%
五指马鲛	6	双棘石斑鱼	14
鲨鱼	11	海鳗	11.5
鲳鱼	10.5	褐颊鳞	17
横带马鲛	11.1	红鳍笛鲷	17.5

（2）鱼死后僵硬期的持续时间和僵硬程度的影响因素 死后僵硬是鱼贝类死后的早期变化，接着进入僵硬期。所谓僵硬期，即鱼贝类死后肌体内酶类进行无氧降解，糖原和 ATP 减少到一定程度，鱼体开始变硬，随着降解作用的进行，硬度不断升高，从开始变硬到硬度达到最大值这一持续时间称为僵硬期。而鱼体进入僵硬期的迟早和持续时间的长短受鱼贝类的种类、大小、死前生理状态、致死方法、栖息温度和贮藏温度及机体物化状态等各种因素的影响。

① 鱼的种类、大小：一般讲，因为每种鱼的化学组成不同，造成不同鱼种之间有很大的差异。如鳕鱼科的牙鳕死后很快就进入僵硬状态，死后 1h 完全变硬；然而在同样条件下进行保鲜的红鱼，到开始僵硬需要 2h；拖网捕获的大头鳕冰藏后，一般要经过 2～8h 进入僵硬；沙丁鱼、鲐、鲣等都能很快进入僵硬状态。而扁体鱼类较圆体鱼类僵硬开始得比较迟，这是由于鱼体内酶的活力较弱，但进入僵硬后其肌肉的硬度更大。不同大小、年龄的鱼也表现出很大的差别，小鱼、喜动的鱼比大鱼更快进入僵硬期，持续时间也短。

② 死前生理状态：由于在春夏季节，饵料丰富，此时的鱼比秋冬饵料匮乏季节的鱼僵硬开始得迟，僵硬持续时间长。而如果让养殖鱼经常在栖息水域中运动，使它更接近天然鱼的运动量，以红鳍东方鲀为例，死后僵硬速度会明显迟缓。

③ 致死方式：在鱼死亡前，挣扎很长时间，待杀死后，其 ATP 含量极低，鱼会很快进入僵硬期。然而捕获后迅速致死的鱼，体内糖原消耗得少，比剧烈挣扎、疲劳而死的鱼进入僵硬期迟，持续时间也长，有利于保藏。

④ 栖息温度与贮藏温度：鱼的体温会随环境水温的变化而变化。鱼的体温与贮藏温度相差越大，鱼进入僵硬期的速度就越快，所以贮藏温度直接影响着鱼死后的僵硬程度，即死后僵硬与鱼捕获的环境温度有关。

然而鱼种不同，贮藏温度对死后僵硬的影响也不同。例如红鳍东方鲀、石斑鱼、宽纹虎鲨、鲫鱼、罗非鱼在 0℃贮藏，其死后僵硬要比在 10～20℃进行得快。

鲫鱼和石鲷死后僵硬开始得早，比目鱼和印度鲬开始得迟。鲫鱼死后僵硬开始的时间，0℃贮藏与 10℃贮藏无差别，但其他鱼种有差别，要差 4～9h。另外，到达死后僵硬最盛的时间，这 5 种鱼都是 10℃贮藏的比 0℃贮藏延迟 2～3 倍，并且与 ATP 消失、乳酸达到最大量的时间相一致。分析 0℃贮藏为何会促进死后僵硬进行的原因，可能是 0℃条件下肌浆网对 Ca^{2+} 的吸收能力很低，从肌浆网漏出

的 Ca^{2+} 激活了肌动球蛋白 Mg^{2+} ATPase 的缘故。低温饲育的鱼死后僵硬进行较慢，这是由于低温驯化已使肌浆网的 Ca^{2+} 吸收能力在低温下也能充分保持的结果。所以，从推迟活杀鱼僵硬的发生考虑，贮藏温度保持 5～10℃ 可能比 0℃ 更适当；但是当鱼达到完全僵硬后，贮藏温度高就会促使鱼的鲜度迅速下降。因此，当流通时间需在 1d 以上，并可保持在僵硬状态销售，则活杀鱼仍应一开始就进入低温贮藏，才能更好地保持其新鲜度。

⑤ 机体物化状态：当鱼死后，其肌肉 pH 的变化也与死后僵硬有关。随着 pH 下降，肌小胞体的功能也即下降，对 Ca^{2+} 的泄出影响很大。此外，pH 下降，往往使肌原纤维蛋白质发生变性，也间接影响到肌肉的硬度。

⑥ 天然鱼与养殖鱼：一般来讲，养殖鱼比天然鱼保持僵硬的时间要长。

通过对上述各种影响鱼类死后僵硬程度的主要因素的分析可以看出，致死条件和贮藏温度是主要因素，而这 2 个因素同时又最容易人为地加以控制，所以要推迟死后僵硬时间，最好的方式就是立即将鱼杀后贮存于 5～10℃。此外，当鱼类完全僵硬后，应迅速地将鱼贮藏温度降到 0℃，只有这样，才可以将僵硬时间最大限度地延长，从而使解僵推迟，保持鱼的鲜度。

3. 僵硬复合体形成

鱼体死后，肌肉中 ATP 会在内源性酶的作用下不断分解、消失，致使粗肌丝和细肌丝之间发生相对滑动，肌节缩短，肌肉发生收缩（图 1－48）。

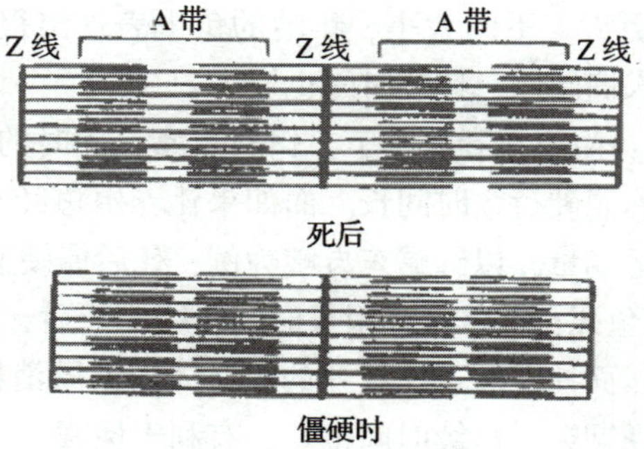

图 1－48　死后肌肉收缩示意

鱼体死后，出现僵直，逐渐形成僵硬复合体（rigor complex），即在电子显微镜下可以观察到，粗肌丝两端突出的肌球蛋白头部和细肌丝中的肌动蛋白固定地结合形成矢状结构，而且这种矢状结构在死后僵硬肌肉中两肌丝之间周期性存在，是活体肌肉中看不到的。通常，两肌丝重合部分越大，其死后僵硬的硬度也就越大。

肌肉中僵硬复合体具体形成过程为：一般在活体体内，肌肉收缩是由于 Ca^{2+} 从肌小胞体中迅速释放出来这种神经刺激引起的；而死后僵硬是在没有任何刺激下发生的，肌肉进行缓慢的收缩，通常这种收缩是不可逆的，它与活体肌肉收缩有着显著的不同。鱼体死后，肌肉中 ATP 浓度在减少，利用能量在其膜内积蓄的肌小胞体和线粒体，随着死后时间的延长，其生理功能丧失，Ca^{2+}泄出。活体肌肉细胞中Ca^{2+}浓度约为10^{-6}mol/L时就会发生收缩，而死后游离Ca^{2+}浓度上升至10^{-4}mol/L，使肌肉中发生与活体肌肉收缩一样的粗细肌丝之间相对滑动，并在肌球蛋白和肌动蛋白之间形成强有力的结合，肌节缩短，肌肉保持僵硬，最终在肌肉中形成僵硬复合体。

（二）自溶与腐败

鱼贝类死后发生僵硬，而后又在内源性蛋白酶或来自腐败菌的外源性蛋白酶作用下开始解僵，在解僵过程中，鱼贝类肌肉会迅速发生软化和生物化学变化。与此同时，微生物开始增加，腐败逐渐加快。到僵硬期将要结束时，微生物的分解开始活跃起来，鱼贝类开始腐败，不久随着自溶作用，水产品原有的形态和色泽发生劣化，并产生异味，有时还会产生有毒物质。

1. 解僵和自溶

解僵就是鱼体死后进入僵硬期，并达到最大程度僵硬后，僵硬指数再次下降，其僵硬又缓慢地解除，鱼体再次变软的过程。肌肉的软化与活体肌肉的松弛不同，解僵的主要原因是存在于肌肉中的内源性蛋白酶或来自腐败菌的外源性蛋白酶作用的结果。对于畜肉解僵很慢，从动物的肉到成为食品供给，需要一定的成熟期，这一点很重要；然而鱼贝类的肌肉在伴随着解僵软化时，会迅速发生生物化学变化和物理变化。

而肌肉中的组织蛋白酶通常会参与蛋白质分解的自溶作用，其中组织蛋白酶主要有酸性蛋白酶和中性蛋白酶。而参与鱼类死后蛋白质分解作用的酶类中，除自溶酶类之外，还有可能来自消化道的胃蛋白酶、胰蛋白酶等消化酶类，以及细菌繁殖过程中产生的胞外酶。所以，在各种蛋白分解酶的作用下，鱼贝类死后的解僵和自溶阶段会发生如下变化。

（1）肌原纤维中Z线脆弱化、断裂化，组织中胶原分子结构改变，结缔组织发生变化，胶原纤维变得脆弱，使肌肉组织变软并发生解僵　通常，在鱼死后，其肌肉经匀浆制成肌原纤维时，随着时间的延长，Z线的部位就被切断，一般可以得到由1~4个肌小节组成的小片。在死后肌肉中引起Z线脆弱的原因有两个：一是死后僵直发生的张力给Z线以持续的紧张时，Z线的构造会发生崩溃；二是Z线的结构因Ca^{2+}达到一定浓度后崩溃，形成肌原纤维碎片。

肌原纤维一般在Ca^{2+}浓度为10^{-6}mol/L时就发生收缩。死后肌肉中，Ca^{2+}从肌小胞体中和线粒体中泄出，游离Ca^{2+}浓度可达到10^{-4}mol/L，原因可能是肌肉中的中性蛋白酶被Ca^{2+}活化，将Z线分解；也有人认为是Ca^{2+}与构成Z线的蛋白质相结合，引起Z线的崩溃。

在与骨骼肌共存的结缔组织中，直接与肌肉物理性质有关的是纤维性成分。另外，肌纤维之间的连接是由胶原等细胞外细胞间质物来完成的。肌原纤维的片段化是肌肉在解僵过程中肌原纤维发生的一个普遍现象。

(2) 肌肉中的蛋白质分解产物和游离氨基酸增加，导致弹性蛋白质的弹性下降以及肌动蛋白与肌球蛋白之间的结合变弱 连接肌原纤维的是弹性蛋白质，它将肌球蛋白纤维固定在Z线上。死后僵硬的肌肉弹性会下降，这可能是因为弹性蛋白降解为低分子物质，改变了它们之间的连接；同时肌肉僵硬达到最大程度时，肌节长度变得最短。然而当僵硬过后肌节又再度伸长，僵硬时形成的肌动蛋白和肌球蛋白的结合会变弱，这也是导致肌肉重新软化的一个原因。

综上所述，存在于鱼肉中的酸性蛋白酶和中性蛋白酶主要是分解肌原纤维，由于这些酶各自适合的pH不同，所以分解肌原纤维和解僵软化的作用也有所不同。通常鱼体的自溶主要是鱼肉蛋白质被分解，另外还有增殖了的细菌的作用。

鱼贝类的解僵和自溶会给其鲜度质量带来各种感官和风味上的变化，同时其分解产物——氨基酸和低分子的含氮化合物也为细菌的生长繁殖创造了有利条件，加速了鱼体的解僵自溶过程，成为由良好鲜度逐步过渡到细菌腐败的中间阶段。因此，做好此阶段的保鲜工作，对最大限度保持水产品的原有鲜度十分重要。

2. 细菌腐败

鱼贝类在捕获以后极易腐败，最初是由自身酶的作用所引起的，然后当鱼贝类解僵并开始变软时，微生物的繁殖就变得活跃起来，致使鱼贝类加速腐败。在微生物的作用下，鱼体中的蛋白质、氨基酸及其他含氮物质被分解为氨、三甲胺、吲哚、硫化氢、组胺等低级产物，使鱼体产生具有腐败特征的臭味，这个过程就是细菌腐败，主要表现在鱼的体表、眼球、鳃、腹部、肌肉的色泽、组织状态以及气味等方面。

鱼体死后的细菌繁殖，从一开始就与死后的生化变化、僵硬以及解僵等同时进行。在死后僵硬期中，细菌繁殖处于初期阶段，分解产物增加不多。因为蛋白质中的氮源是巨大分子，不能透过微生物的细胞膜，因而不能被细菌所直接利用。当微生物从其周围得到低分子含氮化合物，将其作为营养源繁殖到某一程度时，即分泌出蛋白质酶分解蛋白质，这样就可利用不断产生的低分子成分。另外由于僵硬期鱼肉的酸性条件不适宜细菌生长繁殖，故对鱼体质量尚无明显影响。当鱼体进入解僵和自溶阶段，随着细菌繁殖数量的增多，各种腐败变质征象即逐步出现。

通常，活鱼的肌肉、内脏以及体液几乎是无菌的，但皮肤、鳃等部位由于和海水直接接触，附着许多微生物。鱼贝类被捕获后堆放在甲板上，甲板上的细菌数通常是$10^5 \sim 10^6$个/cm^2。鱼在经过海水洗涤后细菌数略有减少，但在此后的加工、贮藏和流通过程中，鱼所携带的细菌数会因繁殖而增加，在鱼舱、容器、冷库、加工案板、人手、空气等处都存在着不同种类的微生物。然而，鱼体所带的腐败细菌主要是水中细菌，而且多数为需氧性细菌，其中以假单胞菌属、无色杆菌属、黄色杆菌属、小球菌属等为主要菌种。这些细菌在鱼类生活状态时主要存在于鱼体表面的黏液、鱼鳃及消化道中。

细菌主要有两条途径侵入鱼体：① 附着在鱼体表的细菌，温度适宜时在黏液中开始繁殖，使鱼体表面变得混浊，并散发出难闻的气体。当细菌进一步侵入鱼皮时，固着在鱼鳞上的结缔组织开始发生蛋白质分解，造成鱼鳞容易脱落。当细菌从体表黏液不断进入眼部组织时，眼角膜就会变得混浊，并使固定眼球的结缔组织发生分解，因而出现眼球凹陷。由于大多数情况下鱼是窒息而死，鱼鳃充血，因此给细菌繁殖创造了有利条件。鱼鳃在细菌酶的作用下，失去原有的鲜红色而变成褐色乃至灰色，并产生恶臭；同时细菌还通过鱼鳃进入鱼的组织。② 在鱼体肠道内，腐败细菌不断繁殖，并穿过肠壁进入腹腔各脏器组织，在细菌酶的作用下，蛋白质发生分解并产生气体，使腹腔膨胀，当压力不断升高时，腹腔可能出现破裂，甚至部分鱼肠可能从肛门脱出。随着进一步繁殖，细菌逐渐侵入沿着脊骨行走的大血管，并引起溶血现象，把脊骨旁的肌肉染红，进一步可使脊骨上的肌肉脱落，形成骨肉分离的状态，降低了水产品的新鲜度。

一般，鱼体的腐败过程是沿着鱼体内结缔组织和骨膜，波及一块又一块的新组织，就这样不断地向组织深部推移，最终导致鱼体组织的蛋白质、氨基酸以及其他一些含氮物被分解为氨、三甲胺、吲哚、硫化氢、组胺等腐败产物。具体发生的生化反应如下。

（1）脱氨反应

① 由氧化脱氨反应生成酮酸和氨，反应式如下：

$$RCH(NH_2)COOH + 1/2O_2 \longrightarrow RCOCOOH + NH_3$$

② 直接脱氨生成不饱和脂肪酸和氨，反应式如下：

$$RCH_2C(NH_2)HCHCOOH \longrightarrow RCH=CHCOOH + NH_3$$

③ 经还原脱氨反应生成饱和脂肪酸和氨，反应如下：

$$R(NH_2)=CHCOOH + H_2 \longrightarrow RCH_2COOH + NH_3$$

（2）脱羧反应　从氨基酸脱出羧基，生成相应的胺和二氧化碳。通过脱羧反应，赖氨酸生成尸氨，鸟氨酸生成腐胺，组胺酸生成组胺，反应式如下：

$$R(NH_2)CH_2COOH \longrightarrow RCH_2NH_2 + CO_2$$

（3）含硫氨基酸分解　甲硫氨酸、半胱氨酸、胱氨酸等含硫氨基酸被绿脓杆菌属的一部分细菌所分解，生成硫化氢、甲硫醇、已硫醇等。

（4）色氨酸分解　色氨酸在绿脓杆菌、无色杆菌、大肠杆菌等细菌的色氨酸酶的作用下分解生成吲哚。

（5）海产鱼大多含有氧化三甲胺，板鳃类鱼还含有大量尿素，它们的反应产物具有腥臭味和氨臭味，反应式如下：

$$(CH_3)_3NO \rightarrow (CH_3)_3N,\ (NH_2)_2CO \rightarrow 2NH_3 + CO_2$$

（6）多脂鱼类因含有大量不饱和脂肪酸，容易被氧化，生成过氧化物后进一步分解，生成具有刺激性的酸败味和腥臭味的低级醛、酮、酸等。

因此，为了保持鱼贝类原有的鲜度不变或减缓鲜度的下降速度，就要防止微生物生长繁殖。基于以上各种细菌腐败过程所发生的生化变化，科技工作者已经设计出诸如冷藏、干制、加热杀菌、辐照杀菌、高压杀菌、气调保鲜、盐藏等实用而有效的方法来实现这一目的，并取得了显著效果。

（三）鱼贝类的鲜度评定

鱼贝类的鲜度评定是按照一定的质量标准，对鱼贝类的鲜度质量做出判断所采用的方法和行为。由于鱼贝类在捕捞和养殖生产的过程中，在其体内发生的各种生化变化、外界生物和理化因子影响下，其原有鲜度逐渐发生变化，并在不同程度和不同方面影响其作为食品、原料以及商品的质量，造成不必要的损失，因而能够对鱼贝类在生产、贮藏、运销过程中的鲜度做出正确的质量评定，对水产品的品质管理及判断其加工利用的价值具有十分重要的意义。

鱼贝类的鲜度评定有感官检验、微生物学评定、化学评定、物理评定及它们之间的组合鉴定的方法。虽然检验方法很多，但不一定全部适宜；而且是用一种还是几种方法，这还要根据检测的目的、时间和地点等因素来确定。不管使用何种方法，总的要求是正确、简便、迅速。但由于鱼贝类的种类繁多，组织成分复杂，即使同一条鱼体内不同部位也有显著差异，因此仅用一个指标或特性来评定鱼类鲜度是不够的，往往需要各指标结合起来进行综合评定，这就需要检验工作者不但要具备坚实的理论基础，更要将各种鉴定方法融会贯通，灵活运用。

1. 感官鉴别

（1）感官鉴别方法　感官鉴别是通过人的感觉（视觉、味觉、嗅觉、听觉、触觉）来鉴别评价水产品品质优劣的一种检验方法。感官鉴定具有快速、不需要仪器设备等优点，现已被世界各国广泛采用和承认。在我国的渔业生产和加工、运销中，制定出感官鉴定标准是十分重要的事。

感官鉴定对检验人员的要求较高，除了要具备一定的水产品基本知识外，还应身体健康、不偏食、不色盲、无不良嗜好、有鉴定和综合评定的能力。鉴定时可从以下几个方面进行。

① 皮：新鲜的鱼皮一般看上去有水灵灵的光泽，这可保持其自身固有颜色是新鲜的。然而在市场上观察商品鱼的表面有时也具有光泽和皮固有色，但买回家，却发现鱼并不新鲜，因此，在鉴定鱼的鲜度时，应特别注意鱼体被泼上海水后的暂时光泽和鱼皮表面经明矾处理后的虚假良好状态。真正新鲜的鱼，不论是肉质还是鱼皮都特别新鲜，当鱼的鲜度逐渐下降时，其皮色也会发生明显的变化。例如鲆、鲽类的皮在活体时呈黑褐色，而死后则逐渐变灰；鲹科鱼类的皮是从银灰色变为模糊的灰色；鲭科鱼类是从青绿色变为青白色。因此，皮色在一定程度上也能反映出水产品的新鲜程度。

② 眼：新鲜的鱼眼，眼球饱满，角膜透明有弹性，外表看起来有水灵灵的透明感，而且眼球外突，玻璃体不混浊。当其鲜度不断降低时，眼球表面略显干燥，眼角膜起皱，稍变混浊，光泽消失，有时由于内溢血而发红，浮现血丝，逐渐呈

现红到暗红色，且眼球表面发黏；鲜度再降低，则眼球向眼窝内塌陷，玻璃体变得不透明。

③ 鱼鳃：鳃是鱼进行氧气交换的中枢器官，由于充满血液，故呈现出明显的血红蛋白鲜红色，且表面覆盖着一层透明、无异味的黏液（允许淡水鱼有土腥味）。有时鳃色会因贮藏温度的不同而发生变化，如鲹、鲱、鲈、鲤、黄尾笛鲷等鱼类，如果保存在冰中，其鳃的鲜红色易于变为粉红色，不过在很新鲜时不会这样。鲜红的腮色仅仅出现在新鲜鱼体中，随着鱼体鲜度的降低，鳃色逐渐变暗呈淡红、红或紫红，黏液带有发酸的气味或稍有腥臭味，直至变为暗黑的绿色，并带有浑浊的黏液，散发出具有酸味、腥味等的恶臭，逐渐使活体失去食用价值。

通常，在鱼鳃黏膜上附有一层黏液，鲜度良好时有透明感，多具有较强的黏性，致使鳃很难彻底取出；但随着鲜度不断降低，黏液变得不透明，且容易将鳃取出。鱼鳃本没有臭味，只稍带鱼腥气，但只要其发生腐败臭味就很难闻，这不同于鱼肉开始出现腐败臭的情况，因此通过此特征，很容易将腐败的鱼分辨出来。

④ 腹部：通过观察鱼的全腹部的硬度、腹部的光泽、肛腔的阔狭、腹腔内的异常性等特点，也可大致判断鱼肉的新鲜程度。

一般，活鱼或极其新鲜的鱼腹部呈饱满状态，其表面具有光泽，摸起来有滑爽的感觉。当其死后经过较长时间后，其腹部表面会有些退色，用指压会有些软化。新鲜的鱼肛部呈收紧状态，随着鲜度的降低，其内脏会逐渐从肛部向外溢出，排出黑色液体，并散发出一股恶臭。

⑤ 肌肉：新鲜鱼的肌肉具有某种透明、水灵的色泽，当其鲜度不断降低时，则会变为不透明的混浊色。例如，近海的鲨鱼在鲜度极好时，肌肉呈透明的淡红色，随着鲜度的降低则呈现出模糊的褐色；又如沙丁鱼、鳕、牙鲆等肌肉在煮熟时易于变为褐色，在鲜度下降时则褐色变得十分显著。

对于附着在脊椎骨上的鱼肉，根据其是否易于刮下可判断其鲜度。通过观察鱼体肌肉部分的血液浸润程度来判断其鲜度，即新鲜鱼肉中的血管处于浮在表面的状态，随着鲜度的降低，血液浸润到肌肉中，肌肉失去透明感，呈现出模糊状态。而对贝类进行品质鉴定时，首先要观察其是否活着。可通过在贝类在开口或半开口时，从外部轻轻刺激一下，根据其是否闭盖的情况判断是否活体。对剥下的贝肉，拉一下会有费力感觉的一般是较为新鲜的，而且轻敲其肉部会有抽动状；反之，则鲜度较差。

⑥ 气味：通常，刚捕获的、新鲜的鱼贝类会具有不太明显的固有“香气”，当其鲜度降低时，则会逐渐散发氨、三甲胺、二甲胺、H_2S、吲哚、甲硫醇及脂肪酸的过氧化物等成分的腐败臭味，其中来自氨和三甲胺的腐臭味最强，像鲨鱼、贝类、虾类这些水产品鲜度下降后所散发出的腐臭味最为强烈。

具体鉴定标准可以参照表1－7～表1－9。

表 1-7　　一般海水鱼的感官鉴定指标

项目	新鲜（僵硬阶段）	较新鲜（自溶阶段）	不新鲜（腐败阶段）
眼部	眼球饱满，角膜透明有弹性	眼角膜起皱，稍变混浊，有时由于内溢血而发红	眼球塌陷，角膜混浊
腮部	腮色鲜红，黏液透明无异味（允许淡水鱼有土腥味）	鳃色变暗呈淡红、深红或紫红，黏液带有发酸的气味或稍有腥臭味	鳃色呈褐色、灰白，有浑浊的黏液，带有酸味、腥味或陈臭味
肌肉	坚实有弹性，手指压后凹陷立即消失，无异味，肌肉的切面有光泽	稍松软，手指压后凹陷不能立即消失，稍有酸味，肌肉切断面无光泽	松软，手指压后凹陷不易消失，有霉味和酸臭味，肌肉易与骨骼分离
体表	有透明黏液，鳞片有光泽，贴附鱼体紧密，不易脱落	黏液多，不透明，并有酸味，鳍光泽稍差，易脱落	鳞片暗淡无光泽，易脱落，表面黏液污秽，并有腐败味
腹部	正常不膨胀，肛门凹陷	膨胀不明显，肛门稍突出	膨胀或变软，表面发暗色或淡绿色斑点，肛门突出

表 1-8　　几种海水鱼的感官鉴定指标

鱼名	新鲜	不新鲜
鳓鱼	鳞片完整，体表洁净，色银白有光泽	眼发红，混浊下陷而变色，腮发白，腹部破裂
海鳗	眼球突出明亮，肉质有弹性，黏液多	眼球下陷，肉质松软
梭鱼	鳃盖紧闭，肉质紧密，肛门内陷，黏液多	体软，肛门突出，有较重的泥臭味
鲈鱼	体色鲜艳，肉质实	体色发乌，头部呈黄色
大黄鱼	色泽金黄，鳃鲜红，肌肉紧实有弹性	眼球下陷，体表色泽减退，减至白色，腹部发软，肉易离骨
小黄鱼	眼突出，鳃鲜红，体表洁净，色泽呈金黄色而有光泽，肌肉僵直而有弹性	眼塌陷，腮部有很浓的腥臭味，鳞片脱落很多，色泽减退至灰白色，腹部发软甚至破裂
黄姑鱼	色泽鲜艳，鱼体坚硬	色泽灰白，腹部塌陷
白姑鱼	色泽正常，鱼体坚硬	体表有污秽黏液，肉质稍软有特殊气味
鲨鱼	眼球明亮突出，鳃色深红及褐色，肉质坚实	体色呈灰暗，眼变浑浊，鳃退色至灰白，腹部膨胀，肉质松软，肛门有黏液溢出
真鲷	体色鲜艳有光泽，肉质紧密，肛门凹陷	色泽无光，鳞片易脱落，优质弹性差，有异味
带鱼	眼突出，银鳞多而有光泽	眼塌陷，鳃黑，表皮有皱纹，失去光泽，变成灰色，破肚，掉头，胆破裂，有胆汁渗出

续表

鱼名	新鲜	不新鲜
鲅鱼	色泽光亮，腹部银白色，腮部鲜红，肉质紧密、有弹性	鳃色发暗，破肚，肉呈泥状，并有异味
鲳鱼	鲜艳有光泽，鳃色红，肉质坚实	体表发暗，鳃色发灰，肉质稍松
牙鲆鱼	鳃色深而鲜红，正面为灰褐色至深色	腮部灰而微黄，体色变浅，腹部先破，肉离骨呈泥状

表1－9　几种淡水鱼的感官鉴定指标

鱼名	新鲜	不新鲜
青鱼	体色有光泽，鳃色鲜红	体表有多量黏液，腹部很软且开始膨胀
草鱼	鳃肉稍有青草气味	鳃肉有较重的酸味，腹部很软，肛门有溢出物
鳙鱼	鳃色鲜红，鳞片紧密不易脱落	鳃有酸臭味，体表失去光泽，肉质特别松软
鲫鱼	眼球透明，鳃鲜红，肉质结实	鳃有异臭味，腹部发软呈污黄色，肛门处流黑水
鲣鱼	鳃鲜红，鳞片贴体牢固不易脱落	鳃内充满很多黏液，并有酸臭味，腹部稍膨胀

（2）水产品鲜度水煮试验　一般在对水产品进行鉴定时，经常会遇到鲜度稍差或有轻度异味的水产品，仅仅以感官鉴别的方法难以判断其品质鲜度，此时若通过水煮试验后闻气味、尝滋味、观察汤汁的特点来鉴别其鲜度则较容易。进行水煮试验时，通常样品要求不超过0.5kg，放水量以刚好浸没样品为佳。对于一些个体比较小的水产品，则可以将整个进行水煮；而对于个体较大的鱼类则应去头去内脏后，切成3cm左右的小段，将容器中的水煮沸后，放入样品，盖严容器盖加热，直到再次煮沸时，撤掉热源，然后开盖嗅其蒸汽气味，观察汤汁，最后品尝滋味，依次完成对水产品的鲜度水煮试验。具体鉴别标准如下。

① 气味鉴别：新鲜品具有本种类固有的香味；而变质品则常有腥臭味或有氨味。

② 滋味鉴别：新鲜品具有本种类固有的鲜美味道，肉质口感有弹性；而变质品则无鲜味，肉质糜烂，且有刺鼻的氨味。

③ 汤汁鉴别：新鲜品的汤汁清冽，带有本种类的色泽，汤内无碎肉；而变质品的汤汁混浊，肉质腐败脱落悬浮于汤内。

2. 微生物学方法

微生物学方法是检测鱼贝类肌肉或鱼体表皮的细菌数作为判断鱼贝类腐败程度的方法。鱼贝类的腐败通常是由微生物作用引起的，测定细菌数可判断鱼贝类的鲜度。严格进行微生物检验，对提高水产品卫生质量，保证人体健康，维护我国的政治信誉和经济利益，促进进出口贸易的发展都有重要意义。微生物检验主要是检测水产品中被污染的细菌数量及是否含有致病细菌，以便对水产品进行卫生学评价，确保消费者的安全。

细菌数的检测一般采用琼脂培养基的平板培养法。表1-10所示是我国常见淡、海水鱼类的鲜度等级标准（GB 4789.20—2010）。

表1-10　鱼类鲜度等级标准

品种	TVB-N/（mg/g）		细菌总数/（个/g）	
	一级	二级	一级	二级
黄鱼	≤0.13	≤0.30	≤10000	$\leq 10^5$
带鱼	≤0.18	≤0.25	≤10000	$\leq 10^6$
乌贼	≤0.18	≤0.30		
蓝圆鲹	≤0.13	≤0.25	≤30000	$\leq 10^6$
鲱鱼	≤0.15	≤0.30	≤5000	≤50000
鳇鱼	≤0.10	≤0.15	≤1000	≤10000
青、草、鲢、鲤、鳙鱼	≤0.13	≤0.20	≤10000	$\leq 10^6$
鲐鱼	≤0.15	≤0.30	≤30000	$\leq 10^6$
鲳鱼	≤0.18	≤0.30	≤10000	$\leq 10^7$
鲚鱼	≤0.15	≤0.30	$\leq 5\times 10^5$	$\leq 2\times 10^7$

水产品的腐败与细菌有密切关系，细菌总数可表示其新鲜程度或腐败状况。而大肠菌群则表示其有无受肠道致病菌污染的可能。从食品卫生学评价的角度来说，细菌总数表示细菌污染的程度，大肠菌群表示细菌污染的性质。

水产品的微生物检验项目要根据样品的来源、加工状态、食用方式及受检季节加以选择。沙门菌属、金黄色葡萄球菌、副溶血性弧菌等是在水产品中经常会出现的致病菌，是水产品检测的微生物指标。

3. 化学方法

水产品离水死亡后，其体内发生了一系列的化学变化和生物化学变化，如蛋白质分解成胨、肽、氨基酸，由微生物进一步降解可生成胺类、氨、吲哚、硫化氢等。ATP会在内源性酶的作用下按ATP→ADP→AMP→IMP→HxP→Hx的顺序发生分解，最终逐渐降解为次黄嘌呤。同时氧化三甲胺被还原成三甲胺、二甲胺，磷脂中的胆碱也转变为三甲胺，再加上氨基酸分解出的胺，就使得挥发性盐基氮（VBN或TVB-N）量逐渐积累增多。pH也由于乳酸的增长、消失而先降后升。根据以上鱼体死后发生的变化，可以通过检测鱼体生成的某一种或某几种化合物的数量来判定其鲜度的变化。

化学方法就是基于此原理，具有准确、与感官法相符合的特点，且弥补了感官法的不足，是最常用的检验方法之一；缺点是操作过于繁杂，需用较多仪器，采样时会对水产品原料造成一定的破坏。下面介绍几种常用的方法。

（1）测挥发性盐基氮（VBN或TVB-N）　此法是利用鱼类在细菌作用下生成挥发性氨或和三甲胺等低级胺类化合物，测定其总含氮量评定鱼类的鲜度。鱼体死后初期，细菌繁殖慢，TVB－N的数量很少；自溶阶段后期，细菌大量繁殖，TVB－N的量也大幅度增加。所以，TVB－N值宜作为鱼类初期腐败以的评定指标。但此法不适用于软骨鱼。

（2）测三甲胺（TMA） 在大多数海水鱼的肉中均含有氧化三甲胺，其被细菌分解后还原成三甲胺，因此通过测定三甲胺的含量可评定海水鱼的鲜度。但由于淡水鱼中氧化三甲胺含量很少，故对淡水鱼类不适用。

（3）测组胺 像鲐鱼、鲹鱼等中上层鱼类，死后在细菌作用下，组氨酸迅速分解生成组胺。组胺对人体是有毒害的，当人们进食一定量含有组胺的鱼时就会引起过敏性食物中毒，故需要对鱼肉中组胺的含量进行仔细测定。一般认为，组胺的中毒界限为1kg鱼肉含组胺0.7～1.0g。

（4）测*K*值 此法是利用鱼类肌肉中三磷酸腺苷（ATP）在死后初期发生分解，且ATP会在内源性酶的作用下按ATP→ADP→AMP→IMP→HxP→Hx的顺序发生分解，最后变成尿酸。测定其最终分解产物（次黄嘌呤核苷和次黄嘌呤）占总的ATP关联物的百分数即可判定鱼的鲜度。可用下式表示：

$$K=[(HxP+Hx)/(ATP+ADP+AMP+IMP+HxP+Hx)]\times 100\%$$

*K*值所代表的鲜度和一般与细菌腐败有关的鲜度不同，它是反映鱼体初期鲜度变化以及与品质风味有关的生化质量指标，也称鲜活质量指标。其测定方法有高效液相色谱法、柱层析法以及应用固相酶或简易测试纸等测定方法。*K*值可以用来判定鲜鱼与解冻鱼的鲜度，*K*值越低说明鲜度越好。立即杀死的鱼其*K*值低于5%，做生鱼片用的鱼应低于20%。如果一条鱼的*K*值在20～60%，就最好加热后再食用。一般规定：*K*≤20%为优良鲜度，*K*≤60%为加工原料的鲜度。

（5）测pH 当鱼贝类停止呼吸时，体内的糖原就开始分解，产生乳酸。即：

$$(C_6H_{10}O_5)_n + nH_2O \longrightarrow 2nC_3H_6O_3$$

由于乳酸的产生，使肌肉的pH不断下降。随着鲜度的变化蛋白质开始分解，呈碱性的产物会不断增加，使肌肉pH又开始上升，肌肉pH先降后升的有规律变化，是与水产品的鲜度密切相关的。水产品活体肌肉中不含乳酸，故pH一般在7.4左右。因此用pH进行鲜度判断时要特别注意区别是下降时的pH还是上升时的pH；同时由于鱼种与鱼体部位不同，对pH的变化进程也有影响。所以在对有限的试样进行鉴定时，需结合其他鲜度评定方法才能做出较为有效的判断。

其他，也有采用测定随鱼肉鲜度下降产生的甲酸、丙酸、丁酸等挥发性有机酸的方法，测定挥发性还原物质的方法等；但因鱼种不同其pH也存在差异，且操作比较复杂，一般不采用。

4. 物理方法

一般随着鱼体鲜度的下降，鱼体的硬度、鱼体的电阻、鱼肉压榨液的黏度、眼球水晶体混浊度等均会发生变化。物理方法就是根据鱼体物理性质的变化来对鱼体进行鲜度的判断。虽然用物理方法判断鱼类鲜度操作简便，但因鱼种、个体不同存在很大差异，故还不是一般都能适用的鲜度评定方法。

鱼体死后其肌肉因僵直而硬化，其后随时间延长，僵硬的鱼体又发生软化。死后僵硬有多种检测方法，但尤以日本学者尾藤利用僵硬指数的方法最为常用。也有用硬度计测定鱼体肌肉硬度的变化程度，并加以数值化，进而可以用来判断鱼的新鲜程度；但又因鱼种和死前状态等不同，其硬度变化的模式有显著差异，因而影响了其评定的正确性。

鱼体死后，肌肉僵直，随糖原的降解等及乳酸的生成、ATP 分解磷酸的生成，H^+浓度上升，而 H^+浓度与其导电率有密切关系，因此鱼体的电阻会随鱼鲜度的下降而降低。利用这一特性，可以采用测定鱼体电阻值来判断鱼的新鲜程度。特别是用 GRI 公司生产的测量仪表，甚至可以判定鱼肉是否冻结过，但此仪器尚未大规模出售。然而电阻法同样存在由于鱼种不同差异较大，甚至鱼体压伤等影响测定值的准确性。

英国托里研究所曾开发过一种便携式鲜度测定仪，是通过测定鱼肉介电常数的变化来判断鱼的鲜度；但由于鱼种不同存在着显著差异，因而也影响了其判断的准确性。

（四）鱼贝类鲜度保持方法

鱼贝类的特性是鲜度容易下降，腐败变质迅速，这是因为鱼贝类死后的僵硬、解僵以及自溶等一系列变化进行快，鱼贝类结缔组织少、肉质柔软、水分含量高、体内组织酶类活力强、蛋白质和脂质比较不稳定的缘故。此外，渔业生产的地区性、季节性强，品种和数量多，并受贮藏、运输条件的限制，因此从海上、渔区到销售地的全过程中，对鱼贝类加强保鲜显得十分重要。如果用鱼贝类作为水产品加工原料时，鲜度下降就不可能生产出好的加工产品。例如，加工干制品、腌制品时会发生干瘪、变色，而且味道不好；加工调味品，则形态损伤，光泽变差；加工罐头制品，则罐内物发生变色和异臭；加工鱼靡制品，则弹性下降。特别是鱼贝类的脂肪含有较多不饱和脂肪酸，容易自动氧化，其过氧化物分解的产物和鱼贝类鲜度下降时生成的低分子含氮物质共同作用，会产生异味、异臭，就不能作为加工原料使用。因此对水产品加工来说，鱼贝类原料的鲜度保持是必须考虑的首要问题。

鱼贝类的保鲜通常是采用物理或化学方法延缓或抑制生鲜鱼贝类的腐败变质，以保持其新鲜状态与品质，保持其原有的鲜度质量、食用质量与商品价值。保鲜工作中应考虑一切影响食用价值和商品价值的各种因素，包括细菌腐败、脂肪氧化、蛋白质变性、鱼体死后变化对鲜度质量的影响及其他物理和化学因素引起的质量变化等。鱼贝类保鲜的方法有低温保鲜、电离辐射保鲜、化学保鲜、气调保鲜等，其中使用最早、应用范围最广的是低温保鲜。

现在国内装有冷冻与冷藏设施的捕捞船，加工船和运输船迅速发展，远洋渔业生产的渔货质量也能得到保证。近海作业的渔船除了带冰出海外，同时装上制冰设施和保温舱，提高了冰藏保鲜的效果。此外还在船上发展了冷海水和微冻保鲜技术，延长了鱼货的保鲜期。

电离辐射保鲜和气调保鲜可用于延长非冻结贮藏鱼贝类的保鲜期。抗氧化剂等化学保鲜方法，可用于防止鱼贝类在冻结贮藏中脂肪的氧化变质。

思考题 >>

1. 鱼贝类死后最初有哪几个方面的升华变化?
2. 什么是僵硬期? 处于僵硬期的鱼有什么特点?
3. 请从水产品进入僵硬所经历的初期生化变化和僵硬、解僵和自溶、细菌腐败3个阶段的特点，分析如何延长水产品鲜度的持续时间，即捕获后推迟鱼开始僵硬的时间，并能延长其持续僵硬的时间。
4. 请结合鱼体僵硬自溶阶段所发生的物化、风味上的变化，分析如何最好地保持水产品的风味不变。
5. 什么是细菌腐败? 引起鱼贝类细菌腐败的途径有哪些?
6. 什么是感官鉴定? 水产品感官鉴定主要从哪几方面进行?
7. 评价水产品原料鲜度的化学指标有哪些?
8. 根据你目前掌握的知识，谈谈如何对水产原料进行保鲜。

能力训练

任务一 水产食品原料种类鉴定

一、 任务目标

认识水产食品原料各门类中代表经济种类，能根据其形态特征，鉴定出原料的种类。

二、 原料和器具

(1) 原料　鱼类 (高眼鲽、鲳鱼、带鱼、鲅鱼、鲐鱼、安康鱼、绿鳍马面鲀、鳐鱼)、虾、蟹、海带、紫菜、裙带菜、海蜇、章鱼、鱿鱼、墨鱼、扇贝、青蛤、文蛤、杂色蛤、红螺、毛蚶、泥蚶。

(2) 器具　解剖盘、镊子等。

三、 操作步骤

(1) 观察外形。

(2) 观察色泽。

(3) 观察部位。

四、结果与讨论

根据上述水产原料的各自形态特征的基本知识，通过观察、判断和讨论最终鉴定出水产原料的种类，并写出结果。

五、思考题

（1）上述原料中哪些属于甲壳类动物原料？有什么特点？

（2）上述原料中哪些属于软体动物门中的头足类？有什么特点？

（3）上述原料中哪些属于软体动物门中的双壳贝类？有什么特点？

（4）水产鱼类原料有什么特点？

任务二 水产食品原料鲜度的感官鉴定

一、任务目标

（1）明确水产品鲜度鉴定的意义；

（2）掌握鲜活原料的感官鉴定方法，并对原料的感官评定具有感性认识。

二、原理

鲜度是水产品品质鉴定的主要内容，一般鱼贝类死后，随着放置的时间延长，鲜度会逐渐下降。鲜度下降是由于体内生化变化及外界生物和理化因子综合作用的结果，往往会表现在眼球塌陷、肌肉弹性下降、鳞片暗淡无光泽、肛门突出等感官指标上。基于水产品的鲜度与其感官性状（如色、香、味、形等）存在这样的关系，因此通过人的视觉、味觉、嗅觉、触觉等，对水产品的品质进行判断。

三、原料和器具

（1）原料　各种鱼类。

（2）器具　切刀、菜板、冰箱等。

四、操作步骤

1. 观察鱼眼的状态

新鲜鱼：眼球透明、饱满。

次鲜鱼：眼角膜起皱并稍变混浊，有时由于内溢血而发红。

劣质鱼：眼球塌陷或干瘪，角膜混浊。

2. 观察鳃的状态

新鲜鱼：色泽鲜红、无黏液。

次鲜鱼：鳃盖较松、鳃丝粘连，呈淡红、暗红或灰红色（有显著腥臭味）。

劣质鱼：鳃丝黏结，被覆有脓样黏液（有腐臭味）。

3. 观察体表的状态

新鲜鱼：具有鲜鱼固有的鲜明本色与光泽，黏液透明，鳞片完整，不易脱落（鲳鱼、鳓鱼除外），腹部正常，肛孔凹陷。

次鲜鱼：体表黏液增加，不透明，有酸味，鳍光泽稍差并易脱落，肛孔稍突出。

劣质鱼：鱼鳞暗淡无光且易与外皮脱离，表面附有污秽黏液并有腐臭味。肛孔鼓出，腹部膨胀或下陷。

4. 观察肌肉的状态

新鲜鱼：肌肉坚实有弹性，以手指压后凹陷立即消失，肌肉的横断面有光泽（无异味）。

次鲜鱼：肌肉松软，手指压后凹陷不能立即消失，稍有酸味，肌肉横断面无光泽，脊骨处有红色圆圈。

劣质鱼：肌肉松软无力，手指压后凹陷不消失，肌肉易与骨刺分离，有臭味和酸味。

5. 观察腹部的状态

新鲜鱼：腹部正常、不膨胀，肛孔白色，凹陷。

次鲜鱼：腹部膨胀不明显，肛门稍突出。

劣质鱼：腹部膨胀、变软或破裂，表面发暗灰色或有淡绿色斑点，肛门突出或破裂。

具体鉴定标准可以参照表1-7~表1-9。

五、实验结果

将供实验材料按上述内容进行鉴定并记录结果在下表中：

鉴定项目 鱼种	鱼眼	鳃	体表	肌肉	腹部
……					

六、注意事项

实验鱼类如不能立即进行鉴定，须贮藏在0~3℃的低温条件下。鉴定时应按以上顺序进行。

七、思考题

1. 如果你是水产品加工企业原料采购部的采购员，当你接到购买一批鲐鱼罐头加工原料的任务时，你怎样顺利保质保量地完成任务？

2. 如果要接收一批进口的鲐鱼罐头加工的原料，你还需要考虑哪些因素？

任务三 水产食品原料鲜度的化学鉴定

（一）挥发性盐基氮（TVB-N值）的测定

1. 原理

挥发性盐基氮是指动物性食品由于酶和细菌的作用，在腐败过程中，使蛋白质分解而产生氨以及胺类等碱性含氮物质。此类物质具有挥发性，在碱性溶液中蒸出后，用标准酸滴定，计算含量。

2. 试剂

（1）氧化镁混悬液（10g/L）：称取1.0g氧化镁，加100mL水，振摇成混悬液。

（2）硼酸吸收液（20g/L）。

（3）盐酸［c（HCl）=0.01mol/L］或硫酸［c（$1/2H_2SO_4$）=0.01mol/L］的标准滴定溶液。

（4）甲基红－乙醇指示剂（2g/L）。

（5）次甲基蓝指示剂（1g/L）。

临用时将上述指示液等量混合为混合指示液。

3. 仪器

（1）半微量定氮器。

（2）微量滴定管：最小分度0.01mL。

（3）组织捣碎机（附有小型捣碎杯）。

4. 样品

除了软骨鱼外，其余水产品都可以用样品中挥发性盐基氮的含量作为鲜度评价指标。样品可以选海水硬骨鱼、虾等。

5. 操作步骤

（1）样品处理　将样品除去脂肪、骨及腱后，切碎搅匀，称取约10.00g，置于锥形瓶中，加100mL水，不时振摇，室温浸渍30min后过滤，滤液置冰箱备用。

（2）蒸馏　将盛有10mL吸收液及5～6滴混合指示液的锥形瓶置于冷凝管下端，并使其下端插入吸收液的液面下，准确吸取5.0mL上述样品滤液于蒸馏器反应室内，加5mL氧化镁混悬液（10g/L），迅速盖塞，并加水以防漏气，通入蒸汽进行蒸馏，蒸馏5min即停止。

（3）滴定　吸收液用盐酸标准滴定溶液（0.01mol/L）或硫酸标准滴定溶液滴定，终点至蓝紫色。同时做试剂空白试验。

6. 计算

样品中挥发性盐基氮的含量通过下式计算：

$$X_1=\frac{(V_1-V_2)\times c_1\times 14}{m_1\times 5/100}\times 100$$

式中　X_1——样品中挥发性盐基氮的含量，mg/100g；

V_1——测定用样液消耗盐酸或硫酸标准溶液体积，mL；

V_2——试剂空白消耗盐酸或硫酸标准溶液体积，mL；

c_1——盐酸或硫酸标准溶液的实际浓度，mol/L；

14——$\frac{1}{2}N_2$的摩尔质量，g/mol；

m_1——样品质量，g。

结果的表述：报告算术平均值的3位有效数。

7. 结果报告

根据计算出的数据，对照GB 2733—2005或者针对出口国家的限量标准进行判断。

8. 思考题

（1）为什么海水软骨鱼不能用 TVB－N 值来判断鲜度？

（2）在用 TVB－N 值鉴定水产品原料鲜度时要注意哪些事项？

（二）其他化学鉴定指标

1. *K* 值

K 值是以核苷酸的分解物作为指标的判断方法，这种方法能从数量上反映出鱼的鲜度，可以说是“鱼的鲜美度的评价指标”，检测方法参照 SC/T 3048—2014《鱼类鲜度指标 *K* 值的测定 高效液相色谱法》。

2. 三甲胺

氧化三甲胺在淡水鱼类等生物体中含量很少，不适用于淡水水产品鲜度评价指标，只适用于海洋食品的鲜度评价，检测方法参照 GB 5009.179—2016《食品安全国家标准 食品中三甲胺的测定》。

3. 组胺

组胺对人体是有毒害的，当人们进食含有一定量组胺的鱼时就会引起过敏性食物中毒，鲐鱼等中上层鱼类肌肉组织中游离组氨酸较多，死后在细菌作用下，组氨酸迅速分解生成组胺，因此需要对鱼肉中组胺的含量进行测定。

组胺的检测方法可参照 KJ 202102《水产品中组胺的快速检测》和 DB22/T 1833—2013《海水鱼类中组胺的测定 液相色谱－质谱/质谱法》。

4. pH

由于鱼贝类死后随着鲜度下降，生物体内发生一系列生化变化，肌肉组织的 pH 呈现开口向上的抛物线变化趋势，因此 pH 指标不能单独作为评价鱼贝类鲜度的化学指标，应该结合感官评价或其他指标判断其 pH 是上升阶段还是下降阶段的值，然后做出正确的评价。检测方法参照 GB 5009.237—2016《食品安全国家标准 食品 pH 值的测定》。

【职业岗位】

小知识：水产品加工企业品管部工作职责

水产品加工企业品管部负责人的工作职责主要包括以下内容，认真学习品管部负责人工作职责并思考完成单位创新生产风味即食鲐鱼产品加工。作为品管部负责人，你如何保证生产原料的品质？请制订原料、加工品的品质评价方案。

1. 组织制订各项检验检测标准。
2. 指导监督各项品质统计，并进行品质分析。
3. 组织质量检验标准化、系统化建设并主导推行实施工作。
4. 负责组织产品全过程的检验和试验的质量检验工作。
5. 组织指导检验员对所有检验情况进行记录，并填写产品检验记录和有关检验报告。

6. 负责提出公司重大品质事故专项解决方案和指导一般投诉事件的处理，并安排跟踪改进。

7. 定期组织专项品质改善活动。

8. 组织品质检验和品质保证知识培训。

9. 组织处理和解决品质事故，满足内、外部客户的品质需求，不断提高产品质量满意度。

10. 组织制订新产品各项专项检验指标的检测和实验。

11. 组织协助做好合格供应商管理工作，协助指导对供应商原材料质量保证能力的考核、验证工作。

【项目小结】

本项目主要从水产食品加工的角度讲述介绍了常见水产经济动植物的种类、分布、营养以及加工品的种类，并简述了水产食品原料的一些加工特性；从水产品加工原料选择的角度，详细讲述鱼贝类死后鲜度的变化、鲜度的感官鉴定、化学鉴定以及微生物学鉴定方法；从生产者的角度安排了水产品原料种类鉴定、鲜度的化学鉴定、微生物学方法鉴定生产任务。通过本项目的学习，使学生掌握水产品原料采购员和检验员2个职业工种的主要技能。

项目二 低温水产品加工

【学习目标】

1. 掌握水产品冷冻加工的原理；
2. 掌握水产品冷冻加工技术；
3. 掌握水产品冷冻加工过程中的质量变化及控制措施；
4. 能胜任典型水产冷冻品加工生产方案制订和实施工作；
5. 能根据客户要求，进行冷冻水产品加工及质量控制；
6. 能考取水产品原料处理工职业资格证书。

知识准备

一、低温水产品加工的原理

水产品低温加工即降低水产品温度，并维持低温水平或冰冻状态，阻止或延缓它们的腐败变质，从而达到远途运输和短期或长期贮藏的目的。由于水产品在生产上具有地区、季节、产量高度集中的特点，其在加工和运输中存在许多困难，采用冷冻加工技术就能减少甚至克服困难。因为冷冻加工能使水产品原料长时间保持固有的营养、风味和质地，还便于把鲜度良好的水产品从生产集中的渔区运销到遥远的目的地；还能在旺季时保藏，淡季时供应市场，以调节产销平衡。

（一）抑制变质因素

1. 低温对微生物生命活动的影响

任何微生物都有其适宜的生长活动温度范围，温度对微生物的生长、繁殖影响很大，温度越低，其生长与繁殖速率也越低（表2-1、图2-1）。

表2-1　不同温度下微生物繁殖时间

温度/℃	繁殖时间/h	温度/℃	繁殖时间/h
33	0.5	5	6
22	1	2	10
12	2	0	20
10	3	-3	60

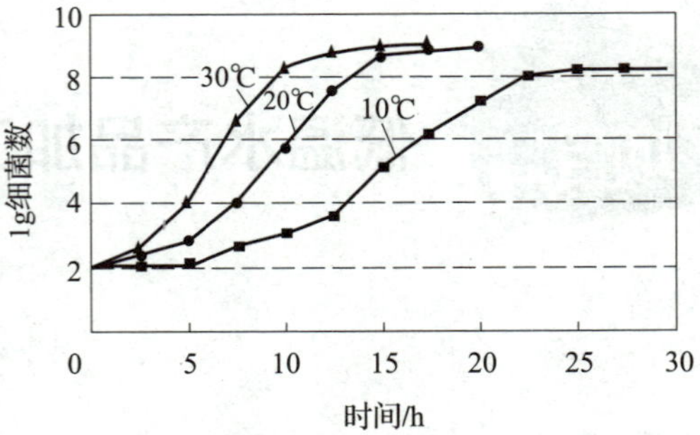

图 2-1　温度对微生物繁殖量的影响

低温使微生物的生命活动降低，使微生物蛋白及酶蛋白冷冻变性，同时冰晶对微生物细胞具有机械损伤作用。一般认为，微生物在低温下是被抑制而不是被杀灭，微生物在低温下是处于休眠状态，当环境温度回升时就会复苏。所以在冷藏温度下，微生物特别是低温细菌的繁殖和分解作用并没有充分被抑制，只是速率变得缓慢些，低温细菌的增殖会导致食品腐败变质。低温细菌的生长、繁殖温度区域如图 2-2 所示。

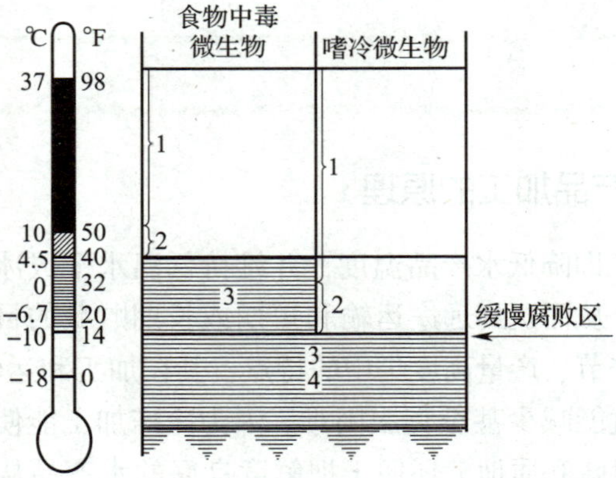

图 2-2　食品中毒细菌与低温细菌的繁殖温度区域

1—生长迅速温区　2—某些菌缓慢生长温区　3—停止生长温区　4—缓慢死亡，但很少全部死亡温区

微生物生长繁殖为零时的温度称为生物学零度，一般为 0℃，但嗜冷微生物可达 -12℃或更低。大多数腐败菌最适宜的繁殖温度为 25 ~ 37℃，低于 25℃，繁殖速率逐渐减缓。当温度处于生物学零度时，绝大多数微生物的新陈代谢已减弱到极低的程度，呈休眠状态。

微生物对低温的抵抗力因菌种、菌龄、培养基、污染量和冻结等条件而有所不同。一般来说，酵母、霉菌比细菌耐冷；培养时间长，耐冷性增加；冷却快，微生物初期死亡率高；冷却终温低，死亡率高；pH 低，水分活度高，耐冷性下降；糖、盐、蛋白质和脂肪能增加微生物的耐冷性；缺氧使耐冷性下降。

当微生物所处环境温度急剧下降时，部分微生物将会死亡，这种现象称为冷冲击，也称低温休克。一般冷冲击的敏感性是 G^- 大于 G^+，嗜温菌大于嗜冷菌，且降温幅度大，速度快，休克严重。同时，缓冻使食物细胞损伤严重，使食品品质下降，所以提倡采取速冻。

水产原料表面附着的细菌一般都是嗜冷细菌，如假单胞杆菌属、无色杆菌属和弧菌属等，它们是引起水产品腐败的主要原因。

2. 低温对酶的影响

酶是有生命机体组织内的一种特殊蛋白质，负有生物催化剂的使命。酶的活力与温度密切相关。大多数酶的适宜作用温度为30～40℃。在最适温度点，温度升高或降低，酶的活力均下降（图2－3）。

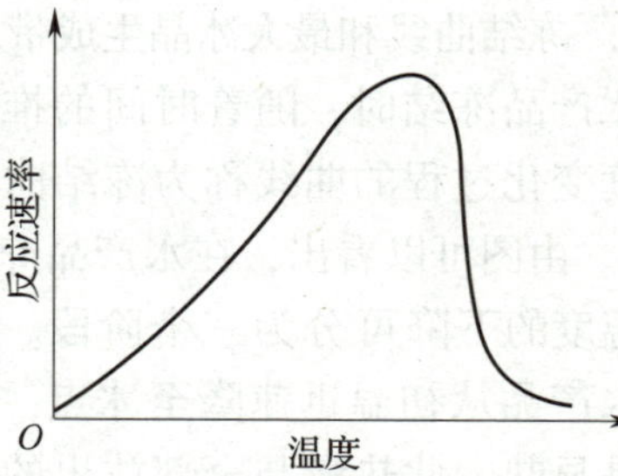

图2－3 温度对酶活力的影响

低温虽然能显著降低酶的活力，但不能使酶完全失活，在长期的冷藏过程中，酶的作用仍可引起水产品的变质。一般来说，温度降到－18℃时，才能有效抑制酶的活力；但即使温度低于－18℃时，酶的催化作用也未停下，只是进行得非常缓慢而已。例如，脂肪酶在－30℃下仍具有活力，脂肪分解酶在－20℃下仍能引起脂肪水解。当水产品解冻后，随着温度升高，酶的活力恢复，甚至比原来活力更高，会加速水产品的变质。

3. 低温对非酶反应的影响

引起水产品变质的因素除了微生物及酶促反应外，还有其他一些，其中较典型的例子是油脂的酸败。水产品中含有的不饱和脂肪酸，尤其容易发生氧化反应，生成醛、酮、酸、内酯、醚等物质，并且油脂本身黏度、相对密度增加，出现令人不愉快的“哈喇”味。一般来说，温度越低，反应物和产物的扩散速度越低，反应速度也越低。所以低温保藏对几乎所有的生化反应均有抑制作用。

（二）水产品低温加工的类型和特点

水产品低温加工按照水产品是否冻结可以分为冷藏加工和冷冻加工。冷藏加工是在高于水产品冻结点的温度下进行加工，温度范围一般为－2～15℃，而4～8℃则为常用的冷藏温度；冷冻加工是在低于水产品冻结点的温度下进行加工，温度范围一般为－12～－30℃。

水产品冷藏加工后其组织状态未发生变化，而冷冻加工后由于水分结冰使得水产品组织结构发生了一定程度的改变，所以从这个方面来说，冷藏水产品的品质要优于冻结水产品。但由于冷藏水产品的保质期不长，只有数天到十余天，而冻结水产品的保质期很长，可以年计，所以水产品冻结加工是非常必要的。下面简单介绍水产品冻结的相关理论知识。

1. 水产品的冰点

水产品内的水分不是纯水，而是含有有机物及无机物的溶液，这些物质包括盐类、糖类、酸类以及更复杂的有机分子（如蛋白质），还有微量的气体。我们将水产品中的水分开始结晶的温度称为它的冰点（冻结点）。根据拉乌尔第二法则，水溶液冰点降低与溶质的浓度呈正比，每增加 1mol/L 浓度，溶液冰点下降 1.86℃。因此，水产品要降到0℃以下才能产生冰晶。由于水产品种类、死后条件、肌浆浓度等不同，故各种水产品的冻结点是不相同的。一般水产品的冻结点为 -2℃左右。

2. 冻结曲线和最大冰晶生成带

水产品冻结时，随着时间的推移表示其温度变化过程的曲线称为冻结曲线（图 2-4）。由图可以看出，在水产品冻结过程中，温度的下降可分为三个阶段。第一阶段是水产品从初温迅速降至冰点，此时放出的是显热。此热量与全部放出的热量相比值较小，故降温快，曲线较陡。第二阶段是水产品温度达到冻结点后，其大部分水分（约 80%）形成冰晶，此时放出的是相变潜热，通常是显热的 50~60 倍，所以这个阶段的热负荷最大，需要的时间也长，曲线趋于平缓。这个阶段在0~-5℃，约 80% 水分结冰，所以将这个温度范围称为最大冰晶生成带。第三阶段是残留的水分继续结冰，已形成的冰晶进一步降温至终温。由于此阶段仍有小部分潜热放出，所以曲线不如第一阶段那样陡。

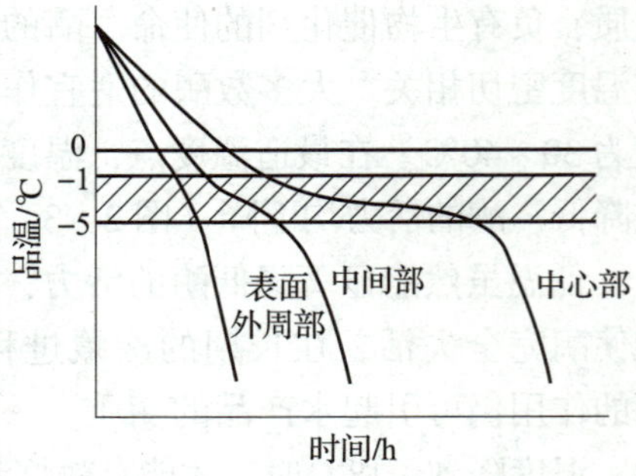

图 2-4 冻结曲线

3. 缓冻与速冻

众所周知，冻结速度快，冻品质量好，这是因为当冻结速度快时，组织细胞内的水分来不及迁移到细胞外就在原位冻结，冰晶的分布状态非常接近于液态水的分布状态，而且形成的冰晶小而多，对细胞的损伤小，所以冻品的质量就好。而当缓冻时，细胞外的水分先结冰，细胞内的水分在蒸汽压差的推动下向细胞外迁移，附在冰晶上结冰，形成的冰晶大，对细胞产生挤压等机械损伤作用，同时还改变了水分的分布状态，所以冻品的质量就差。

思考题 >>

1. 水产品冷冻加工的原理是什么？
2. 低温对微生物的抑制作用是什么？
3. 低温对酶活力的抑制作用是什么？
4. 低温对非酶变化的影响是什么？

二、 水产品的冷藏技术

水产品的冷藏加工是先将水产原料的温度降低到接近其冰点，但不冻结，然后在冷藏温度下冷藏的过程。冷藏加工主要包括冷却和冷藏两个环节，冷却一般在冷却间进行，冷却完成后进入冷藏库进行冷藏。

经过冷却的水产品，酶和微生物的作用虽已受到一定的抑制，但并未终止，还以相当的速度在继续进行。因此，冷却的水产品不能长期贮藏。冷却一般用于鲜鱼的运输、加工、销售前的暂时贮藏，尤其是应用在渔船上对渔获物进行低温处理，以维持渔获物在运输到水产品加工厂进行加工前的鲜度。而水产加工产品主要是进行冷冻加工，以获得较长的保藏期。

水产品冷藏加工工艺过程为：水产原料选择和前处理→冷却→冷藏。

（一）冷藏水产品原料的选择和前处理

捕捞船上渔获物的前处理一般应在捕获后立即进行，这对于保证冷藏鱼的质量非常重要。前处理要求在低温（10～15℃以下）和清洁的环境下迅速进行。

前处理一般包括原料鱼的清洗、分类、速杀等操作。对淡水鱼的前处理更应迅速、细心，这是因为淡水鱼的品质在同样的条件下比海水鱼下降得快，而且淡水鱼体内的胆囊较海水鱼薄而大，在运输过程中的重压、挤压、挣扎等因素都可使胆汁渗出，造成印胆，使周围鱼肉发苦，呈黄绿色。

（二）冷却

冷却又称预冷，是将水产品冷却到冷藏温度的过程。为了及时地抑制微生物的生长、繁殖和生化反应速率，以较好地保持原有产品品质，应在水产品捕获后尽快地进行冷却，冷却速度也应尽可能的快。水产品冷却到冷藏温度后要立即转到冷藏间进行冷藏。水产品冷却方法如下。

1. 冷却海水法

当今渔船大多采取冷却海水法对渔获物进行冷却，维持渔获物的鲜度。操作时用冰冷却海水，用冰量为一般为鱼的30%，鱼与海水的质量比为7:3，保持鱼温为0～－1℃。实践中在冷却海水中充入CO_2，使海水pH接近4.2，以此来抑制细菌的生长。例如鲑鱼在冷却海水中最长保鲜5d，去除内脏后可延长到12d，而经过CO_2处理后可达到17d。此法冷却速度快，可在短时间处理大量渔货，操作简单，效果好；缺点是鱼体吸收水分和盐分，使鱼体膨胀，鱼肉略咸，体表稍有变色。

2. 冰冷却法

冰冷却法是在装有渔获物的包装容器中直接放入冰块使产品降温的冷却方法。当冰块和食品接触时，冰的融化可以直接从食品中吸取大量热量使食品迅速冷却（其相变潜热为334.9kJ/kg），所以，冰是一种比用冷水更有效的良好预冷介质。融冰时温度恒定不变，用冰块冷却时食品温度不可能低于0℃。用来冷却食品的冰有海水冰和淡水冰，海水鱼的冷却只能用海水冰，利于鱼体保持固有的色泽。冰冷却法又分为碎冰冷却（干式冷却）和水冰冷却（湿式冷却）两种。

（1）碎冰冷却（干式冷却） 该法要求在容器底部和四周先添加碎冰，然后再一层冰一层鱼填装，这样鱼体温度可降至1℃，一般可保鲜7～10d不变质。为了提高冰冷却法的效果，要将大块的冰细碎，使冰与食品的接触面积增大，并及时排出冰融化成的水。碎冰冷却法特别适宜于鱼类的冷却，不仅能使鱼冷却、湿润、有光泽，而且不会发生干耗现象。

需要注意的是，如果是带制冷设备的容器，一定不能将温度调到0℃以下，否则冰不化，内部接触不到冰的鱼得不到冰水的冷却，会造成变质变色，这种现象称为冰烧。

（2）水冰冷却（湿式冷却） 先将海水预冷到1.5℃，送入船舱或泡沫塑料箱中，再加入鱼和冰，要求冰完全将鱼浸没，用冰量一般是鱼与冰之比为2:1或3:1。水冰冷却法易于操作、月冰量少、冷却效果好，但鱼在冰水中浸泡时间过长，易引起鱼肉变软、变白，因此该法主要用于鱼类的临时保鲜。

（三）冷藏

如果船上带有冷藏库，冷却到冷藏温度的水产原料要立即进入冷藏库进行冷藏。如果没有冷藏库，则将水产原料装在容器中，加入冷海水或碎冰或冰水混合物，及时更换冷海水或排出融冰水并补充新冰，以维持低温。

1. 空气冷藏法

空气冷藏法就是将预冷的水产原料放在冷藏库内进行保藏的方法。冷藏库的温度要严格控制在±1℃，并减小其波动幅度和次数，冷藏室内空气的相对湿度一般控制在90%左右，并控制合适的风速，一般小于0.3~0.7m/s。

2. 改良气体包装

早在20世纪30年代就有研究证实，如果储藏温度在4℃及以下，环境中CO_2含量达到10%~20%，就可以抑制假单胞菌及一些腐败菌的生长。美国、英国、日本等国家都较早应用这种技术进行鱼类的保藏。如英国采用CO_2改良气体保藏鱿鱼和鲑鱼，美国采用此方法保藏冷却的狭鳕和鲑鱼，鱼的鲜度、色泽和质地都保持良好。从20世纪90年代开始，原上海水产大学对淡水鱼的改良气体包装技术进行研究，证明改良气体包装技术对于维持鱼的质量、延长保藏期具有显著效果。

改良气体包装就是先将水产品的包装抽真空，然后充入特殊的气体混合物，并使其温度维持在2℃以下进行冷藏的方法。气体混合物中主要有3种气体：CO_2、O_2和N_2。O_2支持着基本新陈代谢，并能减少厌氧腐败的可能性，CO_2能抑制细菌和霉菌的活力，N_2是惰性气体。

包装中混合气体的组分因产品种类特性不同而不同。对于脂肪含量低的水产品，推荐的气体组成为：30% O_2/40% CO_2/30% N_2；对于脂肪含量高的水产品及烟熏制品，通常采取高比例的CO_2，大幅降低O_2含量，组成一般为0% O_2/60% CO_2/40% N_2，通过去除O_2，氧化速度大大降低。

由于CO_2溶解性较高，而且随着温度降低而增加，所以会引起包装内压力下降，可能导致包装袋凹陷；而且由于CO_2溶解在鱼肌肉中，使其pH明显下降，引起蛋白质持水性下降，从而导致包装中有不少的滴汁产生。一般可以在产品下面垫一层纤维素垫子来吸收产生的滴汁。

思考题 >>

1. 水产品冷藏加工的意义是什么？
2. 水产品冷藏加工过程中要注意哪些问题？
3. 水产品冷却方法有哪些？

三、水产品的冷冻技术

为了长期贮藏水产品，必须将其温度降到更低限度，使其体内大致有 90% 的水分冻结，这就是冷冻加工。常用的冻藏温度为 -23 ~ -12℃，以 -18℃为最适用。贮藏冻藏食品的冷库常称之为低温冷库或冻库。合理冻结和贮藏的水产品在大小、形状、质地、色泽和风味方面一般不会发生明显的变化，而且还能保持原始的新鲜状态，因此，冷冻加工是水产品重要的保藏加工方法。

（一）水产冷冻食品概述

水产冷冻食品与一般的未经加工处理就直接冻结的新鲜水产品的冻品可能有所不同，它需要经过适当的前处理过程（包括调味），产品带有包装，经过简单的热处理即可食用，所以它属于预制食品和方便食品的范畴。

水产冷冻食品按照对原料的前处理方式不同可分为生鲜水产冷冻食品和调理水产冷冻食品两大类。生鲜水产冷冻食品又可分为对原料进行形态处理的初级加工品，如冷冻鱼片、鱼段，去壳的虾、蟹、贝肉冷冻品和经过一定加工拌料（调味料、配料）的生调味品，如拌粉鱼条、拌粉虾以及加料鱼片、鱼排及各种配搭的盘菜等冻品。生鲜水产冷冻食品的初加工品的形态处理方法如表 2-2 所示。调理水产冷冻食品是指烹调、预制的水产冷冻食品，有油炸类制品，如油炸拌粉鱼虾制品、油炸鱼丸、油炸虾球等；有蒸煮类制品，如水发鱼圆、蒸鱼糕、鱼虾肉饺等；有烧烤类制品，如烤鳗鱼片、烤鱼卷、烤鱼糕等。调理水产冷冻食品不经

表 2-2　生鲜水产冷冻食品的形态处理方法

形态名称	处理方法
全鱼	原状不加处理，大型鱼去鳃
半处理	除去鳃及内脏，虾去头
全处理	除去头、内脏、鳍，虾去壳
纵切片	三片法（鱼体沿脊骨纵向切出鱼肉分上、中、下 3 片），除中骨后得上、下 2 片净肉
横切片	将鱼肉与背骨成直角切成 1.5cm 肉片
细肉	将鱼肉切细
大肉块	各种鱼贝肉集合成型，呈板状冻结

烹调即可食用，或只需简单加热即成美味佳肴。水产冷冻食品的最大特点是食用方便，而且品种丰富、卫生安全；但在产、贮、销的流通过程中必须实施冷藏链，品温保持在 -18℃以下才能保持其优良品质。

水产冷冻食品主要有鱼类、虾类和贝类3 种。鱼类冷冻食品常见的有冻鱼片、冻鱼条、冻鱼排等。国外的冻鱼片产品，大量采用鳕、鲆、鲽等形体较大的白肉鱼类，一般带皮。国内主要用大小黄鱼、草鱼、鲤鱼的鱼肉片。冻鱼片是生鲜水产冷冻食品的一种，其生产工艺包括去鳞、沿脊椎两侧切片、整形、浸盐水、包装、冻结、冻藏。浸盐水是为了使表皮肌肉紧缩洁净，减少解冻时液汁流出，增加风味。包装采用塑料薄膜，可防止冻结贮藏过程中鱼片表面干燥，变色或油烧，保持制品的品质。冻结一般采用平板冻结或隧道式冻结装置，并须使用鲜度良好的原料。冷冻鱼排是调理水产冷冻食品的一种，它是用带锯将鱼体分割成长的棒状，再分切成片状鱼排，然后在鱼排外边裹上黄油浆，蘸面包渣，油炸，待冷却后装盘，速冻即可。冻鱼块用新鲜的鳕鱼、鲆、鲽鱼为原料，剥皮后将鱼肉片加入食盐、调味料等，然后装入平的冻结盘，用平板冻结器冻结。

虾类冷冻食品常见的有冻有头对虾、冻无头对虾、冻虾仁、拌粉冷冻虾、油炸虾及冻南极磷虾等。原料以捕捞或养殖海虾为主，例如中国对虾、斑节对虾、日本对虾、长毛对虾等。拌粉冷冻虾有去头去壳、去尾扇或保留最后一节壳和尾扇2 种。去头去壳后，切开背部，除去沙肠，再用冰水洗涤后挂糊，拌粉后装盒生冻或油炸后装盒速冻。冻南极磷虾制品有煮熟全虾冷冻制品、熟虾肉冷冻制品和生全虾或生虾肉冷冻制品等。为了防止虾类黑变，冻结温度应在 -25℃以下，冻品中心温度为 -18℃以下，冻藏温度宜在 -20℃以下。

贝类冷冻食品是以各种贝类为原料，采肉后生冻或煮熟后速冻包装的冷冻食品。原料有文蛤、贻贝、牡蛎、杂色蛤、蛏子等。原料贝要求新鲜、色泽正常、无异味、贝体完整、肥满度好、无泥沙。贝类冷冻食品主要分生冻和熟冻2 类。生冻贝肉一般要求在渔区剥壳取肉，运输途中注意降温，到加工厂后立即用海水或3% 盐水漂洗，去碎壳、泥沙等杂质，沥干称重后装盘速冻。脱盘后镀冰衣，包装冻藏。冻熟贝肉常见的有冻贻贝肉、冻蛏肉、冻花蛤肉等。它们要经过蒸煮步骤，其他与生冻贝肉的工艺一样。

（二）水产冷冻食品生产技术

水产冷冻食品生产主要包括原料选择、前处理、冻结、后处理、冻藏5 个环节。下面以冷冻对虾仁为例介绍水产冷冻食品的生产技术。

1. 水产冷冻食品原料的选择

作为水产冷冻食品的原料，其鲜度一定要高，因为原料的最初品质对水产冷冻食品的品质稳定性有很大的影响。判定原料鲜度的方法在项目一中已经介绍过。当使用冷冻鱼作为原料时，可用锋利的刀具将冷冻鱼切断，观察横断面，如能看到冰结晶，则质量不好，质量好的应是表面致密，具有鱼肉特有的光泽。还可以切出薄片放水中融化后用手指掐，如掐出水分较多，则说明质量不好。如对虾原料的感官要求如表2－3所示。

表2－3 对虾原料的感官要求

项目	感官要求
色泽	色泽正常，卵黄按不同产期呈现出自然的光泽
体表	虾体清洁而完整，甲壳和尾肢无脱落现象，虾尾未变色或有极轻微的变色，黑箍不超过1个，黑斑不超过4个
肌肉	肌肉组织坚实紧密，手触弹性好
气味	气味正常，无异味

2. 水产冷冻食品原料的前处理

原料的前处理是水产冷冻食品制作的主要工序，因水产冷冻食品种类和制品形式、要求不同，其操作内容也不同，但仍有不少共同之处，如有清洗、沥水、形态处理（除去不可食部分和切断、切片、成型等）、挑选分级（根据大小、色泽、形状等）、称量装盘或包装等。前处理要求在低温、清洁的环境中迅速进行。

冷冻原料要先经过解冻，解冻到半解冻状态为宜，以便于后续前处理操作。解冻原料要迅速进行前处理，绝对避免解冻原料的保存。生鲜原料首先要用清洁的冷水清洗干净，海水鱼可用1%的食盐水来洗，这对于保持鱼体色泽非常重要，尤其是乌贼。贝类、虾蟹等原料清洗很重要，一定要将泥沙、杂草等杂质清洗干净。鱼一般要去头、去内脏、去鳍等，大型鱼还要求进行形态处理，如切片、切段等。虾、蟹一般要求去壳，当然也有带壳冻结的。对于调理水产冷冻食品还有加热、调味等工序，加热方法有蒸煮、油炸、烧烤、烟熏等。对于特殊的产品需要特殊的前处理，例如对于虾、蟹等冻结时容易氧化而变色、变味的水产品，可以加入水溶性或脂溶性的抗氧化剂，以减少水溶性物质（如酪氨酸）或脂质的氧化；对于海产鱼卵、海藻等，可以经过食盐腌制后进行冻结，食盐可对微生物和酶产生抑制，也可减少食品物料和氧的接触，降低氧化作用，而且食盐对这类食品的风味影响较小。

冷冻对虾仁的前处理工艺：冲洗→去头、去壳、去肠腺→冰水洗涤→分级→控水→称重→摆盘→灌冰水→控水。

先将新鲜的原料虾冲洗干净，水温不超过10℃，水质符合卫生标准，冲洗时要不断翻动虾体，注意翻动时不得损伤虾体。冲洗干净后加冰送至下道工序。接着进行去头、去壳、去肠腺操作，尽可能带出尾尖肉，用牙签轻挑出肠腺，再用冰水洗涤干净。然后按大小、鲜度进行分级、控水、称重。分级一般是先大后小、先好后次；控水时虾仁不宜堆放太厚，控水时间10min，使虾体呈自然附着水分为宜；称重是因为产品规格是按照单位质量虾仁个数计，如每千克虾仁个数。称重过的虾仁放入盛有冰水的虾盘内，进行摆盘操作，目的是使产品整齐、美观、均匀。加入冰水是为了再次洗涤。排盘后，每4~5个盘为一组，层层叠放，最上面放空盘，灌入冰水，进一步降低虾体的温度，然后翻盘控水，控水时间10min。然后入库冻结。

3. 水产冷冻食品的冻结

冻结方法按照冻结速度不同可以分成缓冻和速冻两大类。食品的中心温度从-1℃下降至-5℃所需的时间（即通过最大冰晶生成区的时间），在30min以内，属于快速冻结，超过30min则属于缓慢冻结。

为了获得较高的冻品质量，现在都采取速冻方法。速冻的方法一般按冷冻所用的介质及其与食品物料的接触方式分为鼓风冻结法、间接接触冻结法和直接接触冻结法3类，每一类方法又包括了多种冻结装置（表2-4）。

表2-4　　速冻方法分类

速冻方法	冻结装置
鼓风冻结法	搁架式冻结装置、隧道式冻结装置（推车式、传送带式、吊篮式）、螺旋式冻结装置、流化床式冻结装置（斜床式、一段带式、二段带式、往复振动式）
间接接触冻结法	平板式（卧式、立式）、回转式、钢带式
直接接触冻结法	制冷剂接触式（液氮、液态CO_2、R_{12}等）、载冷剂接触式

（1）鼓风冻结法　鼓风冻结法冷冻所用的介质是低温空气，但采用鼓风的方法使空气强制流动并和食品物料充分接触，促使食品快速散热，达到提高冻结速率、缩短冻结时间的目的。冻结所用的空气温度一般为-46~-29℃，空气的流速在10~15m/s。鼓风冻结可以采用搁架式冻结装置、隧道式冻结装置、螺旋式冻结装置、流化床式冻结装置等设备。鼓风冻结法中保证空气流通，并使之与食品所有部分都能密切接触是技术的关键。

搁架式冻结装置属于间歇操作装置。采用输送带隧道冻结时，食品物料被置于输送带上进入冻结隧道冻结，可以实现连续操作，适用于大量包装或散装食品物料的快速冻结。输送带上还可以带有通气的小孔，以便使空气从输送带下的小孔吹向食品物料，这样在输送带上的颗粒状的散装食品物料（如虾仁、磷虾、扇贝柱、蛤肉、牡蛎等）可以被冷风吹起而悬浮于输送带上空，使空气和食品物料能更好地接触，这种方法又被称为流化床式冻结，冻结时间一般只需要几分钟，产品呈单个颗粒而不互相冻成一团，冻品的质量好，分装和销售都比较方便，因此，又常称之为单体快速冻结（individual quick freezing，IQF）。

我国目前使用的大多是鼓风冻结法，因为其主要的优点是适用面广，适用于不同大小、不同形状的食品。然而与直接冻结法相比，其主要缺点就是冻结速率较慢，而且需要不断除霜。为了提高冻结速率，小幅度提高风速，需要大幅度提高动力。

（2）间接接触冻结法　间接接触法即用制冷剂或低温介质冷却的金属板和食品密切接触，使食品冻结的方法。其传热的方式为热传导（图2－5）。冻结效率跟金属板与食品物料接触的状态有关。常用的间接接触冻结装置有平板式冻结装置、钢带式冻结装置、回转式冻结装置。

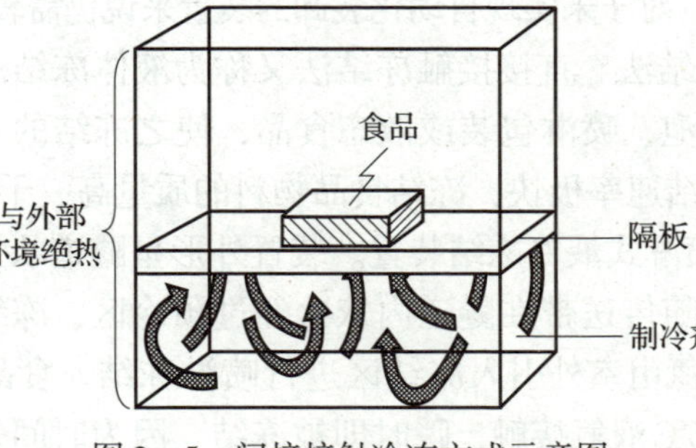

图2－5　间接接触冷冻方式示意图

板式冻结法是最常见的间接接触冻结法，该法将食品放在各层金属板之间，并借助油压系统使平板与食品紧密接触，空心金属平板的通道内流动着低温介质（氨、氟里昂或盐水），由于金属平板有良好的导热性能，被夹紧的食品可被迅速冻结。板式冻结法可用于冻结未包装和用塑料袋、玻璃纸或纸盒包装的食品物料。外形规整的食品物料由于和金属板接触较为紧密，冻结效果较好。

与食品物料接触的金属板可以是卧式的（图2－6），也可以是立式的。卧式平板冻结装置主要用于鱼片、虾及其他小包装食品物料的快速冻结，立式平板冻结装置最适合散装冻结无包装的块状食品物料，不用储存和整理货盘，大大节省了占用的空间，所以非常适合在海上冻结整鱼或大块冻结，但不大适合水产冷冻食品。

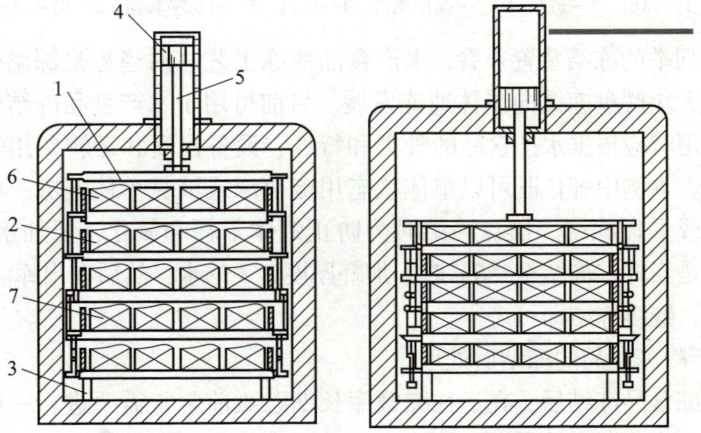

图2－6　卧式平板冻结装置

1—冷却板　2—螺栓　3—底栓　4—活塞　5—水压升降机　6—包装食品　7—板架

平板式冻结装置对厚度小于50mm的食品来说，冻结快、干耗小，冻品质量高；在相同的冻结温度下，它的蒸发温度可比鼓风式冻结装置提高5~8℃，而且不用配置风机，电耗比鼓风式减少30%~50%；工人可在常温下工作，改善了劳动条件；设备占地少，节约了土建费用，建设周期也比较短。但对于厚度超过90mm以上的食品不能使用，对于未实现自动化装卸的装置来说仍需较大的劳动强度。

（3）直接接触冻结法　直接接触冻结法又称为液体冻结法，即用低温介质或超低温制冷剂直接浸泡、喷淋包装或散态食品，使之冻结的方法。直接接触冻结法传热效率很高、冻结速率极快，冻结食品物料的质量高、干耗小。

图2-7所示为喷淋式液氮冻结装置。装置外形呈隧道状，中间是不锈钢丝制的网状传送带，食品随传送带在隧道内依次经过预冷区、冻结区、均温区，冻结完成后到出口处。液氮由室外引入冻结区进行喷淋冻结。食品由预冷区进入冻结区，即与喷淋的-196℃液氮接触，瞬时即被冻结，因为时间短，食品表面与中心的瞬时温差很大。为使温度分布均匀，食品由冻结区进入均温区数分钟。为了避免由于食品表面与中心温差过大所造成的食品龟裂，食品的厚度一般应小于10cm。液氮冻结装置结构简单、使用寿命长，可实现超快速冻结，而且食品几乎不发生干耗、变色，很适宜于冻结个体小的食品，主要存在的问题是冻液的成本高。

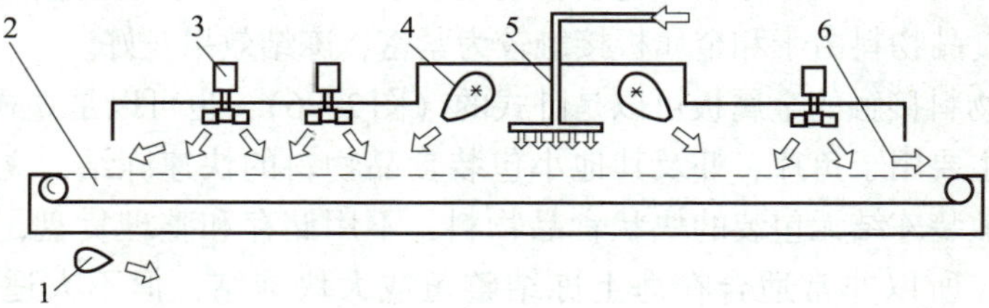

图2-7　喷淋式液氮冻结装置

1—风机　2—进料口　3—搅拌风机　4—风机　5—液氮喷雾器　6—出料口

从上面列举的冻结装置来看，水产食品冷冻工艺总的趋势是深温速冻，冻品的形式也从大块摆盘冻结向单体速冻发展。目前可用于水产食品冻结的装置种类很多，在选用时应根据水产食品的种类和特性、设备投资和运转费用等选择适宜的冻结装置。本例中虾仁既可以单体状态用流化床或液氮单体速冻，也可摆盘后用冷风冻结或平板冻结。摆盘冻结时为防止虾体干耗和氧化，要加水制作冰被。冰被制作就是当虾仁冻结至-6℃时，加虾厚度2/3的水，然后在出库前2h加水至刚没过虾仁，继续冻结即可。

4. 水产冷冻食品的冻结后处理

水产冷冻食品冻结后，在送往冻藏库长期贮藏前常常需要进行一些处理，目的是为了防止冻藏期间品质发生下降，这个工序就是后处理。因为水产冷冻食品在冻藏期间常常由于表面水分蒸发发生干耗及氧化变色现象，严重影响食品品质。为了防止这种变质现象的发生，给冷冻水产品镀上一层冰衣是非常简单而有效方法，这层冰衣既能防止水分蒸发又能隔绝氧气。

镀冰衣的方法是将水产冷冻食品浸入0～4℃的清水中3～5s，使冻品表面镀上一层完整均匀的冰衣，冰衣的厚度一般在1～3mm。为了保证冰衣的厚度和完整性，应连续操作2次以上，前一次镀完冰衣后稍停留片刻，使表面的水完全结冰后再进行下一次。对于易于氧化的食品如多脂鱼，可以在清水中加入抗氧化剂如抗坏血酸，防止食品氧化。

5．水产冷冻食品的冻藏

冻结到冻藏温度的水产品应及时转到冻藏库，以达到长期储藏的目的。冷冻食品食用时的品质除了受到冻结过程的影响外，还受储藏条件的影响。从保证冻藏食品品质的角度看，冻藏温度一般要低于－10℃才能有效地抑制微生物的生长和繁殖；而要有效地控制酶反应，温度必须降低到－18℃以下。通常认为，－12℃是食品冻藏的安全温度，－18℃以下则能较好地抑制酶的活力、降低化学反应速率，更好地保持食品的品质。因此，食品短期冻藏的适宜温度为－18～－12℃，长期冻藏的适宜温度为－23～－18℃，这是对产品品质、贮藏期及储运费用等因素进行全面综合考虑的结果。我国目前对冻结食品采用的冻藏温度大多为－18℃。在国际上，食品冻藏温度目前趋向于更低的温度。

鱼的冻藏期与鱼的脂肪含量有很大关系，多脂鱼（如鲭鱼、大麻哈鱼、鲱鱼、鳟鱼等）在－18℃下仅能贮藏4个月；而少脂鱼（如鳕鱼、比目鱼、黑线鳕、鲈鱼、绿鳕等）在－18℃下能贮藏8个月。为了保持冻结水产品的良好品质，国际冷冻协会作了如下推荐：多脂鱼的冻藏温度一般在－30℃，少脂鱼在－20℃。如果少脂鱼需要贮藏1年以上，其冻藏温度必须在－30℃。现在欧洲众多的冷库经营者都已采用－30℃的冻藏温度，而日本为了保护金枪鱼的鲜红色，采用了－40～－60℃的超低温冻藏温度。冻藏库相对湿度一般维持在90%。

（三）水产冷冻食品的T.T.T概念及计算

流通过程中冻藏食品的品质主要取决于原料固有的品质、冻结前后的处理和包装、冻结方式、流通中各个环节所经历的温度和时间。冻结食品的T.T.T（time－temperature－tolerance）即冻结食品的可接受性与冻藏温度、冻藏时间的关系，用以衡量在冷链中食品的品质变化，并可根据不同环节及条件下冻藏食品品质的下降情况，确定食品在整个冷链中的贮藏期限。

冻藏食品的“T.T.T”研究常用感官评价配合理化指标来测定，通过感官评价能感知食品品质的变化。采用科学的感官鉴定方法将某冻藏温度下的冻结食品与在－40℃下冻藏的食品相比较，若感官鉴定组有70%的成员能识别出这二者之间的品质差异，此时，冻结食品所经历的冻藏时间称为高品质寿命（high quality life，简写为HQL）。实际上，感官鉴定组对冻藏食品的感官评定常常把条件稍作放宽，使用实用贮藏期（practical storage life，简写PSL）的概念。实用贮藏期即是指冻藏食品仍保持着对一般消费者或作为加工原料使用无妨的感官品质指标的最长冻藏时间。

大多数冻结食品的品质稳定性或实用贮藏期是随着冻藏温度的降低而呈指数关系地增大，如图 2－8 所示。

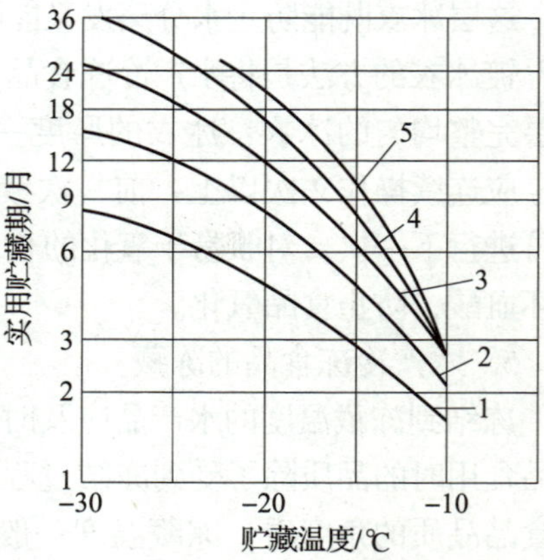

图 2－8　实用贮藏期与冻藏温度的关系
1—多脂肪鱼（鲑）和炸仔鸡　2—少脂肪鱼
3—四季豆和汤菜　4—青豆和草莓　5—木莓

假定某冻结食品在某一冻藏温度下的实用贮藏期（PSL）为 A 天，那么在此温度下，该冻结食品每天的品质下降量为 $1/A$。当冻品在该温度下实际贮藏了 B 天时，则该冻结食品的品质下降量为 $\frac{1}{A} \times B$。若该冻结食品在不同的冻藏温度下贮藏了若干不同的时间，则该冻结食品的累计品质下降量为 $\sum_{i=1}^{n} \frac{1}{A} \times B_i$。例如，某冻结食品从生产到消费共经历了五个阶段的贮藏，其品质下降量的计算如表 2－5 所示。从表中可以看出，该冻结食品从生产到消费经历 5 个不同阶段的温度和时间，累计品质下降量为 0.4409，这说明该冻结食品还有 0.5591 的剩余冻藏性。如累计品质下降量超过 1 时，说明该冻结食品已失去商品价值，不能再食用了。

表 2－5　　某冻结食品在流通期间的品质下降量

阶段	贮藏温度/℃	实用贮藏期/d	每天品质下降率/%	贮藏时间/d	品质降低量
生产者保管	−25	365	0.27	100	0.27
运输	−20	150	0.67	2	0.0134
零售商保管	−24	340	0.29	15	0.0435
搬运	−10	67	1.49	1/5	0.003
消费者保管	−18	135	0.74	15	0.111
累计				132.2	0.4409

综上所述，冻结食品从生产到消费的时间长短并不能说明冻结食品的质量。从 T.T.T 概念可知，如果将冻结食品处于不适宜的温度下流通，冻结食品的质量会很快下降。因此，与罐头食品不同，冻结食品不能以生产日期作为品质判断的依据。为了使冻结食品的优秀品质一直持续到消费者手中，就必须使冻结食品从生产到消费之间的各个环节处于适当的低温状态下。

思考题 >>

1. 水产冷冻食品的种类有哪些？
2. 水产品冷冻加工的前处理方式有哪些？

3. 根据冷冻品种类不同，水产冷冻品贮藏温度如何？
4. 简述水产品冷冻加工工艺及操作要点。
5. 举例说明水产冷冻调理食品的加工技术。

四、 水产品的解冻技术

解冻是大多数冻结食品在消费前或进一步加工前必经的步骤，是使冷冻食品回温、冰晶体融化、恢复食品原有新鲜状态和特性的过程。

从某种意义上讲，解冻实际上是冻结的逆过程，但解冻所需时间比冻结时间长。因为解冻时冻结品处在温度比它高的介质中，其外层首先被融化，供热过程必须先通过这个已融化的液体层；而在冻结过程中，食品外层首先被冻结，吸热过程通过的是冻结层。表2－6所示为冰和水的一些热物理性质，由表可知冰的比热容只有水的一半，热导率却为水的4倍。因此，冻结过程的传热条件要比解冻过程好得多。在解冻过程中，很难达到高的复温速率，且解冻速率随着解冻的进行逐渐下降，这和冻结过程恰好相反。

表2－6　0℃水和冰的某些热物理性质的比较

物理量	密度/（kg/m^3）	比热容/［kJ/（kg·K）］	热导率/［W/（m·K）］	热扩散率/（m/s）
冰	917	2.120	2.324	11.5×10^{-7}
水	999.87	4.2177	0.604	1.33×10^{-7}

此外，在冻结过程中，人们可以将低温介质温度降得很低以增大它与食品材料的温度差，从而加强传热、提高冻结速率。但是在解冻过程中，高温介质温度却受到食品材料的限制，否则将导致组织破坏。为避免表面首先解冻的食品被微生物污染和变质，解冻的温度梯度也远小于冻结的温度梯度，所以融化过程的热控制要比冻结过程更为困难。

解冻状态可分为半解冻和完全解冻。用做加工原料的冻品，半解冻状态（即中心温度－5℃）就可以了，以能用刀切断为准，此时食品的汁液流失较少。

解冻介质的温度不宜过高，一般不超过10～15℃。冻结前经过加热、烹调等处理的方便食品，快速解冻的效果比缓慢解冻的好。小型包装的速冻水产品如速冻虾仁等的解冻，常和烹调加工结合在一起同时进行。

（一）解冻的方法

解冻方法很多，常用的方法有：空气或水以对流换热方式对食品解冻、电解冻、真空或加压解冻或上述几种方式的组合解冻。

1. 空气解冻

空气解冻法是一种最简便的解冻方法，它依靠空气把热量传递给冻品，使冻品升温、解冻，不需要特殊设备，适用于任何大小和形状的食品，不消耗能源，最为经济。该法解冻缓慢，如用风机使空气流动能使解冻时间缩短，但会引起食品干耗，且受空气中灰尘、蚊蝇、微生物污染的机会较多。解冻常在一定的装置中进行，通过改变空气的温度、相对湿度、风速、风向达到不同的解冻工艺要求。一般空气温度为0～5℃，相对湿度为95%～98%，风速2m/s以下。

2. 加压空气解冻

加压空气解冻是根据压力升高、冰点下降的原理，在铁制的容器内通入压缩空气，使食品在同样解冻介质温度下易于融化。该法解冻时间短，解冻品质量好。单独使用某种方法进行解冻时往往存在一定的缺点，如将上述一些方法组合使用，可以起到扬长避短的作用。如在采用加压空气解冻时，在容器内使空气流动，风速在1～1.5m/s，这样就把加压空气解冻和空气解冻组合起来。由于压力和风速使表面的传热状态改善，缩短了解冻时间，如对冷冻鱼糜解冻速率可达温度为25℃的空气解冻的5倍；又如，将微波解冻与空气解冻相结合，可以防止微波解冻时容易出现的局部过热，避免食品温度不均匀。

3. 水解冻

水解冻是冻结食品浸渍在静止水、流动水中或采用喷淋水进行解冻的方法。由于水的热导率远大于空气，故水解冻法解冻速率快，解冻时间明显缩短，为空气解冻的1/5～1/4（若使水流动，甚至1/10），而且避免了质量损失。但存在食品中的可溶性物质流失、食品吸水后膨胀、食品被解冻水中的微生物污染等问题。因此，适用于带皮或有包装的食品的解冻，不适合鱼糜、鱼片等食品。

对于鲷鱼、乌贼等海水鱼类，为防止解冻时鱼皮褪色，常用低温盐水解冻。盐水浓度为2%～3%，水温不超过20℃，盐水流速为1～3m/s。对于大型鱼类，因为内部解冻需要较长时间，为防止已解冻的外部肌肉发生变质，常在其表面加碎冰。

4. 真空解冻

真空解冻是英国Torry研究所发明的一种解冻方法。水在真空室中沸腾时形成的水蒸气遇到温度更低的冻结食品时就在其表面凝结成水珠，蒸汽凝结时所放出的潜热被冷冻品吸收，使冻品温度升高而解冻。这种方法适用于鱼、鱼片。该解冻方法比空气解冻法提高效率2～3倍；食品在该装置内解冻可以减少或避免食品的氧化变质，解冻后汁液流失也少。但解冻食品外观潮湿，且成本高。

5. 电解冻

电解冻包括不同频率的电解冻和高压静电解冻。不同频率的电解冻包括低频（50～60Hz）、高频（1～50MHz）和微波（915MHz或2450MHz）解冻。

低频解冻是将冻结食品视为电阻，利用电流通过电阻时产生的热使冰融化。由于冻结食品是电路中的一部分，因此，要求食品表面平整，内部成分均匀，否则会出现接触不良或局部过热现象。一般情况下，先利用空气解冻或水解冻，使冻结食品表面温度升高到－10℃左右，然后再进行低频解冻。这种组合解冻工艺不但可以改善电极板与食品的接触状态，同时还可以减少随后解冻中的微生物繁殖。

高频和微波解冻是在交变电场作用下，利用冻结食品中的极性基团，尤其是水分子随交变电场变化而旋转的性质，相互碰撞，产生摩擦热使食品解冻。利用这种方法解冻能够达到较快的解冻速率和较均匀的温度分布，解冻时间一般只需真空解冻的20%，但成本较高。

高压静电强化解冻是一种具有开发应用前景的解冻新技术。高压静电解冻法即高压电场作用于冰冻的食品物料，电能转变成热能将食品物料加热解冻的方法。这种方法在解冻质量和解冻时间上远优于空气解冻和水解冻，解冻后，肉的温度较低（约－3℃）；在解冻控制和解冻生产量上又优于微波解冻和真空解冻。

（二）解冻过程中食品品质的变化

1. 汁液流失

冻结食品在解冻时，由于水分没有完全被组织重新吸收，会逐渐流出一些液体来，这种现象即为汁液流失，这部分液体即为流失液。流失液分为自由流失液和加压流失液。自由流失液是指解冻后自然流出食品外的液体；加压流失液是指自由流出液流出后，加上98～196kPa的压力而流出的液体。

大部分食品冻结时，水分或多或少会从细胞内向细胞间隙转移。在解冻过程中，随着温度的上升，细胞内冻结点较低的冰结晶首先融化，然后细胞间隙内冻结点较高的冰结晶才融化。由于细胞外的溶液浓度比细胞内低，水分会逐渐向细胞内渗透，并且按照细胞亲水胶质体的可逆程度重新吸收。解冻应尽可能使冻结食品的水分恢复到冻结前的分布状态，若解冻不当，极易出现严重的食品汁液流失，这是因为在冻结和冻藏过程中冻结食品发生了一系列变化：首先，细胞受到冰晶体的损害，显著降低了其原有的持水能力；其次，蛋白质的溶胀力受到了损害、食品的组织结构和介质的pH也发生了一定程度变化，复杂的大分子有机物质有一部分分解为较为简单的和持水能力较弱的物质。由于流失液中含有可溶性的蛋白、无机盐、维生素及抽提成分，所以汁液流失使食品质量下降、营养成分损失。所以流失液的多少是判断冻结食品质量优劣的主要理化指标。

冻结食品解冻时的汁液流失量与诸多因素有关，冻结速率越快，冻藏温度越低，汁液流失越少。

2. 解冻僵硬

去骨的水产动物肌肉（鲸肉、鱼肉等）如在死后僵硬前就进行速冻，并在－20℃以下的温度冻藏，经过一段时间再解冻时，随着品温的上升，肌肉发生收缩硬化，伴随汁液流失的现象就称为解冻僵硬。原因是动物屠宰后迅速冻结冻藏，ATP降解反应停止，死后僵硬过程随之停滞。解冻时，由于温度升高，导致ATP迅速分解，引起肌肉的强烈而不可逆的收缩，它将引起肉的嫩度下降，汁液流失增加。

思考题 >>

1. 解冻有哪些方式？水产品加工过程中常用哪些解冻方法？
2. 解冻过程中食品的品质有什么变化？应怎样保证解冻过程中食品品质？

五、 常见冷冻水产品加工

（一） 冷冻海鳗片

海鳗是我国沿海主要经济鱼类之一，尤其以浙江、福建、广东三省沿海产量最多。海鳗肉质细嫩，含脂量高（2.7%），蛋白质含量丰富（17.2%）。用鲜活海鳗加工成的冷冻海鳗片，色泽雪白、晶莹透亮、无血腥味，是我国海产品主要创汇品种之一。

1. 工艺流程

选料→去头（放血）→洗涤→剖腹（去内脏）→再洗涤→切断→最后洗涤→称重→保护处理→真空包装→冻结→装箱冻藏

2. 操作要点

（1）选料　要求用活海鳗作原料。因为活海鳗去头后可放净血，产品洁白、无淤血。出口日本的产品是生食的，所以鲜度和卫生要求特别高。通常用带有活水舱的收购船在海上直接收购活海鳗，然后立即运至水产品加工厂。在运输过程中已经死亡或快要死亡（鲜活度不好）、鳗体表面被严重咬伤以及条重在200g以下的海鳗应挑拣出来，另行处理。暂时处理不了的海活鳗应立即放入水池中暂养（水池应具备暂养条件），但暂养时间不宜过长。

（2）去头　活海鳗去头，放净血。如在海上进行操作，其后应是一层冰一层海鳗，在3h内将原料运至加工厂。

（3）洗涤　用10mg/kg的漂白粉水清洗海鳗，浸泡30min，去掉其体外污物。

（4）剖腹　用刀顺腹腔割至排泄孔，把内脏全部除去。

（5）再洗涤　将已除内脏的海鳗用7mg/kg的漂白粉水清洗，去除残余内脏和污物，时间控制在3min之内。

（6）切断　沿海鳗腹腔椎骨一侧剖割，使其两侧肌肉分开（不分离）。去掉海鳗椎骨、尾、腹鳍，把海鳗片切成段（约20cm/段）。

（7）最后洗涤　用5mg/kg的漂白粉水清洗，时间控制在3min。

（8）称重　按规定的质量称重（通常2kg/袋）。

（9）保护处理　将海鳗片浸入添加脂溶性抗氧化剂的溶液中，立即取出。

（10）真空包装　将海鳗片整齐排列于包装袋中，用真空包装机包装。

（11）冻结　包装好的产品立即送入快速冻结装置内速冻，15～20min内其中心温度达到-15℃以下。

（12）装箱冻藏　通常按8块一箱纸箱包装，包装后应及时送入冷库贮藏。库温应控制在-18～25℃。

（二）冷冻鱿鱼块

鱿鱼学名柔鱼，是重要的海洋经济头足类，广泛分布于大西洋、印度洋和太平洋各海区。近年来我国远洋光诱鱿钓渔业有很大发展，鱿鱼的渔获量日益增加，除鲜销外，将鱿鱼加工成冷冻鱼块出口或供应国内市场，均可取得较好的经济效益。

1. 工艺流程

选料→洗涤→剖割→去内脏、软骨、表皮→清洗→称重→装盘→速冻→脱盘→包装→冻藏

2. 操作要点

（1）选料　应选用品质好、鲜度好、无损伤、色泽正常的鱿鱼原料，要求肉质结实，并具有新鲜味。

（2）洗涤　用筐装适量鱿鱼在海水中搅洗，去掉鱿鱼体外的污物。

（3）剖割　剖割鱿鱼时将其腹朝上，用刀顺腹腔正中间剖割至尾部，使两边肉呈对称。对来不及加工的鱿鱼应加入适量冰块降温，以保持其鲜度和质量。

（4）去内脏、软骨、表皮　将鱿鱼剖开后小心摘除墨囊，不使囊内的墨汁流出，以致影响外观。接着清除内脏、软骨，剥去胴体、肉鳍、长足腕的表皮，留眼、嘴，要求外观完整洁白。

（5）清洗　用清水浸洗鱿鱼体，水中加入少量冰，除去原料残存的内脏、杂物等后，重新用清水（加少量冰）再漂洗干净，沥水5～10min，以滴水为准，转入装盘。如来不及装盘应暂放入加有冰块的水中冷却，但时间不宜长。

（6）称量　每块成品1kg，干耗率2%，称重时每盘装1.02kg。

（7）装盘　把鱿鱼头尾错开平放入盘中。

（8）速冻　将摆好盘后的鱿鱼及时送入冻结装置速冻。

（9）脱盘　采用水浸式脱盘方式。将鱿鱼冻盘依次放入清洁的水中3～5s捞出，倒置在包装台上轻轻一磕，鱿鱼块即脱盘，同时镀上冰衣。

（10）包装　每一冻鱿鱼块外套透明塑料袋，每两块装入一低箱，用胶带贴封箱口。包装上需标明品名、规格、净质量、日期、出口国及公司名称、产地、批号。

（11）冻藏　包装好的产品应及时进入冻藏库中贮藏，冻藏温度应稳定在-18℃以下，少波动。

（三）冷冻扇贝柱

目前，冷冻生扇贝柱是一种主要的出口和内销的产品形式。

1. 工艺流程

选料→水洗→开壳剥肉→去内脏及外套膜→杀菌→沥水→洗肉→分级→杀菌→洗涤→摆盘→冻结→脱盘→镀冰衣→称量→包装→成品→冻藏

2. 操作要点

（1）选料　选用就地采收的鲜活扇贝为原料。

（2）水洗　采收的鲜活扇贝，在岸边利用清洁海水将其冲洗干净，除去泥污等杂质。然后运到剥肉车间，再用清洁海水或淡水冲洗，使其开壳时减少细菌污染的机会。

（3）剥肉　剥肉时刀从足丝孔伸入，紧贴右壳把闭壳肌切断翻转，摘掉右壳，用刀挑起外套膜和内脏，并用手捏住从闭壳肌上撕下，然后将附着在左壳上的闭壳肌切下。刀口要平滑，不允许闭壳肌切成两半而影响闭壳肌形态的完整性。

（4）杀菌　将剥出的扇贝肉回收后装入箱或笼子里进行杀菌处理，并不断搅拌使杀菌液与扇贝肉充分接触。杀菌液表面要尽量布满碎冰以控制杀菌液的温度。当杀菌液混浊到看不清容器底时须更换，以保证杀菌效果。

（5）洗肉　将杀菌沥水后的贝肉立即送至洗肉工序操作台，不允许把装贝肉的箱直接放在地上。先用2%～3%冰盐水初洗，边洗边用镊子摘除闭壳肌上残留的外套膜、内脏及黑线等，然后用清水冲洗干净，沥水后进入分级工序。

（6）分级　按每1kg贝肉粒数进行分级。在分级的同时要除去不合格或变质的贝肉。将分级后的贝肉入笼中或箱中进行再次杀菌洗涤，要求同前。

（7）冻结　在清洗消毒的铁盘上铺一层干净无毒的塑料薄膜（大小尺寸要超过铁盘），把贝肉散放在上面，不相连呈单体状。速冻要求在－28℃条件下，贝肉中心温度达－25℃（如用流态化单体速冻装置则效果更好）。冻结完毕即将贝肉放入杀菌消毒液或清洁冷水中瞬间浸渍镀冰衣。

（8）包装、冻藏　将单冻贝肉称量后用聚乙烯袋包装，并加热封口，检封合格的成品送－18℃或－20℃的冷库中冻藏。

思考题>>

对冷冻水产品进行市场调研，设计一种常见水产品的生产方案，包括原料的选择加工过程中的质量控制措施以及产品质量标准和产品评价。

六、水产品冷冻加工贮藏过程中的质量变化及控制措施

1. 冰结晶成长

刚生产出来的冻结食品，其冰结晶大小不是全部均匀一致的。在冻藏过程中，微细的冰结晶会逐渐减少、消失，而大的冰结晶逐渐成长变得更大，食品中整个冰结晶数目也大大减少，这种现象称为冰结晶成长。冰结晶的长大会严重破坏食品的组织结构，使冻藏食品受到像缓慢冻结那样的伤害，解冻后液汁流失增加，食品的风味和营养价值都发生下降。

冻藏室内的温度波动是导致冰结晶成长的主要原因，因此，应采取一些措施，尽量减少冻藏库内的温度波动。除了冷库的温度控制系统应准确、灵敏外，进出

口都应有缓冲间，而且每次食品物料的进出量不能太大。

2. 干耗和冻结烧

在冻藏过程中，若冻结食品表面的水蒸气压高于周围环境空气的水蒸气压，冻藏食品内的水分会直接从固态以冰结晶升华的方式进入周围的空气中，从而造成干耗。开始时仅仅是在冻藏食品的表面层发生冰结晶升华，一段时间后，食品表面就会出现多孔干化层。随着冻藏时间的延长，多孔干化层会不断地深入食品内部，同时多孔干化层会被空气充满，使食品受到强烈的氧化。在氧的作用下，食品中的脂肪发生酸败，食品表面发黄变色，食品的色、香、味和营养价值都变差。这种由于干耗所引起的品质变差现象称为冻结烧。

导致冻藏食品干耗的关键性因素是外界传入冻藏室内的热量和冻藏室内的空气对流，所以采用较低且恒定的冻藏温度（一般不高于 -18℃）、包冰衣或密封包装等隔氧措施及在包冰衣的水中加入抗氧化剂（如抗坏血酸）、适当提高空气湿度和堆垛密度均可有效地防止或降低冻藏食品的冻结烧。

3. 脂肪氧化

对于多脂类水产品在冻藏中会发生脂肪氧化，脂类水解产生游离脂肪酸，游离脂肪酸再氧化产生羰基化合物或自由基，使食品品质下降，并产生哈喇味，这种现象称为酸败。脂肪氧化过程为：脂肪→游离脂肪酸→过氧化物→小分子醛酮→聚合。当脂类酸败严重并有含氮化合物（如氨气、氨基酸、胺、肽等）参与时，食品产生严重的异味，颜色严重变化，品质严重下降，此时就称为油烧现象。

防止方法有：镀冰衣或真空包装隔除氧气；降低冻藏温度，使脂肪凝固化，大大降低氧化速度，一般要求 -35℃以下，并要求库温恒定；防止氨气泄漏，并注意不要和软骨鱼类共同存放；使用抗氧化剂。

4. 变色

凡是在常温下能够发生的食品化学变化，在长期的冻藏过程中都会发生，只是进行的速率十分缓慢而已。食品在冻藏过程中出现的变色、变味等化学变化，许多都是与氧的存在和酶的活力相关的。

多脂肪鱼类如带鱼、沙丁鱼、大麻哈鱼等，在冻藏过程中会发生黄褐变。这主要是由于鱼体中高度不饱和脂肪酸易被空气中的氧所氧化，经过一系列反应后，最终生成醛、醇、酮，从而导致鱼类发生变色。

红色的金枪鱼肉在冻藏过程中会发生褐变，主要是因为肉类中 2 价铁离子的肌红蛋白和氧合肌红蛋白被氧化生成含有 3 价铁离子的氧化肌红蛋白（高铁肌红蛋白）。可通过深温冻藏、真空包装、镀冰衣、加抗氧化剂等方法来防止。如金枪鱼在 -35℃以下冻藏时，褐变几乎停止。

箭鱼肉在冻藏过程中有时会发生绿变。这是由于鱼类鲜度降低时会产生硫化氢，硫化氢与肌肉中的肌红蛋白、血液中的血红蛋白起反应，生成绿色的硫肌红蛋白和硫血红蛋白的缘故。此外，蓝枪鱼、白枪鱼、青鲽、青鲨、旗鱼等也能发生这种绿变。绿色肉一般发生背部、体侧和腹部血合肉中，血液促进绿变。没有非常有效的防止办法，只能通过控制原料鲜度、去内脏、放血及深温速冻来防止。

鳕鱼等白肉鱼由于美拉德反应，鱼肉中的核糖与氨基酸、肽等发生褐变反应。可通过控制温度、水分活度、pH等因素来控制褐变。

虾类在冻藏过程中发生黑变，主要原因是氧化酶（酚酶）在低温下仍有一定的活力，使酪氨酸变成黑色素。多酚氧化酶在虾的血液中活力最大，其他部位也存在，可用去除外壳、头、内脏、洗去血液或加热钝化酶的活力等方法处理后再冻结，亦可采用真空包装冻藏或先用水溶性抗氧化剂溶液浸渍后冻结，再用此溶液包冰衣冻藏的方法来减少氧化。

鲑、鳟等红色鱼在冻藏中会退色，是由于肉中的类胡萝卜色素氧化导致的。可加入抗氧化剂、深温冻藏及真空包装来防止。

牡蛎冻藏中会变成红色，这是由于冻藏中牡蛎仍在进行自身消化，使消化管崩坏，流出作为饵料的涡鞭毛藻。涡鞭毛藻中含有红色的类胡萝卜色素蛋白质复合体。

思考题 >>

1. 冷冻水产品加工过程中会发生哪些方面的质量变化？应怎样预防和控制？
2. 你认为怎样保证水产冷冻食品的质量？

能力训练

任务一 冷冻蝴蝶虾加工

随着我国养虾业的发展，对虾的出口量日益增多，通常都是以块冻无头虾形式出口。如能将对虾进行深度加工，做成蝴蝶虾冻块产品或者单冻蝴蝶虾、面包虾等出口，同样规格、数量的原料虾可比块冻无头虾出口售价高得多。

一、任务目标

（1）根据客户要求，会选择原料虾的种类和质量；

（2）能进行原料虾的前处理，了解虾的综合利用价值；

（3）会使用速冻设备进行速冻处理；

（4）会进行冷冻水产品的镀冰衣、包装等后处理操作；

（5）注意冷冻虾在贮藏过程中发生质量变化的情况，并掌握预防和控制措施。

二、原料和设备

1. 原料

能够用来做蝴蝶虾的原料种类较多，原料种类的选择要根据产品规格大小或者客户要求进行。出口规格以113～133只/kg（51～60只/lb）为例，每只质量应在7.6～8.9g。原料虾应及时加冰保鲜。

原料虾要求品质新鲜，色泽正常，无异味，无红变。选取原料时可以参考表2－7。

表2－7 对虾的卫生标准

水产品		感官指标	细菌总数/(个/g)	TVB－N/(mg/g)
对虾	一级鲜度	色泽气味正常，外壳有光泽，半透明，允许有黑箍1个，黑斑4处，虾体清洁，虾体肉质紧密，有弹性，甲壳紧密附着虾体，带头虾头胸部和腹部连接膜不破裂	$\leqslant 10^5$	≤0.25
对虾	二级鲜度	虾体基本完整，外壳失去光泽，允许有黑箍3个和不严重影响外观的黑斑，体色变红，虾肉组织松软，弹性变差，有氨臭味	$\leqslant 5\times10^5$	≤0.35
青虾（河虾）	一级鲜度	青灰色，外壳清晰透明，头体连接紧密，肌肉青白色，致密，尾节伸屈性强	$\leqslant 5\times10^6$	≤0.15
青虾（河虾）	二级鲜度	灰白色，透明度较差，头体稍易脱离，肌肉青白色，致密，尾节伸屈性稍差	$\leqslant 10^7$	≤0.30

原料虾要注意保藏，防止发生质量变化，影响产品品质。立即加工的原料一般进行冷藏保鲜，方法如下：

（1）原料虾分级　虾捕获后，及时装筐、加碎冰运送至加工场地，尽量保持原料虾的新鲜度。原料虾到达加工场地后，按有关规格标准尽快挑选分级，同时除去严重机械伤或软壳的虾。

（2）漂洗预冷　分级后，要及时洗去虾体黏附着的细菌和污物，以免影响保藏期虾的鲜度质量。一般要在冰水中漂洗2～3次，在漂洗过程还应尽量减少机械损伤。分级、漂洗后的虾，要及时放在低温槽中预冷。低温槽温度一般控制在0～2℃，预冷时间一般为10～20min，使虾体中心温度达到2～3℃。

（3）包装检验　称重后的虾，按不同的包装材料进行装箱，装箱时按1∶0.5的虾冰比例加入碎冰。按国家有关标准抽检。

2. 主要设备

速冻设备、开片刀、包装盒。

三、 加工工艺

1. 工艺流程

原料虾→去头→清洗→分级→去壳留尾→剖背全开→去肠腺→称量→再清洗→装盘→加冰水→速冻→脱盘→镀冰衣→包装→冷藏

2. 操作要点

（1）去头　去头时，不允许带黑膜。

（2）清洗　清洗时，水温应控制在8℃以下。

（3）分级　应按蝴蝶虾要求的规格进行分级。如113～133只/kg（51～60只/lb）

的蝴蝶虾。以长毛对虾为原料时，可选 102～122 只/kg（46～55 只/lb）的去头对虾。

(4) 去壳留尾　保留虾的第六腹节（最后一节腹节）及尾节尾肢（尾巴），腹肢要去除干净。

(5) 剖背全开、去肠腺　用不锈钢刀在虾的背部中间全开（深度约 4/5），去除肠腺，在桌面上摊开、摊平呈蝴蝶状，两边剖匀对称，不能剖歪，不能剖太浅（在桌面上摊不开），不能剖太深（会有空洞）。

(6) 称量　控制在成品化冻后净质量为 2kg。

(7) 再清洗　将蝴蝶虾用 3mg/kg 的漂白粉冰水溶液清洗一次。

(8) 装盘　虾盘要消毒清洗后才能使用。装盘时，底与面居中各放 1 枚标明规格的塑料标签，面要压平，尾部不能翘起，半成品温度应控制在 13℃以下。

(9) 加冰水　冰水应清洁，加水量以虾体不上浮为宜。

(10) 速冻　速冻温度在 -25℃以下，待虾体温度降至 -12℃时加适量冰水，以盖住虾体不外露为准，至中心温度达 -15℃以下即可脱盘。

(11) 脱盘　可采用水浸式或水喷淋方式脱盘，水温控制在 20℃以下。

(12) 镀冰衣　用清洁冰水镀冰衣，水温 2～4℃，时间 3～5s。

(13) 包装　将蝴蝶虾冻块镀冰衣后套入透明塑料袋，放入小盒。每 6 盒装进一个纸箱，用胶带封口。

(14) 冷藏　包装后的产品应放在 -18℃以下的冷藏库内贮藏，库温要保持稳定。

3. 注意事项

(1) 加强卫生管理　国外对蝴蝶虾冻块的卫生要求很高，例如美国 FDA 要求此产品沙门菌等致病菌不得检出，因此，对加工车间、工器具、厕所等应定时进行清洗、消毒；车间要消灭苍蝇，加工人员应穿工作服、雨鞋和戴工作帽，头发不得外露，指甲要剪掉；操作前，手与刀具要消毒，并每隔 2h 消毒一次；加工人员离开车间时，工作服、鞋和帽应放在更衣室内，加工结束后，更衣室应进行紫外线灯光消毒。

(2) 加强对剖背工的训练和挑选　加工蝴蝶虾的剖背技术与速度，会直接影响到产品的正品率与生产量。因此，必须训练和挑选一定数量熟练的剖背工，使之与生产能力相适应。

(3) 防止蝴蝶虾尾扇黑变　用去头冻虾为原料加工蝴蝶虾时，常常会发现一些去头冻虾在解冻前尾部已有黑变，在解冻和加工过程中部分虾的尾部还会逐渐黑变，以致影响产品的外观和质量。因此，在解冻、加工过程中，应尽量使虾体与空气隔绝、降低虾温和缩短加工时间，这样可减轻尾扇黑变问题。

四、质量标准和检验

1. 成品要求

以规格 113～133 只/kg 为例：

（1）规格　113～133 只/kg，每只质量应在 7.6～8.9g。

（2）鲜度　品质新鲜，色泽正常，无异味，无红变。

（3）剖背要求　去头去壳，留第六腹节及尾巴后，全开背，去肠腺，两边剖匀对称，不破洞，摊开、摊平呈蝴蝶状。

（4）净重　2kg/块。

（5）外观　冰被平整，虾体包括尾部不外露并镀有冰衣。

（6）标签　采用无毒塑料标签，标明 113～133 只/kg。

（7）包装　纸箱装，每箱 6 块，2kg/块。

2. 检验

（1）原料虾鲜度检验　应符合出口去头虾的原料虾收购标准。

（2）去头虾规格检验

① 平均规格：1kg 应在 113～133 只。

② 均匀度：规格大小应一致，不能太大、太小。1lb 中最大 5 只质量与最小 5 只质量之比 <1.3 为合格。

（3）蝴蝶虾半成品检验（称量后检验）

① 鲜度：无红变、异味。

② 规格：平均规格应在 113～133 只/kg，均匀度 <1.3 为合格。

③ 剖背技术：剖太浅、剖歪、剖成两片、有空洞、破尾和断尾者为次品虾。不超过 5% 为合格。

④ 质量：－1% ～ +3% 之间为合格。

⑤ 杂质：虾的肠腺、腹肢、虾壳等要去除干净。

（4）成品检验　除上述半成品检验项目外，在化冻前还需检查产品的冰被是否平整、虾体有否外露、有否蜂窝等。

（5）致病菌检验　若客户要求做沙门菌等致病菌检验，需将样品送往商检、卫生防疫部门检验，结果必须呈阴性。

五、思考题

（1）试分析保证冷冻蝴蝶虾产品质量安全的关键在哪些方面。

（2）如果客户要求单冻蝴蝶虾产品，应怎样修改工艺及参数？

（3）查阅资料，论述对虾加工与综合利用的价值。

六、做一做

通过调研设计一种冷冻调理虾生产方案。

任务二　熟真蛸加工

一、任务目标

（1）掌握经济海洋软体动物的种类、特性以及营养价值；

（2）掌握软体动物原料验收方法，会正确选择真蛸加工原料；

(3) 能进行头足类动物加工原料的前处理；
(4) 熟练掌握真蛸加工技术及操作技能；
(5) 能设计头足类冷冻调理食品生产方案。

二、原料和设备

1. 原料

章鱼又名八爪鱼，同属海洋软体动物。章鱼体呈短卵圆形，无鳍，头上生有8条腕，故又称“八带鱼”。腕间有膜相连，长短相等或不相等；腕上具有2行无柄的吸盘。多栖息于浅海砂砾或软泥底以及岩礁处，肉食性，以瓣鳃类和甲壳类为食。春末夏初，喜在螺壳中产卵，故可用绳穿红螺壳沉入海底，按时提取捕得。秋冬季常穴居较深海域泥沙中。中国常见的章鱼有：风蛸、长蛸、真蛸和岩蛸等。章鱼的头胴部有7~9.5cm，短蛸的腕长约12cm，长蛸的腕长约48.5cm，真蛸的腕长约32.5cm。平时用腕爬行，有时借腕间的膜伸缩来游泳，或用头下部的漏斗喷水做快速退游。原料体态、生产季节和产地如表2-8所示。原料鲜度及等级检查、验收见表2-9。

表2-8　常见章鱼原料体态、生产季节和产地

种类	真蛸	岩蛸	长蛸	风蛸
体态	最大胴长22cm	最大胴长15cm	最大胴长10cm	最大胴长8cm
生产季节	春3~5月， 秋9~12月	春3~5月， 秋9~12月	春3~5月， 秋9~11月	春2~5月， 秋9~11月
产地	中国东海、南海以及世界各地海域，栖息于温暖海域沿岸地带的底层	中国东海、南海，东南亚海域	西太平洋海域，中国南北海沿岸均有分布	西太平洋海域，中国南北海沿岸均有分布

表2-9　原料鲜度及等级检查、验收

项目	检验方法
称重方式	原料拆箱称重（保留到0.1kg）
解冻方式	循环水解冻，水温一般控制在15℃以下
异味鉴别	在两眼之间下方切股并嗅味（异味包含：臭味、柴油味、其他异味），异味蛸不去脏、不进行盐揉
规格选别	1. 规格选别按规格上、规格下区分，如500/800选别区分500以下、800以上；规格符合标准公差允许±5g 2. 按分好的规格进行称重（保留到0.1kg） 3. 解冻后质量=各规格质量+异味蛸质量+异类蛸质量 4. 解冻出成率=解冻后质量/解冻前质量

续表

项目	检 验 方 法
感官检查等级选别	1. 等级选别： A 级：蛸后自然卷曲或蛸体虽不曲卷但颜色正常，硬度好无破损（断足不超过 1 条，且每条不能超过该足长度的 1/3，头皮无破损），吸盘完全张开； B 级：盐后硬度较好，足部微软不自然卷曲，但肉质比较硬，无严重破损（断足不超过 2 条，且每条不能超过该足长度的 1/3，蛸体破损小于 1cm），吸盘完全张开，颜色好； C 级：盐后吸盘无完全闭合，蛸体有一定硬度，无颜色严重发红，头皮水肿不严重； D 级：盐后蛸体很软，无规则性形状，水肿状蛸； 等外级：水蛸或肉质糜烂蛸 2. 对各级别盐后蛸称重并记录，不可用蛸不再计入盐后数，并不再进行矾揉和漂烫 3. 检查盐后头皮肉面质量，看是否有糜烂、水肿或受污染现象 4. 对蛸进行整体判断，看是否被水或药物浸泡，并注意观察是否有恶性杂质（海胆针、泥沙等）

2. 主要设备

刀具、漂烫设备、速冻设备、包装盒、金属探测器、冷藏设备。

三、 加工工艺

1. 工艺流程

原料解冻→水洗→切股→水洗→盐揉→明矾揉→规格选别→漂烫→一次冷却→二次冷却→切段→洗净→冻结→镀冰衣→包装→金属探测→装箱→贮藏

2. 操作要点

（1）原料解冻　头天夜里提出，使用循环水泵完全解冻。

（2）水洗　在水槽里轻轻沥洗。

（3）切股　入刀处碰及两眼间的位置，进行臭味确认。

（4）水洗　蛸 10kg，水温 35℃，水高出蛸面 15cm（水 11kg），水洗 10min，水洗前蛸一定要完全解冻。

（5）盐揉　蛸 10kg，水温 20℃，水 11kg，盐 0. 55kg（是水的 5%），盐揉 40min，确认软硬度、吸盘内有无脏物。

（6）明矾揉　蛸 10kg，水温 10℃，水 3kg，明矾 7. 5g，矾揉 5min。矾揉后，吸盘内用刷子轻轻刷洗，不能用力太大；矾揉后软硬选别：软品用来加工加热后食用产品，硬品用来加工未加热即可食用产品。

（7）漂烫　水温 90 ~ 95℃，蛸 10kg/笼。盐 0. 75kg（是水的 1. 5%），水 50kg。①1 分 20 秒；②1 分 30 秒；③1 分 50 秒；④2 分 40 秒。4 次漂烫尽量不超过 30min，防止添加物挥发。

（8）一次冷却　流水，不使用水槽，用喷淋式（冷却水冷却，严格卫生管理）。

（9）二次冷却　蛸 10kg（原料），第一回冷却用冰 + 水，11kg 水 + 14kg 冰（冬天），盐 0. 25kg（是水的 1. 0%），第二回放掉一半，加一半冰，每隔 10min 搅拌一次，测温度并记录，保证品温在 10℃以下，水温 5℃以下。

(10) 切段　切段时，要求长度在6cm以内，根据原料规格大小，每枚质量要求在4.5~5.5g、6.5~7.5g两个范围中。

(11) 洗净　水洗时按照清水洗→消毒（用50mg/kg次氯酸钠水洗）→清水洗的方式进行。

(12) 冻结　IQF冻结。

(13) 镀冰衣。

(14) 包装　根据客户要求的规格称量，装盒并利用聚乙烯塑料袋包装，热合。每盒产品头占30%。

(15) 金属探测　产品要通过金属探测确认无异物。

(16) 装箱　根据客户要求的规格装箱。

(17) 贮藏　入冷藏库-18℃以下贮藏。

四、质量标准和质量评价

1. 净含量

解冻后净含量要求达到原重100%，亏耗部分按照实际质量计算。

2. 盐揉指标要求

盐揉指标要求见表2-10。

表2-10　　盐揉指标要求

盐揉出成要求指标		盐揉质量要求	
300g以下	90%	A、B级蛸	95%
300g以上	92%	C、D级蛸	5%

3. 串规格比例

串规格比例见表2-11。

表2-11　　串规格比例

规格	允许调称条数	允许串规格比例/%	允许调称个体标准
100~200	3~5	5	同规格向下浮动10g
200~300	3	6	同规格向下浮动10g
300~500	3	9	同规格向下浮动10g
500~800	2	10	同规格向下浮动10g
800~1000	1	8	同规格向下浮动10g
1000~1200	1	10	同规格向下浮动20g
1200~1500	1	12	同规格向下浮动20g
1500~2000	1	15	同规格向下浮动20g
2000~2500	1	20	同规格向下浮动20g
2500~3000	1	25	同规格向下浮动20g
3000以上	1	30	同规格向下浮动20g

4. 其他

D级蛸超出5%部分按照本规格原定价格做半价处理。

规格若超出允许的比例范围，超出部分按照相应的规格核算。

盐揉达不到规定要求，按照订价×检品盐揉出成率/规定盐揉出成率核算。

五、思考题

(1) 海洋经济软体动物种类有哪些？

(2) 章鱼有很多种类，根据本任务你觉得章鱼类原料还可以加工哪些产品？

(3) 熟真蛸加工时，漂烫工序要注意哪些事项？漂烫后为什么要进行冷却？怎样冷却？

(4) 查阅资料，并做市场调研，写一份目前国内海洋经济头足类产品加工与综合利用现状及发展趋势的调研报告。

六、做一做

试设计一项墨鱼冷冻加工的生产方案。

任务三 完全无骨鱼类加工

完全无骨鱼类加工技术是各种水产品的综合加工技术，是现代人类消费的更高要求。常规的无骨开片技术就是将鱼体开片去中刺后，再完全去刺，产品成块状、段状，完全失去了鱼体原有的形状，影响消费者的感官认识。而且由于产品有一定规格，导致边角料较多，得率较低。无骨开片技术是建立在各种鱼的鱼刺分布图上的，针对不同鱼的鱼刺分布，设计不同的去刺技术和去刺工具，尽可能地使鱼保留原有的形状特点，同时又保证无刺，最后产品均为整条鱼，边角料少，得率高。

一、任务目标

(1) 了解原料鱼的种类、特性，能根据产品要求选择合适的原料鱼；

(2) 通过破坏试验掌握鱼刺的分布，画出鱼刺分布图，确定开片去骨的方案；

(3) 能熟练掌握一种鱼的开片去骨技术；

(4) 能将开片去骨的鱼片粘合，恢复原有的形状特点，并保证无刺；

(5) 通过实训，使学生能够掌握完全无骨鱼加工技术，以适应就业及未来发展需求。

二、原料和设备

1. 原料

我国沿海产的鲅鱼、鲳鱼、舌鳎和高眼鲽。选用的原料鱼均去头、去内脏，在−18℃冷冻保存。

2. 主要设备

速冻设备、冷冻设备、各种开片去刺的工具（图2−9）。

三、 加工工艺

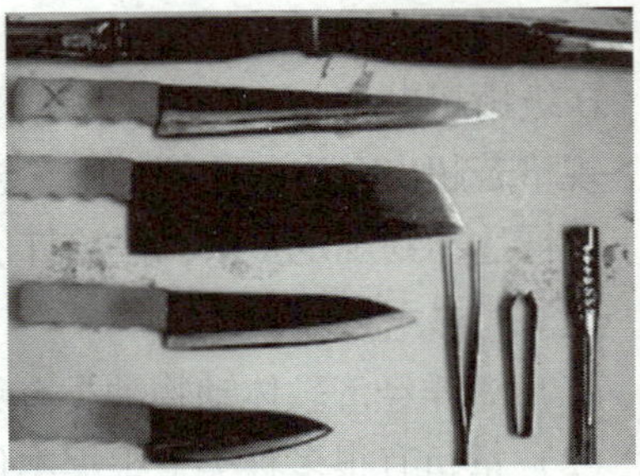

图2－9　开片去刺工具

1. 工艺流程

原料解冻→确定鱼刺分布→无骨开片→三道验刺→鱼体粘合→调味→烧烤→包装→冷冻贮藏

2. 操作要点

（1）原料解冻　在环境温度10℃以下空气缓慢解冻，解冻终温5℃，待用。

（2）确定鱼刺分布　通过鱼体破坏性试验，对各种鱼的鱼刺分布及数量进行统计，绘制鱼刺分布图。

（3）刀具选择　根据各种鱼的鱼刺分布情况，选用不同的去刺刀具。

（4）无骨开片　环境温度约10℃下，根据各种鱼的鱼刺分布情况，用专门的去刺刀具分阶段分步骤将鱼的中骨、腹肋骨、胸鳍骨、腹鳍骨去除。操作过程中鱼体温度保持在10℃以下。

（5）质量控制　三道验刺确保产品是完全无骨鱼。

（6）鱼体黏合　由于经过去刺处理后，鱼体有了不同程度的破坏，需用黏合剂将去刺的部位黏合，使最后产品还原鱼体原有形状。黏合剂选用日本进口产品。

方法：将黏合剂均匀抹在鱼体断面上，将另一鱼片断面朝下覆盖上，然后用冷水袋压在鱼体上，通过冷水袋的压力使鱼体黏合。舌鳎鱼的最佳黏合工艺为：冷水袋1.5kg，黏合时间40min，黏合剂用量为0.75g/dm^2。

如果用边角料搅碎后填充在去刺部位，再进行黏合，产品外观更饱满，黏合效果也不错，同时又充分利用了边角料，进一步提高了产品得率。

（7）调味　产品调味需要调味料的多样化、口味的多样化。调味方式：定盐产品、味噌产品和西京产品。在这个任务中只介绍定盐产品。将无骨产品浸渍在5%食盐水中，一般根据鱼种、大小不同浸渍1～4h，最终产品盐分保持在1.5%～2.5%。

（8）烧烤　使用连续式烧烤机，通过烧烤能够更好地满足消费者对不同口味的需要。根据鱼体大小选择烧烤温度和时间，控制烧烤后鱼体中心温度高于75℃。

（9）包装、冷冻储藏　按客户要求规格进行包装，速冻后低温储藏。

四、 产品质量要求

产品外观色泽好，细菌总数<300个/g鱼肉。

五、 思考题

（1）水产品加工中选择原料鱼时要注意哪些问题？

（2）原料鱼的前处理工序要注意哪些问题？

（3）控制完全无骨鱼产品质量的关键在哪些方面？

（4）了解鱼类加工下脚料的综合利用仙传与发展趋势。

【职业岗位】

小知识：冷冻水产品加工岗位主要工作职责

1. 对鲜水产品进行分类、分级、整理、清洗、加冰保鲜。

2. 使用解冻设备，对冷冻水产品进行解冻。

3. 操作分割机、剥皮机、剖片机、脱壳机、刀具等设备对鲜、冻水产品原料进行剖割加工等处理。

4. 对处理前后的水产品进行检验和记录。

5. 对处理后的水产品进行称重、装盘或装箱。

6. 清洗、消毒加工工具、设备和场地，维护、保养设备。

7. 坚持以“质量第一、安全第一”的方针，向管理要效益，降低生产成本，杜绝各种浪费。

8. 按照订单周密、合理、仔细组织生产，安排工作，全面提高单位劳动生产率，提高设备利用率。

【做一做】

作为水产品冷冻加工车间负责人，请你设计一种无骨鱼产品加工方案，说明原料、工具以及阐明工艺流程和操作技术要点及质量控制措施。

【项目小结】

水产品低温保鲜与加工是目前渔业生产上防止水产品腐败变质的主要方法，也是目前水产品加工行业主要的发展加工方向之一。低温保鲜与加工能较好地保存水产品原有风味、营养价值和外观质量，并适于处理和储藏大批鲜活水产品。随着技术发展、产业升级，水产品低温保鲜与加工由原来以保藏为目的的加工逐渐向水产冷冻小包装、水产冷冻方便食品、水产冷冻调理食品等方向发展，使冷冻水产品品种越来越多、品质也越来越高。本项目从原来的低温保藏技术、解冻技术、低温加工技术及工艺与质量控制几个方面进行了系统讲解，通过冷冻蝴蝶虾加工、熟真鞘切片加工、冷冻无骨鱼类加工几个典型生产任务，让学生在生产性学习环境中完成学习性的水产品冷冻加工学习任务，既保证学生水产品冷冻加工生产技能的掌握，又兼顾了学生职业生涯的可持续发展。

项目三 水产品干制加工

【学习目标】

1. 掌握水产品干制加工的理论基础；
2. 掌握水产品干制加工技术；
3. 掌握水产品真空冷冻干燥技术；
4. 掌握水产品加工新技术；
5. 掌握水产品干制加工过程中的质量变化及控制措施；
6. 能根据客户要求，进行水产品干制加工及质量控制；
7. 能胜任水产品调味摊片工、水产品干燥工职业岗位。

知识准备

水产品原料直接或经过盐渍、预煮后在自然或人工条件下干燥脱水的过程称为水产品干制加工，其制品称为水产干制品。水产品干制加工是保存食品的有效手段之一，追溯到最早的日晒、风干等自然干燥法，至今已有近2000年的历史，是一项传统的加工方法。近几年来，随着我国国民经济的快速发展，在原来的基础上引进并开发了许多人工干燥设备，不仅使生产的产品种类多样化，而且使产品的质量和稳定性有了很大提高。

干制品按其干燥之前的前处理方法和干燥工艺的不同可分为淡干品、盐干品、煮干品、冻干品、焙烤干制品、熏干品和调味干制品等。著名的加工产品有鱿鱼干、螟蜅鲞、鱼肚、紫菜干、虾米、虾皮、海蛎干、鱼翅、淡菜、烤鳗、调味鱼片干、香甜鱿鱼丝等，由于产品种类多，风味各异，可加工成各种休闲食品，携带方便，因而深受消费者的欢迎，是仅次于水产冷冻品的第二大类水产加工品。

一、 水产品干制加工的理论基础

水产品干制加工的原理简言之即除去食品中微生物生长、发育所必需的水分，微生物繁衍受到抑制，防止水产品变质，从而使其长期保存；同时原料中的各种酶类（蛋白质、脂质和碳水化合物的分解酶）也因干燥作用其活力被抑制。另外，水产品受到环境中氧气等氧化作用也与水分的含量有关。

（一）水产品原料的水分和保藏的关系

水产品中丰富的水分是微生物繁殖及酶活动的必要条件之一，微生物从外界摄取营养物质并向外界排泄代谢物质都需要水作为溶剂或媒介，水是微生物生长活动所必需的物质。各种微生物所需的水分并不相同。如果将食品脱水，或添加糖、盐一类溶质，将水产品中的水分减少到一定程度，则可有效地抑制微生物的生长，降低生物体内的各种酶的活力及减慢各种生化反应的速度，延长食品的保藏时间。

水产品中所含水分并不是以纯水的状态存在的，而是与蛋白质形成一种复杂的溶胶和凝胶体系，其水分存在分两大类：一类水是和蛋白质牢固地结合在一起形成网状结构，称之为结合水；另一类水只是吸附在这种网状结构上，还有一部分是在水产品表面上，腹腔内和生物体组织毛细管中充满的水，这两部分水统称为游离水（自由水）。水产品干制时，主要去除的是游离水。

在水产品干制时，有一些衡量产品干燥程度的指标。一种是水分含量，通常用产品质量的百分比来表示。研究表明，用物料含水量来衡量水产品干燥效果，在水产品原料干燥水分含量为40%以下时，即能起到抑制细菌的繁殖生长作用。但有些霉菌特别是某些好气性霉菌如灰绿曲霉等，在18%的水分含量时仍能在水产品表面生长。生物体内的酶在水分含量10%～15%时可基本停止活动。因此，水产干制品需要干燥至水分含量10%～15%时，才能基本抑制所有微生物的繁殖发育。

另一种表示水产品干燥程度的指标是水分活度，水分活度实际就是食品中能转为生化反应所能提供未结合的游离水的估量。也就是说，水分活度并不是食品中的绝对水分，而是指细菌、酶和生化反应所能接触的水分。通常水分活度用A_w来表示。真正决定食品中发生腐败变质的主要原因，并不是它的绝对水分，而是水分活度。根据各种微生物繁殖的最低水分活度界限，即可为掌握和控制食品干燥程度和保藏性提供可靠依据。同时在干制加工中可以通过干燥使食品水分蒸发或增加食品中水溶性物质的含量，这两种不同的方法单独或结合使用，都可以达到降低水分活度和增加食品保藏性的目的。淡干品加工属于单独使用干燥的方法；采用食盐、食糖等的腌制加工属于单独使用增加水溶性物质的方法；盐干品、部分调味干制品以及中间水分食品，则属于这两种方法结合使用。

1. 水分活度与微生物的关系

各种微生物保持生长所需的最低水分活度各不相同，大多数最重要的食品腐败细菌所需的最低水分活度都在0.90以上。芽孢的形成和发芽需要更高的水分活度，某些嗜盐菌在水分活度降至0.75时尚能生长，大多数酵母生长的水分活度界限在0.88左右，霉菌的耐旱性优于细菌，在水分活度为0.80时仍能生长良好，当水分活度低于0.65时霉菌生长方受到完全抑制。必须注意的是，微生物的最低水分活度界限受温度、pH、营养成分、氧气、抑制剂等各种因素的影响，这可导致微生物能在更低的水分活度时生长，或者恰好相反。食品中微生物的生长所需的最低水分活度为细菌>酵母>霉菌。

干制过程中，食品及其所污染的微生物同时脱水，干制后微生物便长期处于休眠状态，环境条件一旦适宜，又会重新吸湿恢复活动。干制并不能将微生物全部杀死，只能抑制它们的活动。因此为了防止微生物引起的劣变，应该在食品干制前进行加热灭菌，彻底杀死致病菌及腐败菌，从而延长干制品的保质期。

包括水产原料在内的新鲜水产品的水分活度都在0.99以上，虽然这对各种微生物的生长都适宜，但是最先导致新鲜食品腐败变质的微生物都是细菌。一般认为，在室温下保藏食品，水分活度应降到0.70。在此水分活度下，如灰绿曲菌（*Aspergillus glaucus*）等仍会缓慢生长，故干制品极易长霉。

2. 水分活度与化学腐败的关系

大多数酶促反应及化学反应都需要在水溶液中才能进行，如果降低食品的水分活度，则食品中自由水的比例少了，而结合水是不能作为反应物的溶剂的，所以降低水分活度，能使食品中可能发生的化学反应、酶促反应受到抑制。

干制时，水分减少，酶活力就下降，直到水分降为1%以下时，酶活力才会完全消失。一般的干燥过程，水分含量是不会降到这一程度的。当水分活度低于0.80时，大多数酶的活力受到抑制；若活度降到0.25~0.30，则食品中的淀粉酶、多酚氧化酶和过氧化酶就会受到强烈抑制甚至丧失其活力。水分活度在0.30时，脂肪酶可阻止脂类氧化，使氧化速率变得最小；当水分活度降低至0.10以下时，其活力反而增大，脂类氧化反应很迅速。在低水分干制品中，特别在吸湿后，酶仍会缓慢活动，从而引起干制品褐变及品质劣化。然而酶在湿热条件下处理时易钝化，为了控制干制品中酶的活动，有必要在干制前对原料进行湿热或化学钝化处理。

为了防止干制品变质与腐败，从抑制微生物与酶作用的角度看，水分活度越低越好。但在干制过程中还必须避免质构与化学成分的不良变化，如在低水分活度下，制品易于硬化，脂质易于氧化，同时也易于破碎与吸湿。

食品化学反应的最大反应速度，一般发生在具有中等水分含量的食品中（水分活度为0.70~0.90），如脂类的氧化反应、羰氨反应、维生素的分解等，这是人们不期望的。而最小反应速度一般首先出现在等温线的区域Ⅰ和Ⅱ之间的边界（水分活度为0.20~0.30）附近，当进一步降低水分活度时，除了氧化反应外，其他反应的反应速度全都保持在最小值，这时的水分含量是单分子层水分含量。用食品的单分子层水分含量可以准确地预测干燥产品最大稳定性时的水分含量。因而，要合理控制干制时水分活度对制品化学腐败的影响。

低水分食品，即相当于单分子吸附水分时（水分活度为0.2~0.5，水分含量为3%~10%），主要为氧化作用引起的脂质与色素的变化（过氧化物的产生、退色与着色）。中水分至高水分食品（水分活度为0.20~0.99，水分含量为10%~40%，40%~90%），主要是各种酶水解作用（酶与非酶褐变）和微生物的作用引起的品质劣化，这些作用均受水分活度的制约。因而，要合理控制干制时水分活度对制品质量的影响。

（二）水产品的干制过程

水产品表面的水蒸气分压高于周围的水蒸气分压，表面的水分就会被蒸发，随着表层水分减少，造成表面与内部水分的浓度差，这样就导致内部水分逐步向表层扩散，扩散到表面的水分又被蒸发……如此进行下去，物料的水分就会不断减少，从而完成内外干燥的过程。水产品的干燥简言之，就是水分的表面蒸发与内部扩散的结果。水产品在干燥过程中，蒸发与扩散是同时进行的，而且彼此紧密联系。

水产品在整个干燥过程中的干燥速度是不一样的，一般可分快速干燥、等速干燥和减速干燥三个干燥阶段：在干燥初期，在单位时间内物料水分的蒸发速度在不断增加，此时称为快速干燥阶段，主要表现为物料表面温度的上升和水分的蒸发；随着干燥的进行，物料表面的水分蒸发量与内部水分向表面扩散量相等时，蒸发速率均一，称之为等速干燥阶段，此阶段主要表现为水分的蒸发，而物料表面的温度不再上升；当干燥到某一程度时，物料的肌纤维收缩且相互间紧密连接，使水的通路受堵，再加上物料表层肌肉变硬，导致水分向表面的扩散以及从表面蒸发的速率下降，此时便进入了减速干燥阶段，这时主要表现为水分蒸发减少，物料的温度又开始上升。

延长等速干燥的时间，有利于食品的脱水干燥，假如强行急速干燥，则会造成内部水分向表面的扩散速度跟不上表面水分的蒸发速度，从而造成食品表面的干燥效应，形成表层硬壳，即产生所谓表面硬化。此时，内部的水分已很难再通过表面蒸发出来，而这时食品内部的水分含量仍很高，不易久藏。在水产品的干制中，一般要避免这种情况。当减速干燥结束时，物料中的水分已很难再蒸发，假如要进一步除去物料中水分，可将已干燥的物料堆积起来，用隔离物将其盖住，防止表层水分继续蒸发。过一段时间待内层水分向外扩散能够继续支持表层水分蒸发时，表面会发生回软现象，再打开封闭物继续干燥，这就是所谓的“罨蒸”，其目的是为了达到最好的干燥效果。

干燥速度就是由表面蒸发和内部扩散所决定的。食品在干燥过程中，如果表面蒸发过速，物料表面干燥过快，产生表面硬化，就会抑制内部水分扩散。食品的理想干燥就是设计各种条件，如干燥温度、外界湿度、空气流速及方向、物料的厚度、形状和排列等，使表面蒸发和内部扩散速度取得均衡，在尽量短的时间内使物料干燥。

水产品在一定条件下干燥，并在一定温度下测定其水分含量（M）和平衡蒸汽压（p），计算 A_w，然后以 M 为纵坐标、A_w 为横坐标，可得到 $M—A_w$ 曲线，即等温吸湿线。一般蛋白质类食品的 $M—A_w$ 曲线如图 3－1 所示的 S 形曲线。此曲线在 A_w 为 0.1～0.2 及 0.6～0.8 有 2 个拐点，从而将曲线划分为水分特性不同的Ⅰ、Ⅱ、Ⅲ3个区间：Ⅰ区间为单分子吸附水，也称为结合水，水分受到强烈的束缚；Ⅱ区间为多分子吸附水，水分之间的吸附作用较弱；Ⅲ区间的水分可以认为是自由水，主要存在水产品组织的微细间隙中。

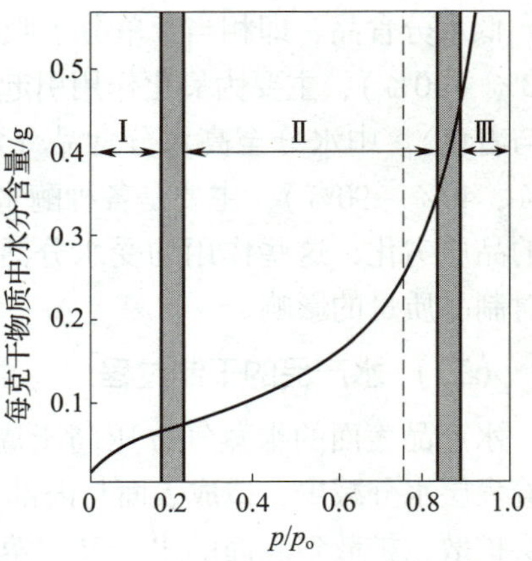

图 3－1　等温吸湿线

不同水产品的内部水分扩散速度不同；同一水产品在干燥过程中，由于组织结构的变化，内部水分扩散速度也会改变。因此，要想达到表面水分蒸发速度与内部水分扩散速度相协调，不同的水产品要选择不同的干燥条件（温度、空气流速等）；对同一水产品在干燥过程中的不同阶段，也可能需要采用不同的干燥条件。

思考题 >>

1. 简述水产品中水分活度与微生物的关系。
2. 简述水产品中水分活度与化学腐败的关系。
3. 水产品干制时，衡量产品干燥程度的主要指标是什么？
4. 简述水产品的干制过程。

二、 水产品的干制加工技术

干制方法可分为自然干燥法与人工干燥法两类。自然干燥法主要是晒干与风干。人工干燥法很多，用于水产品干制的主要有热风干燥法、冷风干燥法、冷冻干燥法、远红外干燥法等。

（一）自然干燥

晒干（日干）与风干统称为自然干燥，是利用太阳的辐射热和风力对物料进行干燥的一种方法。物料获得来自太阳的辐射能后，其温度随之上升，内部水分因受热而向表面的周围介质蒸发，物料表面附近（界面）空气中的水蒸气处于饱和状态，与周围空气形成水蒸气分压差和温度差，于是在自然对流循环中促使食品中的水分不断向空气中蒸发，直到物料的水分含量降低到与空气温度及其相对湿度相适应的平衡水分为止。

晒干是利用太阳辐射促使物料的水分蒸发，并通过风的流通把原料周围的水蒸气不断带走以达到干燥目的。因此，晒干过程通常包含风干的作用。晒干是将物料放置在阳光直射和通风良好的地方，温度较高，干燥速度较快，但太阳辐射容易造成脂肪氧化和蛋白质变性。炎热、干燥和通风良好的气候环境条件最适宜晒干，中国北方和西北地区的气候常具备这种特点。

风干则是在无太阳直接照射的情况下，主要通过风的流通使空气不断掠过原料周围时，带走原料蒸发的水分，并补充水分蒸发所需的热量而达到干燥目的。风干温度较低，无直接阳光照射，制品质量较好；但在阴雨天气或空气湿度高的地区和季节，往往因不能及时干燥而造成腐败变质。

自然干燥需使用较大场地，为减少原料损耗、降低成本，应尽可能靠近或在产地进行。为保证卫生、提高干燥速率和场地的利用率，自然干燥场地宜选在向阳、光照时间长、通风好的位置，并远离家畜厩棚、垃圾堆和养蜂场，场地要便于排水，防止灰尘及其他废物的污染。可采用悬挂架式或用竹片、木片制成的晒盘、晒席盛装干燥。物料不宜直接铺在场地上，以保证食品的卫生质量。为了加速并保证食品均匀干燥，自然干燥时应注意控制物料层厚度。不宜过厚，并注意定期翻动物料。

自然干燥的优点是设备简单、操作简便、节省能耗、费用低廉。其缺点是受气候条件的限制存在不少难以控制的因素（如温度、风速等），难以制成品质优良的产品；同时还需要大面积的场地和大量的劳动力，劳动生产率低；此外，容易遭受灰尘、杂质、昆虫等污染及鸟类、啮齿类动物的侵袭，产生损耗又不卫生。同时，由于紫外线的作用会促进脂肪的氧化，因此自然干燥的产品很容易脂肪氧化。目前，为了更好地利用太阳能资源，已出现了自然干燥和人工干燥组合的干燥方法。

（二）热风干燥

热风干燥是将加热后的空气通入水产品干燥室，热空气将热能传递给水产品，促使其水分蒸发，并扩散到周围空间，再由流动的空气带走。所以空气不仅是载热体，同时又是带走物料表面蒸发处理水分的载湿体。通常热风干燥是在常压下进行的。

干燥装置由空气加热器、风机、干燥室和干燥架等组成。由蒸汽、烟道气等热交换器加热空气，通过风机送入干燥室使物料干燥。一般水产品干燥的风温在50~60℃，常见设备有箱式干燥机和隧道式干燥机。热风干燥的优点是不受自然气候的影响，可以迅速有效地达到干燥目的，能防止干燥过程中细菌的腐败作用，减轻脂质的氧化，制品的色泽也较好。

（三）冷风干燥

为避免热风干燥过程中温度过高对品质的不良影响，可用冷风（低温去湿空气）代替热风进行干燥，依靠物料与冷风之间水蒸气分压压差进行。出现脂肪氧化和美拉德反应引起的非酶褐变，冷风干燥的温度一般为15～35℃，空气相对湿度为17%～20%，风速为2.5m/s。当空气相对湿度较大时，可以采用制冷装置预先去湿。由于温度低，不易适合于小型多脂鱼的干燥，产品的色泽良好。

（四）冷冻干燥法

水产品冷冻干燥法有两种。一种是利用天然或人工低温，使物料组织中水分冻结后再解冻从组织中流出，以达到脱水的目的。该法易使物料组织中的水溶性物质和水分流失，制品形成多孔性结构。朝鲜的冻明太鱼、中国北方的琼胶加工就利用这一方法。另一种是真空冷冻干燥，又称升华干燥，是将物料冻结到共晶点温度以下，使水分凝固成冰，在高真空条件下，通过升华除去物料中水分的一种适合热敏物质的干燥方法（详见本项目“三”）。

思考题 >>

1. 水产品的热加工方法主要有哪些？
2. 水产品采用晒干、风干方法的特点是什么？
3. 水产品采用热风干燥的优点是什么？

三、水产品的真空冷冻干制技术

真空冷冻干燥又称升华干燥，它是将湿物料先冻结至冰点以下，使水分冻结成细小的冰晶粒，然后在较高的真空度环境下，将冰晶直接转化为蒸汽而除去，使物料的含水率降低，从而得到干品的一种干燥方法。迄今为止，它是多种干燥脱水方法中最高级也是最佳的一种脱水方法。

真空冷冻干燥技术自1909年创建以来得到了很大发展，在国际上，早期主要用于生物制品和医药行业中，如保存菌种、病毒、血清、生物细胞、人体组织、骨骼等；到了20世纪50～60年代，这种技术开始在食品工业中应用，如用于肉类、水产类、果蔬类、速溶咖啡、速溶茶、香料、方便食品调料等的干燥。近年来，真空冷冻干燥技术在国内得到广泛的应用，如冻干蜂王浆、龟鳖粉、蛇、蚯蚓、鸡肉、鱼肉、牛肉、虾、人参、蒜、姜、葱、蘑菇、芦笋、木耳、黄花菜、胡萝卜、菠菜、水果类等。

（一）真空冷冻干燥的原理

化学热力学的相平衡理论是食品真空冷冻干燥技术原理的基础。在一定的压力和温度下，水的3种形态达到一定的平衡，据此得到水的相平衡图（图3－2）。三相点显示了水的固、液和气三相共存的压力和温度条件。当蒸汽压大于三相点压力（610.5Pa）时，冰只能先融化为水，然后再由水转化为水蒸气，其过程为蒸发过程；如果低于三相点压力（610.5Pa）时，存在于食品中的水分就只有固态和气态两相，此时若温度不变、压力降低，或压力不变、温度降低，都会使食品中的固、气两相平衡遭到破坏，食品中的固态冰可以直接升华转化成为水蒸气，达到脱水干燥的目的。这就是升华干燥的理论基础。

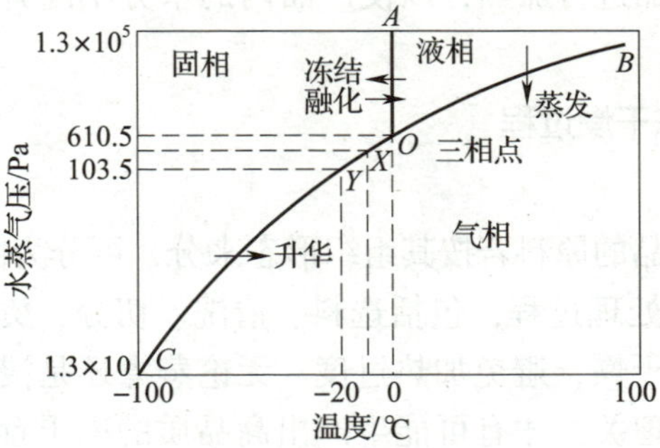

图 3-2 水的相平衡图

真空冷冻干燥就是把含有大量水分的物质，预先进行降温冻结成固体，然后在真空条件下使水蒸气直接升华出来，而物质本身留在冻结时的冰架中，因此它干燥后体积不变，疏松多孔。在升华时要吸收热量，引起产品本身温度的下降而减慢升华速度，为了增加升华速度、缩短干燥时间，必须要对产品进行适当加热。整个干燥过程是在较低的温度下进行的。

（二）冻干机的组成和冻干程序

产品的冷冻干燥需要在一定装置中进行，这个装置称为真空冷冻干燥机，简称冻干机。

冻干机按系统分，由制冷系统、真空系统、加热系统、和控制系统 4 个主要部分组成。按结构分，由冻干箱（或称干燥箱）、冷凝器（或称水汽凝集器）、冷冻机、真空泵和阀门、电气控制元件等组成。

冻干箱是一个能够制冷到 -40℃左右、加热到 +50℃左右的高低温箱，也是一个能抽成真空的密闭容器。它是冻干机的主要部分，需要冻干的产品就放在箱内分层的金属板层上，对产品进行冷冻，并在真空下加温，使产品内的水分升华而干燥。

冷凝器同样是一个真空密闭容器，在它的内部有一个较大表面积的金属吸附面，吸附面的温度能降到 -40℃以下，并且能恒定地维持这个低温。冷凝器的功用是把冻干箱内产品升华出来的水蒸气冻结吸附在其金属表面上。

冻干箱、冷凝器、真空管道和阀门，再加上真空泵，便构成冻干机的真空系统。真空系统要求没有漏气现象。真空泵是真空系统建立真空的重要部件。真空系统对于产品的迅速升华干燥是必不可少的。

制冷系统由冷冻机与冻干箱、冷凝器内部的管道等组成。冷冻机可以是互相独立的2 套，也可以合用1 套。冷冻机的功用是对冻干箱和冷凝器进行制冷，以产生和维持它们工作时所需要的低温。它有直接制冷和间接制冷两种方式。

加热系统对于不同的冻干机有不同的加热方式：有的是利用直接电加热法；有的则利用中间介质来进行加热，由一台泵使中间介质不断循环。加热系统的作用是对冻干箱内的产品进行加热，以使产品内的水分不断升华，并达到规定的残余水分要求。

（三）真空冷冻干燥过程

1. 原料前处理

真空冷冻干燥食品的原料若按其组织形态来分，可分为固态食品和液体食品。对固态食品原料的预处理过程，包括选料、清洗、切分、烫漂和装盘等。其目的是清除杂物，易升华干燥，避免加热过度。无论蒸煮还是浸渍，都要按工艺要求加工，只有把好前处理关，才有可能生产出高品质的冻干食品。液态食品原料的成分和浓度各不相同，若将它们直接干燥成粉末，耗能太大，一般采取真空低温浓缩或冷冻浓缩的方法进行预处理。

2. 产品的预冻

物料在进行冷冻干燥时首先要进行冻结，才能进行升华干燥，物料的冻结有自动法和预冻法。

自冻法是利用物料表面水分蒸发时从它本身吸收汽化潜热，促使物料温度下降，直至它达到冻结点时物料水分自行冻结，如能将真空干燥室迅速抽成高真空状态即压力迅速下降，物料水分就会因水分瞬间大量蒸发而迅速降温冻结。但这种方法因为有由液到气的过程会使食品的形状变形或发泡，沸腾等，所以适合于一些有一定体形的食品，如芋头、碎肉块、鸡蛋等。

预冻法是干燥前常见采用的冻结方法，即用一般的冻结方法如高速冷空气循环法、低温盐水浸渍法、液氮或氟利昂等制冷剂使物料预先冻结，一般食品在-4℃ 以下开始形成冰晶体，此法较为适宜水产原料。

冻结过程中的降温速率是影响冻干食品质量和冻干特性的主要因素之一。从保证冻干食品质量的角度出发，降温速率越高，食品材料受冰晶的机械损伤和溶质损伤就越小，冻干食品的质量就越好。而从提高冻干效率的角度出发，降温速率高不利于水蒸气向外扩散。另外冷冻速率还会影响原材料的弹性和持水性，缓慢冻结时形成冰晶的颗粒粗大会破坏干制品的质地，并使蛋白质变性，尤其对鱼肉冷冻干燥品的品质影响更大。所以缓慢冻结对干制品的复原性会产生不利的影响，因此在冻结之间应根据产品不同而试验出一个最优的冻结速率。

3. 产品的第一阶段干燥

把预冻后的物料移入真空干燥室（冻干箱）中，启动真空泵，当压力降至三相点以下时，升华过程开始。升华相变是一个吸热过程，需要提供相变潜热或升华热。为加速升华，所有冻结物料在真空室内加热。在真空度足够高的条件下，所提供的热量应恰好等于食品内的冰晶升华所需要的相应升华热，并保证冻结食品的温度略低于它的冰晶体的融解温度，以使冰晶能以最快的速率升华。提供热量过大将会引起食品解冻，达不到冷冻干燥的目的；而若提供的热量过少，则会导致升华速率减慢，延长干燥时间。

食品的升华干燥完全在冰晶体表面进行，随着干燥的进行，物料内冰晶层的界面不断向物料中心移动，干燥层逐渐增厚，升华热由加热体通过成为孔状的干燥层不断地传给冻结部分，在干燥与冻结交界的升华面上，水分子得到加热后，将脱离升华面，沿着冰晶升华后残留下的孔隙逸出，直至食品内部的冰晶全部升华完毕。升华干燥时物料形态固定不变，水分子外逸后留下的是孔隙，形成海绵状多孔性结构。这种结构有利于产品的复水性，但这种结构使传热速率和水分外逸的速度减慢，特别是限制了传热。因此，若采用一些穿透力强的热能如辐射热、红外线、微波等使之直接穿透到（冰层面）升华面上，就能有效地加快干燥速率。升华阶段时间的长短与产品的品种、产品的分装厚度、升华时提供的热量、冻干机本身的性能等因素有关。

4. 产品的第二阶段干燥

当冰晶升华完毕，食品物料内还存在10%左右的水分，为了使产品达到合格的残余水分含量。必须对产品进一步干燥，即解吸阶段。在此阶段可以使产品的温度迅速上升到该产品的最高允许温度，并保持这一温度直至冻干结束为止。解吸过程脱去食品结合水，使食品分水降至3% ~5%，在此含水量下，食品得以长期保存。

在解吸干燥阶段由于产品内逸出水分的减少，冷凝器温度的下降又引起系统内水蒸气压力的下降，这样往往使冻干箱的总压力下降到低于0.1MPa，这就使冻干箱内对流的热传递几乎消失。因此，即使板层的温度已加热到产品的最高允许温度，但由于传热不良，产品温度上升很缓慢。解吸阶段的时间长短取决于产品的品种、残余水分的含量、冻干机的性能等。

5. 冻干的后处理

冷冻干燥完毕，就可以将冻干食品从真空干燥室内取出。由于冻干食品是多孔疏松状，表面积大，易吸湿与破碎，氧化作用增强，所以恢复常压时，最好能通入氮气等惰性气体破坏室内真空度，而后再充入惰性气体进行包装或真空包装。

（四）真空冷冻干燥技术的特点

真空冷冻干燥的工艺条件为低温、低压，故和其他干燥方法相比有着相当多的优点：

（1）能较好地保持新鲜食品的色、香、味及营养成分，特别适合于热敏食品以及易氧化食品的干燥。

（2）干燥过程对物料物理结构和分子结构破坏极小，能较好保持原有体积及形态，制品容易复水恢复原有性质与状态。

（3）干燥后产品脱水彻底，质量轻，能长期保存而不致变质。

真空冷冻干燥方法也有缺点：

（1）由于操作在高真空和低温下进行，需要高真空设备和制冷设备，初期投资费用大，且操作费用也高，故产品成本高。

（2）为了提高干燥效率，物料一般都要求能切割成小型块片。

（3）多孔性干制品还需要特殊包装，以免回潮和氧化。

（五）真空冷冻干鱼片的加工

1. 工艺流程

原料选择→原料处理→沥水→装盘→冻结→升华干燥→检验→回软→压块→二次干燥→包装→成品

2. 操作要点

（1）原料选择　选用鲜度一级的鱼类，海水鱼、淡水鱼均可，剔出其中的变质腐败者。

（2）原料处理　原料去鳞、去鳍、剖腹、除内脏，并紧挨头部从鳃盖后开始沿着脊背切开成2条鱼片，切除腹内侧之肋刺。水洗除去粘在鱼片上的鳞、内脏、血污和腹腔内的黑膜等杂质物。

（3）沥水　水洗后的鱼片表面吸附有水分，如不沥水，将浪费速冻时的冷量，延长干燥时间。如果沥水时间过长，会使鱼片的鲜度下降。

（4）装盘　要求每盘质量一致，铺时要厚薄均匀，避免将鱼片交叉叠放，以免影响冰晶的升华和各部位的干燥均匀度。

（5）冻结　以速冻为宜，一般在1～2h内冻至预定温度。冻结时要求库温必须在-25℃以下，以便冻结结束时，鱼片中的水分能达到“冻硬”的要求。空气流动一般采用冷风强制循环。

（6）升华干燥　将载有冻好鱼片的料车迅速推入干燥室，并立即关闭进料门，开启抽真空系统，室内真空度在5～6min内应达到66.6～133.3Pa，这时鱼片的温度基本已稳定在预定的升华温度。然后加热，鱼片最高温度不超过50℃，以供应鱼片中冰晶升华所需的热量。经过升温、恒温、降温3个阶段，鱼片能达到4%水分含量。

（7）检验　干燥后的检验是把未达到水分要求的鱼片拣出。

（8）回软　将已干的鱼片在室温下放置一段时间，使之吸收一定量的水分，达到手捏不碎、表面不发黏、以便压块操作的进行。

（9）压块　回软后的鱼片用压平机压平。压平机的压力由鱼片的水分含量和回软程度来确定。

（10）二次干燥　目的是除去回软的水分，使鱼片恢复到回软前4%的水分含量。

（11）包装　要求密封、避光、不漏气，最好进行充氮包装，以防止鱼类脂肪氧化。

思考题 >>

1. 简述真空冷冻干燥的原理。
2. 真空冷冻干燥技术特点是什么？

四、 水产品干制新技术

（一） 微波干燥

微波干燥起源于20世纪40年代，到60年代国外才大量应用。由于微波干燥的独特优点，使得其发展很快，国外已应用在轻工业、食品工业、化学工业、农业和农产品加工等方面。由于微波对水有选择加热的特点，使得粮食、油料作物、茶叶、蚕茧、木材、纸张、烟草等含水物质均可用微波进行干燥。20世纪70年代以来，国外微波干燥的应用还在继续扩大，特别是在食品干燥方面。我国微波干燥技术的应用始于20世纪70年代初期，到目前已应用于轻工、化工及农产品食品加工等方面。尽管我国在微波干燥方面已经有一些成功的范例，但从整个食品行业来看，装机功率仍然非常低，与发达国家相比仍有很大的差距。

微波干燥具有很多优点：

（1）干燥速度快、干燥时间短　由于微波能够深入到物料内部而不是靠物体本身的热传导进行加热，所以加热时间非常短，干燥时间可缩短50%或更多。

（2）产品质量高　微波加热温度均匀，表里一致。由于微波对水有选择加热的特点，可以在较低温度下进行干燥，而不至于产品中的干物质过热而损坏。微波加热还可以产生一些有利的物理或化学作用。

（3）反应灵敏、易控制　通过调整微波输出功率，物料的加热情况可以瞬间改变，便于连续生产和实现自动化控制，提高劳动生产率，改善劳动条件。

（4）热能利用率高，节省能源、环保、设备占地少　微波加热设备本身不耗热，热能绝大部分（>80%）都作用在物料上，热效率高，所以节约能源，一般可节电30%～50%；对环境温度几乎没有影响。微波干燥设备体积可以做得较小。

（5）选择性地加热　由于各物质的损耗因数的差异，使微波具有选择性加热的特性，即不同的物质在同样磁场中加热时，所吸收的热量是不同的。

然而，单纯使用微波进行食品干燥，容易出现食品边缘或尖角部分焦化以及由过热引起的烧伤现象；同时采用微波进行干燥时，干燥终点不易判别，容易产生干燥过度。因此，微波干燥的发展趋势是采用微波与热风干燥结合、微波与真空干燥结合或微波与热泵干燥相结合等的联合干燥方法。

微波干燥经常与热风干燥相联合，可以提高干燥过程的效率和经济性。因为热空气可以有效地排除物料表面的自由水分，而微波干燥提供了排除内部水分的有效方法，二者结合就可以发挥各自的优点使干燥成本下降。微波干燥与普通方法联合一般有 3 种方式：① 预热。首先用微波能对物料进行预热，然后用普通干燥器进行干燥。② 增速干燥。当干燥速度进入降速阶段时将微波能加入普通干燥器，此时物料表面是干的，水分都在内部。加入的微波能使物体内部产生热量和蒸汽压，把水分驱至表面并迅速被排除。③ 终端干燥。普通干燥器在接近干燥终了时效率最低，也许有 2/3 的干燥时间花费在排除最后的 1/3 的水分上。在普通干燥器的出口处加一个微波干燥器，可提高普通干燥器的处理量。

微波干燥将作为一项高新技术，以其独特的加热特点和干燥机制为食品干燥开辟了一条崭新的途径，应用前景十分广阔。微波技术将在完善自身技术方法和设备的同时，不断与其他干燥技术相结合，向着更广、更深的方向发展，新兴的微波真空干燥技术、微波冷冻干燥技术以及微波膨化技术等都将在理论的建立、完善和应用中不断发展。

（二）远红外干燥

红外线是波长为 0.72 ~ 1000μm 的电磁波，通常将波长在 5.6μm 以上的称为远红外线，波长在 5.6μm 以下的称为近红外线。工业上多用远红外线干燥物料。远红外干燥是利用远红外辐射器发出的远红外光波被加热物体吸收，并直接转变为高热能而达到加热干燥的目的。

远红外加热技术是 20 世纪 70 年代发展起来的一项先进技术。远红外加热与传统的蒸汽、热风和电阻等加热方法相比，具有加热速度快、新产品质量好、设备占地面积小、生产费用低和加热效率高等许多优点。用它代替电加热，节电效果尤其显著，一般可节电 30% 左右，个别场合甚至可达 60% ~70% 。为此，这项技术已广泛应用于油漆、塑料、食品、药品、木材、皮革、纺织品、茶叶、烟草等很多种制品或物料的加热熔化、干燥、整形、消费、固化等方面。近几年随着远红外生产品种和数量的不断增多，其应用领域也不断扩大，远红外加热技术日益引起人们的重视，

远红外线干燥具有以下特点：

（1）干燥速率快，干燥时间仅为热风干燥的 10% ~20% ，因此生产效率较高。

（2）由于食品表层和内部同时吸收远红外线，因而干燥较均匀，干制品质量较好。

（3）设备结构较简单，体积较小，成本也较低。

（三）超声波干燥

超声波是 20 世纪才发展起来的一项高新技术，已经在化学、化工、医药、医疗和农药领域得到广泛的应用，其在食品工业中的应用也日益受到关注。食品工业中的超声提取、超声灭菌、超声干燥、超声过滤、超声清洗等方面进展迅速，超声波技术在食品添加剂的合成、微生物代谢、酒类发酵、食品检测、控制结晶等方面也得到最新应用。

超声波干燥是一门新兴的干燥技术，可以在较低温度下更快地干燥食品，越

来越受到人们的重视。超声波干燥技术适合于食品、药品及生化制品的干燥。

1. 超声波干燥的特点

Boucher 采用超声波干燥蔗糖，可很快干燥到 1.2% 含水率。在食品加工中，会遇到黏稠物料的干燥问题。超声喷雾器的问世解决了传统的离心式喷雾头的黏料的堵塞问题，它利用超声变幅杆端面的强烈振动使液体从喷口处快速喷出。此外，对食品进行超声脱水干燥，不仅速度快、时间短、复水性好，而且食品的色、香、味和营养成分都能很好地得到保留。

超声干燥方法可以提高湿气的去除率，降低最终湿气的含量，与普通加热和气流干燥方法相比，干燥速度快、最终湿气含量低且被干燥的材料不会被破坏，也不会被气流吹走。因此，超声波干燥对怕热物料如中药、食品、木制品和纸制品等的脱水有很大潜力。

2. 超声波在食品干燥中的应用

超声波不仅可以单独用于食品干燥，而且可以和其他形式的能量联合使用。可以将超声波与热风耦合用于食品干燥，这种干燥方法简单，也是超声波干燥用于食品干燥的发展方向。由于超声波在空气中传播衰减很快，并且空气与干燥物料中的声阻不匹配，使声能不能顺利转化，所以超声波干燥还不能实现大规模应用。

超声波还可以和喷雾干燥耦合用于液体食品的干燥。即利用超声波对许多热敏性物料可在其表面形成超声喷雾的特性，使液体表面积增加；在物料内部，尤其在组织分界面上，超声能量大量转化成热能，造成局部高温，促进水分逸出，从而提高蒸发强度、效率及降低蒸发温度，具有干燥速度快、温度低、最终含水率低且物料不会被损坏或吹走等优于传统喷雾干燥的优点。超声喷雾干燥不存在喷口阻塞问题，而且可以适用于较为黏稠的物料，会有更广阔的应用。

思考题 >>

1. 远红外线干燥的特点是什么？
2. 超声波干燥的特点是什么？

五、常见水产品干制加工

水产品干制加工的种类很多，常见可分为生干品、煮干品、盐干品和调味干制品四大类。

（一）生干品

生干品又称淡干品，是原料不经过盐渍、调味或煮熟等处理而直接干燥的制品。生干品工艺适宜于体形较小、肉质薄、易迅速干燥的小产品，如银鱼、小鱼虾、紫菜、海带、鱿鱼、鱼卵、鱼肚等。生干制品的优点是原料的组成、结构和性质变化小，复水性好，能保持原有的良好风味并具有较好的色泽；缺点是由于在加工过程中没有经过任何杀菌处理，仅利用脱水来抑制细菌的繁衍和酶的分解活动，因此比较容易腐败变质。在干燥和贮藏过程中，也常常由于酶的作用而引起色泽和风味的变化。下面以银鱼干为例，介绍其加工工艺。

1. 原料处理

鲜银鱼捕获后，首先要去除里面的水草、小沙石、杂鱼、杂虾及其他杂质，然后倒入稀明矾水中浸洗 1 ~ 2min，以去除鲜银鱼身上的大量黏液。明矾水的浓度要适度掌握，只要把银鱼黏液洗掉即可，一般为 1.5°Bé 即可。

2. 晒干

晒干分 2 次。第 1 次在较强的阳光下晒半天，使鱼体达到八成干时，将鱼干收起，放置 3 ~ 5d 后再次日晒，直至完全干燥为止。鉴别晒干的标准，除用手指捏以外，还可平放在分开的中指及食指上，用大拇指按压鱼体中段，如已变脆能折断或有断裂白痕者，即表示已干制完成。

3. 包装

经晒干的鱼干，不能立即包装，避免脆断，需在室内放置一昼夜左右，待完全冷却后才能包装。用食品塑料袋按 1kg/袋规格包装，并在低温处保存。通常在冷藏库可保存 1 年左右。

4. 质量要求

一级品：条干大小一致，无矾或轻矾，整齐、无杂质，收购时色泽为白色，后变为乳白色。

二级品：条干大小一致，矾水较重，稍曲，收购时色泽为微黄色，后变为黄色。

三级品：条干大小一致，为雨天阴干晶，矾水重，条干曲，有杂质，收购时色泽为黄色，后变为红黄色。

（二）盐干品

盐干品是指先将鲜鱼腌渍、漂洗再干燥的制品，多用于不宜进行生干和煮干的大中型鱼类和不能及时进行生干和煮干的小杂鱼等的加工。可制成盐干品的鱼类有很多，包括沙丁鱼、鲐鱼，黄鱼、鳗鱼及各种淡水鱼，可整体盐干，剥开腹部或背后腌制成“鱼鲞”。

盐干品是利用食盐和干燥的双重防腐作用，制品保藏期长；另外加工操作比较简便，适合于高温和阴雨季节时加工。缺点是制品味道太咸，肉质干硬，复水性差，易油烧。近年来有的制成以调味为主的淡盐轻度干燥制品，风味较佳，但贮藏性差，需低温保存。下面以盐干鲐鱼为例，介绍其加工工艺。

1. 工艺流程

原料选择→清洗→剖割→去头、内脏→清洗→盐腌→漂洗→干制→切段→称重→包装→成品。

2. 操作要点

（1）原料　选择鲜度较好的鲐鱼，条重在100～200g之间。原料挑选好后立即用清洁水清洗干净沥水待用。

（2）前处理　去头，侧面剖开腹部或背部，去除内脏并切除鱼头及尾部。处理后用清水充分漂洗，特别是腹内壁血污要刮洗干净。

（3）盐腌　腌制时将鱼体撒盐或擦盐，使盐均匀分布在鱼体表面和剖开部位，将鱼放在缸（池）内腌制，先在缸（池）底部铺撒一层薄盐，然后层鱼层盐（加盐量为鱼重的15%左右），逐层平铺。铺至快满时加入饱和盐水，直至浸没最上层鱼，最后在上面盖上木板，木板上压上石块以防止鱼体上浮。腌制时间为20～24h。

（4）漂洗　腌制后的鱼体取出后需在清洁水中漂洗，去除鱼体上的黏液、盐粒、血污和脱落的鳞片，并降低鱼体盐分。漂洗时间为10～20min，漂洗水温在15℃以下。最后一次漂洗采取流水漂洗法，漂洗后捞起沥水，此时鱼体盐分为5%～7%。

（5）干制　干制可采取天然日晒法或人工烘干法。人工烘干温度为40℃左右，干至七、八成（鱼体水分含量小于40%）为止。

（6）包装　将干制好的鱼切段，鱼段大小根据具体情况而定。将鱼段称重装入复合塑料袋内，并在袋里注入10～20mg熟制色拉油（油中加入抗氧化剂），然后抽真空包装。

此种盐干制作方法也适用于多脂的其他鱼类，其口味鲜美、咸淡适中、食用方便。

（三）煮干品

煮干品又称熟干品，是用新鲜原料经煮熟后进行干燥的制品。由于经过煮熟过程，制品在贮藏中不易变质，更易长期保藏，同时口味也较盐干品更好。另外贝类、鱼翅在加热后便于开壳取肉和去皮去骨。有时煮时加3%～10%的食盐，是为了加速脱水。

煮干品质量较好、耐贮藏、食用方便，其中不少是经济价值很高的制品。但是，原料经水煮后，部分可溶性物质溶解到煮汤中，影响制品的营养、风味和成品率。干燥后的制品组织坚韧，复水性较差。煮干加工主要适用于体小、肉厚、水分多、扩散蒸发慢、容易变质的小形鱼、虾和贝类等。主要制品有鱼干、虾皮、虾米、海蛎干、淡菜、蛏干、干鲍、干贝、鱼翅、海参干等。下面以干贝为例，介绍其加工工艺。

1. 工艺流程

原料选择→清洗→脱壳取肉→清洗→水煮→清洗→干制→包装

2. 操作要点

（1）原料选择　用于加工干贝的原料有渤海、黄海产的栉孔扇贝，东海、南海产的华贵栉孔扇贝等，干贝原料在春、夏两季收取为宜，特别是春末夏初贝类的肉柱最肥厚丰满之时，加工成的干贝质量好、出品率高。要拣鲜活大只的贝作为原料。

（2）脱壳取肉　将挑选的贝洗净泥沙及贝壳上的附着物，用刀生劈或放入沸水中煮10min左右，待壳张开后，用刀或刮勺切断肉柱与贝体及外壳的联系，切时要注意最大限度地将肉柱完整地取出。

（3）清洗　将贝柱浸入清水中洗净，去除表面附着的薄膜。

（4）水煮　将2%～3%的盐水（或海水）放入锅中煮沸，将肉柱放在筐中并连筐放入锅中转动，让其均匀受热。煮开后维持3～5min即可连筐提出，用同浓度的冷盐水（或海水）洗净，沥水。水煮时间不能过度，以免肉柱破裂。

（5）干制　煮好洗净后的原料放在洁净的席上摊晒或竹匾中架晒，贝柱间不能堆压，要经常轻翻动，避免日光暴晒。如遇阴雨天可先在40℃左右的温度下烘焙去除一部分水分，待天好再日晒，以免原料变质。一般日晒需1周左右，晒干后的干贝半个月后再风干一次即可包装。如用人工热风干燥，则干燥时间较短，成品质量也有保证。

3. 质量规格

一级品：色淡黄，微带白霜，粒重在1g以上，粒坚实整齐，味道鲜美，破碎率在5%以下。

二级品：色暗黄，微带白霜，粒重在1g以上，粒坚实，味道鲜美，破碎率在10%以下。

三级品：大小不够均匀，色暗红或紫红，鲜度较差但无异味，破碎率小于20%。

（四）调味干制品

这是原料经调味料拌和或浸渍后干燥，或先将原料干燥至半干后浸调味料再干燥的制品。其特点是水分活度低，耐保藏，且风味、口感良好，可直接食用。调味干制品的原料一般为中上层鱼类，海产软体动物或鲜销不太受欢迎的低值水产原料，如马面鲀、鱿鱼、海带、紫菜等。主要制品有五香烤鱼、五香鱼脯、珍味烤鱼、香甜鱿（墨）鱼干、鱼松、调味海带、调味紫菜等。下面以鱼松为例，介绍其加工工艺。

1. 工艺流程

原料选择→清洗→去头、内脏、鳞→清洗→蒸煮→去皮、骨、刺→拆碎→压榨脱水→调味炒松→晾干→包装→成品

2. 操作要点

（1）原料选择　各种可食性海、淡水鱼类都可以制成鱼松，但以白色肉且肌肉纤维较粗的鱼制出的鱼松品质为佳，原料鱼要求鲜度良好。

（2）原料处理　将原料鱼先水洗，去鳞、头、内脏、尾、鳍，将血污、黑膜、脂肪等杂质清洗干净，沥去水分。

（3）蒸煮　洗净的鱼体放入蒸锅中，用蒸汽蒸熟。体形较大的鱼可预先剖成2片或3片，蒸煮的目的是为了便于取出鱼肉。蒸煮沸15min即可。

（4）去皮、骨、刺　蒸煮后将鱼肉冷却，用手工剥出鱼肉，注意剥肉时要去除鱼皮筋、膜、骨刺等杂物，可允许一些细小的骨刺留在鱼肉中，在炒制时这些细小的骨刺会酥化不见。剥出鱼肉放入清洁盘内，并随时将肉撕碎。

（5）压榨　剥出的鱼肉装入细白布袋中，再放人压榨锅中压榨，以去除鱼体内的一部分水分。经蒸煮、压榨后的鱼肉已比较干松。

（6）调味炒松　压榨好的鱼肉放入炒松机中搓揉炒松，并不断用木槌捣击，使鱼肉蓬松。炒至半干时，加入配制好的调味料，继续搓揉炒松，使调味料均匀地渗进鱼肉内，直至炒干为止。此时鱼肉呈松软可口的肉松状，水分含量为12%～16%。

调味料配方如下（以鱼片质量计）：食盐1.5%～2.0%，白砂糖4%～6%，味精0.5%～1.0%，料酒2%～3%，姜汁适量，植物油适量。

思考题 >>

1. 常见水产干制加工品的种类有哪些？
2. 简述水产生干制品的优缺点。
3. 简述水产盐干制品的优缺点。
4. 简述水产调味干制品的特点。

六、水产品干制加工贮藏过程中的质量变化及控制措施

水产品在干制加工贮藏过程中会发生一些质量变化，有些变化对产品的质量影响很大，因此须针对影响质量变化的因素采取一些有效控制措施，进而保证水产干制品的产品质量。

（一）物理变化

水产品在干制过程中因受加热和脱水双重作用的影响，将发生显著的物理变化，主要有质量减少、干缩、表面硬化及质地改变等。

（1）干缩　水产品在干燥时，因水分被除去而导致体积缩小、肌肉组织细胞的弹性部分或全部丧失的现象称为干缩。干缩的程度与水产品的种类、干燥方法及条件等因素有关。一般情况下，水分含量多、组织脆嫩者干缩程度大，而水分含量少、纤维质水产品的干缩程度较轻。与常规干燥制品相比，冷冻干燥制品几乎不发生干缩。在热风干燥时，高温干燥比低温干燥所引起的干缩更严重；缓慢干燥比快速干燥引起的干缩更严重。

（2）表面硬化　表面硬化是指干制品外表干燥而内部仍然软湿的现象。主要原因一方面是由于水产品干燥时，其内部的溶质随水分不断向表面迁移和积累而在表面形成结晶；另一方面是由于水产品表面干燥过于强烈，内部水分向表面迁

移的速度滞后于表面水分汽化速度，从而使表层形成一层干硬膜。表面硬化不仅延长了干燥过程，还会影响水产品的外观质量。

因此应采取适当措施予以防止影响产品质量的物理变化，包括采用适宜的干燥方法，根据产品特点选择适当的干燥温度、干燥时间和相对湿度等。

（3）干制品吸湿　将干制品置于空气相对湿度高于其水分活度（A_w）对应的相对湿度（RH）时则吸湿，反之则干燥。吸湿或干燥作用持续到干制品水分活度对应的相对湿度与环境空气的相对湿度相等为止。塑料薄膜对水蒸气或多或少总有一些透过性，因此用塑料薄膜袋密封的干制品也会由于所处空气的 RH 变化而吸湿或干燥。（由于不同季节空气的 RH 变化显著，因而干制品水分的管理特别难。储存中如果制品干燥，则质量减轻不能确保内容物的分量；但如果吸湿则使包装袋中的 RH 达到 80% 以上，易引起发霉。）

为了防止干制品吸湿，其包装方法常采用惰性气体封藏法和真空包装法。不能完全隔绝干制品与空气接触的包装，在贮藏中必须尽可能使制品周围的空气与制品水分活度对应的相对湿度接近，避免制品周围空气温度偏高并采用较低的贮藏湿度。对于个体大、比表面积小、吸湿性比较弱的制品与个体小、比表面积大、吸湿性强的制品，必须采取不同的包装方法。

（二）化学变化

水产干制品在复水和烹煮后，显得较为老韧和缺乏汁液，与新鲜水产品相比存在明显的差别。其主要原因是水产品干制过程中发生了各种化学变化。

（1）蛋白质脱水变性　含蛋白质较多的干制品在复水后，其外观、含水量及硬度等均不能回到新鲜时的状态，这主要是由于蛋白质脱水变性而导致的。蛋白质在干燥过程中的变化程度主要取决于干燥温度、时间、水分活度、pH、脂肪含量及干燥方法等因素。

干燥温度对蛋白质在干制过程中的变化起着重要作用。一般情况下，干燥温度越高，蛋白质变性速度越快。另外，有实验证明，干燥温度升高，氨基酸的损失也增加。

干燥时间也是影响蛋白质变性的主要因素之一。一般情况下，干燥初期蛋白质的变性速度较慢，而后期较快；但是，蛋白质在冻结干燥过程中的变性与此相反，呈初期快，而后期慢的模式。比如，冻干鲤鱼的肌原纤维蛋白质 Ca - ATPase 活力在开始冻干的 2h 内迅速下降，而在随后的冻干过程中基本不变。

干燥方法对蛋白质的变性有明显的影响。与普通干燥法相比，冻结干燥法引起的蛋白质变性要轻微得多。

因此可以采取适宜的干燥方法、选择适当的干燥温度和干燥时间度等措施以降低蛋白质的变性速度和程度。

（2）脂质氧化和变色　尽管水产干制品的水分活度较低，脂酶及脂氧化酶的活力受到抑制，但是由于缺乏水分的保护作用，因而极易发生脂质的自动氧化，导致干制品变质。脂质的氧化速度受干制品种类、温度、相对湿度、脂质的不饱和度、氧的分压、紫外线、金属离子、血红素等多种因素的影响。一般情况下，含脂量越高且不饱和度越高，贮藏温度越高，氧分压越高，与紫外线接触以及存在铜、铁等金属离子和血红素，都将促进脂质的氧化。脂质氧化不仅会影响干制品的色泽、风味，而且还会促进蛋白质的变性，使干制品的营养价值和食用价值降低甚至完全丧失。

因此应采取适当措施予以防止，包括降低贮藏温度、采用适当的相对湿度、真空包装、使用脂溶性抗氧化剂等。

水产品干制后会因所含色素物质（如类胡萝卜素、花青素、肌红素、叶绿素等）变化而出现各种颜色的变化，比如变黄、变褐、变黑等，其中最常见的变色是褐变。褐变中的非酶褐变将引起干制品的有效赖氨酸含量降低，影响蛋白质和脂质在体内和体外的消化率，从而降低其生物学价值。如果非酶褐变非常严重，就会产生毒性产物，如前类黑精等。因此，非酶褐变是干制品储藏中不希望出现的现象。非酶褐变受温度、pH 及脂质氧化等因素的影响。贮藏温度越高，非酶褐变速度越快；中等水分活度时非酶褐变速度较快，过高或过低的水分活度均不利于非酶褐变；在 pH 为中性或酸性时，非酶褐变将受到抑制，而偏碱性的 pH 有利于非酶褐变；脂质氧化程度较大时，由于产生的羰基化合物较多，非酶褐变速度也较快。

因此应采取适当措施予以防止，包括维持较低的水分活度、降低储藏温度、使用二氧化硫或亚硫酸盐及抗氧化剂、真空包装等。

此外，水产干制品在贮藏过程中会发生脂肪酸被氧化并导致其变色，被称之为“油烧”现象。这种“油烧”现象在脂肪含量多的中上层鱼类干制品中较为普遍，一般鱼类在腹部脂肪多的部位也易“油烧”而发黄。干制品“油烧”的基本原因是鱼体脂肪与空气接触所引起，但加工贮藏过程中光和热的作用可以促进脂肪的氧化，因此脂肪多的鱼类在日干和烘干过程中容易氧化油烧。

防止水产干制品在贮藏过程中油烧变质的方法：① 尽可能避免干制品与空气接触，必要时密封并充惰性气体（N_2、CO_2等）包装，使包装内的含氧量在 1% ~ 2% 之间；② 添加抗氧化剂或去氧剂一起密封并在低温下保存。

（3）干制品的发霉　干制品的发霉一般是由于加工时干燥不够完全、或者是干燥完全的干制品在贮藏过程中吸湿而引起的劣变现象。因为在干燥过程中没有将微生物和酶类完全杀灭，当吸湿水分增加后又使微生物有了繁殖环境和条件，从而引起干制品褐变、退色、产生异味、发黏和发红等现象，影响干制品质量，同时缩短了贮藏期。防止的方法和措施是：① 对干制品的水分含量和水分活度建立严格的规格标准和检验制度，不符合规定的干制品不包装进库；② 干制品仓库应有较好的防潮条件，尽可能保持低而稳定的仓库温度和湿度，定期检查温湿度并记录和库存制品的质量状况，及时处理和翻晒；③ 应采用防潮性能较好的包装材料进行包装，必要时放入去湿剂保存。

思考题 >>

1. 水产品干制加工贮藏过程中发生哪些化学变化影响产品质量？如何控制措施？

2. 水产干制品的“油烧”现象和原因是什么？

能力训练

任务一 烤鳗加工

一、任务目标

（1）了解经济海洋鱼类——鳗鱼的种类和特性；
（2）会选择原料鳗鱼，能进行原料鳗鱼的前处理；
（3）能够熟练使用烤鳗机、蒸煮机等设备；
（4）掌握烤鳗加工工艺和操作要点。

二、原料和设备

1. 原料

鳗鲡又称鳗鱼、蛇鱼、风鳗、白鳗、白鳝、青鳝、青鳗、流鳗等，属辐鳍鱼纲、鳗鲡目、鳗鲡亚目、鳗鲡科。鳗鲡分为河鳗和海鳗，体细长，前部呈圆筒状，后部稍侧扁。头中等，眼小，嘴尖而扁。下颌长于上颌，鳞小埋于皮下，呈席纹状排列。臀和尾鳍相连，胸鳍小而圆，无腹鳍。体背为黑灰色，腹部白色。鳗鲡是一种降河性洄游鱼类，原产于海中，溯河到淡水内长大，后回到海中产卵。每年春季，大批幼鳗（也称白仔、鳗线）成群自大海进入江河口。鳗鲡主要分布在我国长江、闽江、珠江流域、海南岛及江河湖泊中。鳗鲡在全世界有 18 种，其中台湾有日本鳗、鲈鳗、西里伯斯鳗和短鳍鳗 4 科，但是只有日本鳗最多，其他 3 种都甚少见。

鳗鲡一年四季皆常见，但以夏冬两季最为肥美可口。鳗鱼营养丰富，味道鲜美，少刺多肉，并具有清凉解暑、滋补强身的作用。

2. 主要设备

刀具、磅秤、夹层锅、烤鳗机、蒸煮加工设备等。

三、加工工艺

1. 工艺流程

原料鳗→蓄养→低温麻醉→有头剖开→腹开或背开→去骨→去背鳍
原料鳗→蓄养→低温麻醉→无头剖开→放血→背开→去内脏→去骨→去头→去背鳍

→清洗—┬→串烧→分规格→串片→排片→烤面皮→去胸鳍→烤肉面→去残留内脏—┐
　　　　└→长烧→分规格————————————————————————————————┘→

→蒸煮—┬→蒲烧→烧烤→调味→烧烤→调味→烧烤→调味→烧烤—┐
　　　　└→白烧→连续烧烤——————————————————————┘→成品

2. 操作要点

（1）原料鳗验收　首先抽取样本，进行现场剖杀、水煮和微波烤鳗试验，通过感官品尝判断是否有土腥味和异味；其次对体色、肥满度和活力进行检验；第三将每批原料抽样，检验是否有药物残留，剔除不合格原料鳗。

（2）蓄养（吊水）　将合格鳗送入工厂，放入暂养池蓄养 1~2d 或在塑料容器中吊水，使鳗鲡肠道中残饵排泄干净，以免加工中污染肉体。

（3）选别　加工前对活鳗进行选别，剔除病鳗及品质不良的鳗鲡，按每千克3、4、5、6 尾分级。

（4）低温麻醉　一般使用碎冰将活鳗麻醉，温度控制在4℃内（鳗鱼在8℃以下处于冬眠状态），时间约为30min；也可以将制冷机的蒸发排管安装在暂养池中使水温降到0℃左右使冬眠。低温麻醉是使活鳗在剖杀时不会蠕动，既可提高工效，又可防止挣扎时内脏对肉体的污染；但温度过低或麻醉时间过长，会造成成品形态似同死鳗加工的产品。

（5）剖杀（分 2 种方法）

① 去头、背开　左手握住鳗鲡，下腹朝外，平放于砧板上，右手持刀对准头部鳗耳前0.5~1.2cm 处，以30°~40°斜切，将脊椎骨切断后至肉的 2/3 深度，然后置砧板上离头部1cm 处插入钢针固定，用刀从头到尾将背部剖开，剔除内脏和骨，三尾以上鳗鲡要去背鳍。

② 带头、腹开　用钢针插入鳗鲡头部1cm 处，固定在砧板上，以刀尖由右上方45°往下切开腹部，取出内脏及脊椎骨，并放血洗涤。

（6）洗涤　用清水冲洗，除去腹腔内和体表附着的污染物质和血迹。

（7）切片、打串（仅用于串烤鳗）　将去头背开鳗鱼皮朝下放于切片台上，以加工正串，将半成品切成 3 段，根据段的大小分成不同的规格，同一规格串在一起。尾段再直切成 2 小片做配片用，每段配以小片，用消毒竹签以手工或打串机串成片，每片串 3 根竹签。鳗片串成品规格在 90g 以上者用 18cm 的竹签，80g以下用 15cm 的竹签。

（8）烤烧　不加调味料的烤烧称为白烧。先点火，待火头稳定后进行排片，鳗片皮朝上逐条排列于第一台烤鳗机的输送带上，要求中心温度达 80℃以上。经第一台烤鳗机烤皮面后，用手工剔除胸鳍，翻转鳗体将肉面朝下皮面朝上，排列于第二台烤鳗机输送带上，在出口处摘除残余内脏、鱼鳃、骨刺及焦斑。如肉面烧烤不足，应再烤一次。第二段烤烧要求烤鳗中心温度达85℃以上，鳗表皮有均匀的焦斑，肉面呈微黄色。

(9) 蒸煮　根据鱼体规格大小、鳗鱼的新老调整蒸煮的温度。一般温度为90℃，蒸煮时间为10~15min，规格大的或老的鳗适当延长蒸煮时间；反之，规格小或新鳗可适当缩短蒸煮时间，达到肉熟皮烂。

(10) 蒲烧　根据不同工艺、不同肉质及不同规格的要求，合理调整烤炉温度进行烤烧，然后用由酱油、糖和味精等组成的调味液进行调味，调味液温度一般控制在40~50℃。这种烤烧和调味可重复进行3~4次，使调味料充分渗入肉质的深层，由此加工而成的产品为蒲烧鳗。不进行调味只烤烧加工而成的产品为白烧鳗。

四、质量要求

蒲烧鳗感官要求应符合表3-1的规定。

表3-1　　蒲烧鳗感官指标

项　目	指　标
色泽	均匀深黄色
组织与形态	鱼体柔软，鱼体烤制全面
滋味与气味	配料渗透深，无焦味及异味
杂质	无外来杂质

五、思考题

(1) 在烤鳗加工过程中，应从哪些方面注意产品的质量？

(2) 原料鳗鱼在加工之前如何进行选别和麻醉？

六、做一做

试设计一项独具风味的烤鳗加工的生产方案。

任务二 美味烤鱼片加工

一、任务目标

(1) 了解经济海洋鱼类——马面鱼的特征和营养价值；

(2) 会选择原料马面鱼，能进行原料马面鱼的前处理；

(3) 熟练掌握烤鱼片加工技术及操作技能；

(4) 能设计出多味烤鱼片加工生产方案。

二、原料和设备

1. 原料

马面鱼又称绿鳍马面鲀、象皮鱼、孜孜鱼、皮匠鱼、面包鱼、扒皮鱼、羊鱼、老鼠鱼等，属硬骨鱼纲、鲀形目、革鲀科、马面鲀属。马面鱼是暖水性中下层鱼类，分布于太平洋西部，我国主要产于东海、黄海及渤海，东海产量最大。马面鱼的形态特征是：体较侧扁，呈长椭圆形，与马面相像，一般体长10～20cm，体重40g左右。头短、口小。眼小，位高、近背缘。鳃孔小，位于眼下方。鳞细小，绒毛状。体呈蓝灰色，无侧线。第1背鳍有2个鳍棘，第1鳍棘粗大并有3行倒刺；腹鳍退化成一短棘，附于腰带骨末端不能活动；臀鳍形状与第2背鳍相似；尾柄长、尾鳍截形，鳍条墨绿色。第2背鳍、胸鳍和臀鳍均为绿色，故而得名。

马面鱼是我国重要的海产经济鱼类之一，肉质结实，营养丰富，除鲜食外，经深加工制成美味烤鱼片畅销国内外，是出口的水产品之一。

2. 主要设备

刀具、控水架、磅秤、鱼片烘道、烘烤机、轧松机等。

三、加工工艺

1. 工艺流程

原料鱼→清洗→去头、皮、内脏→清洗→剖片→漂洗→沥水→称重→调味→摊片→烘干→揭片→回潮→烘烤→滚轧拉松→冷却→包装

2. 操作要点

(1) 原料鱼　采用鲜度良好的冰鲜或冷冻马面鱼，严格剔除不合格的鱼。冷冻的马面鱼放入装满水的解冻槽中，通入高压空气，使水激烈翻滚，进行解冻。解冻温度控制在3～10℃，1h可完全解冻。

(2) 清洗、剖片　马面鱼的初加工指去头、皮、内脏，并将鱼体腹腔内壁清洗干净，沿脊骨剖取2片鱼肉，要求鱼片形态完整不破碎。剖片后将黏膜、大骨块、尾、腹、背鳍、碎渣及根部红肉等拣出，以免影响成品质量。

(3) 漂洗、沥水　漂洗是提高制品质量的关键。根据原料鲜度，将剖好的鱼片浸入20℃以下的流动清水中漂洗45～60min，每隔10min左右搅拌一次，使鱼片上的黏膜及污物、脂肪、杂质等物质随水漂洗干净。漂洗后沥水10～15min为宜。

(4) 称重、调味　将漂洗沥水的鱼片，按固定质量称取（每盒盘15kg），将配好的调味料均匀地撒在鱼片上，适当加水拌和，拌和要均匀，同时避免拌得过软使鱼肉碎裂。鱼片调味均匀后，放入20℃以下的渗透间渗透1h，每隔20min翻拌一次，使调味品充分、均匀地渗透进鱼肉中去。

调味料参考配方：按15kg鱼片计，白砂糖5%～6%，食盐1.5%～2%，味精1%～1.8%，姜葱蒜粉、五香粉适量。

(5) 摊片　将鱼片均匀摆放至尼龙网片上，摆放时片与片间距要紧密，鱼肉纹理要基本相似。

(6) 热风干燥　采用热风干燥，烘干时鱼片不高于40℃为宜，烘2～3h（2.5h）后，将鱼片移至烘道外，停放2h左右，使鱼片部水自然向外扩散，得生

鱼片，此时鱼片为半透明状。

（7）烘烤　将鱼片移入烤箱，5min 后翻动鱼片，以避免鱼片粘于板上，烘烤温度 180℃左右为宜，时间 35min 左右。（在烘烤过程中，在鱼片半干时可在鱼表面涂膜一层酱，使其更加美味。）

（8）成品　产品色泽为黄白色，边沿允许略带焦黄，鱼片形态平整，片形基本完好，肉质疏松，有嚼劲，滋味鲜美，咸甜适宜，具有烤鱼片特有的香味。

四、质量要求

烤鱼片感官要求应符合表 3－2 的规定。

表 3－2　烤鱼片感官指标

项　目	指　标
色泽	黄白色，边沿允许略带焦黄色
形态	鱼片形态平整，片形基本完好
组织	肉质疏松，有嚼劲
滋味与气味	滋味鲜美，咸味适宜，具有烤鱼片特有香味，无异味
杂质	无外来杂质

五、思考题

（1）在烤鱼片加工过程中，应从哪些方面注意产品的质量？

（2）在烤鱼片加工过程中，如何进行漂洗提高产品质量？

六、做一做

试设计一项多味烤鱼片加工的生产方案。

任务三　鱼 松 加 工

一、任务目标

（1）了解经济海洋鱼类——草鱼的特性和营养价值；

（2）熟练掌握鱼松加工技术及操作技能；

（3）能设计出美味鱼松加工生产方案。

二、原料和设备

1．原料

鱼类的肌纤维长短不同，原料肉色泽、风味等都有一定差异，制成的鱼松状态、色泽及风味各不相同。多数鱼类都可以加工成鱼松。一般常用的鱼类有草鱼、黄鱼、马鲛、白鲳、鲮鱼等。白色肉的鱼类制成的鱼松，在风味、色泽、质量方面较好；褐色肉的鱼类则较差。

草鱼又称鲩、白鲩、草鲩、草根鱼、草包鱼、草棒、厚鱼等，属硬骨鱼纲、鲤形目、鲤科、草鱼属，是我国淡水养殖的四大家鱼之一。草鱼生活在我国江河湖泊水体的中下层，以水生植物为食。草鱼的外形与青鱼很相像，其主要区别是：吻端较青鱼为钝，体茶黄色。草鱼生长快，鱼体大的可达30kg左右，适宜上市的食用商品草鱼的规格以1.5～2kg为佳。草鱼具有丰富的营养价值，100g肉含蛋白质17.9g、脂肪4.3g，并含有多种维生素。草鱼肉厚、刺少、味鲜美，肉质白嫩、韧性好、出肉率高。

2. 主要设备

蒸笼、液化气炉、刀具、不锈钢盘、不锈钢锅等。

三、加工工艺

1. 工艺流程

原料处理→蒸煮→去皮、骨→拆碎→晾干→调味→炒松→晾干→包装→成品

2. 操作要点

（1）调味料的配制　配方如下（以鱼片质量计）：食盐1.5%～2.0%，白砂糖4%～6%，味精1.5%～2.5%，黄酒1%～2%，姜汁、植物油适量。

（2）原料处理　新鲜草鱼洗净去鳞后即开腹，取出内脏、黑膜等，再去头，充分洗净，滴水沥干。

（3）蒸煮　将沥干的鱼放入蒸笼中，蒸笼底要铺上湿纱布，防止鱼皮、肉黏着和脱落到锅中，锅中放清水（约为锅容量的1/3），然后加热，等水煮沸15min，即可出鱼。

（4）去皮骨　将煮熟的鱼趁热去皮拣骨、鳍、筋等，留下鱼肉，放入清洁盘内，在通风处晾干，并随时将肉撕碎。

（5）调味与炒松　在洗净的锅中加入生油，等油熬熟，即将前述经晾干和撕碎的原料倒入并不断搅拌之后再充分炒松，约20min，等鱼肉变成松状，即将调味液洒在鱼松上，随时搅拌，直到色泽与味道均很适合为止。炒松要用文火，以防鱼松炒焦发脆。

（6）凉放与包装　炒好的鱼松自锅中取出，放在盘中，冷却后即行包装。用塑料食品袋包装，袋装有100g、200g两种质量规格。

四、质量要求

鱼松感官要求应符合表3－3的规定。

表3－3　　鱼松感官指标

项　目	指　标
色泽	金黄色
组织与形态	内丝疏松，无潮团
滋味与气味	口味正常，无焦味及异味
杂质	允许有少量骨刺存在，无外来杂质

五、思考题

（1）在鱼松加工过程中，应从哪些方面注意产品的质量？

（2）在鱼松加工过程中，如何进行炒制提高产品质量？

六、做一做

试设计一项美味鱼松加工的生产方案。

任务四 调味鱿鱼丝加工

一、任务目标

（1）了解原料鱿鱼的种类、特性，能根据产品要求选择合适的原料；

（2）熟练掌握鱿鱼脱皮技术；

（3）熟练掌握调味干制品——鱿鱼丝的加工技术及操作技能；

（4）能设计出独具风味的鱿鱼丝加工生产方案。

二、原料和设备

1. 原料

鱿鱼属软体动物类，是乌贼的一种。体圆锥形，体色苍白，有淡褐色斑，头大，前方生有触足 10 条，尾端的肉鳍呈三角形。体内具有 2 片鳃作为呼吸器官，身体分为头部、很短的颈部。头部两侧具有一对发达的鳃围绕口周围。目前市场看到的鱿鱼有 2 种：一种是躯干部较肥大的鱿鱼，称为枪乌贼；一种是躯干部细长的鱿鱼，称为柔鱼，小的柔鱼俗名“小管仔”。我国枪乌贼（俗称“鱿鱼”）主要渔场在海南北部湾、福建南部、台湾、广东、河北渤海湾和广西近海，以及菲律宾、越南和泰国近海，其中以海南北部湾、渤海湾出产的鱿鱼最佳。

优质鱿鱼体形完整坚实，呈粉红色，有光泽，体表面略现白霜，肉肥厚，半透明，背部不红；劣质鱿鱼体形瘦小残缺，颜色赤黄略带黑，无光泽，表面白霜过厚，背部呈黑红色或霉红色。

2. 主要设备

刀具、控水架、磅秤、夹层锅、滚筒式冰水槽、烘烤机、轧松机、拉丝机、带式干燥机等。

三、加工工艺

1. 工艺流程

原料接收→去头、去鳍、去内脏→清洗、脱皮→蒸煮→冷却→清洗→一次调味→摊片→烘干→冷藏→解冻→调 pH→焙烤→轧松→拉丝→二次调味→干燥→称量→包装

2. 操作要点

（1）原料接收　采用鲜度良好的冰鲜或冷冻的鱿鱼或墨鱼，去除不新鲜或胴体发红的原料；对冷冻原料则用流动水解冻，使整个冻块能分开即可，不宜完全解冻。

（2）去头、去鳍、去内脏　用刀切断头部与躯干部的连接，去掉头，拉出内

脏，然后再切除胴体周边的鳍。

（3）清洗、脱皮　先用清水洗去胴体上附着的污物，然后脱皮。脱皮的方法主要有2种：一种是机器脱皮，把胴体平推过脱皮机的转动刀口即可撕下外面的皮层；另一种是蛋白酶脱皮，将鱿鱼胴体放入酶液中处理一定的时间，取出后手工脱皮。

（4）蒸煮　将鱿鱼胴体放入接近沸腾的夹层锅中，蒸煮3min，使酶类失活，杀死微生物。

（5）冷却　取出蒸煮后的鱿鱼胴体，用常温下的自来水浇淋降温，然后放入滚筒式的冰水槽内冷却，温度控制在10℃左右。

（6）清洗　用10℃的清水洗去附着的碎皮和碎软骨等。

（7）一次调味　将胴体放入用食盐、糖、味精和一系列食品添加剂配制好的调味料中，充分搅拌，然后于冷却室放置一夜，使调味液充分渗入到胴体内。

一次调味料参考配方：按质量分数配制，白糖4%～6%，食盐1.8%～2%，味精0.2%～0.5%，柠檬酸0.1%～0.12%，山梨酸钾0.1%，三聚磷酸钠0.1%，焦磷酸钠0.1%。

（8）摊片　将调味后的胴体平摊在金属网片上，然后放入烘车的搁架上，准备烘干。

（9）烘干　为了充分而均匀地脱去水分，烘干过程分2个阶段进行：第一阶段在35℃的烘干房中放置7～8h，第二阶段在30℃放置12h，此时鱿鱼片的水分含量在45%～50%之间。

（10）冷藏　烘干后，为了使鱿鱼片中的水分和调味液分布均匀，鱿鱼片在－18℃的冷冻室中冷藏一夜，平衡水分。

（11）解冻、调pH　取出冻鱿鱼在室温下解冻，然后将鱿鱼片放入温水槽中，使其水分恢复到规定的范围内并调整pH至中性，取出沥干水分。

（12）焙烤　采用电加热方式焙烤，温度控制在90～120℃之间，时间4～8min，此时鱿鱼片的水分含量在30%左右。

（13）轧松　根据鱿鱼片的厚薄，调整好轧松机两滚筒的间隙，将烤熟的鱿鱼片通过滚筒式轧松机压轧2次，使鱿鱼片纤维组织松散。

（14）拉丝　手工或机械将轧松的鱿鱼片顺其纤维方向拉成0.3～0.5cm宽的鱿鱼丝。

（15）二次调味　将鱿鱼丝放入调味转筒中，加入配制好的调味料，充分搅拌调匀后，加盖，送入渗透室内渗透，一般放置一夜，使调味料充分渗透。

二次调味料参考配方：根据鱿鱼丝质量分数配制，葡萄糖3%～4%，山梨糖粉8%～10%，辣椒粉0.1%，胡椒粉0.1%～0.2%。

（16）干燥　采用隧道式蒸汽烘干法，将鱿鱼丝放入烘干的自动输送带上，控制一定的温度烘10min左右，此时鱿鱼丝的水分含量在22%～28%之间。

（17）称量、包装　按一定的质量要求进行称量，有25g、50g、100g等规格。将鱿鱼丝放入小塑料盘中，放入干燥剂，再放入食品级塑料袋内封口包装，最后放入纸箱，刷出品名、规格、出厂编号、生产企业等。

四、质量要求

鱿鱼丝感官要求应符合表3－4的规定。

表3－4　鱿鱼丝感官指标

项　目	指　标
色泽	淡黄色，色泽均匀
组织与形态	呈丝条状，两边带有丝纤维，形态较完整
滋味与气味	滋味鲜美，口味适宜，具有鱿鱼丝特有香味，无异味
杂质	无外来杂质

五、思考题

（1）在调味鱿鱼丝加工过程中，应从哪些方面注意产品的质量？

（2）在调味鱿鱼丝加工过程中，如何进行脱皮工序？

【职业岗位】

小知识：干制水产品加工岗位主要工作职责

设计典型干制品的加工方案并实施，内容包括：

1. 根据产品标准制订生产工艺流程及操作要求。
2. 根据产品标准对原料进行前处理，根据配方配料、调味。
3. 利用露天晒场、干燥设备，蒸发水分，干制水产品，操作烘烤机、脱水干燥设备等，对水产品原料进行脱水干燥、烘烤等操作。
4. 开展自检、互检、配合质检人员把好产品质量关，保证不合格产品不转入下道工序，确保产品质量指标，对本班组的产品质量负责。
5. 做好生产现场管理，保证安全、卫生、质量、文明生产，填写生产记录。
6. 清洗、消毒器具，保养、维护设备。

【做一做】

请你作为干制水产品加工的负责人，完成一种典型水产干制品加工的生产方案设计，说明原料、工具以及阐明工艺流程和操作技术要点及质量控制措施。

【项目小结】

水产品干制加工是通过对水产原料采用天然或人工干制方法除去鱼类等水产品中的水分，降低其水分含量和水分活度，从而达到抑制微生物生长、延长食品保质期的加工贮藏方法。干制水产品的优点是贮藏期长、质量轻、体积小、便于贮藏运输；缺点是干燥会导致蛋白质变性和脂肪氧化酸败，严重影响产品的风味和口感。而今，在原来的基础上引进并开发了许多人工干燥设备和方法，如采用真空冷冻干燥、调味干制品加工等方法，不仅使生产的产品种类多样化，而且使产品的质量和稳定性有了很大提高；同时采用各种塑料袋和复合薄膜包装，大大改进了干制水产品的商品价值。

项目四 水产品腌熏加工

【学习目标】

1. 掌握水产品腌熏加工的原理；
2. 掌握水产品腌制加工技术；
3. 掌握水产品熏制生产技术；
4. 掌握水产品腌熏加工过程中的质量变化及控制措施；
5. 能根据客户要求，进行腌熏水产品加工及质量控制。

知识准备

水产品腌制加工是用食盐或食盐与食醋、食糖、酒糟、香料等的混合料腌制加工鱼类等水产品的方法，是一种传统加工方法。在渔业生产中，尤其是在广大渔区，无论是将捕获后的鱼类通过船上盐渍直接成为卤鲜鱼，还是在鱼汛期间鱼货大量到来时加盐腌制，都可以在短时间内处理大量鱼货，也可在高产季节和地区及时集中保藏鱼货，防止腐败变质。腌制也可使制品产生特有风味，还可与干制、发酵和低温贮藏等方法相结合，形成多种加工方式和制品品种及风味。

一、 水产品腌制加工的理论基础

食盐腌制是腌制加工的代表性方法，包括盐渍和熟成两个阶段。盐渍就是食品与固体的食盐接触或浸于食盐水中，食盐向食品中渗入，同时一部分水分从食品中除去，从而使食品的水分活度降低，以达到抑制腐败变质的作用。

由于微生物和鱼体组织酶类的作用，在较长时间的盐渍过程中鲜鱼逐渐失去原来的组织状态和风味特点，肉质变软，氨基酸氮含量增加，形成咸鱼特有的风味。此过程即为咸鱼的熟成或称腌制熟成。咸鱼熟成是一种生物化学过程，它导致鱼体组织发生化学和物理的变化，而这些变化是由鱼体自身及微生物的蛋白质和脂肪分解酶引起的。在熟成阶段，蛋白质在酶的作用下分解为短肽、游离氨基酸和胺等；肌肉组织中的可溶性物质如肌球蛋白等溶出，给微生物的生长提供了条件，同时也是成熟腌制品风味的来源；部分脂肪在嗜盐菌解酯酶的作用下分解产生小分子挥发性醛类物质而具有一定的芳香味，因此多脂鱼腌制后的风味通常强于少脂鱼。参加分解作用的酶可能来自鱼的消化系统、鱼的肌肉、鱼体上原来生长或盐渍中生长的细菌，其分解程度与盐浓度、温度以及不同鱼种的组织成分等因素有关。一般而言，温度提高有利于分解的进行，而盐浓度提高则会对其产生抑制作用（但即使是饱和盐浓度也不能完全抑制这种分解）。红色肉鱼、未去内脏的鱼，由于自身成分和酶的原因，分解程度相对较大，分解产物又会通过一系列复杂的反应产生各种对风味有贡献的物质。因此，熟成过程对腌制鱼风味的形成具有重要意义。目前，一般认为美拉德反应等对产品熟成风味的形成做出了很大贡献。

（一）食盐对微生物发育的影响

食盐对微生物的影响因其浓度而异，低浓度时几乎没有作用。有些种类的微生物在1%～2%食盐中反而能更好地发育。但是高浓度的食盐对微生物具有明显抑制作用，表现为降低水分活度、提高渗透压。盐分浓度越高，水分活度越低，渗透压越高，对微生物的抑制作用越大，这主要是因为由于渗透压作用导致微生物细胞脱水、崩坏或原生质分离。但产生抑制效果的盐浓度对于各种微生物不一样，一般腐败菌8%～12%，酵母、霉菌分别为15%～20%和20%～30%。一些病原菌和食物中毒原因菌比腐败菌在更低的浓度时即被抑制。食盐的抑制作用因低pH或其他贮藏剂（如苯甲酸盐）的复合作用而提高。各种微生物被抑制的最低水分活度与相应的食盐浓度见表4-1。食盐浓度达到饱和时的最低水分活度约为0.75，在这种水分活度下，并不能完全抑制嗜盐细菌、耐旱霉菌和耐高渗透压酵母的缓慢生长。因此，在气温高的地区与季节，腌制品仍有腐败变质的可能。

表4-1　各种微生物被抑制的最低水分活度与相应的食盐浓度

微生物种类	水分活度	食盐溶液浓度/%
大多数腐败细菌	0.91	13.0
大多数腐败酵母	0.88	16.2
大多数腐败霉菌	0.80	23.0
嗜盐细菌	0.75	饱和
耐旱霉菌	0.65	
耐高渗透压酵母	0.60	

（二）食盐在食品中的渗透与脱水效果

将鱼肉浸渍在固体食盐或溶液中，由于渗透压的作用，鱼肉脱水，同时食盐渗入鱼肉中。这时鱼体表皮或细胞膜为不完全的半透膜，其结果使鱼肉中形成高浓度的食盐溶液。在这种高浓度的食盐溶液中，细菌的发育受到抑制，以致结构被破坏，同时也抑制了自溶酶的作用，甚至使酶失活。因此，盐渍保藏的效果，主要是基于食盐的脱水与渗透双重作用。另外，可能还与溶解氧的降低与氯离子作用有关。

食盐渗透的影响因素如下：

（1）盐水浓度　使用固体食盐的干腌法一般比使用食盐溶液的湿腌法食盐的渗透量大，但因用盐量而异，也有后者更大的情况。总之，用盐量越多，或者盐水浓度越大，渗透的速度越快，量越大。但是，盐水渍时，尽管加入充足的食盐并长时间浸渍，但鱼肉中的盐浓度不能达到盐水的浓度，这是由于鱼肉中的一部分水分不能作为溶剂。

（2）盐渍温度　食盐的渗透速度随温度提高而加快。小沙丁鱼的盐渍试验表明：0℃盐渍所需要的时间约为15℃所需要时间的2倍、30℃所需要时间的3倍，平均每提高1℃就可缩短时间约13min。虽然提高温度可缩短盐渍的时间，但实际操作时必须谨慎对待，因为在温度较高的情况下，微生物的作用进行得很快，而盐渍过程相对要慢一点。对于肉层很厚或脂肪较多的鱼体，较适宜的盐渍温度是5～7℃。对于小型鱼类可以在较高的温度下盐渍，因为食盐的渗透相对较快。

（3）原料鱼的性状　食盐的渗透因原料鱼的化学组成、比表面积及其形态而异。对全鱼而言，少脂性的鱼或无表皮时渗透速度大，鱼片比全鱼渗透快。鱼肉鲜度的影响不一定与渗盐速度一致，但一般说来，新鲜的鱼渗透要快。关于解冻鱼的食盐渗透速度因解冻之前冻藏时间而异，短期冻藏比未冻鱼渗透快，长期冻藏反而慢。这种差异据认为是与冻结引起的物理变化和蛋白质变性有关。

（4）食盐的纯度　盐（腌）渍所用的食盐有人工蒸发盐（煎熬盐）、天日盐、岩盐等种类，都含有不纯物，其程度因种类、产地而异。不纯物主要为Mg和Ca的氯化物、硫酸盐或碳酸盐等，都影响食盐的渗透。原因是二价离子对食盐离子有拮抗作用，并且能与鱼肉蛋白形成结合体，阻碍食盐离子的渗透作用。

思考题 >>

1. 什么是水产品腌制加工？有什么特点？
2. 食盐腌制对微生物和酶类有什么影响？
3. 影响食盐渗透效果的因素有哪些？

二、水产品的腌制加工技术

（一）腌制的方法

水产品的腌制方法按腌制时的用料（选用材料）大致分为食盐腌制法、盐醋腌制法（醋渍）、盐糖腌制法、盐糟腌制法、盐酒腌制法、酱油腌制法、盐矾腌制法和多重复合腌制法（如香料渍法）；按腌制品的熟成程度及外观变化常分为普通腌制法和发酵腌制法。

食盐腌制法（简称为盐腌法）是最基本的腌制方法，按用盐方式分为干盐渍法、盐水渍法和混合盐渍法；按盐渍的温度可分为常温盐渍和冷却盐渍（0～5℃）；按用盐多少可分为重盐渍与轻盐渍（淡盐渍）等。

1. 干盐渍法

干盐渍法即利用干盐（结晶状态的食盐）和仅依靠自鱼体中渗出的水分所形成的食盐溶液而进行盐渍的方法，即将食盐在容器中均匀地撒布于各层被腌制的鱼体之间，而进行盐渍。干盐渍法开始时容器中仅是鱼和结晶食盐，在食盐的渗透压及吸湿性的条件下，食盐首先吸收鱼体的水分再溶于水中，于是就形成了食盐溶液——自然盐水（俗称鱼卤）。

表4-2　　小黄鱼在盐渍过程中的温度变化

观察时间	鱼体温度/℃	观察时间	鱼体温度/℃
腌制开始	24.0	腌制后3h	21.0
腌制后15min	24.0	腌制后4h	20.5
腌制后1h	22.0	腌制后5h	20.5

注：空气温度为30℃，食盐温度为26℃。

干盐渍法易于脱除鱼肉中的水分，最宜于腌制瘦鱼以及各种小型鱼类。盐渍时操作简便，同时食盐溶解而吸热可降低鱼体的温度，这对于防止变质具有很重要的意义，特别是气候炎热的季节更为重要。从表4-2可以看出，小黄鱼在腌制过程中鱼体温度降低了3.5℃，食盐温度降低了5.5℃。但干盐法也有很大的不足：① 企业机械化程度不高，手工劳动繁重；② 使用结晶盐盐渍，在某种程度上缩短了腌制过程，但上部的鱼易于产生油烧现象，降低产品价值；③ 在使用高大容器盐渍时，上下层鱼体的盐渍程度因容器高度的差别而不能均匀一致，即下层的鱼体受到盐渍时间早于上层。

2. 盐水渍法

盐水渍法又称湿腌法，该方法预先将食盐配制成溶液，再将鱼品浸置于其中一定的时间。区别于干盐渍法中的“自然盐水”，由食盐溶解于水中所得到的盐溶液在生产上通常被称为人工盐水。由于鱼体浸没在盐溶液中，食盐渗透较为均匀，且通过浸泡隔氧可以防止脂肪氧化酸败，对多脂鱼和需较长时间加工的鱼十分有利。盐水腌渍由于鱼体表面与腌制介质之有更好的接触，在开始时盐渗透速度较快。随着盐渍的进行，会出现盐溶液稀释，需要及时补充加盐。由于食盐的溶解速度赶不上由鱼体渗出水分冲淡盐水浓度的速度，而且在静止盐水中扩散和浓度平衡过程极为缓慢，会导致鱼体盐渍不充分或不均匀现象。同时，盐水渍法对腌制容器有要求，且用盐量较多。

3. 混合盐渍法

混合盐渍法是干盐渍法和盐水渍法混合进行腌鱼的方法，实质是将敷有干盐的鱼体逐层排列到底部盛有人工盐水的容器中，使之同时受到干盐和盐水的渗透作用。利用此种方法腌鱼时，鱼体表面的干盐可及时溶解于从鱼体渗出的水分中，以保持盐水的饱和状态，避免盐水被冲淡而影响咸鱼质量的情况；同时可使盐渍过程迅速开始，不像干盐法那样需表层鱼肉发生强烈的脱水作用后才开始盐渍。

本法食盐的渗透均匀，盐渍初始也不易变质，能抑制脂质的氧化，制品外观好，适用于盐渍肥壮的鱼类，对保持和提高咸鱼质量有很重要的意义。

4. 低温盐渍法

（1）冷却盐渍法　冷却盐渍法是一种使鱼体在盐渍容器中受到碎冰冷却作用、温度在0～5℃或0～7℃时进行盐渍的方法。操作时应当在容器中的各层鱼体间撒布适量的碎冰，以加速其冷却作用，在腌制大型或肥壮的鱼体时尤应如此。此种盐渍方法是在盐渍过程中阻止鱼肉组织中自溶作用和细菌作用过程的进行，以保证鱼品的质量。冷却盐渍法的用盐量应按照加冰量的多少而定，因为冰融化时会稀释盐水的浓度，在确定用盐量时，必须将冰融化为水的因素考虑在内。

操作技术如下：首先于容器底部撒一层冰、盐混合物，再于其上排列鱼体，每一层鱼体上部都要撒一层盐、一层碎冰，再一层鱼，这样逐层进行至装满容器为止。由于容器顶部吸收外界的热量最大而易于使冰融化，同时上部鱼体受盐液浸渍时间较迟，因此在加入冰、盐时必须逐层增加冰、盐的用量。其分配比例为：容器下部所用的冰、盐量占总量的15%～20%，中部用占30%～40%，上部用占40%～45%。此种上部用量多于下部的原则，对于一般干盐法也是非常重要的。

（2）冷冻盐渍法　冷冻盐渍法是预先将鱼体冻结再进行盐渍。随着鱼体的解冻、盐分的渗入，盐渍逐渐进行。此法的目的是防止在盐渍过程中鱼肉深处发生变质，因为大型而肥壮的鱼体盐渍过程很慢。冷冻本身就是一种保藏手段，此种先经冷冻再行盐渍的方法，在保持鱼品质量上更加有效。一般在操作技术上都是将经过冷冻的鱼体，再放上食盐逐层置于容器中，使之进行干盐法的盐渍过程；但本法操作较繁，主要用于制造熏制或干制的半制品，或用于盐渍大型而肥壮的名贵鱼品。

（二）腌制加工中的关键环节

鱼类等腌制品是一种具有贮藏性的食品。如果在加工过程中采取的工艺适宜、成品的包装贮藏方法得当，其贮藏期限可以达数月甚至1年以上；但如果加工贮藏中处理不当，也容易产生腐败变质。腌制加工中必须掌握以下关键环节。

（1）原料必须新鲜　如使用鲜度差的原料加工时，必须进行以下处理：① 相应地增加用盐量，并最好用易于迅速溶化的细盐；② 采用干盐渍，卤水渗出后，池、桶上部应加较重的压石；③ 当盐渍达到平衡时，应进行翻池换卤或进行复盐渍。

（2）剖割与腌制处理　根据原料鱼体大小处理：① 大型鱼必须剖割，用背开，并在肉厚的地方打花刀，划渗盐线，抹盐要均匀，鳃部和掺盐线内要塞盐、部开面要多垛盐；② 中型鱼一般用腹开或划渗盐线，腹内或渗盐线内塞盐；③ 小型鱼类一般采用均匀拌盐腌制。

（3）清洁卫生操作　① 盐池（桶）用前必须洗干净，必要时用漂白粉消毒；② 无论剖割与否，鱼体在加盐腌制前必须洗净表面黏液、血污和污泥等；背开原料的，脊骨附近应刷除内脏和血污。

（4）掌握用盐量与用盐方法　掌握用盐量主要是把握原料鲜度、地区季节气温的高低、要求贮藏期限的长短以及原料水分含量的高低，适当地增减用盐量。在下池（桶）时，采用底轻面重的用盐方法，并一层鱼一层盐。鱼体分层排列整齐，撒盐厚薄均匀。

（5）加强盐渍过程中的管理工作　① 拌盐下池（桶）后；池面必须加封盐，防止鱼体露出；② 卤水渗出浸没鱼体后，应及时加重压；③ 定时检查池中卤水量、颜色气味和鱼体肉质等是否正常和有无气泡的发生，如发现不正常情况，应及时进行换卤或翻池，特别在气温高的季节、地区，或在池中贮存时间较长的情况下，更应特别注意；④ 为了更有效地保证腌制品的质量，防止发红变质，采用醋酸盐渍，可以收到良好的效果。为了适当地减少用盐量，避免过咸，以提高产品质量，可以把用盐量减少到20% ~25%，同时将这种淡腌制品放到冷库保存。采用对鱼体重0.25% ~0.55%的醋酸盐渍法，亦可收到减少用盐量和提高产品质量的效果。

思考题 >>

1. 按腌制时的用料水产品的腌制方法有哪些？
2. 什么是干腌渍法？什么是盐水腌渍法？各有什么特点？
3. 什么是冷却腌渍法？什么是冷冻腌渍法？各有什么特点？
4. 水产品进行腌制加工时要注意哪些问题？

三、常见水产腌制品的加工

（一）咸鱼及自然发酵鱼制品

咸鱼是以鲜鱼为原料经食盐腌制适当成熟加工而成，主要有咸带鱼、咸鳓鱼、酶香鳓鱼、咸大麻哈鱼、咸鲱鱼、咸鲐鱼以及用青、草、鲢、鳙等淡水鱼制作的咸鱼等。

1. 咸鳓鱼

鳓鱼又称曹白鱼、力鱼、鲞鱼，属鲱形目、鲱科、鳓属，为暖水性中上层经济鱼类，我国沿海均产。以三泡（即经三次盐渍制成）成鳓鱼为上品。鳓汛期为立夏至大暑气温较高的季节，经过反复盐渍换卤，防止腐败变质，使之腌制熟成。原料鱼不剖割，用细竹条由鳃孔刺腹腔直至肛门，使盐分容易渗入。第一次盐渍用10%的干盐或浸入鱼卤中，通过盐渍排出血卤。第二次用22%的食盐，采用体外抹盐、鳃和腹腔塞盐，分层码放，封盐、压石。3 ~4d 后进行第三次盐渍使之熟成。制品具特有风味，但因脂肪含量高易氧化蛤败，须注意保藏。

2. 腌鲱鱼

用从渔轮卸下的不破腹且冰藏良好的新鲜鲱鱼，冲洗干净后立即沥水，将鱼体腹背相连、平直整齐地铺在已撒有一层底盐的专用容器中，用盐量为原料质量的10%，用含96%以上氯化钠的精盐撒遍鱼体，以盖没为准。撒盐的同时放少许量胡椒粉和丁香叶等天然香料，以增加风味。置0～4℃冷库或冰箱中，低温盐渍1个月，即可食用。如需久藏，可将腌好的咸鲱鱼连同原卤一起装入密闭容器内，放低温库即可。这样腌出的咸鲱鱼，无论是腌好后随即食用还是冷藏后再食用，口味不亚于卤鲜鱼，带卤清蒸尤佳。此种咸鲱鱼的原卤因在低温环境中形成，故分解物较少；成品外观似油浸鱼，味觉肥美，具有一定的色、香、味。在20%左右的平均室温解冻后的咸鲱鱼，连同原卤放置一周，也不会发生变质。

我国捕获的鲱鱼，大都属于太平洋鲱，不宜用抄盐法腌咸鲱鱼，否则会产生严重变形、内脏挤出、油烧等品质降低的现象，甚至在30℃左右的气温条件下，咸鲱鱼在池中会发酥而不成条形，其主要原因是由于鲱鱼肉嫩、腹薄和油脂含量高的缘故。

国外有将此种咸鱼开成鱼片生食的习惯，即将头、尾和鱼片以整条鱼状装盘，配以各色菜丁和特制的酸辣油性糊状调味液，在某些地区也是一种习惯嗜好。有的国家还将整条咸鲱鱼，或剖成鱼片卷成筒状，内塞胡萝卜等蔬菜丝，用牙签固定，注入甜酸汁液，装小桶贮存，成熟后口味也别具一格。当然，从生食要求来说，务求原料鲜度高，要严加控制卫生条件，这是不容忽视的两个重要因素。

3. 咸青鱼

工艺流程：

原料→剖割→去内脏→清洗→盐渍→出卤→干燥→成品

用青、草、鲢、鳙等淡水鱼制作的咸鱼，一直是我国很多地区广受欢迎的传统产品。该产品采用新鲜的淡水鱼为原料，用水或淡盐水洗净表面污杂和黏液后剖割。一般0.25kg以上的鱼从背翅下第二鳞片进刀，刀至鱼头骨时，微斜在头骨正中切开。除去内脏及牙墩，刮去脊骨边的血污及腹内黑衣黏膜。鱼大肉厚的，需在骨下及另一边的肉厚处分别加吞刀划剖，使盐分易于渗透。0.25kg以下的鱼在鱼身中线下切入，上到鱼眼外围下到尾部肛门，去内脏，肚内加吞刀。用清水洗去血污、黏液，沥干水分。用盐（或盐加少许硝）均匀抹擦鱼体、腮、吞刀、眼球、钩孔内，用盐量为总量的16%～24%。肉面向上，鱼鳞向下，鱼头稍低鱼尾斜向上，层层码放。数小时后，待鱼体渗液收缩再加撒封缸盐。在腌渍过程中，鱼体要全部浸入卤水中加压石块或重物。鱼出卤时，利用卤水将鱼体洗涮一次，除去沾染的污物，充分沥干卤水，将鱼整齐平铺于晒架，或用竹片撑开成型上挂架，晒干或风干即可。

4. 咸带鱼

咸带鱼是我国沿海地区的传统咸鱼产品之一，采用倾斜排列盐渍、垛盐渍、抄盐渍等方法进行腌制，其中以倾斜排列盐渍质量最好，垛盐渍、抄盐渍是在盐渍设施不足或原料鱼很多来不及处理时采用的方法。原料鱼不剖割，洗净并加盐后，鱼头倾斜向下，腹部向上，整齐排列在池或桶中，层鱼层盐，满桶（池）后压石。制品能保持形体平直，鳞皮完整光亮，风味好，垛盐制品易油烧发黄。抄盐制品大多体形弯曲，鳞皮脱落。

5. 咸大麻哈鱼

咸大麻哈鱼是俄罗斯、日本、加拿大、美国等国的传统咸鱼制品，我国乌苏里江地区亦有生产。原料鱼体大、肉厚、脂肪多，故需开腹。去鳃和内脏后进行盐渍。为使背部易于渗盐，可沿腹腔内脊骨用刀划渗盐线，并在鳃腹部塞盐，然后灌卤贮藏。用盐量为鱼质量的30% ~40% 。轻腌制品用盐量为15% ~25% ，低温保藏。

6. 咸鲐鱼

鲐鱼易变质，为保证原料新鲜须及时加工，常在船上进行操作。中型或大型鱼自背部剖开，除去内脏、洗净，用池（桶）腌。用盐量为30% 左右，成品率约60% ，保藏期不超过1 个月。小型鲐鱼用拌盐腌法，有重腌和轻腌之分。重腌多在船上先剖背，去内脏，用盐水或海水浸洗，除去血污，然后用干盐渍法在桶中腌制，靠岸后再分级处理，用盐量30% ~40% 。轻腌鲐鱼，是将剖开、洗净的鱼体在20% 的食盐水中盐渍1h，置冷库贮藏待售。另有咸鲐鱼片（我国北方称为血片），用盐量仅为8% ~10% ，保藏期短，应及时销售或再次腌制。

（二）海蜇制品

海蜇属腔肠动物门、钵水母纲、根口水母目、根口水母科、海蜇属。体呈蘑菇状，分伞体（胴体）和口腕2 部分。通常将2 部分切开分别加工，称为海蜇皮和海蜇头。新鲜海蜇体内水分含量达95% 以上，夏季温度高，单用食盐腌制不足以迅速脱水阻止腐败变质，因而在食盐中拌入一定比例的明矾则可加速脱水腌制，并使制品形成特有的口感。用明矾与食盐复合腌制海蜇是我国特有的传统腌制加工方法。海蜇经3 次盐矾加工，即制成三矾制品。拌明矾的作用主要是利用硫酸铝在水溶液中解离形成的弱酸性和三价铝离子，对鲜蜇体组织蛋白质有很强的凝固力，使组织收缩脱水；初矾与二矾期间的脱水及弱酸性的抑菌作用和维持质地挺脆尤为重要。腌制前先用竹刀将口腕和胴体割开，刮除血衣并清洗后，然后用盐矾水（或使用过的二矾卤水）对其进行腌渍脱水。用盐量为4% ~6% ，用矾量为0.2% ~0.6% （对鲜海蜇重），腌渍时间10 ~40h，称为初矾。二矾采用撒布食盐和矾粉的方法，用盐量为12% ~20% ，用矾量为0.4% ~0.6% （对初矾海蜇重），视初矾的脱水程度而增减，腌渍时间为4 ~10d。三矾仍用撒布法，用盐量为10% ~30% ，用矾量为0.1% ~0.3% （对二矾海蜇重），视二矾海蜇的脱水程度而增减，腌渍时间为5 ~10d。经三矾后沥干盐卤，然后装桶、封盐、包装。三次盐矾盐渍后可使海蜇的水分降到70% 以下，水分活度达到0.75 左右，成为具有良好保藏性的制品。海蜇腌制需要选用优质的渔盐和明矾，掌握适当用量，如用矾过多制品易发酥。加工过程中防止雨淋日晒，器具要洁净。优质的海蜇皮（或海蜇头）形状完整，呈鲜润白色或淡黄色（海蜇头一般为淡红色），肉质坚脆，具特有风味。

（三）鱼卵腌制品

鱼卵是一种营养丰富的食品，其中有大量的蛋白质、磷脂、维生素等，也富有胆固醇，是人类大脑和骨髓的良好补充剂、滋长剂。蛋白质中含较多磷蛋白，脂质中约60%为磷脂，不饱和脂肪酸的含量也较高。不皂化物大部分是胆固醇，但含量低于鸡蛋黄。此外，还含有多种色素，如胡萝卜素、叶黄素、虾青素等。鱼卵最常见的加工品是盐（腌）渍品。选用的鱼种有鲑、鳟、鲟、鳇、鲱、鳕和金枪鱼等。

1. 咸鲑鱼卵

鲑科鱼类（大麻哈鱼、虹鳟、哲罗鱼和细鳞鱼）卵粒比一般鱼卵大，直径6.5～7.5mm，色泽鲜艳，鲑鱼卵较鱼肉更为名贵。咸鲑鱼卵的加工方法各地略有差异。日本制法是将整块鱼卵放在饱和盐水中盐渍30～40min，取出加3%～4%的干盐放进冷库贮藏。俄罗斯和我国的制法是将卵粒分散，在饱和盐水中盐渍12～18min，取出沥干，冷库贮藏。我国多俗称为咸大麻哈鱼子，主要产于乌苏里江。原料要求新鲜，一般在捕获后6h以内加工。鱼卵不可过熟，制品呈橘红色。

2. 盐渍鲱鱼卵

盐渍鲱鱼卵一般取卵囊膜完好的鱼卵，也有少数加工分散粒状。要求原料新鲜成熟度好，除去血污，采用过氧化氢处理可以除净残留血液和褐变物质。制品的颜色和形状与鲜品相似，外观呈透明黄色，具有坚韧的齿感和沙粒样舌感。

（四）发酵腌制品

发酵腌制品为盐渍过程自然发酵熟成或盐渍时直接添加各种促进发酵与增加风味的辅助材料加工而成的水产制品，多为别具风味的传统名产品，其中有盐渍中依靠鱼虾等本身的酶类和嗜盐菌类对蛋白质分解制得的制品，如我国的酶香鱼、虾蟹酱、鱼露，日本的盐辛，北欧的香料渍鲱等；添加辅助发酵材料的制品有鱼鲊制品、糠渍制品，以及其他一些使用酒酿、酒糟、米醋、酱油等材料膨制发酵的制品，如我国的糟醉制品、欧洲的醋渍制品和日本的酱油渍制品等。

1. 酶香鱼

酶香鱼为广东、福建等气温较高地区的一种盐渍自然发酵制品，如酶香黄鱼和酶香鳓鱼（曹白鱼）。在盐渍过程中利用鱼体酶类的自溶作用以及微生物在食盐抑制下的部分分解作用，使蛋白质等分解为氨基酸类呈味物质，最终成为特殊酶香气味的制品。要注意原料鱼必须采用新鲜鱼，不宜采用冰鲜鱼。制作时，不剖割，掀开鳃盖用小木棒将食盐压入腹腔，然后下池腌制或干盐埋腌，压石，控制温度在24～26℃发酵，2～3d后开始产生酶香气味。

2. 鱼鲊制品

鱼鲊制品为鱼类盐渍后加米饭发酵而制得的制品，我国古代即有此类加工品。汉刘熙在《释名》中说："鲊，菹也，以盐米酿鱼为菹"。公元6世纪，贾思勰著《齐民要术》中有做鱼鲊的详细记载，后来传入日本，中国反而不再产。不同地区所用原料和加工方法有所不同。日本著名的琵琶湖鲫鲊的加工方法是将春季产卵前的鲫除去内脏后，在腹内和外部加盐渍至立夏前，取出，在腹内塞米饭，再层饭层鱼装桶压紧，4～6个月熟成。鱼鲊制品是依靠盐渍脱水后进行乳酸发酵制成，如鲫鲊的乳酸含量约1%。

3. 醋渍品

醋渍品是用食盐和米醋进行腌制的鱼类制品。醋酸可降低制品pH、增加其保藏性并赋予制品风味。欧洲加有香辛料的鲜类醋渍品最为著名，有冷醋渍品、熟醋渍品和油炸醋渍品之分。冷醋渍品是将盐渍后的鱼片置于常温下，在盐和醋酸溶液中盐渍3～7d，成熟后装入马口铁罐或陶罐，加卤汁和香料密封。熟醋渍品是将盐渍后的鱼片放在85℃的盐醋溶液中加热10～15min，放冷后同法装罐。油炸醋制品是将盐渍后的鱼片拌粉油炸后，装罐，加卤汁和香（辛）料后封藏，所用卤汁含有1%～2%的醋酸和2%～5%的食盐，所用的香（辛）料为胡椒、芥末、辣椒、月桂叶和圆葱等。此类制品为非杀菌的密封罐藏食品，pH接近4.0，在27～30℃下只能保持20d，宜在5～10℃下贮藏。

（五）糟醉制品

糟醉制品也属于发酵腌制品。与利用鱼体自身酶“自然发酵”有所不同的是，它们是原料经盐渍脱水后，再辅以酒糟、酒酿或酒类进行渍制，经不同程度的发酵成熟加工而成，通常称为糟醉或糟渍制品。糟醉加工可分为盐渍脱水和糟制成熟两个阶段。在糟制成熟过程中，酒糟或酒中的酒精具有防腐作用，同时其中存在的微生物所分泌的酶既能分解部分腥味物质，也能促进鱼体蛋白质等一些营养成分的分解。这一系列复杂的生化过程使制品具有特殊的发酵醇香味。糟醉制品在腌制或储藏过程中，要注意密封存放，一方面可防止乙醇的挥发，另一方面可隔绝空气，避免好气性细菌生长繁殖。

大部分原料都可以进行糟醉加工，其中较著名的有传统糟鱼、绍兴醉鱼干、醉蟹、醉泥螺等。以鱼类等为原料，使用酒酿、酒糟和酒类进行泡制而成的产品，亦称糟醉制品或糟渍制品。我国的糟制品多用米酿造的酒酿和酒加入适量的砂糖和花椒等糟腌辅料。原料鱼大多为青鱼、草鱼、鲤鱼和鳓、鲳、海鳗，经剖切、洗净，加20%～23%食盐，腌渍7～10d，然后取出晒干或风干，装入小口缸，再加入配好的腌材，密封贮藏1～3个月熟成后，分装玻璃瓶或陶瓷罐出售。制品肉质坚实红润，香醇爽口。

1. 糟鱼加工

工艺流程：

原料处理→盐渍→干燥→糟渍→封存→成熟→成品

选用青、鲤、草鱼或海鳗、鲳鱼、黄鱼等，洗净表面污杂和黏液，刮鳞，去头、尾、鳍，开腹或背开去内脏。鱼体较大时可剔除脊骨，用洁净的布抹净血污和黑膜，或用水（或淡盐水）洗净，沥干表面水分后进行盐渍。用盐量可根据加工时的温度和产品要求而定，冬季可用8%～10%，一般情况下约20%。将盐均匀地抹擦在鱼体上，层层码放、封盐，加盖压重，至卤水浸没全部鱼片。腌制时间可根据原料鱼的大小和产品要求而定，一般较大的鱼可腌制一周，或采用二次盐渍；较小的鱼或鱼片可腌1d或半天，腌至肉质变硬即可。将经盐渍的鱼料在卤水中用软毛刷刷洗出卤。对第二次盐渍的鱼料来说，如果肉质较软应在鱼体上抹擦食盐，如肉已较硬只需撒盐腌制，目的是要腌透。如果鱼体水分含量高，糟制品在贮藏中会出现肉质酥烂、腐败等情况，应将腌透并在卤水中涮洗后的鱼料进行干燥。传统采用晒干法，现代加工中为避免脂肪氧化，常采用风干或人工干燥法。对海鳗等脂肪含量较高的原料来说，也可用低温干燥来保证产品质量。将干燥到水分含量约35%的鱼料进行分割，按一层鱼一层糟渍料码入缸或坛中。码叠时必须注意紧实，鱼体间隙用糟填实，并逐层压紧，或灌入糟醉液，不能留存空气。在最上层封糟或灌液浸没鱼料，喷洒少量白酒，密封糟制。一般经1月或数月后成熟完成。经过盐渍处理的鱼干也可用来做糟醉原料，但要根据其含盐量考虑是否进行脱盐处理。

常用的糟渍料一般是以水分少而香味浓郁的优质黄酒糟或去汁酒酿糟为基料，配以食盐、糖及花椒等香辛料拌制而成。糟醉液则以糟、盐、糖、香辛料等经浸提、滤汁，再配以黄酒等调制而成。

2. 绍兴醉鱼干

工艺流程：

鲜活草鱼→去鳞→剖杀→清洗→腌制→清洗→干燥→切段→调味（醉制）→计量包装→真空封口→杀菌→保温→包装→入库

该产品以传统加工方式为基础，结合现代化加工技术及设备，近几年在浙江一些地方兴起，广受青睐，市场前景良好。原料是未污染区域养殖的活草鱼，以1.5～3.0kg为宜。鱼过小，在加工成产品后肉质薄、口感差、骨刺多；鱼过大，肉质厚、产品表面积小、外观难看、干燥调味等操作难度加大，鱼干储藏过程中容易腐败。去鳞，从尾鳍沿背鳍剖开至鱼头处，使鱼肚皮处连着。去头，从背部无肉处切下掰去头，把整个鱼身摊开，注意在操作过程中不要弄破胆汁。去除内脏及杂物，在鱼身厚处用刀划割几下，以便加工时容易入味，烘干时水分可以快速均匀散发。用流水清洗，除净污血、黑膜、内脏及鱼鳞等。以鱼体质量15%～20%的食盐进行腌制，每条鱼均匀撒盐，大鱼稍多，小鱼稍少，一般采用腌池腌制。加盐时，从上到下加盐量逐渐减少，在表面覆盖薄盐后用重物压实，避免鱼体在腌制过程中上浮而使上层腌制不足。一般腌制时间为12h以上，腌制时应根据鱼体大小、当地食用习惯等适当调整用盐量及腌制时间。生产条件落后、气温高时，要提高用盐量，以防止微生物大量繁殖。腌池表面加盖，以防杂物等进入。腌制后的鱼体用流水清洗，去除残留的污物、表面的盐点和部分鱼鳞，特别要清洗干净残留在去头部位的污血和肚皮处黑膜等污物，洗后沥水。洗净的鱼体冬天可以晒干，其他季节用烘房烘干或隧道式烘道干燥，使鱼体水分控制在35%左右。干燥完的鱼干，若不马上加工成醉鱼干，应在－18℃下冷冻保存。干燥后的鱼干按包装规格进行切段。调味车间温度应控制在20℃以下，特别是在夏秋季节加工应严格控制温度。以适量酒糟、食糖、香辛料等为主要配料与鱼段拌匀，存放于调味槽中，表面加盖或覆盖塑料薄膜，以减少酒精等挥发。此过程一般约需一昼夜。根据产品规格重新切段，精确计量。包装要求形状完整，搭配均匀，同时避免鱼刺等硬物外露。采用10－20－10/121℃杀菌，反压冷却。将杀菌后的产品晾开，使包装袋外水汽蒸发。保温7d后进行包装、检验、装箱入库。

3. 醉蟹

工艺流程：

选蟹→暂养→出篮→脱水→保温→翻身→清理→炒盐、炒椒→兑酒→下缸→翻缸→分装→检验

传统的醉蟹制作，选用个大健壮、肉质丰满、背壳坚硬的河蟹，剔除缺螯、足，活动性差的蟹。将选出的螃蟹集中在特制的筐篮中，投放于无污染、水质清洁的流动水中吊养，充分消化体内残留食物，并排尽污物。按加工要求批量将暂养干净的螃蟹分批出篮，放入清洁的草包装压，并置于干燥处（干搁）充分吐水，至蟹无泡沫可吐。脱水过程中要注意保温，防止冻死。每天将蟹翻身一次避免压死，并剔除死蟹。醉制前逐只去除蟹足上的残毛、污泥，挤出蟹脐中的污物，并擦净。将用于醉制的盐、花椒、八角等调料炒熟，去除水分、杀菌、增香。醉制用酒（一般为米甜酒）兑到20°以上。将炒熟的调料、香料和酒按比例调配、搅拌、沉淀、过滤。醉制用的容器清洁、消毒，将清理后的原料蟹脐盖内敷入香料和盐，用棉线扎紧，放入缸中，灌入料液，使螃蟹全部浸没。下缸后用棉纸将蟹缸封闭，置阴凉处。醉制过程中要进行翻缸，将上下层的蟹翻动，使蟹在卤汁中均匀醉制；翻缸要严格注意清洁操作，防止污染。每次翻缸后将蟹缸封好，1个月后醉制成熟，便可分装，即成成品。

思考题 >>

试设计一种风味腌制水产品生产方案，并在实训室完成该产品的生产。

四、水产品腌制加工过程中的质量变化及控制措施

（一）物理变化

1. 质量变化

盐渍过程中，鱼体水渗出的同时盐分则渗入，一般表现为质量减少；但是，因盐渍条件不同，也有相反地从外部吸水质量增加的情况。干盐渍法，不管何种条件鱼体总是脱水，因而质量减少，其程度与用盐量呈正比。盐水渍法在某种浓度以上鱼体脱水、质量减少，某种浓度以下则鱼体吸水、质量增加。盐水渍法质

量增减的临界食盐浓度可通过试验结果求得，一般为10%～15%。这种质量的增减不仅与食盐的浓度有关，而且与盐水的容量和鱼体质量之间的比例有关。盐渍时鱼肉内形成一定浓度的盐溶液，尚未达到该浓度时便吸收水分，超过时则脱去水分，由此而产生质量的增减。其作用的差异性主要是鱼肉蛋白质保水能力对食盐浓度的影响。

2. 肌肉组织的收缩

盐渍时，水分的渗出伴随着一定程度的组织收缩。这是由于吸附在蛋白质周围的水分失去后，蛋白质分子间相互移动，使静电作用的效果加强所致。

（二）化学变化

1. 蛋白质与脂质的分解

由于腌制时鱼体和微生物酶的作用，蛋白质、脂质被分解，游离氨基酸增加。分解的程度与食盐的浓度呈反比，但饱和盐浓度并不能完全抑制这种分解。温度越高，分解程度越大。鱼种之间以红色肉鱼分解大，同一种鱼以全鱼比去内脏的鱼分解程度大。某些鱼种的腌制品，具有独特的柔软性并呈良好的香味，这种现象称为熟成。多脂性的鱼种（如鲱）在较低的盐浓度（$<10\%$）、较低的温度（$<10℃$）下，用盐水渍或避免暴露空气的状态下盐渍为宜。

2. 脂质的氧化

盐渍特别是干盐渍时，脂质（游离脂肪酸）易被空气氧化，产生哈味。氧化产物中存在着毒性物质。食盐具有促进氧化变质的作用，防止脂质的氧化，可添加抗氧化剂并采用低温盐渍。

3. 蛋白质的变性

咸鱼与鲜鱼的肉质相差较大，特别是高盐渍鱼变得较硬，这种变化与肌肉组织的收缩以及蛋白质的变性有关。盐渍后肌肉中的主要蛋白质——肌球蛋白（myosin）失去溶解性和酶活力，不溶解性与食盐的渗透和脱水程度有关。在脱水显著点，迅速产生不溶化，脱水显著点在鱼肉内的盐浓度为8%～10%。盐渍鱼肉蛋白质变性的直接原因是鱼肉内产生的盐浓度；但在较低盐浓度（5%以下）盐渍时也曾发现产生激烈的不溶解性现象，鱼种不同变性的难易程度也不同。

4. 肌肉成分的溶出

盐渍过程中，肌肉中的可溶性成分溶出，主要是蛋白质和氨基酸，溶出量以氮计，可达10%～30%。一般盐水渍较干盐渍、高温较低温、鱼片较鱼体溶出程度大。

5. 结晶性物质的析出

盐渍鱼（如鳕、鲑）的表面有时会产生白色的结晶性物质，这种物质主要是正磷酸盐（$Na_2HPO_4 \cdot 2H_2O$）。鱼肉中核苷酸类物质由于酶的分解而游离出磷酸基，由于食盐过饱和而被析出。特别是原料鲜度差、低温盐渍或者被干燥的条件下，易于产生。这种盐在空气中放置，脱水后变成粉末状，这种结晶物的存在与贮藏性无关，但表明制品品质不佳。

（三）微生物引起的变质

1. 腐败分解

盐渍在一定程度上能抑制细菌的发育，但不能完全抑制细菌的作用，有时也会引起腐败分解，腐败的细菌类型与新鲜鱼一样。产生腐败的因素如下：① 食盐浓度。食盐浓度越高，抑制腐败的作用越大，食盐浓度至少在10%以上才有抑制效果。作为腐败指标的分解物因种类而异，故判定抑制效果至少需要2个指标。② 食盐种类。盐渍的保存效果因用盐的种类而异，食盐的纯度是主要因素。③ 盐渍温度。盐渍的温度越低，保藏作用越大，特别是食盐的纯度越高，低温的效果越大。④ 空气接触。嫌氧条件对腐败分解有抑制作用。

2. 变色

（1）咸鱼发红　盐渍鱼或盐干鱼的表面会产生红色的黏性物质。产红细菌主要有2种嗜盐菌：八叠球菌属（*Sarcina littoralis*）之一种和假单胞菌属（*Pseudomonas salinaria*）之一种。它们都分解蛋白质，而后者则主要使咸鱼产生令人讨厌的气味。低温低湿对防止发红有效，也可在盐渍用盐中添加醋酸和苯甲酸等。

（2）褐变　在盐渍过程中鱼体表面产生褐色的斑点，使制品的品质下降。这是一种嗜盐性霉菌（*Sporendonema epizoum*），孢子生长在鱼体表面，其网状根进入鱼肉内层。这种霉菌适于在食盐浓度10%～15%、相对湿度75%、温度25℃的环境中繁殖，有些菌株似有分解蛋白质的活性，但不到使咸鱼软化的程度。可按上述防止发红的方法处理或使用0.8mol/mL丙酸钠或0.1%的山梨酸液将咸鱼浸渍30s。

思考题 >>

1. 水产品腌制加工过程中有哪些物理变化？
2. 水产品腌制加工过程中有哪些化学变化？应怎样控制？
3. 水产品腌制加工过程中微生物会发生什么变化？应怎样控制？

五、水产品的烟熏加工技术

熏制品是原料（主要原料为鲜鱼）经调理、盐渍、沥水、风干，通过与木材缓慢或不完全燃烧产生的烟气接触，获得特殊的烟熏风味、色泽和贮藏性的一类制品。烟熏法也是人类在远古时代就掌握的一种鱼、肉加工方法，它与腌制一样，是一种传统的食品加工和贮藏方法，而且在生产中熏制又常与腌制结合在一起使用。熏制过程是加热、熏制、干燥共同进行的一种复杂的加工过程。在烟熏过程中利用木材的不完全燃烧而产生的烟气，并控制一定温度使食品边干燥边吸收熏烟，使食品不但具有特殊的烟熏风味，而且还能改善制品色泽、食品的抗氧化性和贮藏性，对于水产食品还具有抑制鱼腥气味的效果。

生产烟熏制品的国家很广，如俄罗斯、德国、丹麦、日本等。各国都以自己独特的方式生产烟熏制品，品种繁多。原料鱼种有鲑、鲱、鳕、鲐、带鱼、沙丁鱼、金枪鱼以及柔鱼类、贝类等。我国传统的烟熏水产食品有湖北的腊鱼等，近年来，对脂肪含量高的鲐鱼等中上层鱼类为原料进行熏制，丰富了我国烟熏制品的市场种类。

（一）烟熏目的

烟熏是为了增加食品的风味和延长食品的贮藏期，具体表现在以下几个方面：①赋予制品特殊的烟熏味及风味，熏制时拒不的高温之制品表面焦糖化产生焦香味，另外熏烟中的许多有机化合物附着在制品上，产生特有的烟熏香味；②赋予制品良好的色泽，表面呈亮褐色，脂肪呈金黄色，肌肉组织呈暗红色；③由于烟熏的温度和烟气中含有抑菌物质，如有机酸、醇类、醛类等在水产制品中的沉积，即可抑制微生物的繁殖；④赋予水产品抗氧化作用，因熏烟中许多成分具有抗氧化性质。

烟熏和加热往往相辅并进，在加热的作用下有利于形成稳定的色泽，且色泽的形成常因燃料种类、熏烟浓度、树脂成分含量、加热温度及被熏食品水分含量不同而有所差异。例如以山毛榉作为熏材、肉呈金黄色；用赤杨、栎树作为熏材，肉呈深黄色或棕色；食品表面干燥时色淡，潮湿时色深，温度较低时呈淡褐色，温度较高时则呈深褐色。同时烟熏因受热使脂肪外渗产生润色作用，并使肉色带有光泽。

（二）烟熏加工原理

1. 熏材

熏材是指用于烟熏的木材，种类较多，但一般使用山毛榉、青冈栎、小橡子、獅树、核桃树、白桦、白杨、榆树等来源于阔叶树的硬质木料。最好使用阔叶树、树脂少的硬质木材。一般不用含树脂多，且熏烟中带有苦味或异味的木质作为熏材，如针叶树。但稻壳有时也作为熏材。熏材的形态多样，有木片、木块、小木粒、刨花、木屑等。一般用木屑供燃烧发热，木片和木块供发烟。熏烟的香味由熏烟成分的种类和所含比例决定，气味特征受木材种类、熏烟发生方法、燃烧方法、熏烟收集方法等影响。新鲜的木材由于有机酸量多使制品香味降低。如果仅为了使熏烟的香味赋予食品，也可以通过添加熏液来达到。木醋液中含有与熏烟同类的乙醛、醋酸甲酯、酚类化合物等熏烟成分，将其加入食品原料中浸渍后干燥，就可得到与烟熏相似的效果，但风味差，制品的保存期也短。

2. 熏烟的产生

熏烟是由熏材的缓慢燃烧或不完全燃烧氧化产生的蒸汽、气体、液体（树脂）和微粒固体的混合物。熏烟的成分与熏材的种类有关，同时与燃烧条件有关，较低的燃烧温度和适当供应空气是缓慢燃烧的必要条件。熏材的水分亦与燃烧状况有关。熏材在热分解时，表面和中心存在着温度梯度，外表面燃烧氧化时，内部却在进行氧化前的脱水，表面温度约高于内部温度100℃，当内部水分接近于零时温度就会迅速上升到200～400℃，一旦到此温度时会发生热分解产生熏烟。大多数木材在200～260℃的温度范围内已开始产生熏烟，温度达260～310℃时则产生焦木液和焦油，温度再上升到310℃以上时则木质素裂解产生酚和及其衍生物。常见的熏材燃烧温度范围 100 ~ 400℃，如果温度过高，氧化过度，不但不利于熏烟的产生，而且造成浪费。如果空气供应不足，燃烧温度过低，熏烟呈黑色，且导致含有大量碳酸，更有甚者是致使有害环烃类化合物增加，应尽量避免。

此外，熏材的水分含量也会直接影响制品的质量，熏材太湿不但可能引起熏烟中环烃类有害成分的产生，还会导致制品的干燥速度降低，并使温度高的烟气或水汽落在制品表面，使制品表面变黑并产生酸味。熏材太干，熏制往往会发焦，燃烧偏旺导致熏烟减少，使熏材的有效成分被烧掉，故一般控制熏材水分含量 20% ~30% 为宜。过量水分会增加烟中有机酸含量。

新鲜木材会导致熏烟中含有机酸量过多，而使制品香味降低，燃烧温度则以控制在 300℃以下为宜。温熏时为保持熏烟较高的温度，需添加适当比例的锯屑；冷熏时减少锯屑的用量，使其保持较低温度。

3. 熏烟的成分及作用

目前已从熏烟中分离出 200 多种化合物，这并不意味着烟熏制品中存在着所有这些化合物。熏烟成分因熏材种类、燃烧温度、燃烧发烟条件等许多因素的变化而有差异，而且熏烟成分对熏制品的附着又与熏制品的原料性质、干湿程度、温度高低等因素有关。一般认为在烟熏中起重要作用的熏烟成分是酚类、酸类、醇类、羰基化合物类和烃类。

（1）酚类　从木材熏烟中分离出来并经过鉴定的酚类达 20 多种，都是酚的各种取代物，其中有愈创木酚、4 - 甲基愈创木酚、邻二甲酚、间二甲酚、对二甲酚、4 - 丙基愈创木酚、香兰素、2，6 - 双甲基 - 甲基苯酚以及 2，6 - 双甲氧基 - 4 - 丙基酚等。在烟熏制品中酚类有三大作用：① 抗氧化；② 形成特有烟熏味；③ 抑菌防腐。

（2）醇类　木材熏烟中醇的种类繁多，甲醇是最简单和最常见的一种，它是木材分解蒸馏的主要产物之一，故又称之为木醇。熏烟中含有伯醇、仲醇和叔醇等，但是它们常被氧化成相应的酸类。醇的主要作用是充当挥发性物质的载体，对风味并不起主要作用，其杀菌作用也比较微弱。

（3）有机酸　熏烟气相内的有机酸一般为短链（1 ~4 个碳）有机酸，而链较长（5 ~10 个碳）的有机酸却附在熏烟的微粒上，故蒸汽中常见的有机酸为蚁酸、醋酸、丙酸、丁酸和异丁酸，附在微粒上的有机酸有戊酸、异戊酸、乙酸、庚酸、辛酸、壬酸和癸酸。有机酸对熏制品风味影响不大，但是如果在熏制品表面过多会导致熏制品带有酸味，当然同时也带来有利的一面，就是防腐作用增加。此外，有机酸类还能促进熏制品表面蛋白质的凝固，促使熏制品形成良好的保护膜。

（4）羰基化合物　熏烟中存在大量羰基化合物，这些羰基化合物与有机酸一样，碳链短的存在于熏烟内的蒸汽相中，长链的存在于熏烟中的颗粒体上。现已在熏烟成分中鉴定出 20 种以上的羰基化合物：戊酮 -［2］、戊醛、丁酮 -［2］、丁醛、丙酮、丙醛、丁烯醛、乙醛、异戊醛、丙烯醛、异丁醛、丁酮、3 甲基丁酮 -

[2]、3，3 - 二甲基丁酮、4 - 甲基 - 3 - 戊酮 - [3]、乙醛 - [2]、5 - 甲基糠醛、丁烯酮、糠醛、异丁烯醛、丙酮醛等。虽然绝大部分羰基化合物存在于非蒸汽相组分中，但气相组分中的短链羰基化合物不但有典型的烟熏风味，而且与熏制品的氨基起褐变反应形成熏制品的色泽，所以熏烟中的羰基化合物对于熏制品的色泽和风味都起着十分重要的作用。

（5）烃类　从烟熏食品中能分离出多种多环烃，其中有苯并蒽、二苯并蒽、苯并芘以及4 - 甲基芘等化合物。在这些化合物中至少有两种化合物，即苯并芘和二苯并蒽是目前经过动物试验证明的致癌物质，而且多环烃类对于熏制品来讲既无什么重要的作用，也不能使之产生特有风味，故烃类物质是熏烟成分中的有害物质。值得庆幸的是，这些多环烃物质几乎都存在于熏烟的固体微粒上，再熏制时可以通过对熏烟的过滤加以清除。对几种液态烟熏剂的分析结果表明，在浓度极高的液态烟熏剂中已无法测出苯并芘和二苯并蒽的存在。在熏制时，虽然刚出熏烟发生室的熏烟看上去几乎均是气体状态，但实际上这种熏烟会迅速分解成气相和固相，而且具有熏烟芳香、风味和具有抗氧化性能的有效成分，95% 以上来自气相部分，如果采用过滤方法将熏烟中的固相成分过滤去除，既不会使熏烟中的有效成分损失，又可以去除存在于固相中的有害焦油和烷烃化合物。在现代化高级的熏制设备中往往都附有过滤装置。

4. 熏烟的沉积

影响熏烟沉积量和熏烟沉积速度的因素有熏烟的密度、烟熏室内的空气流速以及熏制品的表面状况，熏烟密度越大，烟熏吸收量越大，烟熏沉积速度越快。当然，熏室内的烟气流动也有利于熏烟吸收，烟气流动越快，与制品表面接触面积越大，熏烟吸收越多；然而气流速度过高反而难于形成高浓度的熏烟。显然气流速度与熏烟密度是互相对立的，为此在实际熏制生产中，既要求气流能保证熏烟和食品有充分的接触，但又不能使熏烟密度明显下降，二者必须统一起来，故一般采用7.5 ~ 15m/min 的气流速度。相对湿度高，有利于熏烟成分的沉积，但不利于色泽的形成。制品的水分含量固然有利于熏烟成分的吸附，但熏烟成分吸附过多，反而会导致制品呈酸味。但制品表面过于干燥，又不利于熏烟成分附着，故在制作熏制品时，往往根据不同的要求先将制品进行一定程度的干燥后再熏制。

5. 干燥作用

在熏干过程中，原料中的水分逐渐减少。这时，水分既在表面蒸发，同时又从原料内部向表面扩散，一旦水分在原料内部扩散速度小于蒸发速度，原料表面就会因水分的损失而干燥变硬。此外，在熏干过程中，原料长时间处于高温，表面的蛋白质由于热或熏烟中醛、酚等物质的作用而发生变化形成膜，因此，熏干过程中，原料中的水分蒸发减少，例如冷熏品的水分含量约为35%，能阻碍细菌的发育。另外，由于原料脱水，并在原料表面形成膜，因此即使引起腐败菌的二次污染，也难侵入制品内部发育。

熏制品的贮藏性主要取决于制品的干燥程度（水分活度）。熏制前原料先进行盐渍，然后在水中浸泡脱盐，再熏干。盐渍对食品有调味的作用，同时使食品在熏制时容易脱水。

熏制品的风味与熏烟的香味和制品质地、结构有关。前者与熏烟的成分及原料肉加热产生的香气有关，后者则与熏干过程引起的肉质硬化及自溶作用引起的肉质软化有关。

（三）水产熏制品生产技术

熏制品的生产，一般经过原料处理、盐渍、脱盐、沥水（风干）、烟熏、整理、熏干等工序。各种产品生产工艺及关键大致相同，可根据原料性质和产品不同，选择相适应的生产工艺流程。不同烟熏方法，产品的质量和耐贮藏性有很大差别。

1. 熏制前处理

（1）原料选择　烟熏加工宜选用新鲜的鱼、贝或头足类原料，也可使用鲜度良好的冷冻、腌制和盐渍干制品。在原料鱼类的选择上，含脂量过高，易发生油脂氧化，且不利于脱水，贮藏性差；含脂量过低，鱼体过硬，熏烟的香气等难以吸附，风味差，成品率低。因此，一般选择原料含脂量为：冷熏7%～10%，温熏10%～15%。

（2）盐渍　在原料的熏前处理中，盐渍工序对制品的质量具有重要影响。盐渍可防止变质，并使原料在熏制时容易脱水。盐渍的工艺参数要根据鱼体大小、脂肪含量、鱼皮存在与否、熏制方法以及产品要求而定。对温熏制品而言，盐渍的目的是调味，一般可采用盐水渍法。盐水渍时间短、脱水快，制品盐含量不会太高。冷熏制品盐渍目的是提高产品的贮藏性，含盐量必须高，一般采用干盐渍法，用盐量为原料的10%～15%，盐渍1周。

（3）脱盐　为了使原料充分腌透，通常在盐渍过程中会使用高于成品要求的用盐量，因此，常需对盐渍后的原料进行脱盐处理。同样，在采用腌制品和盐渍干制品作为原料时，也需进行脱盐处理，不但可除去过量的食盐，同时还能漂去容易引起腐败的可溶性成分，对提高制品的质量具有重要意义。脱盐通常是将原料在水或淡盐水中进行浸渍、漂洗，脱盐时间视原料种类、大小、水温、水量、流水速度或水交换量而定。脱盐程度掌握在鱼体中残留的食盐含量，达到制成后成品含盐量的要求即可。

（4）沥水（风干）　脱盐后的原料熏制前要进行风干，或采用人工干燥法，以使鱼体水分适合熏制。熏鱼的颜色、味道很大程度上取决于熏干前鱼体表面的水分含量。当鱼体表面水分含量很高时，熏烟中焦油成分以及酸性成分就会吸附在鱼肉上，使制品的颜色变黑、味道变酸，影响制品的质量。如果鱼体水分含量太低，在烟熏过程中，鱼体颜色不能达到正常，熏烟中一些特有的香味也不易进入鱼体，以致达不到熏制的目的。一般控制水分含量在40%以内。

2. 熏制的方法

根据熏室的温度不同，可将熏制分为冷熏法、温熏法和热熏法。另外还有液熏法和电熏法。

（1）冷熏法　冷熏法是将熏室的温度控制在蛋白质不产生热凝固的温度区（15～23℃）、进行连续长时间（2～3周）熏干的方法，这是一种烟熏与干燥（实际上还包括腌制）相结合的方法，制品具有长期保藏性。为了防止熏制初期的变质，采用高浓度的盐溶液盐渍再脱盐，使肉质易干燥。脱盐的程度常控制在最终产品盐分含量为8%～10%，制品水分含量约40%，保藏期为数月。鲑鳟类和鲱、鰤、鳕类及远东多线鱼等常加工成冷熏品。

（2）温熏法　温熏法是使熏室温度控制在较高温度（30～80℃）、进行较短时间（3～8h）熏干的方法。目的是使制品具有特有的风味。在60℃以上温度区加热时，原料肉的蛋白质将产生热凝固。制品的水分55%～65%，盐分2.5%～3.0%，肉质柔软，口感好，其风味优于冷熏法，保存性较差；欲长时间贮藏时，则要辅之以冷藏、罐藏等手段。可低温保藏或再在低温下熏制2～3d，以熏干。主要原料有鲑、鳟、鲱、鳕、秋刀鱼、沙丁鱼、鳗鲡、鱿鱼、章鱼等。温熏，一般生产以调味目的为主、贮藏目的为次的产品。鱼类的温熏，熏制时一般先背开再熏制，也可整条鱼熏制。

（3）热熏法　热熏法也称焙熏，在德国最为盛行，采用高温（120～140℃）短时间（2～4h）烟熏处理，蛋白质凝固，食品整体受到蒸煮，是一种可以立即食用的方便食品。热熏时因蛋白质凝固，制品表面很快形成干膜，妨碍了制品内部的水分渗出，延缓了干燥过程，也阻碍了熏烟成分向制品内部渗透。因此，其内渗深度比冷熏浅，色泽较浅。制品水分含量高，通常烟熏后立即食用，贮藏性较差。热熏法所用熏材量大，温度调节困难。

（4）液熏法　液熏法是将阔叶树材烧制木炭时产生的熏烟冷却，除去焦油等，其水溶性部分称为熏液（木醋液）。预先用水或稀盐水将上述熏液稀释3倍左右，将原料鱼放在其中浸渍10～20h，也可用熏液对原料鱼进行喷洒，然后干燥即可。为改善制品的色泽及提高干燥效果，有时也与普通的熏制法并用。熏液最大的优点是可正确调整烟熏制品的最佳香味浓度，且熏液及其香味成分容易赋予食品，香味均一。到目前为止，液熏产品的烟熏风味不如其他熏制品。

目前有两种使用方法：一种是将此熏液代替木材加热，使其挥发移向制品；另一种是将熏液直接添加到制品中，改革了传统烟熏的工艺过程。在德国、法国、美国等国家，很早就采用木醋液、木油、焦油进行快速熏制畜制品。

（5）电熏法　电熏法是将水产品以2个组成一对，通过高压电流，水产品成为电极产生电晕放电，带电的熏烟即被有效地吸附于鱼体表面，达到熏制效果。由于食品的尖突部位易于沉积熏烟成分、设备运行费用过高，因此尚难普及应用。

3. 烟熏装置

要进行熏制，必须要有烟熏的装置，即烟熏室。烟熏室也称烟熏房、熏室，其规模、形状各有不同。下面介绍几种常用的烟熏装置。

（1）普通烟熏室　普通烟熏室的结构如图 4－1 所示。室内底部的熏灶采用混凝土或灰泥建造，顶部要装设调节温度、发烟通风的装置，室内侧壁用瓦、水泥或砖石制作。烟熏室最大不超过 1.8m×2.7m。

（2）简易烟熏装置　简易烟熏装置是用木质内侧面，四面包薄铁皮制成（图 4－2）。上部设有可以开闭的排气孔，下部设有通风口，通风口可设在地面，也可向地下挖 33～66cm。

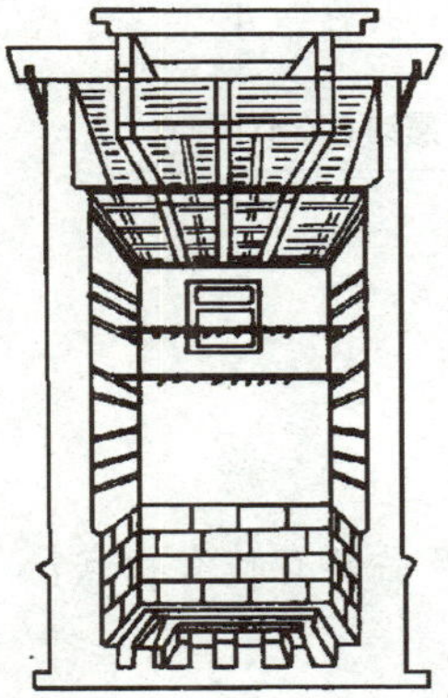

图 4－1　普通烟熏室

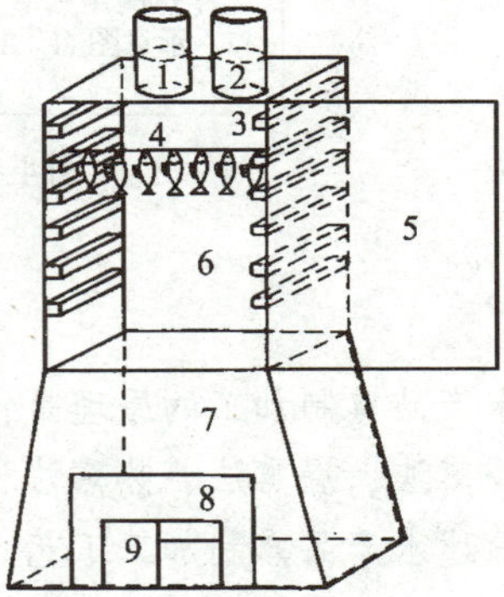

图 4－2　简易烟熏炉装置

1—烟囱　2—挡板　3—挂棒　4—横木　5—门
6—熏室　7—炉　8—炉门 A　9—炉门 B

（3）鼓风式烟熏装置　美国在 20 世纪 60 年代末开发了鼓风式烟熏装置。其带有气温控制器，以煤气或蒸汽为热源，采用鼓风强制烟熏室内的空气循环，当制品中心温度升到一定值后，从熏烟发生器导入熏烟，烟熏和加热同时进行。

日本花木公司生产的鼓风式烟熏装置如图 4－3 所示。这类装置具有烟熏室内各处温度均一、温度能自动控制、可设定烟熏工艺、损耗少等优点。

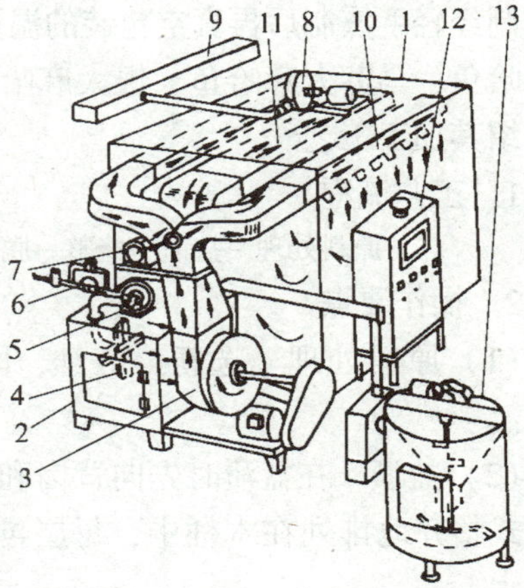

图 4－3　鼓风式烟熏装置

1—箱体　2—燃烧装置　3—循环风机　4—喷嘴
5—气体预混合器　6—气体分配系统
7—切换挡板　8—排气风机　9—排气管
10—进气管　11—回气管
12—操纵台　13—发烟器

（4）冷热两用烟熏室　冷热两用烟熏室的特点是熏室由 2 个相连烟灶和 1 个熏箱组成（图 4－4）。1 个烟灶在熏箱的下部并与熏箱直接连接，待熏食品离火源较近，可进行热熏；另一烟灶用间接烟道与熏箱相连，烟道设有控制板用以调节进烟量和温度，待熏食品离火源较远，可进行冷熏。

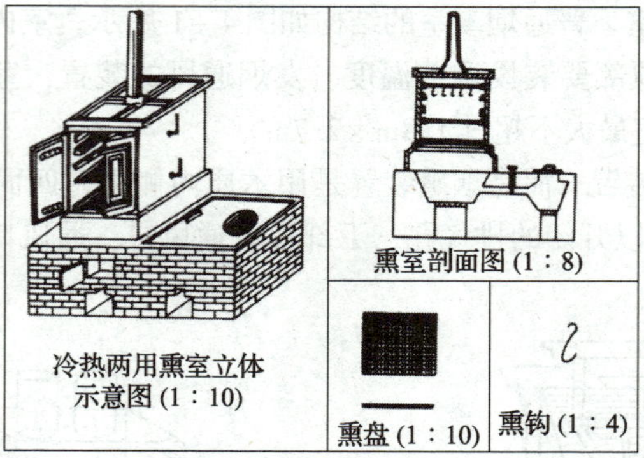

图4－4　冷热两用烟熏室

思考题 >>

1. 水产品熏制加工的原理是什么？
2. 冷熏法、温熏法、热熏法和液熏法生产的水产品各有什么特点？
3. 简述水产品熏制加工工艺。

六、常见水产烟熏制品的加工

（一）烟熏鲑鱼

烟熏鲑鱼为高级熏制品，有冷熏、温熏，全鱼、去头和背肉熏制等形式。低盐腌制经轻度熏制后再真空包装的温熏鱼片有增多趋势。原料主要有红大麻哈鱼、大麻哈鱼、马苏大麻哈鱼、银大麻哈鱼和大鳞大麻哈鱼等。下面以红鲑的棒熏为例介绍其加工工艺。

1. 工艺流程

原料处理→盐渍→修整→脱盐→风干→熏干→罨蒸→包装→冷藏

2. 操作要点

（1）原料处理　选新鲜红鲑，取背肉和腹肉2块，充分洗净血液、内脏等污物。

（2）盐渍　在盐渍时先向背肉和腹肉抹盐，然后逐条按皮面向下、肉面向上的方式整齐地排列在木桶中，每层再撒盐盐渍，盐渍后的鱼肉注入足够的25°Bé食盐水。

（3）修整　盐渍后的鲑鱼肉切除腹巢即算完成，但注意切片部容易发生色变及油脂氧化，因而这些部位需要进行人工修整。

（4）脱盐　洗净鱼片后，尾部打一细结吊挂在木棒上。棒的长度一般为1.5m，每根棒挂8条左右，置于脱盐槽内吊挂脱盐。根据盐渍时盐水的浓度和水温等调整脱盐时间。一般盐水浓度为22～23°Bé、水温44℃时，需脱盐120～150h，大约经100h脱盐后，烤一片鱼肉尝试一下鱼的盐分，直到盐分略淡时为止。

（5）风干　将脱盐后的鱼片悬挂在通风好的室内72h，直至表面充分风干、出现光泽为止。风干不足，有损于制品色泽；但干燥过度，表面出现硬化干裂，不利于加工高质量的产品。

（6）熏干　熏干温度一般根据大气温度、原料情况进行适当调整。常规标准如下：3.6m×3.6m、高度6m、吊挂4层，气温10℃、熏室温度18℃，熏材2~7处。

上述条件适宜在最初的3~5d内，5d以后应增加火源，温度最高控制在24℃，大约再熏干15d。在此期间，吊挂的鱼要上下翻动或头尾交替吊挂，以利烟熏均匀。夜间加火源，白天风干，使鱼体水分均一。顶部门开启1/3左右烟熏。白天停止烟熏期间，打开下部通风门及顶部窗。最初的4~5d，如温度过高，表面发硬，对产品不利，因此需逐渐升温。

（7）罨蒸　熏制结束后，拭去表面尘埃，放在熏室或走廊内，堆积成1~1.3m的高度覆盖好后罨蒸3~4d，使鱼块内外干燥一致，色泽均匀良好。

（8）包装与贮藏　用塑料袋进行真空包装。产品可常温下流通，若需长期保藏，则可采用低温贮藏。

（二）烟熏鳕鱼

烟熏鳕鱼与烟熏河豚、烟熏鲽制品是风味偏淡的白色肉鱼的熏制品，以英国、荷兰等国为多见。制品有Smokie（去头、去内脏冷熏黑线鳕）、Finnan Haddie（开腹冷熏鱼）和Kippered cod（温熏大鳕鱼片）等。下面以开片冷熏鳕为例介绍其加工工艺。

1. 工艺流程

原料处理→盐渍→风干→烟熏→包装→贮藏

2. 操作要点

（1）原料处理　一般选用小型鳕鱼，大型鳕鱼先要将肉剖成2~3片。先去头、开腹、去内脏及鱼卵，用稀盐水洗净并剖开成2~3片。有的切去腹肉，开片剥皮，留下尾部小部分皮，便于吊挂。开成鱼片的肉容易开裂，操作要特别小心。

（2）盐渍和风干　每3.75~4.52kg肉片用1L 20°Bé食盐水盐渍30~40min，并翻动一次，使食盐渗透均匀。然后将尾部皮的部位穿挂在木棒上，风干10~20min。

（3）烟熏　在23~24℃昼夜连续烟熏2~4d，吊挂鱼肉与火源的距离为1.8m左右。

（4）包装与贮藏　烟熏结束后，除去尾部残留的皮，用包装纸包装后出售。如要长时间贮藏，则需冷藏。

（三）烟熏淡水鱼制品

1. 工艺流程

原料鱼→前处理→漂洗→盐渍→沥水→风干→熏制→冷却→包装→成品

2. 操作要点

(1) 原料　原料选用鲤、青、草、鳙鱼，也可用鳊鱼、鲢鱼，一般个体在0.5kg以上。

(2) 前处理　洗净鱼体表面黏液和污物。体重1kg以内的鲜鱼采用背开法，去鳃；1kg以上的鱼采用开片法，去头尾，背开剖成2片。去内脏、血污，刮尽腹膜。

(3) 漂洗　流水或5%左右的淡盐水漂洗脱血，以加快速度和缩短漂洗时间。漂洗时间应根据季节的气温高低而定，春冬季和夏秋季分别以30min和10min左右为宜。沥水，分割，每块不小于0.25kg。用过滤后的饱和食盐水浸没鱼体腌渍，使盐分均匀渗入鱼体，兼有漂洗作用。腌渍时间可根据温度及鱼块大小而定，一般不超过24h。腌鱼的盐液可以再补盐，过滤后可重复使用一次。用水或5%左右的稀盐水漂洗脱盐，时间根据成品规格含盐量的要求加以掌握。

(4) 风干　沥水30min，并使鱼体内的盐分扩散均匀。背开的鱼采用挂晒，鱼块可放在离地0.5m以上的竹帘上晒干，保持一定的竹帘放置高度，可使空气流通，并避免污染。脱盐后的鱼晒干至七成，鱼在晒干时应常翻面，并避免在炎热的正午日晒。

(5) 熏制　选用含树脂较少的阔叶树的木屑（如柞木、杉木、杨木等锯屑）为熏材，适当干燥后备用。背开鱼用挂熏法，鱼块可放在熏折（竹帘）上熏，约达熏制时间一半时，将熏折上下倒换和翻转鱼面一次。冷熏温度为20～40℃，熏制时间24h以上，水分约45%，盐分不超过10%。熏好的鱼充分冷却后分级、包装，得到成品。

思考题 >>

试设计一种熏制水产品加工，要求产品物美价廉、卫生安全。

能力训练

任务一 咸泥螺加工

一、任务目标

(1) 了解泥螺特性，能根据产品要求选择合适的泥螺原料；

(2) 能进行泥螺加工的前处理；

(3) 掌握水产腌制技术；

(4) 注意腌制泥螺在贮藏过程中发生质量变化的情况，并掌握预防和控制措施。

二、原料和设备

1. 原料

泥螺，也称“吐铁”，属软体动物门、腹足纲、后鳃亚纲、头楯目、阿地螺科、泥螺属，为太平洋西岸海水及咸淡水特产的种类，生活于浅海滩涂上，在我国沿海均有分布，尤以东海为多。泥螺体呈长方形，头盘大而肥厚，外套膜不发达。侧足发达，遮盖贝壳两侧之一部分。贝壳呈卵圆形，幼体的贝壳薄而脆，成体较坚硬、白色，表面似雕刻有螺旋状环纹，内面光滑，有黄褐色外皮。

泥螺可以食用，鲜食方法有葱油炒泥螺和泥螺汤，也可与其他蔬菜一起炒食，食味鲜美。除了鲜食外，泥螺的传统食用方法为腌制。

2. 主要设备

腌制桶。

三、加工工艺

1. 工艺流程

原料清洗→去黏液→加盐或卤水→静止放置→调味

2. 操作要点

（1）清洗　泥螺收获后首先要用清水将外壳洗净，除去体表黏着的泥沙等杂质。然后在0.5%食盐水中暂养3h，使胃内泥沙经吐沙去除，再清洗、沥干。清洗用水最好是经过沉淀过滤的自然海水，也可用淡水清洗。

（2）去黏液　清洗后的泥螺盛入塑料大盆或桶中去黏液。去黏液的方法是沿顺时针方向用手或棒快速搅拌，在搅拌时泥螺体表的黏液不断流出，呈白色泡沫状，搅拌至白色泡沫不再产生。

（3）加盐或卤水　将去黏液的泥螺放入塑料大盆内，以每100kg加入8～10kg的食盐或卤水，再加入适量啤酒，继续搅拌至泡沫不再增加。

（4）静止放置　经加盐或卤水搅拌后，泥螺大多数的足部会缩入壳内，仅少部分属于壳外，这时如果调味装罐，足部将不会伸出，既影响美观，又影响肉质的口感。因此，在加盐或卤水搅拌后应静放3h以上，让其足部慢慢伸出成自然状。静放时应避免碰撞容器或瞬时改变光照强度，以免引起泥螺足部的收缩。泥螺在高盐度环境下静止一段时间后即麻痹死亡。

（5）调味　经48h后，泥螺均死亡，而足部又自然伸出在外，外形美观。此时可根据口味进行调味，加入酒、醋、糖等调味品，即可食用或装瓶、装罐。经加工后的泥螺应放置于冰箱或冷藏库中。

在加工过程中，加盐或卤水根据口味可多可少。适当咸一些便于保存，如果加工过淡，保存时间就较短易变质。加工清洗前，新鲜泥螺绝不可以用淡水浸泡，在收购时应注意这一点；否则，加工成成品后，食时会有残渣，严重影响口感，从而影响品质。

四、质量要求

1. 感官指标

无异味、无杂质。

2. 理化指标

咸泥螺的理化指标应符合表4-3的规定。

表4-3　　咸泥螺理化指标

项　　目	指　　标	项　　目	指　　标
挥发性盐基氮含量/（mg/100g）	≤25	多氯联苯含量/（mg/kg）	≤2.0
无机砷含量/（mg/kg）	≤0.5	PCB138 含量/（mg/kg）	≤0.5
甲基汞含量/（mg/kg）	≤0.5	PCB153 含量/（mg/kg）	≤0.5
N-二甲基亚硝胺含量/（μg/kg）	≤4		

3. 微生物指标

咸泥螺的微生物指标应符合表4-4的规定。

表4-4　　咸泥螺微生物指标

项　　目	指　　标
菌落总数/（cfu/g）	5000
大肠菌群/（MPN/100g）	30
致病菌（沙门菌、副溶血性弧菌、志贺菌、金黄色葡萄球菌）	不得检出

五、思考题

（1）咸泥螺生产过程中要注意哪些环节？

（2）咸泥螺在卤制后要为什么要静置？

六、做一做

请以梭子蟹为原料，设计一份炝蟹的生产方案。

任务二 即食海蜇丝加工

一、任务目标

（1）熟悉腔肠动物的种类、分布、营养特性和加工特性；

（2）掌握水产品腌制加工原理、方法、特点和加工设备；

（3）掌握即食海蜇丝产品质量标准；

（4）能够熟练掌握即食海蜇丝加工的技能，熟练操作技术，并初步掌握生产组织和管理知识和技能。

二、原料和设备

1. 原料

海蜇或盐、矾加工成蜇皮和蛰头。我国海蜇产区分布很广，沿海的广东、福建、山东、浙江等省均有生产加工。各地的加工方法也有所不同，但总的都是以三矾脱水为原则进行加工。新鲜海蜇体内水分含量达95%以上，夏季温度高，单用食盐腌制不足以迅速脱水阻止腐败变质，因而在食盐中拌入一定比例的明矾则可加速脱水腌制，并使制品形成特有的口感。

2. 主要设备

腌制桶、切丝机、真空包装机、杀菌锅。

三、海蜇腌制加工工艺

即食海蜇丝加工分为两个阶段：第一阶段为海蜇的腌制加工，即以海蜇为原料的海蜇皮、海蜇头的加工（即三矾加工）；第二阶段为以海蜇皮、海蜇头为原料的即食海蜇丝加工。

1. 工艺流程

原料海蜇→竹刀将口腕和胴体割开→刮除血衣→清洗→初矾腌制加工→二矾腌制加工→三矾腌制加工→海蜇皮、海蜇头（三矾制品）

2. 操作要点

（1）原料处理　海蜇含水量高，一般在90%以上，而且渔获季节又是以盛夏为主，因此如不及时加工，极易腐败变质。海蜇捕获后，用竹片将头和尾体剖开，分别进行加工。不得将头和皮混放一起，以免头部的血污染蜇皮，影响制品的色泽和质量。蜇皮割下后，用刀将头与体连接处的颈肉割去，再刮去血皮和背面白色黏液。割颈肉时，以能保持蜇皮厚度一致为原则。

（2）海蜇皮的加工

① 初矾腌制：将处理好的蜇皮，浸入前批加工所得的第二矾卤水中（即普通二矾蜇皮加工所得的卤水）；如没有二矾卤水，可用海水加盐配成6°Bé 的盐水，添加0.5%左右矾粉即可。蛰皮投入盐矾水中过夜，约10h，并经常翻动，第二天取出，叠放篮内，沥水6~8h，再浸入同样浓度的盐矾水搅拌，浸入过夜。如此连续3次，然后进行二矾加工。

② 二矾腌制：配制盐矾混合物，矾为盐质量的3%。混合物的用量为初矾海蜇的15%。将蜇皮平放，在中心处敷盐矾一把，用量根据蜇皮的老嫩程度灵活掌握。敷矾后的蜇皮重叠平放5~6张，放入桶中。桶边缘预先放置一竹编滤器输卤筒，当蜇皮填至半桶卤水渗出时，便可用抽卤器插入竹滤器内抽出卤水，再加填新蜇皮。这样可以快速脱水，并且可提高桶的利用率。装满后，上面放置硬竹片，加石块重压。早晚各抽卤一次，经7d后桶内卤水不能再抽便可进行三矾处理。

③ 三矾腌制：经二矾处理后的蜇皮，已除去60% ~70%的水分，为了延长保藏期限、使蜇皮更老脆，尚需进行三矾处理。用盐量为二矾蜇皮的10%，矾为盐质量的3%。矾盐用量要根据蜇皮在桶中的存放时间而有所增减，存桶时间长，盐矾要稍少，反之盐矾要稍多。操作方法和二矾基本相同，只是二矾时的盐矾敷于肉质厚处，而三矾敷于全部。敷盐后叠好置于桶中，上部撒盐，加盖，静置阴凉处，5d后即可包装。

④ 包装：包装前要控除水，按标准分级，用木桶或塑料箱进行包装。蜇皮要叠平，并均匀撒5%的盐，加盖扎牢，即可运销。

(3) 海蜇头加工

① 初矾腌制：竹片剖下海蜇头，用海水漂洗去污血，加入明矾粉0.8%，腌制3h。

② 二矾腌制：将初矾海蜇头渍出血水约1h，加10%的盐和0.3%的明矾，拌匀、腌渍抽卤7d左右。

③ 三矾腌制：将二矾海蜇头放于筐中，流干卤水。加8%的盐和0.15%的矾粉，拌匀腌渍，经常抽卤，经10d即可。

④ 提干：将三矾海蜇头置于筐中沥水，用15%的盐腌渍，待调运出池。

3. 质量要求

盐渍海蜇分为盐渍海蜇皮和盐渍海蜇头，其成品质量主要从规格、感官指标、理化指标等方面区分（参见SC/T 3210—2001）。

四、即食海蜇丝加工工艺

1. 工艺流程

原料→浸泡、冲洗→稀醋酸冲洗→切丝→再冲洗→热烫→冷却漂洗→沥干→加添加剂→紫外杀菌→称重装袋→真空封口→金属探测→装箱→入成品仓库

2. 操作要点

(1) 原料要求　原料的质量必须符合行业标准《NY 5171—2002 无公害食品 海蜇》的要求。原料颜色呈白色或淡黄色，有光泽，韧性好，具有海蜇固有气味，无异味，无泥沙或其他外来杂质等，并具有质量合格证明书。

(2) 浸泡、冲洗　将盐渍海蜇皮或海蜇头用清水浸泡24h，期间要换水至无卤味。然后用流动自来水反复冲、刷干净，时间大约为10min，目的是除去附着在表面上的细菌。

(3) 稀醋酸冲洗　将经过浸泡、冲洗的盐渍海蜇皮或海蜇头在稀醋酸中冲洗两遍，除去嗜盐菌。

(4) 切丝　将经过消毒的海蜇均匀地放在切丝机皮带上，开机切丝。切成长5~10cm、宽（0.5±0.1）cm的细丝。

(5) 再冲洗　用清水将切好的海蜇丝再冲洗两遍，然后放置在10目的尼龙网架上，沥干5 min。

(6) 热烫　将海蜇丝放进热烫筛中，每个热烫筛放入1 kg左右的海蜇丝为宜，且摆放均匀。热烫时水的温度为60℃左右，热烫时间为40~60s。

(7) 冷却漂洗　将热烫过的海蜇丝捞起，迅速放进冷却池的无菌水中冷却至室温，并不断搅拌漂洗，漂洗时间10~20min，直到海蜇丝无咸味，必要时换水。用已消毒好的专用筛将海蜇丝捞起沥干，时间为15~20min。

(8) 加pH调节剂和防腐剂　在海蜇丝中加入醋酸溶液作为pH调节剂调节海

蜇丝的 pH，加入量按 1kg 海蜇丝加入 3.5mL 左右的醋酸溶液使 pH 在 5 ~6 的范围（此范围防腐效果最佳），然后加入 5mL 20% 的山梨酸钾溶液，搅拌均匀。

（9）杀菌　将调配好的海蜇丝放进无菌箱中，在紫外灯照射区照射杀菌。

（10）称重、包装　在无菌室内将以上处理好的海蜇丝按规定的质量（如每小包 150g）称重，装入 PT + LLDPE 内袋，装袋时离封口处 2cm 宽处不能有水和海蜇丝，调整真空封口机至 0.08MPa 真空度，然后立即真空封口。将预先按配方调配好的调味料按比例装成小调味料袋，然后将小调味料袋和已经真空封口的内袋一起装入铝箔复合外包装袋中，逐包封口。

调味配方（按质量份计）为：海蜇丝 100 份，酱油 2.0 份，陈醋 3.0 份，辣椒油 2.0 份，芝麻油 1.5 份，蒜泥 1.0 份，花生油 1.0 份，白糖 1.0 份，精盐 1.5 份，味精 0.3 份，鸟苷酸 + 肌苷酸 0.05 份。

（11）金属探测　将封口完毕的海蜇丝逐包经金属探测器检测，检出有金属碎片（从切丝机的刀片上崩落下来的）存在的产品，隔离另行处理。

（12）装箱、入库　经金属探测器检测无金属碎的海蜇丝在外包装袋上打印生产日期或批号，然后按规定的数量包装入纸箱，放入成品仓库。

五、 质量评价

1. 腌制海蜇的质量鉴定

以秋季捕捞加工的海蜇皮质量最好。海蜇皮的质量主要从以下几个方面进行鉴定。

（1）色泽鉴别

良质海蜇皮——呈白色、乳白色或淡黄色，表面湿润而有光泽，无明显的红点；

次质海蜇皮——呈灰白色或茶褐色，表面光泽度差；

劣质海蜇皮——表面呈现暗灰色或发黑。

（2）脆性鉴别

良质海蜇皮——松脆而有韧性，口嚼时发出响声；

次质海蜇皮——松脆程度差，无韧性；

劣质海蜇皮——质地松酥，易撕开，无脆性和韧性。

（3）厚度鉴别

良质海蜇皮——整张厚薄均匀；

次质海蜇皮——厚薄不均匀；

劣质海蜇皮——片张厚薄不均。

（4）形状鉴别

良质海蜇皮——自然圆形，中间无破洞，边缘不破裂；

次质海蜇皮——形状不完整，有破碎现象；

劣质海蜇皮——形状不完整，易破裂。

海蜇头质量：

一级品——肉干完整，色泽淡红，富有光泽，质地松脆，无泥沙、碎杆及夹杂物，无腥臭味；

二级品——肉干完整，色泽较红，光亮差，无泥沙，但有少量碎杆及夹杂物，无腥臭味。

吃之前要注意检查，用2个手指头取起，如果易破碎、肉质发酥、色泽发紫黑色，则不能食用。

2. 即食海蜇丝产品品质评定

由5人组成品评小组，对产品的口感爽脆性及韧性和色、香、味进行全面评价，评价结果分为4个等级：差、一般、较好、最好，分别以1、2、3、4评分表示。

六、思考题

（1）盐渍海蜇品（三矾制品）怎样加工？

（2）即食海蜇丝加工的前处理要注意哪些问题？

（3）简述明矾在海蜇制品加工中的作用。

（4）简述即食海蜇丝加工工艺流程以及操作要点。

（5）在即食海蜇丝加工中，决定产品质量的因素有哪些？应怎样控制？

任务三 调味烟熏乌贼丝

一、任务目标

（1）了解乌贼特性；

（2）学会水产烟熏食品加工的主要工序和加工生产；

（3）学会使用水产烟熏食品加工的主要设备、设施；

（4）能进行水产烟熏食品加工品质管理。

二、原料和设备

1. 原料

乌贼，俗称墨鱼，海产头足类软体动物，与章鱼、鱿鱼近缘。特征为有一厚的石灰质内壳（乌贼骨、墨鱼骨或海螵蛸）。约有100种，体长2.5~90cm，稍扁，两侧有狭窄的肉质鳍。共有10条腕，有8条短腕，还有2条长触腕以供捕食用，并能缩回到2个囊内；腕及触腕顶端有吸盘。常见的乌贼在春、夏季繁殖，产100~300粒卵。乌肉可食，墨囊可制墨水，内壳可餵笼鸟以补充钙质。

乌贼，肉鲜美，富营养，含丰富的蛋白质，壳含碳酸钙、壳角质、黏液质及少量氯化钠、磷酸钙、镁盐等。墨鱼中的墨汁含有一种黏多糖，试验证实对小鼠有一定的抑癌作用。

乌贼渔业捕捞量大，生活在温暖海洋中，我国沿海各地均有出产，以舟山群岛出产最多。每年广东2~3月、福建4~5月、浙江5~6月、山东6~7月、渤海

10~11月为出产旺季。

2. 主要设备

烟熏炉、切丝刀具。

三、 加工工艺

1. 工艺流程

原料处理→剥皮→洗净→第一次调味→熏制→切丝→第二次调味→包装→制品

2. 操作要点

(1) 原料处理　先将新鲜或冷冻乌贼头部和内脏一起从胴体取出，除去头、足、内脏，进行背开，同时除去内骨（软骨），然后沿鳍的根部切断。只用胴体作为烟熏品，鳍、头、足部用于其他调味加工品、淡干品、鱼粉或冷冻鱼糜等。胴体需充分水洗，除净污物。

(2) 剥皮　一般放在55~60℃的热水中浸烫，通过搅拌使鱼体相互摩擦，色素和表皮溶到热水中，大多使用加热釜或者大木桶，也有在配备搅拌机的剥皮机上加工。剥皮所需的时间根据原料鲜度而定，鲜度良好的达到温度后保温10~20min，鲜度差的10min左右即可剥皮。温水要及时更换（每使用2~3次再换）。

(3) 洗净、煮熟　经剥皮的胴体，特别是胴体内部要用刷子清洗干净，然后放在3%~5%的沸水中煮熟2~3min，待肉质完全凝固时，捞起排列在竹帘上冷却风干。

(4) 第一次调味　煮熟原料大多添加食盐3~5%、味精0.1~1%，混合后均匀撒在鱼体上，加轻压，堆积过夜。使调味料渗入肉体，肉体的水分向外浸出。

(5) 熏制　第一次调味后，鳍根部钉入挂棒，排列吊挂，移入烟熏室内，最底层应离火源1.8~2.4m，每一挂棒之间的横向间隔距离为6~9cm，上下间隔为18~24cm。如烟熏室面积为1m×1.5m，高为3.6m，则每层14根（每根20尾），共15层，大约可容纳210根挂棒，4200尾（折合鲜原料100kg）。最初的烟熏温度为20~25℃，经2h后逐渐升高温度，至最后2~3h内用60~70℃，烟熏7~9h完成。采用热熏时，初温70℃烟熏3~4h，然后用100℃熏33~60min，一般在夏季需熏干些，使制品水分在40%左右；冬季熏干时间短些，水分在45%左右。

(6) 切丝、筛选　熏干完成后，通过切丝机沿胴体垂直的方向切成宽1~2mm的丝，弃去过度干燥的两端部。先切丝后，通过圆筒形的回转金属网，筛去切丝不好的部分。

(7) 第二次调味　乌贼丝需进行第二次调味。调味料用量为乌贼丝质量的5%~10%，例如，用食盐2%~5%、味精0.1%~0.5%以及核苷酸调味料0.1%~0.5%。鱼肉在混合机内拌和，并加入调味料。如要进行防霉处理，可喷入如山梨酸-PG液等。第二次调味后堆放过夜，使调味液渗透均匀。如表面过于发黏，可用红外线干燥机在75~85℃干燥10min。另外，可添加乌贼肉质量1%~2%的植物油（棉籽油、大豆油）防止过分干燥。

(8) 包装　制品用聚乙烯袋或硫酸纸包装，每袋1kg或2kg，外用厚纸箱包装。也有用聚乙烯复合袋抽真空包装的，90℃、30min左右蒸汽杀菌后装入塑料袋(聚乙烯) 即成商品。

四、质量要求

产品外观色泽好，细菌总数 <300个/g鱼肉。

五、思考题

(1) 本任务中采用的烟熏属于哪种烟熏方法?

(2) 调味烟熏乌贼丝加工过程中，请找出关键控制点。

六、做一做

请以三文鱼为原料，设计一种烟熏食品，阐明工艺流程和操作技术要点。

【职业岗位】

小知识：安全无小事，请认真学习水产品加工岗位质量责任相关内容，提高质量监督管理意识，并在实训过程中提升职业素养。

1. 熟悉并严格执行质量标准，加工操作按工艺规程和作业指导书进行，遵守工艺纪律和有关质量体系文件，确保产品质量，努力完成各项质量指标，对生产的产品质量负责。

2. 认真做好产品质量的有关原始记录，保证文字清晰、数据真实，内容完整并妥善保存。

3. 做好设备、计量器具、加工器具等的清洁、消毒、维护和保养，合理使用，按期送检，保持完好。

4. 做好成品、半成品的存放，防止异物混入和细菌污染。

5. 发现质量问题及时报告、分析原因，采取措施，防止质量事故发生。

【项目小结】

水产品腌熏加工是一种历史悠久的传统加工方法，是我国历代人民智慧的结晶。目前从健康角度出发，水产腌制向低盐发展。水产熏制常常与腌制结合在一起使用，早期的烟熏主要目的为贮藏，而发色和呈味作用是次要的；随着灌装、冷冻、冷藏技术的发展，烟熏更重要的作用是改善水产品的颜色和提高水产品的风味。随着食品工业的发展和饮食生活的丰富，腌熏技术也得到进一步提高和发展。本项目在腌制技术、烟熏技术及工艺与质量控制几个方面进行了系统讲解，通过咸泥螺加工和调味烟熏乌贼丝等典型生产任务，让学生在生产性学习环境中完成学习性的水产品腌熏加工学习任务，既保证了学生对水产品腌熏加工生产技能的掌握，又兼顾了学生职业生涯的可持续发展。

项目五 海藻食品加工

【学习目标】

1. 掌握食用海藻预处理技术；

2. 掌握常见海藻食品的加工工艺及质量控制；

3. 具备海藻食品加工的职业能力，符合海藻食品加工工职业岗位要求。

知识准备

世界上许多国家的沿海居民都有食用海藻的习惯，我国早在2000年前就有食用海藻的记载，最早载于《神农本草经》，其性寒，味咸，归肝、胃、肾经；其基本疗效有消痰软坚，利水消肿。世界海洋中生长有8000多种海藻，其中可供食用的约有20种，日常食用的主要是大型海藻如海带、裙带菜、紫菜、羊栖菜等。这些海藻不仅可以作为食品，也可以作为保健食品或药品。海藻含有来自海水的60多种无机盐，是人体无机盐的优良来源。海藻中蛋白质、可溶性纤维素与不可溶性纤维素含量高，脂肪含量低，因此海藻食品属于低热量食品。当前，高血压、心脏病、便秘等老年性疾病越来越多，因此在老年人食物中希望减少脂肪与糖类的摄取，增加食物纤维。海藻纤维虽然不能吸收，但它能促进肠道蠕动，促进消化腺的分泌。另外海藻纤维素与血浆中游离脂肪酸结合可防止胆固醇形成。海藻中还含有丰富的维生素与矿物质，若每天食用100g海藻，则可以满足一个成人每天所需维生素C、维生素A、维生素B_2、维生素B_{12}以及所需的无机元素。

加工海藻食品的关键技术在于处理海藻的颜色、气味，每种大型食用海藻都有自己独特的风味。加工这些海藻食品既有传统的方法，也有高新技术。

一、 食用海藻的预处理

（一）海藻脱色

海带、裙带菜等食用海藻在做食品添加辅料或加工食品时，有时要进行脱色，脱色时一般采用过氧化氢。单纯使用过氧化氢很难实现脱色的目的，通常还需添加其他化学物质，增强过氧化氢的脱色作用。碱性或中性条件下，海藻中的一部分糖类成分可能发生溶解；使用盐酸或者醋酸的酸性条件下，脱色过程需要 1~2 周时间，也不适用。在乙酐存在下，用过氧化氢法可使海藻在几小时内完成脱色过程，脱色后海藻的形状、硬度等性状均不受损害。

脱色时，一般将乙酐与过氧化氢混合成水溶液；或者在处理液中适量加入醋酸、冰醋酸，以便提高处理效果。乙酐与过氧化氢混合后十分稳定，在配制处理液时，乙酐的添加量为 1% ~2% 、过氧化氢的浓度为 1% 时效果较好。

注意：在日光下处理时，可以加快海藻脱色速度，使用后的处理液再适量追加乙酐和过氧化氢，可以反复使用。

例子：干海带切成 5cm 长的小块，取 10g 海带浸入用乙酐 40mL、冰醋酸 10mL、5% 过氧化氢 50mL、水 200mL 混合配制的脱色液中，于室温下脱色 1h，并经常搅拌。分离脱色的海带，用水冲洗 10min，浸入 500mL1% 维生素 C 的水溶液中，浸渍 10min，除去长流的过氧化氢，干燥后可得到 8g 脱色海带。

（二） 海藻软化

以甘氨酸作为软化剂，可以用于海带、裙带菜、羊栖菜等食用海藻的软化处理。在食品工业中，甘氨酸可以作为调味剂和甜味剂，在食品中的添加量一般不超过 1% 。利用甘氨酸溶液浸渍海藻，可以改善海藻的口感，并且在软化处理后不必将其除去，不仅可以防止海藻中的风味物质在水洗过程中损失，还可以避免整个水洗或者水洗后干燥过程中海藻发生腐败现象。用甘氨酸处理后的海藻，质地柔软、容易消化，味道得到改善。可以用来制作各种海藻食品。

用甘氨酸软化海藻，海藻的软化程度主要取决于：

（1）处理液中甘氨酸的浓度、溶液的温度及溶液中其他可溶性物质（主要是海盐）的浓度。一般认为甘氨酸的浓度和溶液的温度越高，海藻的软化速度越快。如果甘氨酸的浓度低于 1% ，则软化作用较小；如果超过 20% ，则海藻中甘氨酸味道太浓，并且处理费用过高。

（2）处理液中的食盐对软化过程有一定的抑制作用。

（3）为缩短海带的软化处理时间而采用高浓度的甘氨酸溶液时，或者对组织结构较软的裙带菜、羊栖菜等进行软化处理时，往往出现藻体中心部位尚未软化而表皮及边缘已开始破碎现象，为防止软化时处理不均匀，可在处理液中加入适量食盐，可得到软化程度均匀的藻体。

在处理液中加入糖类，可以抑制软化作用，加入有机酸类可以促进软化作用；但与甘氨酸和食盐的作用相比，他们的作用均不显著。

（三） 其他处理方法

将采收的鲜海藻用热盐水浸烫，使海藻组织变软、色泽复绿，然后再调味食用。为了提高海藻的口味与色泽，用含有 1% ~10% 小球粉末或者小球藻的热水提取液，在 80% ~100% 下对海藻进行浸烫处理。这种方法对裙带菜特别适用，也可以用于海带、羊栖菜等的处理加工，方法简单、效果显著。处理后的海藻制品，叶和梗都很柔软、口感好，色泽鲜艳，味美易食。

例子：将采收的鲜海藻用盐水洗净，先将含有1% ~10%小球藻粉末的盐水或小球藻的热水提取液加热至80 ~100℃，再将洗净的藻叶浸入其中，浸烫50s，处理藻梗时浸烫时间可适当延长。

思考题 >>

1. 怎样对海藻进行脱色？
2. 一般用什么方法进行海藻软化？海藻的软化程度取决于什么？

二、 海带食品加工

海带是我国资源最丰富的海藻，日本称其为昆布，含有丰富的蛋白质、碳水化合物，微量元素钙、铁、碘等，还含有胡萝卜素、B组维生素。《本草经疏》："昆布，咸能软坚，其性润下，寒能除热散结，故主十二种水肿、瘿瘤聚结气、瘘疮"。海带有很好的加工特性，国内外有40多种海带加工品，包括干海带、调味海带、海带饮料、海带提取物等。

（一） 淡干海带

传统的海带加工较为原始落后，主要加工成淡干海带。生产工艺以天然晒干为主，产品泥沙多、质量差、食用不方便，给销售带来较大的影响，产品价值不高。

1. 工艺流程

海带采收→干燥→腌蒸→理菜→分等级→复晒→称量包装

2. 操作要点

（1）海带采收　海带采收要适时，过早，海带尚不成熟，水分含量大，出成率低；过晚，海带易出现烂边，并有杂藻附着，给加工带来不便。海带的收割不是短时间内可以完成的，它受许多因素的影响，不能全部成熟后再开始收割，一般都采取单棵间收和隔绳间收的方法，以延长采收时间，保质保量，增加经济效益。海带收割时先在海区洗一次，除去杂质，收割洗净后的海带运至晒场，要尽量避免叶体黏附。

（2）干燥　应选择晴天随收随晒，争取当日晒干。将海带从柄部割下，在场地上摆晒，或者连同苗绳一起晒，等干后再割。在采收的当天即行摆晒，晒时叶体不要重叠，及时翻动，使干燥均匀。

（3）腌蒸　腌蒸的目的是使海带各部位干燥均匀，水分基本一致。在腌蒸室内铺上一层草席，将海带整齐堆放在上面，再盖上一层草席，适当开窗，保持室内湿度80%左右，腌蒸2d。

（4）理菜　由于劳力和天气关系，一般是晒干后暂时密封于仓库，等收割完毕再抽人力分批理菜。理菜必须在叶体回软后进行，这样易于消除杂质，同时避免叶体折断破碎。除杂方法采用海带逐一平放在木板或石板上，手持棕丝或刷子将叶体刷干净，并进行适当的抽打，去掉附着的泥沙等杂质。

（5）分等级　理好的海带，根据国家质量标准进行分级，按等级每 10 ~ 12 根用同级海带在叶基部扎紧，以备复晒。

（6）复晒　将理菜、分级、扎只后海带复晒，使其干度一致，以横拉基部无胶丝为准，并抖除杂质。

（7）称量包装　① 包装规格：淡干海带每包净重 40kg；② 包装及质量标志：淡干品用黑色标志，包内外有质量卡片和标签，注明品名、等级、产地。

（二）海带粉

以海带为原料制作的海带粉，可直接添加到香肠、挂面、饼干、面包及膨化食品中或制成含碘药品，也可加入适当的辅料制成多种食品，如海带酱、海带馅、海带糕、海带糖、海带冰棍等。

1. 工艺流程

原料海带→水洗→浸泡→脱腥→晾晒→切碎→干燥→粉碎→过筛→成品海带粉

2. 操作要点

（1）水洗　将新鲜海带或市售海带多次换水洗涤除去泥沙、盐卤等杂质。

（2）浸泡　将水洗后用含有效氯浓度 2mg/kg 的洁净饮用水浸泡 2 ~ 3h，除去盐分使其软化。海带在勤换水的情况下，可使其砷含量降到 1mg/kg 以下。

（3）脱腥　将海带浸入 2% 的柠檬酸水溶液中 5 ~ 10min，以除去海带固有的腥味。用清水漂洗 2 次，除去残留酸液，并将其沥干。

（4）晾晒　将脱腥后的海带搭在绳子上晾晒，除去附着水分至微干。

（5）切碎　用刀切成丝或碎块。

（6）干燥　将切碎的海带置于烘干机内，烘干约 4h。采用分段干燥工艺，各段烘干的温度和时间分别为：第一段 45 ~ 55℃，1h；第二段 55 ~ 65℃，45min；第三段 65 ~ 75℃，45min；第四段 75 ~ 85℃，1.5h。并保持空气流速 3m/s 左右，及时将烘干机内湿蒸汽排出，以提高烘干效率，使海带最终水分含量控制在 14% 以内。

（7）粉碎　将干燥后的碎海带用电动粉碎机粉碎。

（8）过筛　粉碎后过筛。如要制作含碘药片，颗粒度要求 50% 以上通过 80 目标准筛，以达到满意的口感为度。

（三）海带挂面

1. 工艺流程

海带→浸泡→水洗→压溃处理→多聚磷酸盐提取→与面粉和成坯→轧片→切条→干燥

2. 操作要点

（1）海带用水浸泡 4 ~ 5h，使之充分膨润后进行压溃处理。

（2）多聚磷酸盐提取条件：40 ~ 50℃，0.02% ~ 0.04%。

（3）海带挂面配方：100kg 面粉，可加入海带 2 ~ 20kg、食盐 2 ~ 4kg、多聚磷酸盐 80g。

（四）海带酱

1. 工艺流程

干海带→清洗→脱腥处理→切丝→打浆→煮制→调味→装罐→排气→密封→杀菌→冷却→成品

2. 操作要点

（1）原料预处理　海带要求选用叶片厚，平直部分为褐色至黄褐色，无霉变、无海带根，海带间无粘贴，无黄白边梢等的一级海带。去除头、尾、泥沙等杂质，紫菜、香菇洗干净，海带、紫菜、香菇均切成丝，待用。

（2）脱腥处理　将海带丝放入2%醋酸中浸泡1min，再放入沸水中热烫90s。

（3）打浆　将海带丝放入打浆机中打浆2~3min，加入一定量的紫菜和香菇，并加少量姜片和适量水一起打浆3~5min。

（4）煮制　先在锅中加入少量色拉油，待锅热时，再倒入海带、紫菜、香菇混合浆，并不断翻炒，以免黏锅、烧焦，并加入适量的浸涨的琼脂。

（5）调味　待浆体将熟时，依次加入酱油、白糖，翻炒1min，关气。加入适量的味精，此时温度控制在（100±1）℃，再加入适量的海藻酸钠，最后加入适量米酒、白醋或柠檬酸调味。

（6）杀菌　经装罐、排气、密封的海带酱在100℃下，水浴杀菌30min，冷却至室温。

（五）海带面包

1. 工艺流程

500g淡干海带→洗涤沥干→切条→浸入脱色液（6000mL脱色液中含乙酐400mL，冰乙酸200mL，35%的双氧水1000mL，水4400mL）→搅拌1h→流水清洗10min→1%维生素C溶液中浸渍10min→斩拌2min→煮沸10min→得5kg脱色脱腥的海带浆→按配方加面粉、辅料→面粉调制→发酵→静置→切块→整形→醒发→烘烤→冷却→包装→检验→成品

2. 操作要点

（1）和面　将全部酵母、70%的面粉、海带浆、水进行搅拌，接着加入面包改良剂，稍微搅拌，再加入溶解的糖、盐等辅料进行搅拌，时间20min，搅拌至面团形成整体，然后在面团已经柔软、黏性较小、有一定的延伸性、但是用手拉取面团时仍易断裂即面团的扩展阶段加入油脂，快速搅拌3~4min，同时控制面团温度25℃，使面团透明、光滑，达到面团的完全扩展阶段，此时面团具有良好的延伸性，面团干燥、柔软而不粘手，用手拉取面团时有良好的弹性和延伸性，表面光滑。

（2）第一次发酵　调好的面团在温度30℃、相对湿度70%的条件下发酵1h。二次配料将剩余的原料全部加到面团中，搅拌均匀。二次发酵在温度37℃、相对湿度75%的条件下发酵1h。

（3）整形和醒发　将发酵成熟的面团在温度20~25℃、湿度50%~65%的条

件下进行分块、称量（50g/个），搓圆，中间醒发30min。

（4）烘烤　烘烤过程控制面火和底火的温度。初始阶段：面火160℃，底火180℃；后期：面火210℃，底火180℃；时间：20min。冷却包装，面包出炉后，即冷却（自然）至面包中心温度35℃左右时立即包装，因为长时间暴露在空气中，面包易老化、感染霉菌，水分损失大，影响面包风味。

3. 配方

强筋粉95%~100%，海带0~5%，活性面筋2%，干酵母1.55%，脱脂乳粉4%，α-单甘酯0.5%，色拉油3%，麦芽粉0.5%，糖6%，盐1.5%，水适量。

（六）海带营养豆腐

1. 工艺流程

海带→浸泡→高压蒸煮→磨浆→过滤→汁液

大豆→热风烘干→去皮→热水磨浆→煮沸→豆乳

豆乳中加入海带汁液→超高温加热（或煮沸5min）→真空脱臭→调制→加葡萄糖酸内酯凝固剂→保温装填→冷却→成型

2. 操作要点

（1）海带豆腐的配方：豆乳（5:1），海带汁4:1，胡萝卜汁5%，葡萄糖酸内酯0.2%，蜂蜜适量。

（2）海带浸泡除盐分及泥沙后，采用动态水浸泡，使汁液保留更多营养成分，特别是适当浓度钾盐及黏性蛋白使海藻类与豆乳易乳化。

（3）大豆采用100~105℃热风烘干杀菌，0.25% $NaHCO_3$液浸泡10h（20℃），80~82℃热水磨浆（水豆比为7:1）。

（4）真空脱臭除去一些挥发性异味。

（5）调配海带豆乳混液，趁热在70~80℃条件下加入胡萝卜汁、天然蜂蜜等添加剂，然后添加葡萄糖酸内酯作为凝固剂，并趁热保温使混合体系凝固，凝固时间在20min以上。

（七）海带冰淇淋

1. 工艺流程

海带→挑选→泡发→清洗→切碎→预煮→过滤收集滤液→滤渣→打浆→加2倍水抽提→过滤→滤液合并→脱腥→与冰淇淋原料混合→巴氏灭菌→均质→老化→凝冻→成型→硬化

2. 操作要点

（1）原料海带处理　淡干海带在水中浸泡20min反复清洗，除去泥沙杂质，然后切成约10cm×50cm的海带条放入铝锅内，加入海带条8倍量水，煮沸0.5h。

（2）过滤　海带条预煮后过滤，得到的海带汁保存备用，滤渣均分成2份作如下处理：一半打浆，另一半加入2% Na_2CO_3处理0.5h，处理后均加2倍水过滤，滤液与前面海带汁混合。

（3）脱腥　微生物发酵法脱腥效果最好，利用啤酒酵母菌种或保加利亚乳杆菌与嗜热乳酸链球菌等菌种，将海带混合液以柠檬酸调制处理，保持合适温度培养即可。

（4）冰淇淋配方　乳粉 18%，稳定剂（CMC-Na）0.15%，砂糖 14%，鸡蛋 4%，海带汁 14%，水 47.7%。

（5）巴氏灭菌　混合后料液采用温度为 70～72℃，保温 30min 然后冷却到 65℃左右。

（6）均质　压力为 50MPa。

（7）冷却与老化　2～3℃，老化时间 4～12h。

（8）凝冻　-2～-4℃凝冻 20min。

（9）成型、硬化　与一般冰淇淋相同。

（八）海带肉制品加工

1. 海带肉卷

（1）工艺流程

干海带→浸泡→洗净→切片→蒸煮→卷制→扎线→煮熟

（2）操作要点

① 肉馅配料：猪瘦肉 50kg，桂皮面 50g，砂仁面 40g，淀粉 2kg。

② 选用猪后腿瘦肉，切块，加盐，硝酸钠胶制，使其发色，然后切成粗肉丝，按上述配方加入辅助材料，拌均匀为肉馅。

③ 制作肉卷时，先在操作台上铺一块粗白布，然后将软化好的海带片放到白布上。将肉馅沿海带长度均匀放一条，然后用海带片将肉馅包卷成细长圆柱状，接口处用少许淀粉蛋白补合，随即用白布将海带卷包好，最后用白线绳捆扎两头及中间，在 90～95℃水中煮 15～25min 使肉馅完全熟透，取出冷却除去包布再凉透即为成品。

2. 海带猪肉灌肠

（1）工艺流程

原料肉的选择→预处理→腌制→绞碎
↓
海带原料→预处理→泡法→高压蒸煮→冷却→打浆→海带浆→制馅→灌肠→捆扎→扎眼→煮制→冷却→成品

（2）操作要点

① 海带浆的制作：选择符合国家标准的淡干一、二级海带，用 40～50℃的水泡发 3h，再用高压锅蒸煮 10min，压力为 0.15MPa。煮好后冷却，然后在打浆机中加水打浆，海带量与加水量的比例为 1∶2。

② 原料肉的选择和处理：猪瘦肉应选用大腿肉及后臀肉，除去结缔组织。肥膘选用皮下脂肪，瘦肉与肥肉的用量为 4∶1，此时灌肠的风味、组织状态、切片性最好。将瘦肉顺肌肉纤维组织切成小肉块，加精盐 3.5%、硝酸钠 0.05%，搅拌均

匀后装入容器进行腌制；脂肪切成5～7cm宽的条，加精盐量与瘦肉相同，不加硝酸钠，腌制温度10～14℃，相对湿度90%左右，腌制时间为72h，然后将腌好的瘦肉和肥肉一起绞碎，再放入斩拌机斩拌5～8min。

③ 制陷：猪瘦肉40kg，肥肉丁1kg，淀粉3kg，海带粒5kg，盐3kg，味精40g，胡椒面40g，大蒜150g。将上述原辅料一起放入拌馅机中混合均匀。

④ 灌装、捆扎：选用猪小肠衣或人造肠衣灌制，松紧适中，每节长18～20cm，两端用线绳捆扎。

⑤ 扎眼、煮制、冷却：用细针在肠体上扎眼，以免煮制过程中肠衣破裂，煮制时水温为92℃时下锅，保持温度80℃左右煮制30～40min，出锅后挂在通风处冷却后即为成品。

⑥ 包装成品：将合格成品用塑料袋包装后装箱。海带营养灌肠产品具有海带清香味，且富含碘。

（九）人造海蜇皮

1. 工艺流程

褐藻胶→溶解→成型→老化→水洗→脱水→杀菌→包装

2. 操作要点

（1）褐藻胶与大豆蛋白粉混合后，加入10倍质量水，充分混合，擂溃，待完全混溶后，用含钙溶液与之混合，使之成形。凝固的胶状物经老化与充分水洗后，在95～100℃条件下蒸煮5min予以脱水达到杀菌目的。

（2）人造海蜇皮的配方

料液（以每50kg水）：褐藻酸钠2.5%，豆粉1%，柠檬酸0.14%。

脱膜液：葡萄糖酸钙2%，氯化钙1%。

老化液：葡萄糖酸钙2%，氯化钙1%。

（十）可食性食品包装膜

1. 工艺流程

成膜溶液调配→成形模具成形→钙剂交联处理→乙醇挥发处理→干燥→成品

2. 操作要点

（1）采用成形模具涂布自然干燥方法最好，膜的厚薄一致，且厚度易控制，膜无皱褶，面光滑透明。另外为了常温下加快膜的干燥，选用有机溶剂乙醇使水分挥发。

（2）在食品包装膜中加入增塑剂，可改善膜的特性如抗拉强度，一般添加5%～10%甘油或乙二醇。

（3）褐藻酸钠与钙离子作用时，可形成胶冻或薄膜，并且与氯化钙形成的膜的抗拉强度最大。

（4）膜的染色　利用食品色素溶于成膜溶液中，膜干燥后形成着色膜。

（5）成膜剂　褐藻酸钠3%～4.2%；增塑剂：5%～10%甘油；钙剂交联处

理：3% ~10% 氯化钙；75% 乙醇处理加快膜的快速干燥。

思考题 >>

1. 影响海带干燥的因素有哪些？
2. 简述淡干海带产品的加工工艺，并简述其技术要点。
3. 简述调味快餐海带丝的加工工艺，并简述其技术要点。

三、 裙带菜食品加工

裙带菜营养丰富，口味较海带鲜美，是一种经济价值较高的海味食品。它的营养成分为粗蛋白含量 11.2% 、粗脂肪含量 0.32% 、碳水化合物 37.80% 、灰分 18.93% 、水分 31.35% 。裙带菜除营养丰富外，还有防衰老、减肥、降血压、提高食欲、预防甲状腺机能减退等保健与药用功能。除盐渍裙带菜、调味裙带菜丝、裙带菜粉外，还将裙带菜加入面粉中制成裙带菜面条、裙带菜拉面、裙带菜面包等面制品。每年 2 ~4 月是裙带菜质量最佳时期，要适时收割，迅速加工。

原料的品质将在很大程度上决定制成品的质量，因此对于原料的选择是不容忽视的。对裙带菜而言，除品种外，还与生长阶段、生长海区、养殖方式（人工和自然）等因素有关。

同一海区、不同时期所采集的裙带菜，其代谢积累的产物有很大差异，就同一藻体的体茎和叶相比较，前者粗脂肪、粗蛋白、褐藻酸，钙等含量较少，而粗纤维、灰分、盐分等含量较多。同时，同一时期、不同海区采集的裙带菜在组分上亦不尽相同。

但对于养殖的裙带菜，其粗脂肪、粗蛋白、色素等生长在不同时期和地区的差异是不明显的。尽管天然和人工养殖的裙带菜有上述的差异，但在叶的成熟期其粗蛋白都呈现增长趋势，在成熟期后则呈明显的衰减，取而代之的是灰分的上升，所不同的是二者在量方面呈明显的差异。

（一）盐渍裙带菜

1. 工艺流程

原料收割→原料处理→漂洗沥水→漂烫→冷却→二次冷却→沥水→拌盐→盐渍→脱水→去茎→再次脱水→脱盐→选择修正→装袋→成品

2. 操作要点

（1）原料采集　在海上收割裙带菜以后，用罩布遮盖，防止阳光直射，0.5h 内运回工作车间。

（2）原料处理　把裙带菜运回车间后，迅速切去根部，用洁净海水漂洗，冲去泥沙杂质，然后沥水。

（3）漂烫　漂烫时要严格控制温度在 90 ~95℃，时间一般为 27 ~34s，具体视裙带菜老嫩而定。菜体与海水的比例为 30∶400（质量比）。漂烫时间过短，菜体不熟，达不到要求；时间过长，烫后菜质软化，会出现退色、变质现象。

（4）冷却　漂烫后用洁净海水冷却，流动方式，冷却温度达到18℃以下。一般要进行二次冷却。

（5）沥水　冷却后，把菜装入带孔周转箱内充分沥水3～4h。

（6）拌盐　在无搅拌装置的情况下，在工作台上或塑料箱内，将盐均匀地撒在裙带菜中，加入盐量与菜的比例一般为1∶(3.5～4.0)。加入盐量不能过低，否则会引起裙带菜变质。

（7）盐渍　将拌盐后的裙带菜投入盐渍池中，盐渍时间一般为48～52h。盐渍过程中，要用密度计测量盐渍池四角，使盐水浓度达到22%～24%；若低于该盐度，需补加盐直至达到为止。在盐渍过程中应在裙带菜上加盖帘等遮盖物，以防阳光直射。

（8）脱水　盐渍后，用饱和盐水洗去菜体表面杂质，装入带孔空箱中或堆积，靠自重脱水2d。

（9）去茎　将脱水后的菜体放在工作台上，首先除去根部，包括锯状叶部分，然后将菜体从茎中间劈开去茎，叶上只保留0.15～0.20cm粗细的细茎连着菜体，菜体的梢部除去10～15cm。

（10）再次脱水　去根茎后，为保证裙带菜质量，要再次脱水。方法是下面铺帘子，帘子上铺放裙带菜，每铺10～20cm的菜体要撒入少许食用盐，一般在5%左右，铺完后上面加重石脱水48h，也可以用离心机脱水。国家标准规定，裙带菜叶的一、二级品水分含量应小于62%，茎的一、二级品的水分含量应小于65%。菜水分含量多，会给细菌繁殖创造机会，使裙带菜霉变，不便于贮藏。

（11）脱盐　将再次脱水的裙带菜放在大网台上（网目为2cm×2cm），去掉盐和碎菜体，并检查有无枯叶、变色叶、锯状叶菜。

（12）分级包装　小包装为0.5kg/袋，大包装为15kg/袋。将袋装品装箱后置于-15～-5℃的冷库中贮藏。

（二）脱水裙带菜粒

1. 工艺流程

漂烫盐渍裙带菜→去杂质→脱盐→离心脱水→一次干燥→切割→整形→二次干燥→二次整形→选拣→成品

2. 操作要点

（1）漂烫盐渍裙带菜经淡水脱盐后，会发生复水现象，水分含量大大提高。如果直接干燥耗能太大，因此先用离心机脱去外表水分。

（2）将脱去外表水分的裙带菜再经一次热风干燥，水分含量减为50%左右，便于整形。

（3）整形后的裙带菜因水分含量均匀，结构紧密，干燥速度加快。干燥后藻体坚实，不易破碎。最后进行二次干燥。

（4）脱水裙带菜制品的水分≤10%，含盐量≤11%，粗蛋的含量为25.64%。

（三）调味裙带菜

1. 工艺流程

漂烫盐渍的裙带菜→洗净→沥干→干燥→调味→二次干燥→冷却→成品

2. 操作要点

（1）将经沸水漂烫盐渍后的裙带菜用淡水或海水洗去盐、沙粒或其他杂质，然后浸泡在小于2°Bé的淡水中，并换水2～3次脱盐；如盐分含量高，调味干燥后，制品表面收缩，质地变硬。

（2）将脱盐后的裙带菜沥干。为防止干燥过程中裙带菜收缩变硬，可以在沥干后裙带菜中直接加入一种或多种单糖或低聚糖类，加入量为裙带菜初始质量的2%～20%，加糖后应搅拌均匀放置5min以上，以便使糖类充分溶解，然后将裙带菜置于50～70℃下缓慢干燥，使其水分含量达到15%以下。

（3）用酱油、酒精性调味料、香料以及砂糖为主的调味液，以雾状喷洒或浸渍，使干燥的裙带菜表面的调味液均匀一致，再进一步加热干燥，温度控制在70～90℃范围内。最后产品为色泽美观、质地柔软、适口的调味食品。

（四）裙带菜叶冷藏品

1. 工艺流程

裙带菜→除去裙梗→水洗→拌盐浸渍→低温贮藏→脱盐→切丝→漂烫→产品

2. 操作要点

（1）将原料裙带菜除去裙梗，对裙叶进行水洗，除杂，然后拌入30%食盐并加入少量水，使裙叶浸渍24h。

（2）将浸渍后裙叶捞出自然沥干8h，装入聚乙烯塑料袋中，置于－18℃的冷冻库中保藏。

（3）长时间贮存后，可随时将冷冻的裙带菜叶取出，用淡水或低浓度的盐水浸泡脱盐，再用切断机切丝，用沸水漂烫1～2min然后水冷，沥干，制得绿色鲜明的裙带菜食品。

（五）裙带菜梗食品

1. 工艺流程

裙带菜→切梗→漂烫→冷却→盐渍→脱盐→调味→成品

2. 操作要点

（1）在采收时将裙带菜梗切下，用盐水（或海水）洗净并切成适当的长度，浸入10%的盐水中，以抑制发酵作用。

（2）用每100kg的水加入碳酸钠140g、消石灰700g配制成溶液，在70℃下漂烫裙带菜梗数分钟后用水冷却，此时裙带菜梗由浓褐色变为鲜绿色。

（3）将漂烫后冷却的裙带菜梗拌入质量30%的食盐浸渍。

（4）将盐渍裙带菜梗脱盐，纵向切成细条，捆成适当大小的扎束，然后用经

85℃加热杀菌5min的豆酱浸渍3~7d，即得到硬度适当、口感好的裙带菜梗制品。

思考题 >>

1. 裙带菜在收割放置后容易发生哪些不良变化？应怎样防止？
2. 影响裙带菜色素变化和退色的原因有哪些？应怎样预防？

四、紫菜食品加工

紫菜干品含水10%、蛋白质24.5%、碳水化合物31%、脂肪1.7%、粗纤维3.4%、灰分30%，其脂肪中EPA含量高达18%。紫菜中的蛋白质含量高，蛋白质中含硫氨基酸也特别高。蛋白质的消化率为70.8%，为海藻中的佼佼者。紫菜的颜色主要取决于所包含的叶绿素a、藻红蛋白、藻蓝蛋白及胡萝卜素等成分的比例。

紫菜的呈味成分复杂，其鲜味取决于呈味氨基酸的含量，主要包括呈鲜味的谷氨酸、呈甜味的丙氨酸和甘氨酸、呈蘑菇为的鸟氨酸，以及呈木鱼汤味的肌苷酸。紫菜的香味是由多种挥发性物质决定的，如硫化物中的甲硫醚、甲醛、乙醇、萜烯、酚类、以及有机酸中的蚁酸、丙酸、醋酸等十多种有机酸。紫菜不仅营养丰富，而且具有药用价值。紫菜在临床应用中具有清热利尿作用，对乙肝、甲状腺肿大、高脂血症、高血压、水肿、咽喉炎等疾病都有较好的治疗效果。紫菜的加工食品主要有淡干紫菜、调味紫菜、烤紫菜、紫菜汁、紫菜酱等。

（一）淡干紫菜饼

1. 工艺流程

鲜紫菜→捡菜与清洗硅藻→海水清洗→切碎→淡水去盐→调和配液→浇饼→脱水→干燥→剥离→挑选→包装

2. 操作要点

（1）原料保鲜处理　紫菜越新鲜，加工出来的菜饼质量越好。但由于机械加工量大，后加工的紫菜需要存放一段时间。为防止或尽量减少紫菜的鲜度下降，必须将收回的紫菜在阴凉通风处摊晒，最好在5℃温库中保存。

（2）捡菜与清洗硅藻　紫菜表面会附着一些硅藻，导致加工品出现白色斑点，不仅影响外观，而且食用时还具有涩味。处理方法：① 经过高速离心脱水后，于-20℃保存48~72h后再洗净加工，其颜色和光泽显著提高；② 用1.2%~1.5%碳酸钠处理30min后，再用洗菜机搅洗，可以清洗除去大部分硅藻。

（3）海水清洗　养殖紫菜对淡水的抵抗力一般较差，用淡水处理的时间越长，对色泽的影响和氨基酸等呈味成分的流失就越大，在切菜之前应先用清洁的海水进行清洗。清洗时间的长短依紫菜的老嫩而定：早期采收的紫菜比较幼嫩，一般不必洗很长时间，只需要十几分钟即可；中、后期收割的紫菜较老，并附有很多硅藻，清洗的时间要延长，一般需清洗30min左右。这样不仅能保证紫菜的清洁度，还有利于藻体的软化，有利于提高加工制品的品质。

（4）切碎　切菜主要由切碎机完成。① 保持刀口锋利，防止紫菜的氨基酸和核苷酸等鲜味物质流失。② 根据不同生长期的紫菜选择适当的切菜孔板。对机制菜饼来说，孔眼大小和密度会影响到菜饼的柔软性与光泽度，通常“三水”以前的紫菜选用3mm左右的孔眼，密度4～5孔/cm^2；“四水”以后可选择大些的孔眼。③ 注意避免切菜螺杆堵塞引起发热。中期采收的紫菜，由于叶体尺寸增加，经常出现长紫菜缠绕输送螺杆和切菜杆的情况，导致堵塞，所以一般采用人工粗切或配备粗切机械，将紫菜切成3～5cm长的短条。

（5）制饼　制饼又称浇饼，是将切碎的鲜菜制成菜饼的过程，是紫菜加工的重要环节。制饼有人工制饼和机械制饼两种，制饼帘、柜和制饼都要相互配套，常用的有29cm×25cm和100cm×25cm两种。制饼时要随时调整紫菜浆的浓度，使紫菜饼厚薄适宜无孔洞；制饼用水应符合饮用水标准，对水必须进行软化处理，以保证成品光泽良好，温度控制在5℃左右；注意制饼机技术状态的调整。

（6）脱水　制饼后，紫菜饼连同制饼帘附着大量水分，需要经过脱水处理，以防止在干燥过程中菜饼的变形、卷缩和脆裂，以及初期干燥时间长而引起制品的变质。脱水处理时，是将制好紫菜的帘子叠放整齐，放在离心机的特制铁架上，用张力橡皮筋绑紧，然后以108r/min左右的转速转动铁架3～5min，就可以将紫菜饼和制饼帘上吸附的大量水分除掉。

（7）烘干　烘干时应控制好烘箱的温度、湿度和烘干速度，避免菜饼破碎和皱缩。可用天然干燥或烘干房干燥。

① 天然干燥：天然干燥的晒场与紫菜干品质量的好坏关系极大，良好的晒场，干燥时间短、产品形态好、色泽油光、杂质少。因此晒场要选择阳光充足、日晒时间长、风沙少而通风和靠近加工场所的地点。风沙大的地方，其周围可用植物或加筑围墙，地面铺土或植草，并用毛竹搭架晒菜。晒菜时把脱水后的菜帘放在晒架上，朝阳保持一定的倾斜度。一般菜饼上端先干，所以在一定时间后把菜帘上下位置对换，使之干燥均匀，保持外形及色泽。

② 烘干房干燥：用烘干房干燥紫菜饼时需根据操作规程严格进行，如以隧道式烘干房，一般工作热风（即烘干温度）在55～60℃之间，风速在3m/s左右，回风口相对湿度在50%左右，出料时开启和关闭出料门的速度要快，以免热风损失过大。一般出烘的时间控制在10min左右，烘干时间控制在80～100min。紫菜常以专用的紫菜热风干燥机进行烘干，这类热风干燥机大小不同，每台可装纳制饼帘3000～5000张，每小时可烘干饼菜7～12kg。

（8）剥离　晒干或烘干的菜饼，要稍待回潮后剥菜，以防变形、脆裂和破碎。日晒的菜饼撤片前要用棕刷除去沙土，撤片后还要逐片整理除杂。

（9）包装　烘干后的紫菜饼可直接食用，烹调前不必洗涤，否则紫菜的鲜香美味和营养物质就会受损失。因此，除了加工中各个环节注意卫生外，还应搞好包装。分级时，先进行整理，剔除大小块和残留杂质，理齐压平，按成品要求质量标准，挑选分级。紫菜分级后，需检查是否干燥，一般要求水分含量达8%～10%，最好在6%以下，这样包装后的紫菜在保存过程中不易变质。包装材料以不透气的聚丙烯或复合薄膜袋为佳，包装好的紫菜应贮藏在避光防潮的干燥仓库内。

（二）紫菜汁

1. 工艺流程

原料清洗→紫菜切碎→胶体磨→均质机→装瓶脱气→灭菌→贴标塑封→装箱待运

2. 操作要点

（1）清洗原料紫菜时拣出黄、绿色紫菜和杂藻，沥干后用切菜机切碎。

（2）将切碎的紫菜加10%臭氧灭菌水混匀后泵入胶体磨研磨，在研磨液中加0.1%果胶酶混匀后通过高压均质机。

（3）由均质机出来的紫菜汁置于缸中加5%糖，用柠檬酸调pH5.5，加入天然胶质悬浮稳定剂混匀后装瓶脱气。

（4）在真空罐内90.7～93.3kPa条件下脱气。

（5）封口后在60℃时灭菌。

（三）紫菜酱油

1. 工艺流程

紫菜→洗涤→切碎→胶体磨研磨→酱油提取→过滤→成品

2. 操作要点

（1）原料采用晚期收割的紫菜经洗涤、切碎。

（2）切碎后的紫菜用胶体磨研磨后按1倍比例加入基础酱油，在30℃保温抽提，其后加入0.2%脱氢乙酸防腐过滤即成。

（四）紫菜果冻

1. 工艺流程

溶胶→煮胶→消泡→配料→装盒→贴标→成品

2. 操作要点

（1）将溶胶锅洗净后加入40℃灭菌水，再加总配料量0.1% $Ca(HCO_3)_2$、1%食用褐藻酸钠，不断搅拌直至基本溶解。

（2）煮胶时将基本溶解的胶液在不断搅拌下升温至80℃使其充分溶解。

（3）煮胶时胶液会产生许多气泡，若不消除所制果冻带气泡影响产品的外观质量，消泡方法是将胶液从80℃自然降温至40℃，气泡上浮消失。

（4）配料时在锅中加入总量50%紫菜汁、46%消泡胶液、4%糖，然后加0.1%葡萄糖酸内酯，用柠檬酸调pH3.5，混匀后臭氧消毒。

（5）将配好料的胶液迅速装入消毒塑合中加盖封口即成紫菜果冻。此时$Ca(HCO_3)_2$在pH3.5条件下分离出钙离子，生成果冻状凝胶。

（五） 紫菜饮料和紫菜酱

1. 工艺流程

加酸　各配料煮溶过滤　紫菜胶粒

鲜紫菜→清洗→捣碎 ┐
　　　　　　　　　　├→浸提→粗滤→煮沸→精滤→调配→装罐→澄清饮料
干紫菜 ┘

紫菜酱←调配←胶磨←紫菜渣

→排气杀菌→悬浮饮料

2. 操作要点

（1）清洗　鲜紫菜经过拣选，去除杂藻，清水漂洗后绞碎。

（2）浸提　鲜紫菜用 10 倍质量的水浸泡；干紫菜用 40 倍质量的水浸泡，浸提温度控制在 70～75℃，总浸提时间 12～14h，每隔 2h 左右搅拌一次以保证浸提效果。

紫菜富含蛋白质、糖类和各种矿物质，特别是碘、硒等。选择适当的浸提条件，把紫菜中的有效营养物质萃取出来，是制作紫菜饮料的前提。

干紫菜水分含量约为 10%，鲜紫菜水分含量约为 80%。用鲜紫菜浸提，汁液非常黏稠混浊，紫菜腥味重，而且浸提后的紫菜渣也有较重腥味，组织彻底软烂，不宜再加工成紫菜酱，但汁液中碘含量很高；用干紫菜浸提，得到的汁液稍黏稠混浊，基本无腥味，含碘量稍低，汁液得率相差不大，浸提后的紫菜渣未软烂，可以进一步加工成各种风味的紫菜酱。综合上述比较结果，再考虑到紫菜的采收季节较短、新鲜紫菜如不及时干燥则很快腐烂等因素，倾向于采用干紫菜制作紫菜饮料及紫菜酱。

用水量为 1∶20 时，干紫菜几乎不能被完全浸没，浸提汁液非常黏稠混浊，有淡淡的腥味，浸提液过滤困难，得率很低；如果用鲜紫菜浸提，则腥味更浓。用干紫菜浸提，因为在其干制过程中经过漂洗，腥味较淡甚至无腥味，但含碘量及其他营养成分也有所损失。用水量提高到 1∶60 时，浸提液呈棕红色，依然较黏稠，有较浓郁的紫菜风味和滋味，口感柔和而绵厚，且汁液得率高，含碘量也适宜。因此选取浸提加水量为干紫菜质量的 60 倍。

浸提时间过短，有效成分不能较多地萃取出来，汁液口感淡，紫菜味不浓；浸提时间过长，汁液绵厚，紫菜味浓，但紫菜渣软烂，不适宜制酱。浸提汁液中的碘含量在 6h 达到最高值，随后快速下降，浸泡 8h，汁中碘量最低，时间再延长则含碘量回升，之后基本趋于平衡。这处因为紫菜中的无机碘以碘化钾或碘酸钾等形式存在，入水后短时间即溶出，表现为汁液中碘量的最高峰；随着时间的延长，碘离子不断被氧化成碘分子，而碘分子不稳定，很快升华，所以汁中碘量下降；时间再延长，紫菜中蛋白质及高分子糖类共价结合的有机碘逐渐析出，表现为碘量缓慢上升到一平衡值。从浸提汁的色泽、风味、紫菜渣组织状态及汁液含碘量综合考虑，选择浸提时间 10～12h 最佳。

当在 20～40℃浸提时，汁液味淡，含碘量也较低，且紫菜在此温度下长时间浸泡极易腐烂发臭。70℃左右时，紫菜汁味浓色佳，含碘量适宜，紫菜渣品质也适合制酱，因此选定浸提温度为 70℃。

当 pH 为 3 以下时，浸提液呈暗褐色，风味不佳；pH 为 4～5 时，汁液呈灰褐色略稠，风味尚可；不加任何酸味剂浸提，pH 为 6～6.5 时，浸提汁呈棕红色，绵厚而紫菜味浓。不同 pH 条件下，浸提汁得率无显著差别，所以选取浸提酸碱度为自然状态，即 pH6～6.5。

（3）粗滤　粗滤得到紫菜浸提浊汁及紫菜渣。由于紫菜渣用作紫菜酱原料，因此粗滤不必用压滤机，过滤得率一般为浸提加水量的 70%。

（4）煮沸和精滤　粗滤得到的紫菜汁为褐红色黏稠混浊液，内含大量蛋白质及藻胶类物质，且腥味较重，汁液很不稳定，遇酸产生大量絮状沉淀，影响饮料质量。加热煮沸 5～10min，精滤除去沉淀，得到色泽清亮、澄清透明、无腥味的紫菜汁。

（5）紫菜澄清饮料的制作　白砂糖煮溶过滤，甜蜜素、乙基麦芽酚、品质改良剂等添加剂分别溶解后，加入紫菜汁中调配，趁热装罐杀菌，杀菌条件 100℃，10～20min。

紫菜汁浓度 80%、加糖量 8%、加酸量 0.1%、增稠剂量 0.1% 时，紫菜饮料呈深琥珀色，透明清亮，紫菜风味浓郁，口感绵厚，酸甜适度。

（6）悬浮饮料制作　紫菜经高速捣碎机绞成约 2mm×2mm 的紫菜碎片，按下列配方制作胶粒：纯净水 75%、白砂糖 10%、卡拉胶 1%、琼脂 1.5%、紫菜碎片 12%，其他增稠剂、稳定剂、改良剂适量。

先将白砂糖煮溶过滤，琼脂和卡拉胶加水溶解与其他添加剂适量煮溶，加入绞碎的紫菜片，边加热边搅拌约 5min，低温凝冻后用造粒机挤成直径约 3mm 的紫菜胶粒，或用不锈钢刀将紫菜胶冻切成所需大小，将胶粒加入调配好未装罐的澄清紫菜饮料中，后续工序与澄清饮料制作相同。

采用琼脂 70% 加卡拉胶 30% 制取的紫菜胶粒具有较好的透明性、弹性，且口感柔和滑润。放置 3 个月，紫菜胶粒悬浮稳定，未溶解。

（7）紫菜酱的制作　浸提后的紫菜经粗滤得到的紫菜渣，加适量水用高速组织捣碎机及胶体磨、均质机均浆后，按如下配方调配：茶叶汁 0.5kg、紫菜均浆 1kg、白砂糖 0.6kg、明胶 15g。

思考题 >>

1. 紫菜的颜色、呈味成分各取决于哪些组分？

2. 简述紫菜饼的加工工艺，并简述其技术要点。影响紫菜制饼质量的因素有哪些？

3. 分别设计一种适合你家乡居民口味的、色香味俱佳的海带食品、裙带菜食品、紫菜食品的加工工艺，并简述要点和产品的特色。

五、 其他海藻类食品加工

我国经济海藻如羊栖菜、鸡毛菜、江蓠、麒麟菜、琼枝、海萝浒苔、螺旋藻、褐藻昆布、马尾藻、萱藻等大多能被食用，有些作为药品原料。

（一） 羊栖菜

羊栖菜又称海菜芽、海大麦、鹿角尖、羊奶子等，为北太平洋西部特有的暖温带海藻。我国南方沿海、山东、辽宁等地以及日本北海道南至九州南的太平洋沿岸、朝鲜西南岸及济州岛一带均有分布，是我国一种重要海洋生物资源。

羊栖菜系褐藻门、马尾藻属，新鲜藻体呈黄褐色，高达1m，茎直立细长，树枝状分叉，叶呈棍状，有气囊，生长于低下潮线的岩石上，常有浪水冲出的岩石上。晚夏至初秋时，枯落留根，冬春时生长新叶，3～4月生长迅速。

羊栖菜营养丰富，具有极高的食用和药用价值。以前，羊栖菜多作为一般的海鲜蔬菜食用。在日本，常与油豆腐等一起加工后作为日餐配料，被誉为“长寿菜”、“餐桌上的人参”。干羊栖菜中蛋白质含量10.6%、脂肪1.3%、糖类47%、纤维9.2%、灰分18.3%，微量元素、B族维生素含量很丰富，尤其是钙磷比高达14:1。还含有叶绿素、胡萝卜素、藻红蛋白、藻黄素和少量藻青素等色素。糖类多为多糖，其中有海藻酸、岩藻聚糖、琼脂、昆布糖等。研究表明羊栖菜有利尿、助消化、防癌消肿作用，可治疗高血压、便秘，还具有防止衰老、保持头发光泽与皮肤润滑的功效。羊栖菜多糖有多种生物活性功能，如抗肿瘤、抗病毒、抗凝血等。

1. 羊栖菜茶

（1）工艺流程

羊栖菜→整理→浸泡→干燥→调味→炒制→磨粉→包装→成品

（2）操作要点

① 整理：羊栖菜清洗干净后，日晒干燥。

② 浸泡：干燥后的羊栖菜在淡水中浸泡1.5h。

③ 干燥：用热风干燥机在50℃下干燥2h。

④ 调味：浸入用30g食盐、100g谷氨酸钠、3L水（每500g干羊栖菜）混合配制的调味液中浸渍1h。

⑤ 炒制：用回转釜炒1h。

⑥ 磨粉：磨成粉末状，过40～60目筛，即得羊栖菜茶。

2. 羊栖菜多糖饮料

（1）工艺流程

干羊栖菜→预处理→粗多糖提取→粗多糖→溶解→调配→脱气→灌装→封口→杀菌→冷

却→成品

（2）操作要点

① 羊栖菜预处理：将干羊栖菜浸泡0.5～1h后用自来水洗净，晾干，粉碎过筛。取一定目数（如60目）的羊栖菜粉末作为提取原料。

② 粗多糖的提取：按羊栖菜粉∶水＝1∶5的比例混合均匀，于室温下润胀0.5h左右，调pH至3.0，于沸腾温度下回流3h。离心过滤，取上清液浓缩至1/5体积后，添加相当于浓缩液体积3倍的95%乙醇，待粗多糖沉淀后，过滤，晾干或50℃烘干，供饮料配置用。

随着提取温度升高，羊栖菜多糖得率逐渐增大，由于盐效应，料液的沸点达102℃，当温度从95℃上升到102℃时，多糖得率出现极大的提高，沸点以后随温度的升高趋缓。考虑到超过沸点温度加热需要加压设备及高压高温可能破坏羊栖菜多糖的有效成分，因此，选择多糖提取温度为沸点温度。

随浸提时间延长，多糖得率呈上升趋势，到3h后再延长浸提时间对多糖得率的提高已不显著；另外浸提时间过长，会导致生产周期延长。因此，提取时间以3h为佳。

固液比越大，得率越高，但在固液比达到1∶5后多糖得率虽然有增加，但已很缓慢；另外随着固液比增大，浓缩时间延长，操作费用增加。因此固液比选择1∶5。

酸性条件有利于多糖的提取，而碱性或中性条件对多糖的溶出不利。pH3.0下多糖得率最高。酸性提取液的颜色比碱性提取液的颜色浅且容易离心过滤分离，因此将提取的最佳pH选定为3.0。

③ 饮料配方：羊栖菜粗多糖18g，白砂糖240g，蛋白糖3.6g，柠檬酸6g，苹果酸3g，乳酸3g，乙基麦芽酚12g，食盐18g，水1000mL。

羊栖菜粗多糖溶液经过乙醇沉淀后已将腥味物质基本除去，同时也脱去了部分颜色和少量的蛋白质，使色泽呈爽目的淡琥珀色且久置不沉淀，因此用羊栖菜粗多糖作为配料的基料较合适。根据不同口味可调配出各种风味的羊栖菜多糖保健饮料，具体制作方法与一般勾兑果汁加工工艺相似。

（二）江蓠

江篱又称龙须菜、蛇菜、毛头菜、竹筒菜、发菜、粉菜等，主要产于福建、广东、广西和海南等省（区）沿海，是一种红藻类海洋植物。藻体紫褐色，有时略带绿色或黄色，干后变褐，体质软骨质，分枝互生或偏生，一般没有叉分现象。江蓠含有丰富的蛋白质、脂肪、膳食纤维、矿物质和维生素等。由于藻体较硬、藻腥味较浓，民间一般不直接食用。日本人利用江篱做海藻色拉和生鱼片的配菜，在我国北方用来熬制凉粉加调料食用，在南方则将江篱熬成冻，加适量糖食用，作为降温防暑的饮料。

1. 江蓠风味食品

（1）工艺流程

调味料混合→包装→杀菌 ↓
江蓠→去杂质→碱处理→软化脱腥→杀菌→包装→合装→成品

（2）操作要点

① 去杂质：将江蓠中的泥沙、贝壳和杂物去掉。

② 碱处理：去杂后的藻体放入30%氢氧化钠溶液中，氢氧化钠溶液的用量以浸过藻体为宜，大约浸泡24h后捞出，用水清洗至接近中性。

③ 软化：脱腥　将清洗干净的江蓠放入1%醋酸和5%酒精混合溶液中浸泡0.5h，捞出，用清水浸洗，使藻体达到中性，捞出沥干。

④ 杀菌：配制有效氯浓度为150mg/kg的次氯酸钠溶液，把捞出的藻体放入杀菌液中，在搅拌过程中缓慢加入0.1mol/L盐酸溶液，至pH为5.5，继续搅拌10min，捞出藻体，在无菌水中浸泡，除去残氯，捞出沥干。

⑤ 包装：按每袋100g江蓠称重，装入复合薄膜袋，同时加入1%的山梨酸钾水溶液10mL（按藻体质量的10%），真空封口包装。

⑥ 调味料的包装和杀菌：按照调味料配方混合各种调味剂，装入复合薄膜袋中，真空包装后用巴氏杀菌法（85℃，30min）杀菌。

⑦ 成品：把藻体包和调味包合在一起放入外包装中，封口即成。

2. 江蓠膳食纤维

（1）工艺流程

江蓠→预处理→碱处理→水洗至中性→第一次漂白→水洗→第二次漂白→水洗至中性→干燥→粉碎→检验→包装→成品

（2）操作要点

① 预处理：在试验之前除去江蓠中的泥沙和其他杂物，并测定其水分，以便计算膳食纤维的产率。

② 碱处理：采用高温稀碱法，氢氧化钠浓度为5%，碱液用量以浸过藻体为宜，一般用量为江蓠藻体质量的12倍，然后加热至80℃，加入江蓠，搅拌均匀，恒温处理90min后，回收碱液，并将江蓠充分水洗接近中性。

③ 漂白：用1%次氯酸钠溶液对碱处理后的江蓠藻体进行第一次漂白，漂白液用量为江蓠质量的10倍，漂白液的pH为4~6，漂白20min后，排去漂白液，水洗，再用0.01%高锰酸钾溶液和0.2%草酸溶液进行第二次漂白（先用高锰酸钾氧化，再用草酸还原），氧化还原液用量也分别为江蓠质量的10倍，漂白后将藻体充分水洗至中性。

④ 干燥、粉碎：将水洗至中性的江蓠藻体放在50℃的条件下真空干燥，再经超微粉碎机粉碎至60~80目的粉状。

⑤ 包装：将粉状膳食纤维制成胶囊，按要求分装在瓶子里，密封，再装箱，即为成品。

（三）麒麟菜

麒麟菜又称石花菜、草珊瑚、海菜、鸡脚菜等，我国南海的海南岛、西沙群岛及台湾盛产。藻体长12~30cm，宽2~3cm，肥厚多肉，紫红色，软骨质，不规则地分枝。麒麟菜含有黏胶质，黏胶质中含有半乳糖、半乳糖硫酸酯、半乳糖硫酸酯钙盐、3、6-左水半乳糖、L-葡萄糖醛酸和D-木糖；加工成的琼胶含碳水化合物77%左右，还有少量的脂肪、蛋白质及铁、钙、钠、镁等人体不可缺少的有机物质。麒麟菜因含卡拉胶，一直是被当成重要的经济海藻。麒麟菜盐腌后可直接生食。从麒麟菜中提取的卡拉胶可用于乳酪、面包、蛋糕、豆沙馅、果冻、果酱等多种制品及调味品。

1. 麒麟菜膳食纤维

（1）工艺流程

麒麟菜→预处理→碱处理→水洗至中性→漂白→水洗至中性→酸化漂白→水洗至中性→干燥→粉碎→检验→包装→成品

（2）操作要点

① 预处理：在试验之前除去麒麟菜中的泥沙和其他杂物，并测定其水分，以便计算膳食纤维的产率。

② 碱处理：采用常温稀碱法，氢氧化钠浓度为10%，碱液用量以浸过藻体为宜，一般用量为麒麟菜藻体质量的12~15倍。然后加入麒麟菜，搅拌均匀，常温处理24h后，回收碱液，并将麒麟菜充分水洗接近中性。

③ 漂白：用1%次氯酸钠溶液对碱处理后的麒麟菜藻体进行漂白，漂白液用量为麒麟菜质量的10倍，漂白液的pH为4，漂白30min后，排去漂白液，并将藻体充分水洗至中性。

④ 干燥、粉碎：将水洗至中性的麒麟菜藻体放在50℃的条件下真空干燥，再经超微粉碎机粉碎至60~80目的粉状。

⑤ 包装：将粉状膳食纤维制成胶囊，按要求分装在瓶子里，密封，再装箱，即为成品。

2. 速食麒麟菜

（1）工艺流程

调味料→混合→分装→灭菌
↓
麒麟菜→碱处理→漂洗除杂→软化→杀菌→包装→合装→成品

（2）操作要点

① 原料：要求麒麟菜新鲜，无霉变或腐败现象，水分含量不高于25%。

② 碱处理：在室内水泥池中配制10%的氢氧化钠溶液，按藻和碱液1∶10的比例把麒麟菜放入碱液中，浸泡24h，不定时搅拌，使其充分湿润并防止浸泡过程中藻体上浮而露出液面。

③ 漂洗除杂：把经过碱处理后的麒麟菜捞起，滴干碱液（碱液可循环使用），用清水充分漂洗，除去杂质、贝壳及泥沙，浸洗几次直到浸洗液接近中性，捞起沥干备用。

④ 软化：把清洗干净的麒麟菜按 1∶10 的比例放入 1% 的醋酸溶液中搅拌浸泡 30min，用清水洗净残留的醋液，直到浸洗液接近中性为止，捞出备用。

⑤ 杀菌：把软化后的麒麟菜移到洁净室中，先配制有效氯为 10^{-4}的次氯酸钠溶液，按海藻和次氯酸钠为 1∶10 的比例，把藻体放入次氯酸钠溶液中，搅拌浸泡 30min，然后捞出沥干，再放入无菌水中浸泡除去残留的氯。

⑥ 包装：捞出藻体，滴干水分，用复合薄膜蒸煮袋或铝箔复合袋真空无菌包装，每袋 150g，这一过程在洁净室中操作。

⑦ 调味料：按调味料配方分水溶性和脂溶性各自混合，按比例用复合薄膜蒸煮袋分装，采用巴氏杀菌法杀菌 30min。调味料用量：酱油 1.5%、精盐 1.5%、食醋 3.0%、芝麻 2.0%、辣椒油 3.0%、芝麻油 1.5%、花生油 2.5%。

⑧ 合装：把调味料小包和藻体包放在一起，用普通薄膜袋包装，即为成品。常温下可保藏 6 个月。

（四） 石花菜

石花菜又称牛毛菜、海冻菜、红丝等，产地以我国渤海、黄海为主，东海沿岸也有；目前人工可养殖，混水海区也能生长。藻体呈紫红色，直立丛少，一般长 100 ~ 200mm，长的也可达 300mm 左右。藻体含藻胶，藻胶是烟酸、叶酸、维生素及麦角固醇的丰富来源。此外还含有大量的无机盐，如卤化物、硫酸盐、磷酸盐、氧化钙、镁、钾、钠及其他微量元素。石花菜是一类有重要经济价值和药用价值的海藻，我国人民首先知道利用石花菜熬制凝胶食用，该凝胶俗称“凉粉”，又名琼胶。琼胶在食品工业中应用广泛，可与砂糖、豆沙混合制成红豆羹，可作为辅助原料用于糖果、面包、果酱、冰淇淋、肉罐头等食品中。石花菜性味甘、咸、寒、滑，具有清热解毒功能，可用于治疗肠炎、肛门周围肿痛、肾虚浮炎等。

（五） 绿藻

绿藻一般生长在中潮带、低潮带和岩礁上。绿藻中的浒苔是一种高蛋白、高纤维、低脂肪，且富含氨基酸和矿物质的海藻，长期以来一直是我国沿海人民的食用藻类。浒苔粉可以作为汤料包的重要辅料，应用于面粉和面条的生产中。其次，浒苔具有临床药用价值，《本草纲目》记载“烧末吹鼻止衄血；汤浸捣敷手背肿痛”。浒苔在饲料方面可用作家禽和水产养殖的饲料，促进机体快速生长，增强免疫力，缩短养殖周期。浒苔作为新型有机肥料，代替了一部分传统的化肥，对增加农作物产量和改善品质有明显作用。

（六） 螺旋藻

螺旋藻作为食品，已在我国开发成很多品种，其中螺旋藻饮料、螺旋藻冰淇淋、螺旋藻面制品等，已在市场上销售。作为保健品或药品的补充形式，螺旋藻普通食品业将不断得到发展。

思考题 >>

1. 海藻原料的采收时间和采收方式对海藻食品有什么影响？
2. 海藻加工过程中干燥应注意哪些问题？

六、海藻食品加工贮藏过程中的质量变化及控制措施

（一）海带食品加工贮藏过程中的质量变化及控制措施

1. 海带中含有杂质的原因及控制措施

（1）海带采收过晚，出现烂边，并有杂藻和其他杂质附着。因此，海带应适时采收，且收割后的海带应先在海区洗一次，除去附着在海带上的微藻和杂质。

（2）海带在干燥时晒场上的泥沙粘贴在海带表面上，使泥沙含量高，影响海带质量。为降低海带中泥沙的含量，在干燥海带时应选择碎石晒场，尽量不要使用土砂晒场。

2. 海带霉烂的原因及控制措施

新鲜海带含水率为90%，因含有蛋白质、无机盐等多种成分，有利于微生物的生长繁殖，成为海带贮藏过程中发生腐烂变质的根源。为了防止海带发生腐烂变质，一般采用干制品贮藏。海带在干燥过程中，随着水分的减少，微生物必然脱水，逐渐失去生长繁殖的能力，因而不会由于微生物的活动而发生腐败。试验表明，当食品中的水分含量低于40%时，细菌的繁殖就可受到抑制；当水分含量低于20%时，一般霉菌也会停止繁殖。

确定食品保存性能的主要因素并不是食品中的绝对水分含量，而是其中可被细菌、霉菌等微生物利用的水分。干制品海带只要保存方法得当，一般不会霉烂。当食品中水分含量较低时，微生物不会全部死亡，很多微生物只是处于休眠状态，因此干制品并非无菌。当环境条件改变时，如湿度增大、气温升高，干制品吸收水分后，微生物将迅速繁殖而导致食品变质。为了保持海带原料质量，通常采用干燥法对其进行初加工。

（二）裙带菜食品加工贮藏过程中的质量变化及控制措施

1. 裙带菜的软化、腐败

鲜裙带菜收割放置后，在短时间内就失去其特有的海藻风味，而且色泽退化，此即称之为裙带菜的软化现象。其结果是纤维组织遭破坏，最后导致菜体腐败。造成叶体软化、腐败的原因主要是裙带菜本身消化酶的作用，其次还有细菌分解的作用。一般在5～25℃贮存，2日内其成分和形态尚能维持新鲜状态，此后即逐渐软化，纤维组织遭破坏，有腐败气味散发（继续腐败最终成为液体），pH随之

下降，总酸度增加。为防止裙带菜的软化、腐败，裙带菜在海上收割以后，应用罩布遮盖，防止阳光直射，0.5h 内运回工作车间，并尽快干燥或加工。

2. 色素变化和退色

裙带菜含有的色素其主体为叶绿素，其次为类胡萝卜素和黑褐素，都属于脂溶性的色素，这些色素的含量随品种、海区和生长阶段而异，此外还受处理、贮藏方法的不同而影响。影响色素变化和褪色的原因如下：

（1）叶绿素的分解褪色和黑褐素的氧化变色，受光和湿度的影响很大，这在淡干制品中常可见到。

（2）叶绿素在碱性条件下比较稳定，灰干的裙带菜其色调较稳定，主要是由于灰中的碱防止叶绿素分解的缘故。

（3）酸处理后裙带菜呈现绿色，这是叶绿素分解后的呈色结果。

（4）裙带菜热处理后呈现绿色，这是由于类胡萝卜素减少，叶绿素在细胞中的油状物质内溶呈色之故。新鲜裙带菜在 40℃左右开始变为绿色，70℃以上瞬间即呈绿色。

（5）裙带菜在盐渍条件下呈绿色，这是由于食盐的渗透，使叶绿素在细胞中的油状物质内溶所致。

（6）黑褐素在空气中慢慢氧化，呈橙色。

3. 裙带菜的软化、腐败和退色的控制措施

为了防止裙带菜软化、腐败、褪色，便于长期保藏，目前有关鲜裙带菜的贮藏法，大致有冷冻冷藏、盐藏、药剂处理等三种。在生产上有单独使用的，也有两种方法合并使用的。

用适当浓度的醋酸钙处理裙带菜具有良好的效果，但醋酸钙浓度过高时易使叶体硬化，并出现脱水硬化现象。

生产上除添加醋酸钙外，还分别添加药剂 10%、20% 的食盐水，浸渍后在室温下贮藏，发现用添加药剂 20% 的食盐水浸渍过的裙带菜，经过 2 个月后不发生霉变，叶体脱水硬化呈暗绿色，吸水后也不软化，情况良好。而用添加药剂 10% 的食盐水浸渍过的裙带菜，2 个月后叶体软化，有异臭，并出现霉斑，直接影响产品品质。试验表明，对裙带菜处理方法不同，其发生霉变的时间也有较大的变化。

盐渍、药剂并用的裙带菜和用水烫后盐渍裙带菜在室内贮藏试验表明，pH 均有下降趋势，且色素及吸光值（叶绿素、胡萝卜素）都有明显减少。

（三）紫菜食品加工贮藏过程中的质量变化及控制措施

紫菜食品以紫菜饼为主，其商品价值取决于产品的颜色、光泽和香味。紫菜的颜色主要取决于所包含的叶绿素 a、藻红蛋白、藻蓝蛋白及类胡萝卜素等成分的比例。光泽是紫菜饼产品对光线反射的表现，质量好的紫菜饼两面发光，质量较次的只有一面具光泽，质量最差的产品表面没有光泽。但是，生产色、香、味及外观俱佳的紫菜食品，除了原料质量之外，加工工艺也是极为重要的环节。

1. 影响紫菜制品色、香、味的因素及控制措施

（1）紫菜养殖方式　由于养殖方式不同，相同品种紫菜加工成的产品差异也很明显。潮间带支柱式养殖的紫菜生长期长，硅藻附着少；而筏式养殖的紫菜藻体衰老早，硅藻附着多，制成的紫菜饼在颜色、光泽和味道方面远不及潮间带支柱式养殖的紫菜。潮间带支柱式养殖的紫菜无论颜色和光泽都优于筏式养殖的紫菜，尤其是氨基酸和糖的含量更明显。这可能由于潮间带养殖方式有一定时间的干露，对紫菜的生长和有效成分的积累有利。经干露、冷藏再养殖的试验表明，干露不仅可以提高细胞的耐干燥和耐寒能力，而且还能提高紫菜的生长速率和健壮程度。以冷藏74d的紫菜为例，其氨基酸含量按入库前干露4，2，1，0h的顺序降低，相反地，糖的含量却依次增高。因此，入库冷藏前的干露是提高紫菜制品质量的一项较有效的技术措施。

（2）紫菜的采收　紫菜与其他藻类采收的方法不同，属多次采收的品种。一般情况下，紫菜叶片长度达到15～20cm即可以采收。紫菜的采收实际上采取间收方式，即采下大的个体，让小苗继续生长。就单一紫菜植株来说，有它的幼嫩期和衰老期；就整个养殖网帘的群体来讲，随着温度、光照、海况因子的变化，也有其盛期和衰败期。一般认为，早期紫菜幼嫩、质软，颜色、光泽、味道俱佳，随着养殖时间的推移，生长期越长，质量越差。为了采收幼嫩的紫菜，必须掌握采收的适当时间。

紫菜属多次采收型藻类，因此它的幼嫩程度还与采收次数有关。第一水（即第一次）采收的紫菜幼嫩而柔软，颜色、光泽和味道随着采收次数的增加，紫菜逐渐老化。老化的程度与海区的营养盐含量、潮流及养殖方法有关。一般认为，筏式养殖由于得不到干露，比潮间带养殖老化得早，潮位低的筏架养殖比潮位高的筏架养殖老化得快，贫区比肥区老化得快。一般情况下，第一至第三水紫菜质量较好。

（3）原藻的清洗　养殖紫菜对淡水的抵抗力一般较差，用淡水处理的时间越长，对色泽的影响和氨基酸等呈味成分的流失就越大，在切菜之前应先用清洁的海水进行清洗。经海水洗净（用人工或洗菜机）的鲜菜，为了增加成品光泽和提高质量，应用淡水浸泡脱盐。浸泡时按1kg紫菜用5kg水的比例浸泡10min，则制品的质量较好。用水量过少，盐分不易脱去，干制后成品质量差；用水过多亦影响产量和质量。此外，硅藻清洗不干净，干紫菜的光泽度不好。经过改进将传统的卧式洗菜机改为立式洗菜机，减少了原藻在清洗过程中的机械损伤。

（4）制饼用水的温度　紫菜对淡水的适应性较差，浸入淡水后因渗透压变化，造成呈味成分（谷氨酸等）、水溶性色素等溶解分离出来，使制饼用水变色，原藻吸水质量下降，特别是水温过高，原藻的红藻素很容易溶解出来。实践表明制饼用水的温度以8～10℃为宜。

（5）成品的保藏　贮藏过程产品易褪色变为紫红色，必须要防止紫菜退色。

贮藏干紫菜发生变色的原因一直认为主要是基于叶绿素 a 的氧化、分解。但是，日本岩成氏等研究得出，干紫菜的水分含量即使调至5%以下，常温下叶绿素、类胡萝卜素、藻胆色素等的含量也会减少，特别是类胡萝卜素的减少十分明显；而水分8%的情况下，保存温度在5℃左右时，9个月内可抑制其色变，若多于9个月的保藏期，则采用冻结保藏较好；推荐产品包装中投放脱氧剂或充入氮气，则能减少色素和其他成分的变化，在保持质量上有显著的成效。

一般来说，经一段时间保藏而吸湿后的烘烤紫菜中，能发现黑色，在卷寿司或卷饭团时，会出现红褐色。这种颜色复原的原因是因为有了在495nm、546nm处有最大吸收的藻红蛋白的变件物质，这种情况是闭育苗期发育不健全而引起的。

2. 紫菜腐败变质的原因及控制措施

紫菜越新鲜，加工出来的制品质量越好。在紫菜采收季节，大量新鲜紫菜由海上采收起来，来不及加工，通常要堆积在船上或地上1～2d。在这段时间内，紫菜仍在进行呼吸作用，由于附着细菌的繁殖和酶的作用，堆积紫菜内部温度会升高，引起藻体死亡，继而腐败变质。堆积的时间越长，加工后制品的质量下降越严重。

日本采用加制冷剂或脱水后冷藏的方法，短时间内可以保持原藻的质量。经试验表明，加制冷剂使原藻内部的温度降至5℃或用高速离心机脱水，可使鲜紫菜的水分含量控制在80%以下，再于－5℃保存3～6h，加工后制品的质量均较好，保存24h以上制品的质量则明显下降，尤其是叶质柔软的第一水紫菜保存期更短。冷藏鲜紫菜一旦解冻，即需马上加工。在不具备冷藏条件的情况下，应根据实际加工能力，边采收边加工。若加工过程接不上，最好应摊放在阴凉处的水泥地上。

长期保存紫菜，除降低水分含量（5%以下）以外，降低温度也是长期保存紫菜的重要措施。试验结果表明，维生素C在含水率为8%的条件下，6周后，温度为10℃时的残留率为68%，而温度在30℃时的残留率仅为20%左右。此外，避光也很重要，因为光能能加速色素的消失，使紫菜退色。减少紫菜与空气的接触，降低氧化作用，也是长期保存紫菜不可缺少的条件。

3. 紫菜饼产生孔洞的原因及控制措施

（1）紫菜品种　我国养殖的紫菜主要为坛紫菜和条斑紫菜，日本除了条斑紫菜外，还养殖甘紫菜、大叶甘紫菜、奈良轮条斑紫菜和加拿大紫菜等。由于不同品种的藻体构造、生态条件不同，制成的紫菜饼质量也不一样。我国生产的坛紫菜，藻体厚而硬，制成的紫菜饼表面粗糙、厚度较厚，厚度稍薄时，容易出现较多的孔洞或破损，因而很难制成每张质量低于3g的产品。条斑紫菜藻体较薄，光泽好，具有柔软感，可以制成每张质量2.5～2.8g的产品。因此在生产中尽量以条斑紫菜作为生产原料。

（2）制饼时产生孔洞　一般人工制饼时，要把制饼浆倒入，倒入时用力要均匀，并使厚薄一致。用制饼机制饼时，如果紫菜浆的浓度不均，制成的紫菜饼干燥后就会有空洞。因此，用制饼机制饼时要随时注意调整紫菜浆浓度，使菜饼厚薄一致。

此外，制饼时一定要注意用水的盐度。用水的含盐量过低，菜中的其他成分溶解，导致质量下降；过高，则造成干紫菜收缩、变色，且难以长时间保存。

能力训练

任务一 即食海带丝加工

一、任务目标

让学生了解即食海带丝对海带原料的要求，掌握即食海带丝的加工过程，鼓励学生根据家乡饮食特点设计调味配方。

二、原料和设备

1. 原料

干海带 1kg，精盐 20g，酱油 40g，白糖 100g，白醋 40g，味精 40g，辣椒粉 15g，生姜、芝麻适量。

2. 主要设备

海带切丝机、真空包装机、反压杀菌锅。

三、加工工艺

1. 工艺流程

原料（淡干海带）→整理→水洗→切丝→蒸煮→调味料浸渍→烘干→包装

2. 操作要点

（1）原料海带　选用符合国家标准的淡干一、二级海带，水分含量在 20% 以下，无霉烂变质。

（2）整理　去除附着于海带表面的泥沙等杂物，并剪去颈部、黄白边梢和菜体较薄的梢部。

（3）水洗　将整理好的海带用水洗净，该工艺应严格控制水分含量，避免海带吸附太多的水分和营养成分的流失。

（4）切丝　将海带切成宽约 5mm、长约 10cm 的丝，一般采用横切法。

（5）蒸煮　将海带丝用蒸汽干煮 30min 取出备用。

（6）调味料浸渍　按配方调好调味料，并加热煮沸 30min，然后将煮过的海带丝倒入调味液中浸泡，时间为 2～3h，浸泡过程中应保持调味液的温度在 90℃ 以上。调味液配方依产品风味和不同地区居民的口味而有所不同。

（7）烘干　将调味液浸泡过的海带取出晒干，80℃ 烘干，烘干过程应避免杂物混入。

（8）包装、杀菌　计量包装，然后高压杀菌，杀菌终了时，立即用冷水冷却至室温。

四、 质量要求

1. 感官指标

产品为呈深绿色，宽度均匀，不含黄白边梢、杂质及泥沙，具有海带食品固有香味味，味道浓厚，易于保存。

2. 理化指标

水分≤70%，氯化钠≤5%。

3. 污染物要求

无机砷≤1.5mg/kg，糖度（°Bé）≥38，铅（以Pb计）≤1.0mg/kg，甲基汞（以鲜质量计）≤0.5mg/kg，多氯联苯≤2.0mg/kg。

4. 微生物指标

细菌总数≤3000cfu/g，大肠菌群≤30MPN/100g，致病菌不得检出。

5. 保质期

成品在干燥、阴凉的仓库中贮存期为6个月。

五、 思考题

(1) 烘干时应注意哪些问题？

(2) 在杀菌的时候如何防止胀袋？

任务二 脱水海带丝加工

一、 任务目标

让学生了解海带的质量要求，以及海带原料的前处理，掌握脱水海带丝的加工，培养学生对海带食品的加工能力。

二、 原料和设备

1. 原料

选择的鲜海带应品质优良，成熟度适宜，鲜嫩，不受柴油等污染，且大小均匀。所选原料应未含孢子体或少含孢子体，外表呈棕褐色，无病虫害，要求鲜海带收割与生产加工密切衔接，及时运输，轻装轻卸，避免重叠受压，保证原料完好无损。如发现已受损和已腐烂的海带应剔除。

2. 主要设备

海带切丝机，烘干机。

三、 加工工艺

1. 工艺流程

原料（新鲜海带）→海水洗涤→热烫（95~100℃）→冷却→半干燥（晒或烘）→切丝→干燥（烘干或晒干）→挑选→称量包装→检验→成品出厂

2. 操作要点

(1) 原料洗涤　用清洁水清洗海带，洗掉海带表面黏附的泥土、沙石污物、杂质等。由于该产品食用时只要水发即可，不再洗涤，因此，必须洗净，不得含沙。连续生产应采用流水清洗。

（2）热烫　把洗净的海带放入沸水里（95～100℃），热烫1～2min使海带呈绿色，要求放入沸水中的速度要快，并使海带全部浸入水中，以达到热烫均匀之目的。

（3）冷却　将热烫后的海带迅速浸入冷却池中，冷却速度越快越好。连续生产时，随时注意冷却水的温度，不能过高。

（4）半干燥　将冷却后的海带及时干燥，可将海带吊晒在向阳通风处晒至半干；或采用烘干箱烘至半干，感官检验以不粘手为宜。

（5）切丝　半干海带除去黄白边、梢、柄部后，用切丝机或手工按需要切成3～5mm宽度的海带丝。切丝时，要注意投料均匀，刀具锋利，提高原料的利用率。

（6）干燥　把半干海带丝放入烘箱中干燥，没有烘箱时可采用日光干燥，但要求干燥速度较快，防止氧化作用破坏色素。

（7）挑选　产品要求外观呈深绿色，剔除杂质、焦褐变色以及黄白边梢的海带丝。

（8）称量包装　按产品净重要求进行称量，采用复合食品袋包装，包装过程严防吸潮，严防杂质混入，一定数量的小包装海带丝再用单瓦楞纸箱包装。

四、质量要求

1. 感官指标

产品外观呈深绿色，卷曲状干燥海带丝，复水后呈翠绿色，宽度均匀，不含黄白边梢、杂质及泥沙，具有海带食品固有气味，无异味。

2. 理化指标

水分≤13%，氯化钠≤15%，无机砷≤1.5mg/kg。

3. 微生物指标

霉菌≤300cfu/g。

4. 保质期

常温下保质期达到12个月。

五、思考题

（1）根据海带的化学组成，查阅资料，看看海带怎样最大限度的进行综合利用？

（2）海带采收应注意哪些问题？

（3）如何防止海带中色素的被氧化破坏？

任务三　烤海苔加工

一、任务目标

通过本次实训，掌握烤海苔生产技术及典型生产工艺，熟悉烤海苔的加工机械，熟练掌握烤海苔加工操作和生产方案的制定。

二、原料和设备

1. 原料

以条斑紫菜为原料制成的干紫菜。

2. 主要设备

即食海苔生产线。

三、加工工艺

1. 工艺流程

原料选择→平摊→烘烤→调味液涂布→二次烘烤→分切→整理→包装→成品

2. 操作要点

（1）原料选择　以品质优良的干紫菜为原料，而且是以条斑紫菜为原料制成的干紫菜。如果以坛紫菜为原料制成干紫菜，菜饼会有较多的空洞，造成品质下降。

（2）平摊　将单张干紫菜平整地摊放在传动的金属丝网带上。

（3）烘烤　将淡干紫菜放入金属烘干机的输送带上，于240～260℃烘烤5～7s。

（4）调味液涂布　该产品是在烤紫菜机烘柜后装一套自动滴调味液装置完成。该装置由储液箱、输液管、多头滴液嘴和一组海绵滚筒组成。干紫菜在传动的金属丝网带上传送，调味液便滴在特制的海绵辊上，通过滚轮的转动将调味液均匀地涂抹在紫菜片的表面。也可用手工或机械搅拌等方法，边搅拌边将事先准备好的调味液加以雾化喷入。调味液的雾滴要尽可能小，使喷洒后紫菜片上的水分尽快干燥。若要快速干燥，调味液的溶剂应把水改为酒精。

调味液参考配方：海鲜汁（鱼虾提取液和海带煮汁等配置的调味汁）22%，酱油26%，水33%，食盐4%，砂糖7.5%，焦糖酱色2%，料酒5%，味精0.5%。

（5）二次烘烤　涂布调味液后的紫菜片由传动的金属丝网带传送入加热区进行加热烘烤，热源采用电加热，烘烤温度150～170℃，烘烤时间为50～60s；或者采用180～200℃，经5～30s焙烤制成。经烘烤紫菜的水量含量约为3%。由于烘烤，使得紫菜中对热稳定性差的藻胆色素退色，显示出稳定性相对好的叶绿素、类胡萝卜素的青绿黄色这种特有的烘烤色。

调味料中可能带有禁用添加剂（禁用防腐剂、甜味剂、色素等），调味料验收工序中有害化学物质的控制是关键控制点（CCP2），关键限值是供货商提供调味料合格证明书。

（6）分切　用自动装置分切烘烤后的紫菜即海苔，一般整张海苔均等地分切为14片。

（7）包装　采用塑料袋小包装，一定数量的单个包装外再用大的塑料袋或其他阻气、防水材料做外包装，为了防止制品的吸湿和氧化变质，应在外包装袋内放置脱氧剂。

四、产品质量要求

1. 感官指标

产品外观呈绿色，具有品种固有的香脆滋味，无正常视力可见的不可食的外来异物。

2. 理化指标

水分≤5.0%。

3. 污染物要求

无机砷≤1.5mg/kg，糖度（°Bé）≥38，铅（以Pb计）≤1.0mg/kg，甲基汞（以鲜重计）≤0.5mg/kg，多氯联苯≤2.0mg/kg。

4. 微生物指标

细菌总数≤3000cfu/g，大肠菌群≤30MPN/100g，致病菌不得检出。

五、思考题

（1）烤海苔和即食海苔有什么不同？

（2）烤海苔由绿色变为紫红色的原因是什么？

（3）烤海苔加工工艺中的关键控制点有哪些？

任务四 海带保健茶制作

一、任务目标

通过本次实训，掌握海带保健茶的生产工艺，并思考紫菜保健茶和海带保健茶在生产工艺上有什么不同。

二、原料和设备

干海带、乌龙茶（绿茶）、纯碱。

三、加工工艺

1. 工艺流程

海带→清洗→浸泡→切碎→消化→过滤→干燥→粉碎→与粉碎的乌龙茶等混合→包装→成品

2. 操作要点

（1）原料选择　海带选用烘干的一、二级产品，乌龙茶香气纯正，无质变。

（2）切碎　将海带快速清洗后切成4～5cm块，有利于消化。

（3）消化　采用纯碱溶液，于60℃条件下加热搅拌3h。

（4）过滤、干燥　将消化液适当稀释以纱布过滤，在90℃条件下干燥至水分含量小于11%。

（5）配料混合　将茶与海带依不同人口味的嗜好按比例配合，混匀。

（6）包装　采用双重包装，内层为茶滤纸，外层为聚乙烯薄膜，每袋3g。

四、产品质量要求

1. 感官指标

无霉变，无异味，无异臭。

2. 理化指标

水分≤11%，细度≤80目。

3. 污染物要求

铅（以Pb计）≤2.0mg/kg，铜（以Cu计）≤60mg/kg。

4. 微生物指标

细菌总数≤10cfu/g，大肠菌群≤100MPN/100g，霉菌≤10cfu/g，致病菌不得检出。

五、思考题

（1）海带保健茶与海带饮料在加工中有哪些不同？

（2）海带消化的目的是什么？

【职业岗位】

方向：海藻化工的精深研发和应用

海藻化工产业是以海洋大型褐藻为原料生产海洋生物活性物质产品的高新技术产业，主要从事海洋功能性食品配料、海洋生物医药及活性物质、海藻酸盐、功能糖醇、海洋化妆品、海洋生物肥料等系列产品的研发与生产。

【项目小结】

新鲜的海藻营养丰富但水分含量大，如果不及时进行加工会失去海藻特有的风味且容易腐烂变质。目前，海藻的加工食品分为两大类：一类是海藻直接加工食品，即选用可食用海藻如紫菜、海带、裙带菜、羊栖菜、麒麟菜等经过净化、软化、熟化、杀菌、脱水、成形、干燥等工艺加工成品；另一类是以海藻为原料，提取其中有效成分或以海藻的简单加工品作为添加剂做成食品，这些大多属于某些有疗效的保健食品。本项目从食用海藻的预处理技术、海带食品加工、裙带菜食品加工、紫菜食品加工以及海藻食品加工贮藏过程中的质量变化及控制措施等几个方面进行了系统的阐述，通过即食海带丝加工、脱水海带丝加工、烤海苔加工和海带保健茶制作4个典型生产任务，让学生在生产性学习环境中完成学习性的海藻食品加工学习任务，既能让学生掌握海藻食品加工的生产技能，又能为学生通过海藻食品加工工考试打下基础。

项目六 水产罐头加工

【学习目标】

1. 掌握水产品热加工的原理；
2. 掌握水产罐头生产技术及常见的变质现象及防止方法；
3. 能进行常见水产罐头的生产及质量控制；
4. 熟悉水产罐头加工设备，具备水产罐头制品加工职业技能。

知识准备

一、水产罐头加工的原理

罐头食品是各种密封容器包装的，经过适度的热杀菌后达到的商业无菌，在常温下能较长时间保存的罐藏食品。将符合要求的原料经处理、分选、修整、烹调（或不经烹调）、装罐（包括马口铁罐、玻璃罐、复合薄膜袋或其他包装材料容器）、密封、杀菌、冷却或无菌包装而制成的所有食品，具有一定真空度。

罐头食品的商业无菌是指罐头食品经过适度的杀菌后，不含有致病的微生物，也不含有在通常温度下能在其中繁殖的非致病菌。

作为一种食品保藏方法，罐头食品具有以下优点：① 罐头食品可以常温贮藏（货架期：2~3 年）；② 经过高温杀菌，无致病菌和微生物的存在，安全卫生，易于消化；③ 营养丰富，食用方便；④ 调节农副产品季节性和地区性差别；⑤ 便于携带和储运。

水产罐头能长期保藏，在于杀菌消灭了水产品罐头中有害微生物的营养体，达到商业无菌的要求，同时应用真空技术，使可能残存的微生物芽孢在缺氧状态下无法进行生长活动，从而使水产品罐头保持长时间的货架期。真空也可抑制因氧化作用而引起的各种化学变化。水产罐头食品的杀菌方法有多种，物理的如热处理、微波、辐射、过滤等，化学的如各种防腐剂和抑菌剂，生物的如各种微生物或能产生抗生素的微生物。

（一）水产罐头中的常见微生物

导致水产罐头变质的各种微生物，随着水产品罐头种类、性质、加工和储运条件的不同，可以是细菌、酵母菌或霉菌，也可能是混合组成的某些菌类。

水产品罐头种类不同，其原辅材料组成不同，加工的过程各有差异，导致水产品罐头腐败的原因不同，罐内微生物的组成也各有差异。由于各微生物的生存环境不同，故要求杀菌工艺的设置各有差异。因此，弄清楚水产品罐头中微生物的状态，是正确选用杀菌工艺、预防储运中水产品罐头腐败变质的首要工作。

各种微生物对酸性环境的适应性不同，各种食品的酸度或pH也各有差异，故各种食品中出现的微生物也随之不同（表6－1）。因此，不同的水产罐头食品有不同的杀菌对象。根据微生物对不同pH的适应情况，罐头食品按照pH不同常分成4类：低酸性、中酸性、酸性和高酸性食品（表6－2）。

表6－1　按pH分类的罐头食品中常见的微生物

食品罐头pH范围	微生物	微生物类型	罐头食品腐败类型	抗热性能
低酸性和中酸性食品罐头（pH＞4.6）	嗜热菌	嗜热脂肪芽孢杆菌（平酸菌）	平盖酸坏	
		嗜热解糖梭状芽孢杆菌	高温缺氧发酵	$D_{121℃}$ ＝2～5min
		致黑梭状芽孢杆菌	黑变或硫臭腐败	
	嗜温菌	A型和B型肉毒杆菌	缺氧腐败	$D_{121℃}$ ＝0.1～1.5min
		P. A. 3679生芽孢梭状芽孢杆菌		
酸性食品罐头（pH3.7～4.6）	嗜温菌	凝结芽孢杆菌	平盖酸坏	$D_{121℃}$ ＝0.01～0.07min
		巴氏固氮梭状芽孢杆菌	缺氧发酵	
		酪酸菌芽孢杆菌		
		多黏芽孢杆菌		$D_{100℃}$ ＝0.1～0.5min
		软化芽孢杆菌	发酵、变质	
高酸性食品罐头（pH＜3.7）	非芽孢嗜温菌	乳酸菌、明串珠菌		$D_{65.6℃}$ ＝0.1～0.5min
		酵母		
		霉菌	发酵、变质	
		纯黄丝衣酶、雪白丝衣酶		$D_{90℃}$ ＝1～2min

表6－2　罐头食品酸度分类

酸度级别	pH	食品种类	常见微生物	热力杀菌要求
低酸性	5.0以上	虾、蟹、贝类、鱼类、禽、牛肉、猪肉、火腿、羊肉、蘑菇、青豆、青刀豆、笋	嗜热菌、嗜温厌氧菌、嗜温兼性厌氧菌	高温杀菌105～121℃
	4.6～5.0	蔬菜水产品肉类混合制品、汤类、面条、沙司制品、无花果		
酸性	3.7～4.6	荔枝、龙眼、桃、樱桃、李、苹果、枇杷、梨、草莓、番茄、什锦水果、番茄酱、各类果汁	非芽孢耐酸菌、耐酸芽孢菌	沸水或100℃以下介质中杀菌
高酸性	3.7以下	菠萝、杏、葡萄、柠檬、果酱、果冻、酸泡菜、柠檬汁、酸渍食品等	酵母、霉菌、酶	

表6-2表明，水产品、肉类及大部分蔬菜罐头多属于低酸性和中酸性食品，这部分罐头蛋白质含量较高；而水果及番茄罐头多属于酸性及高酸性食品，碳水化合物含量较高。

（1）低酸性食品罐头　在罐头工业中，酸性食物和低酸性食品的分界线以pH4.6为界线，罐头食品最终平衡 pH >4.6 及水分活度 >0.85 即为低酸性食品。这类产品的对象微生物是肉毒杆菌，其生活习性是：芽孢的耐热性很强；在适宜条件下的生长繁殖能产生致命的毒素，对人致死率可达65%；肉毒杆菌是抗热厌氧土壤菌，原料中的几率很大，罐内真空的缺氧条件适合其生长和毒素产生；pH <4.6时，肉毒杆菌的生长受到抑制。综上可知，pH >4.6 的低酸性食品罐头杀菌时必须保证将其全部杀死。

低酸性食品中，除可能存在肉毒杆菌外，还存有比肉毒杆菌更耐热的厌氧微生物（如P. A. 3679，即生芽孢梭状芽孢杆菌），常被选为低酸性食品罐头杀菌时的另一试验对象菌，以此确定的杀菌工艺更加可靠。在低酸性食品罐头中，还存在耐热性更强的平酸菌（如嗜热脂肪芽孢杆菌）。

中酸性食品罐头中，曾出现过耐热性极强的解糖厌氧菌（如嗜热解糖梭状芽胞杆菌），它对杀菌的要求与低酸性食品罐头相同，因而其被归入低酸性食品罐头一类，统称为低酸性食品罐头。

（2）酸性食品罐头　在酸性食品中，污染严重的食品，某些微生物如酪酸菌和凝结芽孢杆菌在pH低达3.7时仍能生长，因此pH3.7就成为酸性和高酸性食品罐头的分界线。酸性食品罐头中，常见的微生物有巴氏固氮梭状芽孢杆菌等厌氧芽孢菌。

高酸性食品罐头中出现的主要微生物为耐热性较低的耐酸性细菌、酵母菌和霉菌；但需要指出的是，该类食品罐头中酶具有更强的耐热性，所以酶的钝化为其杀菌的主要问题。

（二）高温对微生物的影响

不同微生物对热的敏感性不同。凡在45℃的温度环境中进行生长活动的微生物称为嗜热微生物，与水产品有关的主要是芽孢杆菌和梭状芽胞杆菌属，其次是链球菌属和乳杆菌属。还有一些既能在低温环境生长又适应高温环境生长的微生物，称为兼性嗜热微生物。

1. 微生物的耐热性

微生物主要由细胞壁（表6-3）、细胞膜、核糖体、RNA、DNA、酶等组成。通过对嗜冷菌、嗜温菌和嗜热菌组织结构的比较，发现当温度超过微生物繁殖的上限温度并足以使微生物细胞内的蛋白质发生变性时，微生物即会出现死亡现象。这一机制与微生物的耐热机制和损伤恢复机制有关。

微生物受到外界刺激时，最初接受刺激的是细胞表层。由于微生物的种类不同会有差异，但一般从外到里分别为黏液层、细胞壁、细胞膜、细胞质组成，其组成成分和生命机理都对微生物的耐热性产生影响。

表 6－3 各种微生物细胞壁组成

微生物名称	细胞壁组成成分	细胞膜组成成分
霉菌	纤维素、壳质	
酵母菌	壳聚糖、甘露聚糖、蛋白质、微量的类脂	磷脂、复合蛋白体
细菌	黏肽、多糖类、磷脂、脂多糖、蛋白质	

经过研究试验，细胞的这些结构与微生物耐热性相关，还发现许多嗜热菌细胞中的酶更耐高温，这与酶的蛋白质结构和保护因素（如钙、多胺）相关。但一般认为，嗜热菌和中温性菌的耐热性，因 rRNA 中鸟嘌呤和胞嘧啶含量高所致，蛋白质的高次构造有助于耐热性的增强，而且表明核糖体的稳定性和发育高温度之间存在相关性。

微生物的耐热性因菌种、菌株及环境等条件的不同而有显著的差异。无芽孢细菌中，致死嗜热菌所需要的温度较高，保加利亚乳杆菌、胚芽乳杆菌、嗜热链球菌等嗜热乳酸菌在 70℃以上的高温条件下才能致死，水生栖热菌等繁殖的最高温度高达 80℃，因此要在高于此温度条件下才能将其致死。假单胞菌、黄杆菌等低温菌称为水生细菌，一般在更低的温度条件下就可致死。

无论是好氧性细菌还是厌氧性细菌，它们所产生的芽孢耐热性通常都强，通常以此作为致死芽孢的指标。但是，即使是产芽孢的细菌，其营养细胞的耐热性也远比芽孢弱得多，一般在高细胞浓度下，用 80℃的温度处理 10min 左右也可将其全部致死。

酵母菌和霉菌虽不致食品腐败，却能造成酸性食品、半干燥食品、浓缩食品及干燥食品变质的根源。酵母菌的耐热性较弱，历来都把 50～60℃看作其营养细胞的致死温度。低温型酵母菌（如雪腐假丝酵母）在 40℃的低温条件下，15min 就可致死。一般单纯系中，有孢子酵母的耐热性比无孢子的耐热性要强。酵母菌的子囊孢子比营养细胞的抗热性强。霉菌孢子比菌丝的抗热性强，但孢子也因其种类不同而有显著的差异。属于分生孢子对热敏感，在 50～60℃的温度下短时间就可以致死，而有性孢子则能耐受比这再高 20～40℃的高温。

2. 影响微生物耐热性的因素

微生物无论是在营养细胞间还是在营养细胞与芽孢间，其耐热性都有显著差异，就是在耐热性很强的细菌芽孢间，其耐热性也有很大幅度的变化。微生物的这种耐热特性，是由微生物复杂的化学性、生理性和形态方面性质综合表现的结果，其次与它所处的环境条件也是分不开的。下面将从加热前和加热中 2 个阶段分别来阐述影响微生物耐热性的因素。

（1）加热杀菌前初菌数因素的影响　水产罐头食品从原料进厂到装罐密封，不可避免地会遭受到各种微生物的污染。所污染的微生物的种类和数量与原料状况、运输条件、工厂卫生、生产操作工艺条件以及操作人员个人卫生等密切相关。

① 污染微生物的种类：食品中污染的微生物种类很多，微生物的种类不同，其耐热性有明显不同。即使同一种细菌，菌株不同，其耐热性也有较大差异。一般来说，非芽孢菌、霉菌、酵母菌以及芽孢菌的营养细胞的耐热性较低。营养细胞在70～80℃下加热，很短时间便可杀死。细菌芽孢的耐热性很强，其中又以嗜热菌的芽孢为最强，厌氧菌的芽孢次之，需氧菌芽孢最弱。同一种芽孢的耐热性又因热处理前的菌龄、生产条件等的不同而不同。酵母菌的耐热性比霉菌低。

② 污染微生物的数量：微生物的耐热性还与微生物的数量密切相关。杀菌前食品中所污染的初菌数越多，其耐热性越强，在同温度下所需的致死时间就越长，这与细菌的细胞分泌物含较多的类似蛋白质的保护物质有关。

③ 微生物生理状态：未加热前的微生物的耐热性主要与微生物细胞组成成分、细胞形态和菌龄等因素有关。一般处于稳定生长期的微生物营养细胞比处于对数期者耐热性更强，刚进入缓慢生长期的细胞也具有较高的耐热性，而进入对数期后，其耐热性将逐渐下降至最小。另外，成熟后的芽孢比未成熟的芽孢更为耐热。

（2）加热杀菌过程中环境条件因素的影响　罐头食品杀菌过程中，加热温度和时间是影响微生物受热死亡的主要因素，但与食品成分、水分和添加剂等也直接相关。这些因素综合作用的结果，决定了微生物的热力致死效果。

① 水分：水分活度或加热环境的相对湿度对微生物的耐热性有显著影响。微生物细胞中的含水量与周围环境相平衡后，微生物随着其细胞水分受到束缚而越发不易遭受热力损伤，但无论是在气相条件下还是在液相条件下，一旦超过某一临界值，其敏感性反而会增强。不过会因菌种、芽孢的形成条件和溶质等因素的影响而有变化。一般水分活度越低，微生物细胞的耐热性越强。

② 脂肪：脂肪的存在可以增强微生物的耐热性。一般认为它们能降低微生物蛋白质的水分含量或阻碍热的传导，从而对微生物具有保护作用。所以对于含油量高的罐头，如油浸鱼类罐头等，其杀菌温度应高一些或杀菌时间要长一些。如红烧鲭鱼罐头的杀菌条件为115℃，60min，而同罐型的油浸鲭鱼罐头的杀菌条件则为118℃，60min，杀菌温度提高了3℃。

③ 蛋白质：加热时水产品介质中如有蛋白质（包括明胶、血清等在内）存在，将对微生物具有保护作用。由于蛋白质分子之间和蛋白质与氨基酸之间相互结合，从而使微生物蛋白质产生了稳定性。比如将细菌芽孢放入pH6.9的1/15mol磷酸和1%～2%明胶的混合液中，其耐热性比没有明胶时的高2倍。因此，要达到同样的杀菌效果，蛋白质含量不同的水产品，含量高的要进行更大程度的热处理。

④ 碳水化合物：高浓度可溶性碳水化合物的存在对微生物细胞具有避免遭受热力伤害的保护作用。比如，糖的存在对微生物的耐热性有一定的影响，这种影响与糖的种类及浓度有关，蔗糖在浓度较低时，对微生物的耐热性影响很小，但浓度较高时，则会增强微生物的耐热性。高浓度的糖类能降低水产品的水分活度。

通过现有研究表明，糖类对受热细菌的保护作用由强到弱的顺序为：蔗糖 > 葡萄糖 > 果糖。

⑤ 盐类：盐类的存在对微生物受热力损伤有的具有保护作用，有的具有相反作用，其作用效果随盐的种类、浓度及菌种等因素的变化而有很大的差异。盐类对微生物可能产生的作用效果包括：不同的盐类对细胞内 pH 的影响不同；添加不同的盐浓度将细胞内外的渗透压调节得恰到好处，以减少一些重要成分在加热过程中漏出细胞外；NaCl、KCl 之类的盐，对蛋白质的水合作用影响效果明显，因此，可能对酶及其他重要蛋白质的稳定性产生影响；二价阳离子（如 Ca）与蛋白质结合生成稳定的复合体而有助于耐热性的增强；高浓度盐类的存在使水分活度降低，从而使细胞的耐热性增强，其原理与干燥作用相同。

食盐是盐类中最重要的一种盐，一般认为低浓度的食盐对微生物的耐热性有保护作用，高浓度的食盐对微生物的耐热性有削弱作用。这是因为低浓度食盐的渗透作用吸收了微生物细胞中的部分水分，使蛋白质凝固困难从而增强了微生物的耐热性。高浓度食盐的高渗透压造成微生物细胞中蛋白质大量脱水变性导致微生物死亡，而且食盐中的 Na^+、K^+、Ca^{2+} 和 Mg^{2+} 等金属将对微生物起保护作用离子对微生物有致毒作用，因此，高浓度的食盐有削弱微生物耐热性的作用。通常认为食盐浓度在 4% 以下时能增强微生物的耐热性，浓度为 4% 时对微生物耐热性的影响甚微，当浓度高于 10% 时，微生物的耐热性则随着盐浓度的增加而明显降低。

⑥ pH：酸碱度对微生物的繁殖、酶反应和热敏性等的影响均大。酸和碱能促使蛋白质的热变形，且细胞的表层构造、机能都会直接受到外界酸碱度的影响，并对各代谢系统都有明显的影响。食品的 pH 大致都在 2 ~ 7 之间，细菌一般在微酸性至中性范围内，其耐热性最强，且对热力的反应都十分稳定，超出这个范围，过酸或过碱都会削弱其耐热性。但真菌受 pH 的影响不稳定，比如在加工蔬菜及汤类水产品时，常添加柠檬酸、醋酸及乳酸等酸类，提高水产品的酸度，以降低杀菌温度和减少杀菌时间，从而保持水产品原有的品质和风味。

⑦ 其他：某些植物的汁液和其所分泌出的挥发性物质对微生物具有抑制和杀灭的作用，这种具有抑制和杀菌作用的物质称之为植物杀菌素。含有植物杀菌素的蔬菜和调味料很多，如番茄、辣椒、胡萝卜、芹菜、洋葱、大葱、萝卜、大黄、胡椒、丁香、茴香、芥籽和花椒等。如果在罐头食品杀菌前加入适量的具有杀菌素的蔬菜或调料，可以降低罐头食品中微生物的污染率，可以使杀菌条件适当降低。如葱烤鱼的杀菌条件就要比同规格清蒸鱼的低。

（3）水产罐头食品的传热对微生物耐热性影响　细菌的耐热性是细菌在一定温度下的死亡情况。但罐头在受热杀菌时，并不是整个罐头在一瞬间就能达到细菌的死亡温度，必须有一个传热过程。其基本过程是热量由蒸汽或热水传给罐头外壁表面，通过罐壁传到罐内食品，再传到罐头中心，随着加热杀菌时间的延长，罐头中心温度可达到规定的杀菌温度。

在罐头加热时，罐内各点的受热程度并不一样，温度上升最慢的一点被称为罐头的冷点。传热的好坏关系到罐头的杀菌效果。在同一条件下，传热效果好，罐头中冷点达到细菌开始死亡温度所需的时间就短，杀菌效果就好，所需要的杀菌时间就短。

（4）微生物耐热性的测定及表示方法

① 热力致死速率曲线：关于微生物耐热性最早的研究，是由美国的 W. D. Bigelow（1920）完成的，他首先使用“热致死时间”这一术语与完全杀灭一微生物菌落所需最短时间相联系。什么是热致死时间呢？已知在一恒定的温度下杀菌，活菌数的变化速率（dN/dt）是与存在的活菌数呈正比，也即微生物的热致死是服从一级反应规律的：

$$\frac{dN}{dt} = -KN$$

式中的 K 是反应速率常数。设在 $t=0$ 时，$N=N_0$，而在 $t=t$ 时，$N=N$，上式可以积分为：

$$\ln\left(\frac{N}{N_0}\right) = -Kt \text{ 或 } \lg\left(\frac{N}{N_0}\right) = \frac{-Kt}{2.303}$$

如令 $D=2.303/K$，上式可写为：

$$\lg\left(\frac{N}{N_0}\right) = \frac{-t}{D} \text{或 } \lg\left(\frac{N}{N_0}\right) = \frac{t}{D}$$

上式中的 D 即为热致死时间，是指在某一温度下，使活菌数减少 1 个数量级（如 100 降到 10）所需的时间。将残存活菌数的对数值对杀菌时间作图（见图 6-1），可得到线性关系。此图称为热力致死速率曲线，也称为热致死曲线的半对数图。由直线斜率倒数的负值可得到 D 值。D 值反映了微生物的耐热性，D 值越大，微生物的耐热性越强。

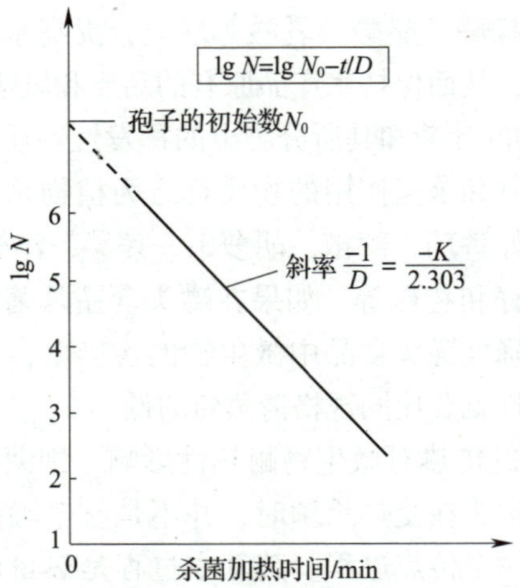

图 6-1　热力致死速率曲线

根据 D 值和罐头容器中微生物芽孢的初始数 N_0 可以计算欲将芽胞数减至一预期水平 N 所需加热过程的强度。例如，设嗜热脂肪芽胞杆菌的 $D_{121.1}$（在 121.1℃下使活菌数减少 1 个数量级所需的时间）为 5min，在罐头容器内芽孢数的初始值为 10000，现欲将芽孢数通过加热减至 1，则需减少 4 个数量级。故知在 121.1℃的杀菌温度下，需时 $4 \times D$，即 $4 \times 5\text{min} = 20\text{min}$ 才能完成。

显然，如果一个杀菌过程只是将孢子总数减到 1 是不合适的。最理想的是达到无菌，然而根据细菌孢子的对数死亡曲线可以认为这一目标是难以达到的。一个实际可行的办法是做到“商业无菌”，也就是通过对初始微生物充分地减菌，将单个微生物存活的几率降低到可接受的低水平。这“可接受的低水平”取决于设计的杀菌过程所欲杀灭的微生物种类。一般将肉毒梭状芽胞杆菌作为杀菌对象菌。因为封闭罐头的低氧条件特别适合其生长，并且它的代谢产物对人体十分有害，肉毒梭菌毒素中毒往往是危及生命的。这种细菌的芽胞十分耐热，并且在自然界分布甚广，包括海洋和淡水环境。因而它可能存在于包括鱼类的许多食品中。而对于这样危险的致病菌，一个“可接受的低水平”意味着其存活率必须小于 10^{-12}。如此，假设罐头中初始的微生物数是 1，则

$$n = \lg N_0/N = \lg 10^{12} = 12$$

$$F_0 = nD_0 = 12 \times 0.25\text{min} = 3\text{min}$$

式中 F_0——121.1℃下杀菌的时间；

D_0——121.1℃下微生物的热力致死时间，已知为 0.25min；

n——罐头微生物减少的数量级（由初始的 1 个活菌数降至 1 万亿分之一个活菌数，所以 n 为 12）。

② 热力致死时间曲线：用 D 值的对数值对加热温度作图（图 6－2），也可得到一线性关系，此曲线称为热力致死时间曲线。此曲线斜率的负倒数称为 Z 值，也即曲线的纵坐标致死时间改变一个对数循环时，对应横坐标的温度差。Z 值也反

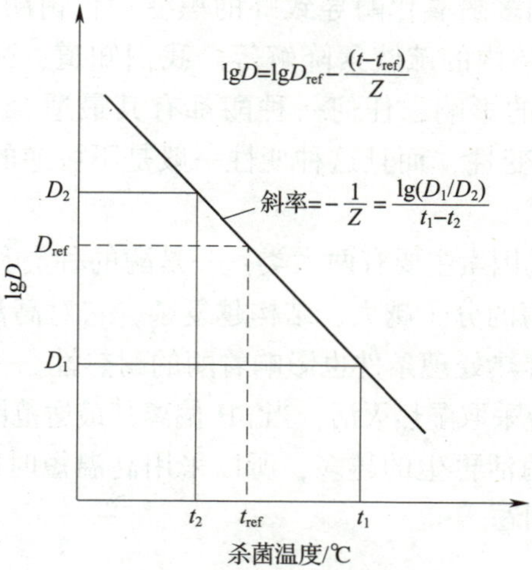

图 6－2 热力致死时间曲线

映微生物的耐热性，Z 值越大，微生物越难以杀灭。根据对不同菌株的肉毒芽孢杆菌的研究结果，得到它们的 Z 值在 8～10℃。

由图 6－2 可见，从任意 2 个 D 和对应的温度 t 的值，可由下式得到 Z 值：

$$\lg(D_1/D_2) = (t_2 - t_1)/Z$$

如以 D_{ref} 表示在一基准温度下测定的 D 值，则

$$\lg(D_{ref}/D) = (t - t_{ref})/Z$$

目前常用的基准温度为 121.1℃。比值 D_{ref}/D 称为致死率 L，它定量地表示在一定加热温度下微生物的失活率，也即将在基准温度下的杀菌效率作为 1 时，某温度下的杀菌效率值。致死率可由下式求得：

$$L = D_{ref}/D = 10^{(t-t_{ref})/Z}$$

例如对于低酸性食品，一般基准温度采用 121.1℃，杀菌对象菌为肉毒梭状芽孢杆菌，Z＝10℃，则

$$L = 10^{(t-121.1)/10}$$

如果杀菌温度正好为 121.1℃，L 的值为 1，当杀菌温度低于 121.1℃时，L 值小于 1，高于 121.1℃时，L 值大于 1。因此，L 也可理解为各个温度下杀菌效率值的换算系数。

致死率 L 的一个重要性质在于它的加和性，从而可能在所用加热温度范围对杀菌过程加以定量化。具体地讲，如将某杀菌过程各个温度下的致死率加和起来，便能得知该杀菌过程的总杀菌效率。

综上所述，微生物杀灭条件的测定是一个十分复杂的过程。计算出杀菌时间后，还要进行实罐试验、实罐接种杀菌试验、保温贮藏试验和生产线实罐试验等，最后才能确定一种罐头的杀菌条件。微生物测定条件的确定过程如图 6－3 所示。

（5）高温对酶的作用　水产品中含有众多的内源酶，它们也是引起水产品腐败变质的主要因素。如多酚氧化酶导致虾的黑变，蛋白酶引起虾、蟹肉组织软烂，硫胺素酶使得鱼体内的硫胺素降解等。我们知道，酶是一种生物催化剂，温度对酶反应有明显的影响，任何一种酶都有其最适合的作用温度。加热能够导致酶蛋白发生热变性，而且这种变性一般是不可逆的，从而使酶丧失生物活性。

影响酶的耐热性的因素主要有两大类：一是酶的种类和来源，另一是热处理的条件。一般来说，酶的分子越大、结构越复杂，它对高温加热就越敏感。pH、水分含量、加热速率等热处理条件也影响着酶的耐热性。一般水分含量越低，酶的耐热性越强，所以应采取湿热灭活；当 pH 偏离其最适范围，其耐热性降低；加热速率越快，加热后酶活再生的越多，所以采用高温短时的方法进行热处理时，应注意酶活力再生的问题。

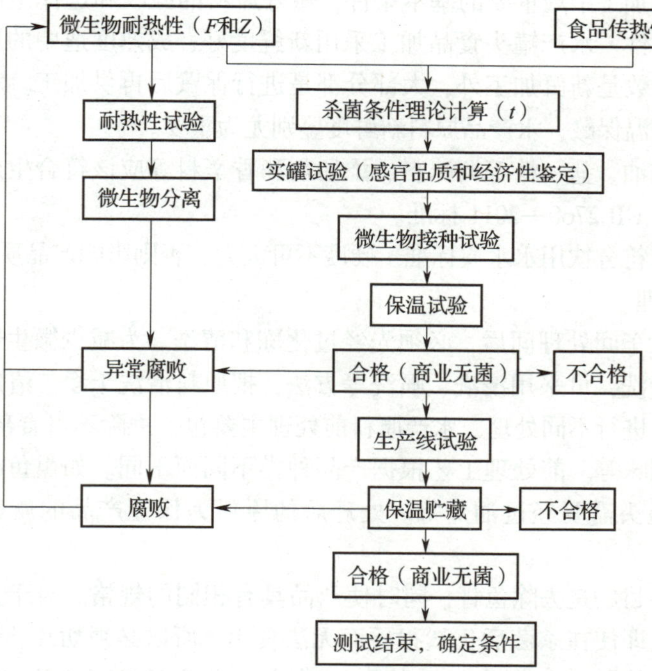

图6－3　微生物测定条件的确定过程

思考题 >>

1. 什么是水产罐头商业无菌？
2. 罐头食品有什么特点？
3. 简述水产罐头中都有哪些主要微生物。
4. 影响微生物耐热性的因素有哪些？
5. 水产罐头都有哪些传热方式？
6. 商业无菌和杀菌有什么区别？
7. 简述微生物耐热性的测定过程。

二、水产罐头生产技术

现在市场上的水产罐头主要有清蒸、茄汁、调味、油浸及软罐头等几类。由于水产品的原料和罐藏品种不同，除它们口味各异，各类罐藏水产品的生产工艺也有所不同，但基本生产工艺都是一样的。

水产罐头基本生产工艺流程可表示为：原料处理→装罐→（预脱水处理）→排气→密封→杀菌冷却→包装贮存。

（一）原料前处理

1. 水产罐头原料验收

原料是食品加工中最重要的基本条件，做好原料的验收和选择是保证水产罐头品质的先决条件。水产罐头食品加工采用新鲜度好、成熟度适中的原料。作为罐藏原料，除少数是新鲜加工外，大部分都是进行保藏后再供加工。水产品多采用冻结冷藏或低温保藏，水产品原料新鲜度鉴别尤为重要。

辅助材料如油、盐、糖等调味料、添加剂和香辛料等应该符合生产要求，具体质量要求符合 GB 2760—2011 标准。

加工用水应符合饮用水水质标准，硬度不可太大，否则影响产品质量。

2. 原料处理

原料在进入车间处理间后，必须先经过化冻和清洗。为减少微生物污染，须用流动水进行清洗，可采用浸洗、喷洗等方法，把原料清洗干净。清洗后的原料根据产品要求，进行不同处理，水产原料前处理主要包括去除不可食部分、切片、切段、脱水、调味等。前处理工艺根据产品种类不同而不同。如熏鱼罐头需要经过烟熏、炸鱼罐头需要经过油炸等。处理后的原料为保证产品的质量规格的一致性。

切片的主要目的是去除鱼骨，同时使产品具有相同的规格。对于大多数鱼来说，它们的骨头即使在杀菌后仍然很硬而无法食用，所以必须切片。切片容易破坏鱼肉的结构，使鱼在杀菌操作中破碎，尤其是油脂含量较高的鱼。所以，有时切片操作可在预脱水操作之后进行，因为经过预脱水操作后，鱼肉会变得坚硬一些。而对于沙丁鱼、鲑鱼等鱼类，由于它们的骨头在杀菌后会变软，可以食用，所以它们不需要切片操作。

水产品含有大量的水分，它们会在杀菌操作中流出来，并在溶液中形成凝乳状的蛋白质溶出物，严重影响产品的感官性质，所以应在杀菌操作前进行预脱水处理。预脱水的方法主要有蒸煮、油炸、盐腌、烟熏等。其中蒸煮方法一般较少使用，因为水产罐头在杀菌中经常会蒸煮过度。

油炸、盐腌、烟熏三种方法不但能够使蛋白质发生变性而达到脱水的目的，更能改善水产品的感官性质，赋予水产品特有的风味。盐腌还可以作为油炸、烟熏的前序步骤。盐腌可以采取湿腌和干腌两种方法。湿腌就是在盐水中腌制，这种方法去除的水分较少，有时还会因为鱼体吸收盐分而增重，然而这种方法能使溶解的肌浆蛋白在湿腌后的水分蒸发中转移到鱼体表面，形成表面发亮的吸引人的外观，盐水还能带走一些色素物质及不良风味物质。干腌脱水的速度比湿腌快得多，一般以“段”或“块”的形式装罐的大鱼可采用干腌方法。

烟熏过程中发生的干燥脱水也会使蛋白质变性凝固，使得在后续的杀菌中汁液基本不会渗出来。烟熏工艺给鱼尤其是多脂鱼带来丰富的风味。脂肪含量低的鱼在烟熏中易失去更多的水分，这会导致鱼肉在杀菌后变老变韧。对于大西洋幼鲱和黍鲱来说，烟熏还能使它们的表皮收紧，防止杀菌时粘在罐壁上。

本例中清蒸鲑鱼罐头的前处理工艺如下：

选用新鲜的鲑鱼作原料，用清水充分洗去鱼体表面的污物、黏液，去头、内脏、鱼子，将腹腔内膜、血污等充分洗净后，按照罐高切成段，根据原料的形状分级，然后浸泡在饱和食盐水中10min。整个操作过程应在室温10℃以下进行。浸泡结束后将鱼体捞出迅速加热使鱼肉蛋白凝固。盐水浸泡和加热操作能够防止杀菌中汤汁混浊和粘罐的现象。

（二）装罐

1. 罐藏容器的准备

水产品装罐前，要根据水产品种类、加工方法及产品具体要求选择适当的罐藏容器。由于罐藏容器中附着有微生物、油脂、污物和残留的焊药水等，因此在装罐前必须对容器进行清洗和消毒。目前，大中型企业均采用机械方法，通过喷射蒸汽或热水来清洗。

（1）马口铁罐的清洗与消毒　马口铁空罐在制作过程中，其罐内和外壁容易污染，有时罐内会附着焊锡药水、锡珠、油污等残留物，影响容器卫生，清洗就不可避免。马口铁空罐清洗，小型企业大多采用人工操作，即将空罐放在沸水中浸泡0.5～1min，取出后倒置放入控水框中沥干水。多数企业采用机械清洗，目前企业中常用的有转盘式洗罐机和直线型喷淋式洗罐机等。基本原理是先用热水冲洗空罐，然后用蒸汽喷射进行消毒。

（2）玻璃罐的清洗和消毒　一般采用热水浸泡和刷洗相结合的方式。尤其对回收的旧玻璃瓶，由于罐壁上常附着油脂和残存的水产品碎屑等，清洗前要用2%～5%的氢氧化钠溶液在40～50℃浸泡5～10min，先除去污染物再进行清洗。目前常用的玻璃罐清洗机，清洗分为2个阶段：第一清洗区阶段用碱水喷淋，进入第二清洗区阶段用热水冲洗，基本达到清洁要求。如采用新罐，可不用碱水喷淋。

2. 水产品装罐

（1）装罐工艺要求　经过预处理的水产品原料应尽快装罐。装罐应该注意以下几点：称量准确，净重和固形物达到要求；合理分级与搭配，使内容物大小、色泽、形态等基本一致，排列整齐；装罐要迅速，趁热装罐；严防异物混入；留出合理的顶隙度，一般6～8mm。所谓顶隙度是指罐内食品的表面与罐盖内表面之间的空隙。顶隙度的大小影响到罐头的真空度、卷边的密封性、是否发生假胖听（非微生物因素引起的罐头膨胀）或瘪罐、金属罐内壁的腐蚀以及食品的变色、变质等。若顶隙过小，在加热杀菌时由于罐内食品、气体的膨胀造成罐内压力增加而使容器变形、卷边松弛，甚至产生罐身接缝爆裂、跳盖（玻璃瓶盖与瓶脱离）现象，同时内容物装得过多还造成原料的浪费；若顶隙度过大，杀菌冷却后罐头外压大大高于罐内压，易造成瘪罐。此外，顶隙度过大，在排气不充分的情况下，罐内残留气体较多，将促进罐内壁的腐蚀和产品的氧化变色、变质，因而装罐时必须留有适度的顶隙。某些对顶隙有特殊要求的罐头产品，应按具体要求执行。

但有些产品（如鱼糜罐头制品等），基本上不留顶隙度。这是为防止罐内存在空气而引起产品表面氧化变色。

（2）装罐的方法　根据原料的性质、形状和产品的要求，装罐可分为人工装罐和机械装罐 2 种。

① 人工装罐：水产罐头由于原料形状、大小、装罐条数等不同要求，一般采取人工装罐方法，这也便于分级和搭配。

② 机械装罐：对于一些均一性的食物，如鱼浆状内容物的罐头则可采取机械装罐方法。

（3）预脱水　由于水产品中含有盐溶性蛋白，在经过高温杀菌变性后，呈絮状凝集在罐壁或汤汁中，造成产品质量降低。为使产品质量提高，通常采用加入 1% 浓度的盐水，经过加热处理后，利用自动翻罐机，将盐水倒掉，再进行下一步的操作。通常清汤类，生装产品必须经过预脱水处理。脱水后装罐的产品本步骤不必再做。

（4）加汤汁　有的罐头如清蒸类、油浸类罐头要加汤汁，则可采取人工用瓢添加和自动管道输送添加 2 种注液方法。

（三）罐头排气

排气是罐头封口前的关键步骤，罐头内真空度的大小，直接关系到罐头杀菌的效果。部分罐头产品在排气前要先进行预封。

1. 预封

预封是水产品装罐后用封罐机的滚轮将罐盖的盖钩卷入罐身翻边下面相互钩连，钩连的松紧程度以能动但不脱落为准，还未完全密封，以便排气时气体能自由地从罐内逸出。

预封的目的：防止异物掉入罐头内；防止罐头排气后封口前温度下降快，从而提高罐头的真空度。

2. 排气

排气是通过加热使原料中的空气和顶隙度中含有的空气在封口前尽可能地排出罐外，从而在封口后罐内会形成一定的真空度的过程。

（1）排气的目的

① 阻止需氧菌及霉菌的发育生长；

② 防止或减轻因加热杀菌时空气膨胀而使容器变形或破损；

③ 控制或减轻罐头食品贮藏中出现的罐内壁腐蚀；

④ 避免或减轻食品色、香、味的变化；

⑤ 避免维生素和其他营养素遭受破坏；

⑥ 有助于避免将假胀罐误认为腐败变质性胀罐；

⑦ 有利于罐内温度达到均衡，有利于杀菌效果。

（2）排气方法　常见的罐头排气方法主要有 3 种：加热排气法、真空封罐排气法和蒸汽喷射排气法。其中加热排气是应用最早、使用最普遍的方法；真空封罐排气法和蒸汽喷射排气法是近几年发展很快的 2 种方法，在操作性和产品的实用性上，真空封罐排气法应用前景更好。

① 加热排气法：将装好的水产罐头（预封或未预封）通过蒸汽或热水加热，或将水产品在热加工后趁热装罐，利用罐内的内容物受热膨胀及水蒸气的作用，将罐内的空气排出的过程。加热排气法有 2 种形式：热装排气法和外源热源加热排气法。

a. 热装排气法：将热加工的原料及配制的汤汁，在温度较高时趁热直接装罐，并立即进行封口。这一排气法适用于流体类或半流体类水产食品。对于带汤汁的水产食品，水产品经过预先热处理的，也可直接将汤汁在高温下直接装罐封口。

b. 外源热源加热排气法：水产品装罐后，将罐头在 95℃热水中，通过链带式热水排气槽或是将罐头送入排气箱，排气 30min，排气时要求罐内中心温度达到 80℃以上。目前，国内普遍使用的是蒸汽加热排气设备，最常用的是连续式排气箱，分为齿盘式或链带式 2 种，为配合封口机普遍采用链带式连续式排气箱。

② 真空封罐排气法：真空封罐排气法是利用专门的真空封罐机，在真空室内，排气、密封瞬间一步完成的方法。真空密封室真空度一般为 48 ± 4kPa。这是罐头排气首选的方法。真空封罐排气法优点是速度快，排气/密封一步完成，便于大规模生产，不用加热，节省能源，特别对那些鱼肉固态食品适用。缺点是设备贵，不容易排除组织内的气体，对于汤汁较多的罐头真空封罐时容易在密封室内出现汁液外溅现象。

有时将热力排气法和真空封罐排气法 2 种方法结合起来使用，先加点热，再真空封罐排气，这样效果较好，而且要求的温度和真空度都要小一些。

③ 蒸汽喷射排气法：利用持续喷射蒸汽到水产罐头顶隙，赶走顶隙内的空气后立即封口，依靠顶隙内水蒸气冷凝来获得真空度的方法。这种排气法易带入异物，且对多骨产品不适用。

（四）罐头密封

水产罐头的密封又称封罐，即为了防止外界空气和微生物和罐内水产食品接触，采用封罐机将罐身和罐盖的边缘紧密卷合，这即为罐头的密封。密封后的水产罐头内部的水产品与外界隔绝，不再受外界微生物的影响。

由于罐头容器不同，罐头密封方法也不同。

1. 金属罐的密封

排气结束后应该立即进行密封，这样能获得理想的真空度。罐头密封是由封罐机完成的，下面以镀锡板罐的二重卷边为例介绍罐头的密封过程。封罐机将罐身的翻边部分（身钩）和罐盖的钩边部分（盖钩），并包括密封垫，进行牢固而紧密的卷合，形成二重卷边。二重卷边是金属罐藏容器的一种封口结构，由 5 层板材组成，其中盖钩3层，身钩2层，这种二重卷边结构对于容器有着良好的封口作用，完善的致密性能，从而保证罐头食品的罐藏效果。

封罐机虽然型式很多，但它们都有共同的工作部件，如压头、托底板、一对头道辊轮和一对二道辊轮（图6-4）。

压头的主要作用是固定罐身与罐盖的位置，使辊轮卷边压紧时，罐身处于固定位置。托底板是搁置罐身用的，与压头配合使罐身和罐盖的配合形成一定的压力，在辊轮进行卷边作业时，罐身和罐盖始终固定不变。

辊轮分为头道辊轮和二道辊轮，其外形轮廓和尺寸基本一致，仅在辊轮槽形部位，因其作用不同而不同（图6-5）。头道辊轮的槽形曲线狭而深，其主要作用是使罐盖的盖钩逐步向下弯曲到罐身翻边，进而连同罐身翻边一起进行卷曲使之相互钩合，使二重卷边基本定型。二道辊轮的槽形，相对头道辊轮而言宽而浅，其作用是把已初步定型的二重卷边压扁、压紧。

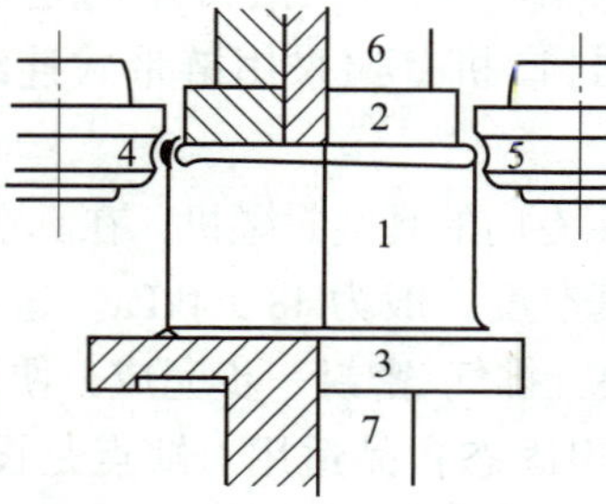

图6-4 封罐机结构示意图

1—圆罐 2—压头 3—托底板 4—头道辊轮 5—二道辊轮 6—压头主轴 7—转动轴

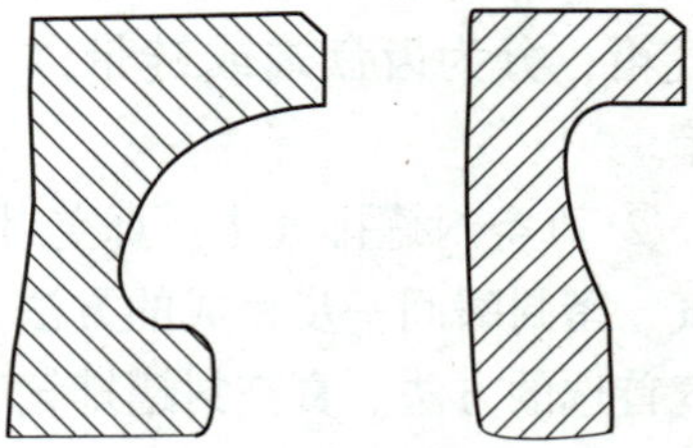

(1) 头道辊轮 (2) 二道辊轮

图6-5 辊轮压槽示意图

二重卷边的形成过程（图6-6），就是辊轮沟槽与罐盖接触造成卷曲推压的过程。当罐身和罐盖同时进入封罐机内封口作业位置后，压头在托底板的配合作用下，共同将罐身及罐盖夹住，罐盖被固定在罐身筒的翻边上，封口压头套入罐盖的肩胛底内径，然后先是一对头道辊轮做径向推进，逐渐将盖钩滚压至身钩下面，同时盖钩和身钩逐步弯曲，二者逐步相互钩合，形成双重的钩边，使二重卷边基本

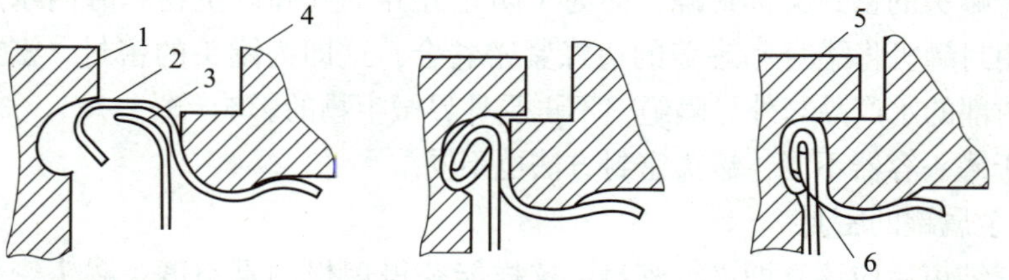

(1) 卷边开始前的状态 (2) 头道卷边完成时的卷边状态 (3) 二道卷边完成时的二重卷边

图6-6 二重卷边形成过程

1—头道辊轮 2—盖 3—罐身 4—压头 5—二道辊轮 6—胶膜

定型。头道辊轮离去并缩进后不再接触罐盖，紧接着由一对二道辊轮进行第二次卷边作业。二道辊轮的沟槽部分进入并与罐盖的边缘接触，随着二道辊轮的推压作用，盖钩和身钩进一步弯曲，进一步钩合，最后紧密钩合，完全定型，形成5层板材的二重卷边。卷边作业的同时，使盖钩内的密封胶紧紧地卷在二重卷边缝隙中，从而加强二重卷边的密封效果。

2. 玻璃罐的密封

玻璃罐的密封方法有三种，下面简单介绍。

（1）封卷式玻璃罐　利用封口机辊轮（一般为3道辊轮）的推压作用，将金属盖的边缘压扣在玻璃瓶瓶口的边缘，在胶圈共同作用下，达到密封目的。

（2）螺旋式玻璃罐　依靠罐盖的盖爪和罐口凸出螺纹的抓扣作用，在密封填圈的共同作用下获得良好的密封型。旋转式密封法有三旋、四旋、六旋和全螺旋式密封阀等。

（3）套压式玻璃罐　依靠预先嵌在罐盖边缘上的密封胶圈，由压盖机紧压在罐口凸缘线的下缘而得到密封。

（五）罐头杀菌

1. 罐头杀菌目的

罐头杀菌的目的是为了将罐头中残存的微生物杀灭，使罐头能有较长的货架期。罐头食品的杀菌与医疗卫生、微生物学研究领域的杀菌有本质区别，后者要求绝对无菌，即将所有微生物杀死；而罐头杀菌并非要求绝对无菌，只要求不允许有上述有害微生物存在，但允许罐内残存某些微生物或芽孢。这些微生物或芽孢在罐内特殊的环境（如真空状态、pH等）下，正处在休眠状态，在通常的商品流通及贮藏过程中不能生长繁殖，不会引起食品腐败变质或因致病菌的活动而影响人体健康，达到这种标准的杀菌程度称为“商业无菌”。

2. 水产罐头杀菌公式

罐头杀菌过程经过三个阶段：首先经过升温阶段，时间为τ_1，达到预定杀菌温度t；再经过恒温杀菌阶段，时间为τ_2；最后进行降温冷却阶段，时间为τ_3；对于高温杀菌的罐头，有的需要通入压缩空气反压P冷却。以上参数时间、温度、反压即为杀菌的工艺条件。通常排列成公式的形式，因此也称为杀菌公式，又称杀菌规程。

$$\frac{\tau_1-\tau_2-\tau_3}{t}P$$

式中τ_1一般为10min左右，τ_3一般为10~20min。快一些为好，即快速升温和快速降温，有利于保持食品的色、香、味、形和营养价值。杀菌工艺主要就是要确定τ_2和t，要求在防止腐败的前提下尽量缩短杀菌时间。本例中清蒸鲑鱼罐头的杀菌公式为：

$$\frac{5'-80'-15'\text{min}}{105.2℃}$$

从公式可以看出，水产罐头食品的杀菌操作过程可以分为升温阶段、恒温阶段和降温阶段。

升温阶段是将杀菌锅内冷点温度提高到杀菌温度。

恒温阶段保持杀菌锅内温度不变。杀菌锅内温度升高到杀菌温度，并不表示罐头内部温度也达到杀菌温度，在初期罐头中心温度仍将继续上升。现代化杀菌设备的使用，恒温阶段的杀菌根据微生物的耐热性，可以分不同的温度段进行阶段杀菌，这称为调理式杀菌，这种杀菌方法大大改善了罐头食品的品质。

降温阶段停止加热杀菌并用冷却水冷却，最终达到中心温度在30℃以下。

影响罐头杀菌的因素很多，但主要应该考虑罐头中微生物的耐热情况和热传递情况。由于水产罐头大多数是低酸性罐头，所以杀菌对象菌是嗜热菌，应该采取高温高压杀菌。热传递情况主要和水产品的物理性质、罐头包装容器的种类、水产品的初温、终温以及杀菌温度、杀菌锅的形式等因素有关，所以需注意的是杀菌公式中的温度指的是罐头中心点的温度。

罐头加热时的传热方式主要是传导和对流两种。传热的方式不同，罐内热交换速度最慢一点（常称其为冷点）的位置就不同。传导传热的罐头的冷点在罐头的几何中心，对流传热的罐头的冷点在罐头中心轴上离罐底20~40mm处。对流传热的速度比传导传热快，冷点温度的变化也较快，因此加热杀菌需要的时间较短；传导传热速度较慢，冷点温度的变化也慢，故需要较长的热杀菌时间。

此外罐壁越薄、热导率越大、罐藏容器表面积越大、罐内食品初温越高，罐头传热速度越快，杀菌速度也越快。

3. 水产罐头的杀菌方法

罐头加热杀菌的方法很多，根据其原料品种的不同、包装容器的不同等采用不同的杀菌方法。根据各种水产品对温度的要求分为常压杀菌（杀菌温度不超过100℃）、高压杀菌（杀菌温度高于100℃而低于125℃）和超高温杀菌（杀菌温度在125℃以上）三大类；根据生产过程又可分为静止间歇式杀菌和连续杀菌2种。水产罐头由于pH一般大于4.5，所以应采取高温高压杀菌技术。

（1）静止间歇式高压蒸汽杀菌　大多数低酸性金属罐头常采用高压蒸汽杀菌。其主要杀菌设备为静止高压杀菌锅，通常是批量式操作，并以不搅动的立式或卧式密闭高压容器进行。这种高压容器一般用厚度为6.5mm以上的钢板制成，其耐压程度至少能达到0.196MPa。

合理的杀菌装置是保证杀菌操作完善的必要条件。对于高压蒸汽杀菌来说，蒸汽供应量应足以使杀菌锅在一定的时间内加热到杀菌温度，并使锅内热分布均匀；空气的排放量应该保证在杀菌锅加热到杀菌温度时能将锅内的空气全部排放干净；在杀菌锅内冷却罐头时，冷却水的供应量应足以使罐头在一定时间内获得均匀而又充分的冷却（图6-7和图6-8）。

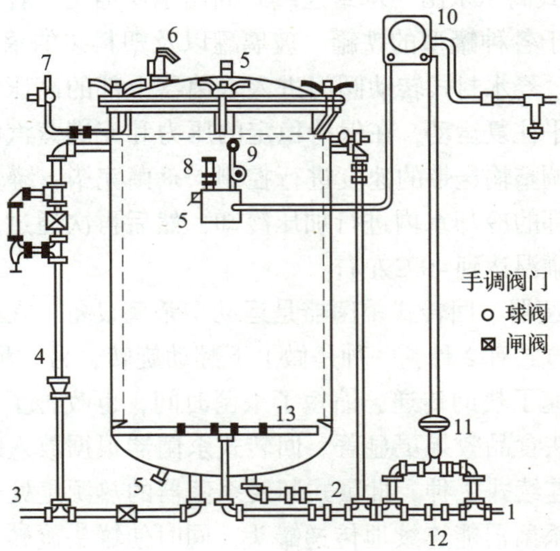

图6-7　立式高压蒸汽杀菌锅

1—蒸汽管　2—水管　3—排水管　4—溢流管　5—排阀　6—安全阀
7—压缩空气管　8—温度计　9—压力表　10—温度记录控制仪
11—自动蒸汽控制阀　12—支管　13—蒸汽散布管

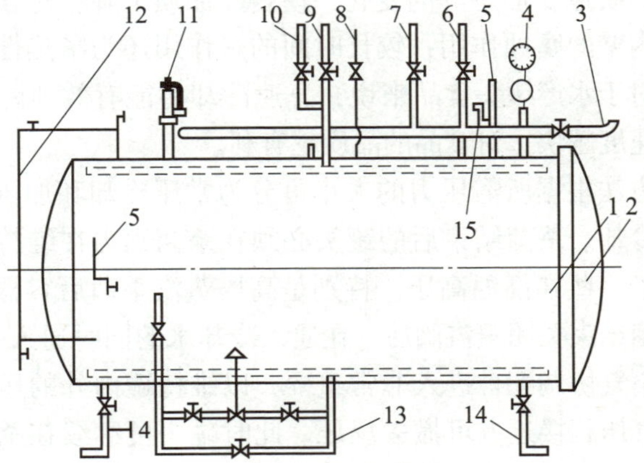

图6-8　卧式高压蒸汽杀菌锅

1—锅体　2—锅门　3—溢流管　4—压力表　5—温度计　6—回水管
7—排气管　8—压缩空气管　9—冷水管　10—热水管　11—安全阀
12—水位表　13—蒸汽管　14—排水管　15—重气阀

（2）静止间歇式高压水浴杀菌　高压水浴杀菌就是将罐头投入水中进行加压杀菌。一般低酸性大直径罐、扁形罐和玻璃罐常采用此法，因为用此法较易平衡罐内外压力，可防止罐头的变形、跳盖，从而保证产品质量。高压水浴杀菌的主要设备也是高压杀菌锅，其形式虽相似，但它们的装置、方法和操作却有所不同。

（3）水封连续式高压杀菌　水封连续式高压杀菌器是一种旋转和冷却联合进行的装置，可以用于各种罐型的铁罐、玻璃罐以及塑料袋的杀菌。杀菌时，罐头由链式输送带送入，经水封式转动阀门进入杀菌器上部的高压蒸汽杀菌室内，然后在该杀菌室内水平往复运动，在保持稳定的压力和充满蒸汽的环境中杀菌。杀菌时间可根据要求调整输送带的速度进行控制。杀菌完毕，罐头经分隔板上的转移孔进入杀菌锅底部的冷却水内进行加压冷却，然后再次通过水封式转动阀门送往常压冷却，直至罐温达到40℃左右。

（4）回转式杀菌器　回转式杀菌器是运动型杀菌设备，在杀菌过程中罐头不断地转动，转动的方式有2种：一种是做上下翻动旋转，另一种是做滚动式转动。罐内食品的转动加速了热的传递，缩短了杀菌时间，也改善了食品的品质，特别是以对流为主的罐头食品效果更显著。回转式杀菌器根据放入罐头的连续程度不同可分为批量式和连续式2种。批量式回转杀菌器的热源是处于高压下的蒸汽或水。连续式回转式杀菌器能连续地传递罐头，同时使罐头旋转，适合于多种液态食品的杀菌，属于较先进的杀菌装置。

（六）罐头冷却

罐头加热杀菌结束后应迅速进行冷却，因为热杀菌结束后的罐内食品仍处于高温状态，仍然受着热的作用，如不立即冷却，罐内食品会因长时间的热作用而造成色泽、风味、质地及形态等的变化，使食品品质下降；对含酸高的水产罐头来说还会加速罐内壁的腐蚀作用；较长时间的热作用还为嗜热性微生物的生长繁殖创造了条件。对于水产罐头食品来说，急速冷却将能有效地防止磷酸铵镁结晶的产生。冷却的速度越快，对食品的品质越有利。

罐头冷却的方法根据所需压力的大小可分为常压冷却和加压冷却2种。加压冷却也就是反压冷却。杀菌结束后的罐头必须在杀菌锅内在维持一定压力的情况下冷却，主要用于一些在高温高压，特别是高压蒸汽杀菌后容器易变形、损坏的罐头。通常是杀菌结束关闭蒸汽阀后，在通入冷却水的同时通入一定的压缩空气，对冷却水和压缩空气协调配合进入非常重要，以维持罐内外的压力平衡，直至罐内压力和外界大气压相接近方可撤去反压。此时罐头可继续在杀菌锅冷却，也可从锅中取出在冷却池中进一步冷却。

常压冷却主要用于常压杀菌的罐头和部分高压杀菌的罐头。罐头可在杀菌锅内冷却，也可在冷却池中冷却，可以泡在流动的冷却水中浸冷，也可采用喷淋冷却。喷淋冷却效果较好，因为喷淋冷却的水滴遇到高温的罐头时受热而汽化，所需的汽化潜热使罐头内容物的热量很快散失。罐头除了用冷却水进行冷却外，还可用空气冷却，但速度慢，除特殊要求外，一般不用空气冷却法。

罐头冷却所需要的时间随食品的种类、罐头大小、杀菌温度、冷却水温等因素而异。但无论采用什么方法，罐头不须冷透，一般要求冷却到38~40℃，以不烫手为宜。此时罐头尚有一定的余热，以蒸发罐头表面的水膜，防止罐头生锈。

用水冷却罐头时，要特别注意水的卫生。因为罐头食品在生产过程中难免受到碰撞和摩擦，有时在罐身卷边和接缝处会产生肉眼看不见的缺陷，这种罐头在冷却时因食品内容物收缩，罐内压力降低，逐渐形成真空，此时冷却水就会在罐内外压差的作用下进入罐内，并因冷却水质差而引起罐头腐败变质。一般要求冷却用水必须符合饮用水标准，必要时可进行氯化处理（加漂白粉消毒），处理后的冷却用水的游离氯含量控制在3~5mg/kg，漂白粉使用量一般在0.1%以下。

（七）罐头的检验、包装和储运

1. 罐头的检验

（1）水产品罐头检验指标及标准　水产品罐头的检验包括内容物和容器外观的检查。一般方法可按照有关国家标准或目标国标准。如国内销售产品可按照《QB/T 3599—1999 罐头食品的感官检验》、《QB/T 1006—1990 罐头食品检验规则》、《SN/T 0400.1—2005 进出口罐头食品检验规程》进行。具体到某种产品，可参见对应的现行标准。

（2）水产品罐头商业无菌的检验　罐头在入库前，通常都进行保温处理：温度（37±2）℃、时间15d，从而挑拣出不合格的产品。由于对罐头色泽和风味的要求，保温已经不适合现在产品生产，代之以商业无菌检测法，具体方法参阅《GB 4789.26—2013　食品安全国家标准　食品微生物学检验》。

2. 水产品罐头的包装和储运

罐头的包装主要是贴标签、装箱等，目前大中型企业多采用机械化进行包装。储藏主要有散装堆放和有包装堆放，无论哪种都必须符合防潮、防冻等指标。相对湿度控制在75%以下。具体包装和储运要求见标准ZBX70005—1989《罐头食品包装、标志、运输和贮存》。

思考题 >>

1. 水产罐头的生产过程包括哪些工艺过程？
2. 什么是罐头的排气？其目的是什么？
3. 罐藏的容器有哪些种？它们是如何密封的？
4. 罐头杀菌的目的是什么？杀菌公式如何表示？

三、常见水产罐头食品加工及质量控制

参照《GB 10784—2006　罐头食品分类》，水产类罐头按加工及调味方法不同，分成下列种类：清蒸类水产罐头、调味类水产罐头、油浸（熏制）类水产罐头。下面举例介绍3类罐头的加工及质量控制。

（一）清蒸类水产罐头

清蒸类水产罐头也叫原汁罐头，其特点是保持原料特有的风味、色泽。它以

鲜度良好的水产品为原料，经过必要的前处理，以生鲜状态或经预热处理后装罐，调味品只加少量的盐、糖、解腥辅料等，然后排气、密封、杀菌而制成。一般脂肪多、水分少、新鲜肥满、肉质坚密的鱼类，如海鳗、鲐鱼、鲳鱼、马鲛鱼、金枪鱼、鲑鱼以及墨鱼、蛤蜊、牡蛎、虾、蟹等都可作为清蒸类罐头的原料。清蒸类罐头要求特别注意原料的鲜度以及适当的杀菌条件，以求尽量体现和保持水产原料特有的风味和色泽。

清蒸罐头主要产品有清蒸鲑鱼、原汁鲱鱼、盐水金枪鱼、清蒸墨鱼、清蒸对虾、清蒸蟹肉、原汁鲍鱼、原汁文蛤等。对于清蒸鱼罐头的质量要求是：具有新鲜鱼的光泽，略带淡黄色；具有清蒸鱼罐头正常的滋味和气味，无异味；肉质柔嫩，鱼块不碎散等。

1. 清蒸墨鱼罐头

（1）工艺流程

原料验收及处理→预煮、冷却、修整→装罐→排气→密封→杀菌冷却

（2）操作要点

① 原料验收及处理：要求以新鲜的冰鲜或冷冻墨鱼为原料，用清水洗净体表的墨汁与污物，去头、去内脏及海螵蛸，注意不要弄破墨囊，防止墨汁外流，清水洗干净。

② 预煮、冷却、修整：先在清水中煮沸 5min，使其肌浆蛋白及表面的肉屑、黑膜加热凝固，放入流动清水中冷却，并在清水中修整，除尽黑膜、肉屑等杂质；然后在 4% 食盐水中二次预煮 10min，再以清水冷却，以脱去部分水分。

③ 装罐：装罐时要求合理搭配，整齐美观，可以注入热汤汁。

④ 排气：加热至中心温度 85℃以上，排气 25 ~ 30min。

⑤ 杀菌冷却：860g 罐头杀菌公式为：10′ - 40′ - 15′min/116℃，然后冷却到 40℃左右。

2. 清蒸蟹肉罐头

（1）工艺流程

原料验收及处理→蒸煮、采肉、浸酸→装罐→排气→密封→杀菌冷却

（2）操作要点

① 原料验收及处理：选用活蟹，用水洗净泥沙，掀去蟹盖，用不锈钢小刀除去浮鳃、嘴脐、蟹黄等，逐只刷洗表面污物，将蟹足、蟹身及螯分开，用水漂洗干净。

② 蒸煮、采肉、浸酸：将蟹身、螯等旺火蒸煮 20min，自然冷却，使蟹肉蛋白凝固，并脱去部分水分（脱水率 35%），便于下步采肉操作。

采肉时要力求蟹肉完整，然后将蟹身肉和螯肉分开浸于 0.2% 柠檬酸液中，蟹肉与溶液比例为 1:2，浸泡 15min，清水漂洗，沥干。浸泡液要每次更新，浸泡增重以 10% ~12% 为宜。浸酸的目的是为了防止蟹肉产生青斑。

③ 装罐：装罐时要求蟹身肉、螯肉合理搭配，整齐美观。为防止蟹肉变色，应该采用抗硫涂料罐。装罐时加入适量食盐和糖。

④ 排气：加热至中心温度95℃以上，排气30~35min，趁热密封。

⑤ 杀菌冷却：854g罐头杀菌公式为：15′-70′-15′min/110℃，然后冷却到40℃左右。

（二）调味类水产罐头

调味类水产罐头是以鱼类等水产品为原料，在生鲜状态或经蒸煮脱水后装罐，加调味液后密封杀菌而制成的一类水产罐头。其特点是注重调味液的配方及烹饪技术，使产品各具独特风味。调味罐头有红烧、五香、茄汁、咖喱、葱烤、鲜炸、酱油、豆豉等多种品种，体现了我国烹饪技术的传统特点。日本调味罐头的调味液以酱油、豆瓣酱、砂糖为主体。我国典型的调味类水产罐头品种有五香类和茄汁类鱼罐头。

1. 茄汁类水产罐头

茄汁类水产罐头是以鱼类等水产品为原料，初步加工后，经脱水后装罐并加注茄汁，然后经加热排气、密封、杀菌等过程制成的一类罐头。脱水的方法有蒸煮、盐渍、油炸等。茄汁类水产罐头兼具鱼肉及茄汁的风味，并在贮藏中成熟，色、香、味俱佳，是国际流行产品。茄汁配制主要用料为番茄酱、砂糖、精盐、植物油、味精等。茄汁类水产罐头的主要原料是沙丁鱼及体型小、脂肪含量低的鱼类。茄汁鱼罐头的一般质量要求是：肉色正常，茄汁为橙红色，鱼皮呈自然色泽；茄汁风味浓郁，咸淡适中，无异味；组织紧密适度，块形完整不散碎，大小均匀，鱼块竖装排列整齐。下面介绍典型的茄汁沙丁鱼罐头生产工艺。

（1）工艺流程

原料验收及处理→盐渍→蒸煮脱水→装罐→排气→密封→杀菌冷却

（2）操作要点

① 原料验收及处理：选用新鲜或冷冻的体长为10~21cm的沙丁鱼，去除鳞、鳍、头和内脏，用清水洗净腹腔内血污，沥干。

② 盐渍：盐水浓度为10%~15%，鱼体与盐水之比为1:1，盐渍时间10min。

③ 蒸煮脱水：90~95℃，蒸煮30~40min，脱水率控制在20%左右为宜。

④ 装罐、加茄汁：趁热装罐，加注热茄汁。

茄汁配方为：20%番茄酱42份，砂糖10份，精盐1.2份，味精0.3份，精制植物油15份，冰醋酸0.08份，清水31份，油炸洋葱1份。

⑤ 加热排气：加热至中心温度85℃以上，排气30~35min，趁热密封。

⑥ 杀菌冷却：604号罐杀菌公式为：15′-75′-25′min/118℃，然后冷却到40℃左右。

2. 五香类鱼罐头

以五香凤尾鱼罐头为例，介绍五香类鱼罐头的做法。

（1）工艺流程

原料验收及处理→油炸→调味→装罐→排气→密封→杀菌冷却

（2）操作要点

① 原料验收及处理：选用鲜度良好、鱼体完整带子、体长12cm以上的凤尾鱼。洗净鱼体，剔除变质、无籽、破腹等不合格鱼。摘头，并连同鱼鳃、内脏一起拉除，保留下颚，保持鱼腹带籽饱满不破损，沥干。

② 油炸：按照大、中、小分档，定量装盘，分别油炸。油温200℃左右，鱼油之比为1∶10，油炸时间2～3min，炸至鱼体呈金黄色、鱼肉有坚实感为宜。

③ 调味：炸完捞出，迅速稍加沥油，趁热浸入调味液中约1min，捞出沥去调味汁，放置回软。调味液配方为：酱油75kg，砂糖25kg，黄酒25kg，高粱酒7.5kg，精盐2.5kg，味精0.075kg，生姜5kg，大料0.19kg，桂皮0.19kg，月桂叶0.125kg，清水50kg。

④ 排气密封：装罐后立即送入真空封罐机中密封，真空度维持在0.053MPa以上。

⑤ 杀菌冷却：602号罐杀菌公式为：10′－45′－15′min/121℃，然后反压0.147MPa冷却到40℃左右。

（三）油浸（熏制）类水产罐头

1. 油浸水产罐头

油浸水产罐头是以鱼类等水产品为原料，采用油浸调味方法制成的一类罐头食品。精制植物油的注入方式与茄汁类罐头茄汁的注入方式类似，既可直接注入，也可经过蒸煮、油炸等脱水后注入。油浸类罐头具有独特香味与风味，存放成熟后，待色、香、味匀和之后食用，风味尤佳。油浸类罐头也是世界性产品，日本以油浸金枪鱼罐头产量最大。油浸沙丁鱼罐头是世界畅销产品。下面介绍油浸金枪鱼罐头的生产工艺。

（1）工艺流程

原料验收及处理→预蒸煮→冷却→去骨、皮、血合肉→装罐→注油→排气→密封→杀菌冷却

（2）操作要点

① 原料验收及处理：选用鲜度良好、肥满度大，脂肪含量高、鱼体未经损伤的鱼。鱼的条重视鱼种而有差异。将鱼去头、内脏，洗净。

② 预蒸煮：要求鱼体中心温度达到70℃左右，蒸煮时间按鱼体大小而定，如20kg的金枪鱼需4h，3kg左右的鲣鱼需1～2h。

③ 冷却：蒸煮后，一般大小的金枪鱼放冷12h，大型金枪鱼放冷24h。

④ 去骨、皮、血合肉：冷却后清除皮、骨、血合肉，得到精肉。因为金枪鱼的骨头即使在杀菌后仍十分坚硬，所以必须除去。然后将鱼肉切成一定规格鱼片。

⑤ 排气密封：鱼片装罐注油后，立即送入真空封罐机中密封，真空度维持在

0.053MPa 以上。

⑥ 杀菌冷却：金枪鱼 1 号罐，杀菌公式为：10′-90′-15′min/111.3℃，然后冷却到 40℃左右。

2. 熏制类水产罐头

烟熏是一种传统的食品加工保藏方法。熏制水产罐头的方法是将经过浸渍的原料置于烟熏室中，然后使熏材缓慢燃烧或不完全燃烧产生烟气，在一定的温度下使食品边干燥边吸收木材烟气，熏制一段时间使制品水分减少至所需含量，并将其装入罐头容器，加入调味液密封杀菌，从而得到具有特殊的烟熏风味的一类食品。下面以鱼为例介绍烟熏类水产罐头加工工艺。

（1）工艺流程

原料选择及处理→烟熏→装罐→调味→封口→排气→密封→杀菌冷却→成品

（2）操作要点

① 原料选择与处理：原料鱼最好要选用新鲜的原料鱼，鱼体完整，气味、色泽正常，符合制作烟熏制品的鲜度标准。按鱼的种类和大小分别进行剖割，并用 5%～10% 的盐水腌渍 3min，制品的质量规格要统一，这样腌出的鱼质量均一。

② 烟熏：烟熏开始时温度为 30℃，随着烟熏的进行温度逐步上升，至最后的 1～2h 温度达 95℃。开始时如温度过高，会引起鱼体破损，品质下降。烟熏时间根据鱼片厚薄、鱼的种类和制品要求而定，一般 3～8h，制品的水分含量一般在 55%～65% 之间即可。

③ 装罐：按产品规格定称装入罐头容器内。

④ 调味：将配制好的调味液按产品要求加入的量进行添加。

⑤ 排气密封：鱼片装罐后，立即送入真空封罐机中密封，真空度维持在 0.053MPa 以上。

⑥ 杀菌冷却：杀菌公式为：10′-60′-15′min/120℃，然后冷却到 40℃左右。

思考题 >>

1. 水产罐头如何分类？都有哪些类水产罐头？
2. 简述茄汁鱼罐头的加工工艺和操作要点。
3. 简述烟熏鱼罐头的加工工艺和操作要点。
4. 简述清蒸鱼罐头的加工工艺和操作要点。

四、 水产罐头食品常见的变质现象及控制措施

（一）变色现象

1. 蟹肉青变

加热杀菌时，蟹肩肉或棒肉或血淋巴凝固的地方出现青斑。一般认为是由血蓝蛋白引起的。

防止办法：采用新鲜原料；充分洗涤放血；充分煮熟以破坏氧化酶的作用；煮熟后立即浸入稀有机酸溶液或铝盐或锌盐溶液中；采用分步凝固法（蟹肉蛋白凝固温度为55～60℃，而血蓝蛋白凝固温度为70℃，所以先在55℃加热使蟹肉蛋白轻度凝固，漂洗去掉未凝固的血蓝蛋白，再在78～100℃使蟹肉蛋白完全凝固）。

2. 长鳍金枪鱼的绿变

罐头蒸煮时，鱼体一部分或全部变成绿色，伴随着甲壳类特殊臭味。研究表明，绿变与鱼肉中的氧化三甲胺有很大的相关性。当100g鱼肉中其含量低于7～8mg时，不产生绿变；而当高于13mg时，极易产生绿变。

3. 牡蛎罐头的黄变

由于牡蛎内脏中的类胡萝卜素溶解在组织脂肪中，转移到肌肉中引起的。低温贮藏即可有效防止。

4. 黑变

原因是硫化氢与金属产生黑色金属硫化物。采用新鲜的水产原料、罐内壁刷抗硫涂料即可有效防止。

（二）玻璃状结晶出现

清蒸鱼、虾蟹、乌贼等水产罐头贮藏时会出现俗称鸟粪石的磷酸镁铵无色透明结晶（$MgNH_4PO_4 \cdot 6H_2O$）。结晶当pH小于6时，溶解性好。结晶适宜形成温度为30～40℃。

防止办法：采用新鲜原料，防止氨气生成；控制pH；禁止使用粗盐，防止高浓度的镁离子；杀菌后迅速冷却至30℃以下，使生成的结晶小；添加明胶、CMC等增稠剂，降低结晶析出速度；添加螯合剂如EDTA去除镁离子。

（三）其他变质现象

1. 凝乳肉

凝乳肉是指液汁上漂浮或黏着在鱼肉表面上的如豆腐状的凝固物，也称血蛋白。一般认为是水溶性蛋白加热凝固产生的。一般发生在鲑、鳟、鲐及沙丁鱼罐头中。

防止办法：新鲜原料；充分洗涤；去尽血污；迅速升温。

2. 黏着肉

黏着肉是指鱼肉或鱼皮黏着在罐盖或罐内壁上的现象。常出现在鲑、鳟等清蒸鱼罐头中。可能是鱼肉或鱼皮在罐盖、罐壁受热凝固或胶原蛋白形成明胶黏着所致。

防止办法：内壁涂植物油或衬硫酸纸或抗黏涂料。

3. 罐内油变红

油浸鱼类罐头长时间贮藏后，罐内油变成红褐色。原因是植物油中含有的色素或呈色物质在贮藏中受热、光线的作用变红。

防止办法：新鲜原料；去尽内脏；避光。

4. 虾肉软化

虾罐头贮藏一段时间后，肉质软化失去弹性，变成糊状物的现象。原因可能是原料不新鲜，杀菌不充分。

防止办法：新鲜原料；杀菌充分；装罐前在 1% 的柠檬酸和 1% 的食盐混合溶液中浸渍 1 ~2min。

思考题 >>

1. 简述罐头黑变的原因。
2. 罐头硫化物污染有哪些预防措施?
3. 预防罐头血红蛋白凝结有哪些方法?
4. 简述罐头有哪些变质现象?

五、 水产软罐头加工

（一） 水产软罐头的定义

软罐头目前没有明确的法定文字定义，由于软罐头发明于美国，繁荣于日本，在此以日本农林标准（JAs）的定义和厚生省（相当于卫生部）的规定作一介绍。

日本农林省制定的标准（JAs）：凡用塑料薄膜与铝箔复合的薄膜经过热封制成密封容器包装的食品，称为软罐头食品；而厚生省的食品卫生法则将这类食品称为容器包装密封加压加热杀菌食品。狭义的说，把装在蒸煮袋里的食品称为软罐头食品。内容物为水产品的软罐头食品称为水产软罐头。

现在很多食品装在密封容器内，在 121℃ 的高温高压下经过 4min 以上的杀菌处理，并能在常温下长期保存。这些食品中，有的并不符合日本农林标准中所规定的软罐头食品的定义。目前除蒸煮袋以外，已发展到用各种复合的塑料片材制成的高阻隔的各种形状的盒容器，包括采用高隔绝性件聚偏二氯乙烯中层薄膜结扎包装的火腿、香肠等食品，都可称为软罐头。纸塑铝复合材料制成的利乐包也属于软罐头的范围。

（二）水产软罐头种类

水产软罐头食品从包装形态上分为袋装食品、盘装或罐装食品、结扎食品 3 类。

1. 袋装食品

这类食品的包装形态多为长方形的袋，四边都经热焊封，其中又有透明袋和不透明袋（铝复合薄膜）2 种。这类食品种类多，生产量也大，是水产软罐头食品中主要种类，如奶油虾、烤鳝鱼片、鱼糕、油浸金枪鱼等。

2. 盘装或罐装食品

有些食品需要保持一定的组织形态，适宜用盘装或罐装包装，如茄汁沙丁鱼、豆豉鲮鱼、香辣鱼等。一些高档的汤类、鱼糕也都采用盘装或罐装。

3. 结扎食品

鱼肉火腿、鱼肉香肠等均采用结扎包装，结扎包装的食品，都是采用高隔绝性聚偏二氯乙烯单层薄膜包装。

（三）水产软罐头使用的包装材料

1. 包装材料具备的条件

软罐头的包装，一般选用隔绝性材料，这些材料包装的食品在保质期内可保持内容物的色、香、味，能保证食品的价值。此类材料通常具有以下条件：

（1）化学性能稳定、卫生、无毒、无污染，与食品成分不起反应，能阻隔油脂和食品中的其他成分。

（2）透气性能小，透湿性能低，能承受高温高压。

（3）成型性能好，能适应包装机高速成型为各种形状的软包装容器。

（4）热封性能好，热封的温度范围宽，热封后封度大，不易破裂，耐贮存，不易老化，有很好的透明度和光泽。

（5）印刷性好，油墨与涂料的吸收率大，图案、字印刷效果好。

（6）价格便宜，有利于大量生产和销售。

2. 蒸煮袋

符合以上的条件，单一材料是很难做到的，一般都是根据食品的性能及包装要求，用2种或2种以上的材料制成复合材料。通常用于软罐头包装的材料有：软罐头使用的复合薄膜包装材料，其外层薄膜有尼龙、聚酯，作为阻隔层的薄膜有聚偏二氯乙烯、铝箔、乙烯-乙烯醇共聚物，而作为密封层的薄膜有聚丙烯、特殊聚乙烯等。各层材料的复合见图6-9。

图6-9　蒸煮袋各层复合示意图
1—聚酯层（外层）　2—外层黏合剂
3—铝箔层（中层）　4—内层黏合剂
5—聚丙烯层（内层）

（1）透明普通型　透明普通型蒸煮袋，因为能看见内容物，所以被多数食品加工厂采用。特别是酱菜、米饭等包装以及在低温下销售的汉堡肉饼，大多采用这种类型的包装材料。这些透明普通型包装材料，其外层采用尼龙或聚酯薄膜，内层是聚丙烯、聚乙烯等聚烯烃薄膜。

（2）透明隔绝型　蛋白质和脂肪含量高的鱼肉加工品的杀菌，要求采用透明隔绝型包装材料。这些包装材料中间夹有高阻隔性聚偏二氯乙烯（K-flex）。用共挤法复合的薄膜等高阻隔性聚偏二氯乙烯作为中间层。

3. 铝箔隔绝型　水产软罐头中大部分是鱼糕等高级烹调食品。在这些食品包装材料中，铝箔是防止香气逸散、具有遮光性的基础材料。制作这种袋子，首先要把印刷好的聚酯薄膜和铝箔干法复合，然后再和聚乙烯或聚丙烯薄膜复合。这类薄膜的构成随杀菌温度而异。在120℃杀菌的薄膜，其构成是聚酯/铝箔/特殊高密度聚乙烯或共聚级聚丙烯；能耐最高135℃杀菌的薄膜，其构成为聚酯/铝箔/特殊聚丙烯。这几种薄膜的氧气透过量和透湿度几乎为零。只要没有因包装材料折曲而产生的针孔，阻隔性指标数字就能接近零。

使用铝箔隔绝型的蒸煮袋，要注意酸性食品对铝箔的腐蚀作用，以及因折曲产生的针孔而导致内容物变质。除了这些缺点和内容物看不见以外，铝箔可说是非常优良的软罐头用包装材料。

4. 蒸煮罐（盘）

有些食品需要保持一定的组织形态，此时可选择这类包装。蒸煮盒具有一个刚性或半刚性的底盘和一个可密封的软盖，因为盘式包装的软盖是由较薄的材料制作，具有蒸煮袋的一些特点；但是因为软盖较薄，这就要求在选择材料时考虑包装材料是否具有良好的阻隔性能，能否承受高温杀菌时盒内外的压力差。

5. 结扎包装

结扎食品鱼火腿、海鲜香肠等常用，这类食品采用高隔绝性聚偏二氯乙烯（PVDc）单层膜包装，杀菌后产品外观坚挺、紧密。

（四）水产软罐头生产工艺

水产软罐头食品汤类、固体类、鱼糕等种类食品，这些罐头的加工过程虽有一些差别，但其主要加工过程基本是相同的。下面按不同的包装种类，分别简述不同包装的软罐头工艺流程。

1. 袋装食品加工过程

（1）工艺过程

原料选择与验收→预处理（洗刷、切碎、预加热、烤制等）→充填→封口→杀菌→除水包装

（2）操作要点　原料经过处理及烹调，装入袋中，有的装填固体食品后再注调料汤，预封袋口，挤出袋内残存的空气后密封，密封后的袋经检查封口良好后，放于杀菌架上送入杀菌锅进行杀菌，杀菌冷却后的制品，通过干燥去除袋外附着水分，再通过针孔检测仪，检查袋子有无针孔或破漏，合格品套上纸盒入库。

注意事项：袋装水产罐头食品由于鱼骨存在，搬运时要注意轻取轻放，杀菌时要根据袋子材质选择合适的杀菌温度。

2. 盘装食品加工过程

（1）工艺流程　盘装软罐头食品，在日本市场已较普遍销售。这类盘式容器食品，具有食品显得优美又可用作餐具的功能。

原料选择与验收→预处理（洗刷、切碎、预加热、烤制等）→摆盘→封口→杀菌→除水包装

（2）操作要点　首先是取出预制盘容器或由食品用包装机自动成形制成的盘容器，装入食品再加入调料汤，然后真空封口、杀菌、冷却即可。盘装食品的杀菌条件和袋装食品不同，杀菌时间较长。

3. 结扎食品的加工过程

(1) 工艺流程

原料选择与验收→预处理（洗刷、切碎、斩拌、滚揉等）→填充→结扎→杀菌→除水包装

(2) 操作要点 结扎是用自动充填结扎机充填封口成圆筒状后再经杀菌制成。一般鱼肉香肠不需要装盘保型，铝丝结扎后立即杀菌；而汉堡饼及鱼肉火腿等制品，铝丝结扎后需装盘保型，然后杀菌。研究发现，圆筒状火腿和香肠，用130℃以上热水杀菌，易引起变形，因此，圆筒状香肠杀菌需通过两段加热法，即在杀菌锅内先进入冷水，然后再通入130℃以上的热水进行杀菌，可防止制品变形。

4. 软罐头的排气和封口

软罐头装填后，如不排除袋或盘内空气，则会使袋（盘）内食品因氧化褐变而使食品质量下降，热传导减慢，且杀菌时常发生制品变形或破裂现象。因此，产品封口前均采用各种技术排除食品内和袋（盘）内的空气。

5. 软罐头的杀菌方法

软罐头的杀菌，一般都是采用热水式或水蒸气式的间歇或连续加压杀菌装置；但对软罐头来说，杀菌全过程必须在高压蒸汽中混入适量的压缩空气进行反压，使杀菌锅内的压稍高于软罐头容器内的压力，以防止软罐头的变形或破裂。压缩空气在进入杀菌锅前，必须与蒸汽混合加热后始可进入杀菌锅，以保证杀菌锅内温度均匀，不影响杀菌效果。

（五）鳝鱼肉丝软罐头加工工艺

1. 工艺流程

原料验收→处理→盐渍→油炸→切丝→装袋→封口→杀菌→保温检验→包装→成品

2. 调味液制备

调味液配方为大蒜250g，黄酒1.4kg，精盐3.5kg，味精220g，生姜300g，琼胶80g，洋葱250g，酱油15kg，酱色60g，白砂糖6kg，清水85L。配制方法是将大蒜、生姜、洋葱洗净、捶烂后装入纱布包内，扎牢袋口入夹层锅中煮沸，保持微沸20min，将香料包捞出。加入白砂糖、味精、酱油、酱色、琼胶，加热搅拌溶解，煮沸后关闭蒸汽，加入黄酒，过滤备用。控制出锅量为100kg（蒸发水用开水补足），冷却至40℃以下备用。

3. 操作要点

(1) 原料验收 选用鲜活或冷冻的重150g以上的鳝鱼，其卫生质量应符合《GB 2736—1994 淡水鱼类卫生标准》之有关规定。

(2) 原料处理 ① 活鳝鱼应暂养1d，待其吐尽鳃内泥沙及污物后，将鱼摔昏或用电击昏，清洗干净冷冻鳝鱼用流水解冻，清洗。② 将洗净的鳝鱼用铁钉钉在木板上（背部朝上），用钝角三角形刀从鳃后割开，沿脊椎骨剔除内脏，斩去头和尾清水洗净鳝片上的血污和杂质。③ 将洗净的鳝鱼片切成长6cm左右的鳝鱼段，按鳝鱼段大小、厚薄分开放置。

（3）盐渍　将鳝鱼段和盐水按 1∶1 放入 10°Bé 盐水中盐渍，盐水可连续使用多次，每次补加浓盐水至规定尝试盐渍 10～12min。盐渍时间应根据鳝鱼段大小、气温以及冻、鲜鱼原料区别作适当调整。盐渍后，用清水冲洗 1 遍，沥干待炸。

（4）油炸　盐渍后的鳝鱼段充分沥水后入 180～200℃油中炸 2～4min。油炸时应轻轻翻动，以使油炸后的鳝鱼段老嫩均匀、色泽一致。表面呈金红色时，即可捞出沥油冷却控制脱水率在 35%～40% 之间。

（5）切丝　将油炸后的鳝鱼段切成长 6cm、宽 3mm 的鳝鱼丝。

（6）猪肉丝的加工　选用健康猪的通脊肉或精瘦肉，切成与鳝鱼丝同样规格的肉丝，用花生油炸熟，备用。

（7）袋装　采用 3 层复合袋（PET/AL/CPP）包装，称取鳝鱼丝 80g，猪肉丝 60g，加入调味液 40g（每袋净含量为 180g）。

（8）封口、杀菌　真空包装时真空度控制在 0.088～0.093MPa。杀菌公式 15′-35′-15′min/121℃，反压：0.16MPa。

（9）保温检验　擦干罐体表面，存放于（37±2）℃保温室内保温 7d，剔除不合格品，成品装箱入库贮存。

思考题 >>

1. 简述水产罐头的定义。
2. 软罐头都有哪些包装形式？
3. 简述软罐头的工艺过程。

能力训练

任务一　原汁鲍鱼罐头加工

一、任务目标

（1）掌握贝类原料的种类、特性以及常见的罐头产品种类；

（2）掌握清汤类水产罐头的加工技术及操作技能；

（3）熟练掌握添加剂在不同生产条件下的使用方法；

（4）熟悉贝类罐头类产品原料处理的基本操作；

（5）熟练掌握罐头生产线上挑拣次品的技能；

（6）能设计清汤类罐头制品的生产方案。

二、原料和设备

1. 原料

鲍鱼 1kg、盐 2g、味精 1g、水 97g、改良剂。

鲍鱼原料要符合表 6-4 的要求。

表 6－4　　鲍鱼原料的质量要求

项目	要求
形态	肉质呈淡黄色或白色
组织	肌肉富有弹性，无损伤
气味	具有鲍鱼正常的气味，无异味
杂质	无可见泥沙、无外来杂质及附着物

2. 主要设备

蒸煮锅、长柄不锈钢汤匙、刷子、盆子、反压杀菌釜、封口机、电子秤。

三、加工工艺

1. 工艺流程

原料挑选和处理→汤料配制→装罐→排气→密封→杀菌→冷却→包装

2. 操作要点

（1）原料挑选和处理　选择大小均匀、新鲜、完整的鲍鱼。若原料是鲍鱼肉，清洗后沥干水；若原料是生鲜鲍鱼，进行如下操作：

① 处理：活鲜鲍鱼，洗净后用不锈钢刀剥壳取出鲍肉，并除尽内脏，漂洗干净。

② 盐渍：按肉柱大小分别用 10% 食盐腌渍 8～12h。

③ 搓洗：先用搓洗机搅拌 5～10min，清水冲洗去盐分；再剪去咀及外套膜，逐只刷洗，去尽黑膜。

④ 预煮：保持 80℃ 煮 20min（水：肉＝3：1），煮后用流动水冷透，漂洗一次，分选装罐。

（2）配制汤料　按配料水量进行配制。

（3）装罐　采用 7116 号罐，鲍鱼肉 253g，汤汁 172g。

（4）排气密封　中心温度 80℃ 以上，抽气密封 0.053MPa。

（5）杀菌及冷却　杀菌式：15′－70′－15′min/115℃，冷却。

四、质量要求

1. 主要原料要求

鲍鱼原料应符合 GB 2733—2005 的规定，其他使用配料符合 GB 2760—2011 的规定。

2. 感官指标

感官指标应符合表 6－5 的规定。

表 6－5　　鲍鱼罐头的感官指标

项目	指标	项目	指标
杂质	体内洁净，允许有少量沉淀	组织形态	呈本品固有的组织形态，无破损
色泽	呈本品固有的色泽	气味	具有熟鲍鱼固有气味，无异味

3. 理化指标

理化指标应符合表 6 – 6 的规定。

表 6 – 6 鲍鱼罐头的理化指标

项目	指标	项目	指标
固形物（占标示净含量）/（g/100g）	≥20	镉（以 Cd 计）含量/（mg/kg）	≤0.1
无机砷（以 As 计）含量/（mg/kg）	≤0.5	多氯联苯含量/（mg/kg）	≤2.0
铅（以 Pb 计）含量/（mg/kg）	≤0.5	（PCB）138 含量/（mg/kg）	≤0.5
甲基汞（以 Hg 计）含量/（mg/kg）	≤0.5	（PCB）153 含量/（mg/kg）	≤0.5
锌（以 Zn 计）含量/（mg/kg）	≤50		

4. 净含量及允许短缺量

按 JJF 1070—2005 规定的方法测定。

5. 微生物指标

微生物质量标准符合表 6 – 7 的规定。

表 6 – 7 鲍鱼罐头成品的安全指标

项目	指标	项目	指标
细菌总数/（cfu/25g）	$\leq 4\times10^4$	沙门菌/（cfu/25g）	不得检出
大肠菌群/（MPN/100g）	≤30	副溶血性弧菌/（cfu/25g）	不得检出

6. 检验规则

（1）抽样　产品须经厂内检验部门检验，检验合格后方可出厂。

（2）出厂检验

① 出厂检验项目为感官要求、固形物、商业无菌。

② 从每批产品中随机抽取 200g 进行出厂检验。若商业无菌不合格，即判该批产品为不合格品；其他指标不合格，可加倍抽样对不合格项进行复查，仍不合格，则判该产品为不合格品。

7. 型式检验

（1）型式检验项目为本标准中规定的全部项目。

（2）型式检验正常生产时每半年进行一次，有下列情况之一时应进行型式检验：

① 原料变化及改变主要生产工艺，可能影响产品质量时；

② 停产 3 个月以上，恢复生产时；

③ 出厂检验与上次型式检验有较大差异时；

④ 监督机构提出进行型式检验要求时。

（3）判定规则　从出厂检验合格的产品中随机抽取鲍鱼罐头 6 瓶进行型式检

验。若微生物指标不合格则判该批产品型式检验不合格；其他指标不合格可加倍抽样，对不合格项进行复检，复检后仍有一项不合格则判该批产品形式检验不合格。

五、 思考题

（1）简述清汤类水产罐头的加工工艺。

（2）查询资料，设计鲍鱼罐头生产车间平面图。

六、 做一做

（1）试设计清汤贻贝的生产方案，并简要介绍操作要点。

（2）总结清汤产品生产中副产物应该如何利用。

任务二 红烧鲤鱼罐头加工

一、 任务目标

（1）掌握淡水鱼类原料的种类、特性及验收，能根据产品要求选择合适的原料鱼；

（2）掌握调味类和油浸（烟熏）类罐头产品的加工技术及操作技能；

（3）熟练掌握罐头汤料的配制技术；

（4）熟练掌握鱼类加工的脱水技术；

（5）熟悉罐头的封口技术；

（6）熟练掌握罐头生产线上挑拣次品的技能；

（7）能设计调味品类和油浸（烟熏）类罐头的生产方案。

二、 原料和设备

1. 原料

鲤鱼 1 000g，酱油 27.5g，鲜姜 0.5g，花椒 0.05g，大料 0.05g，味精 0.05g，精盐 4g，水 88g，洋葱 1.5g，五香粉 0.05g，琼脂 0.4g，砂糖 6g。

2. 主要设备

刀、案板、铁刷、盆子、不锈钢锅、夹层锅、反压杀菌釜、封口机、电子秤。

三、 加工工艺

1. 工艺流程

原料挑选和处理→汤料配制→装罐→排气→密封→杀菌→冷却→包装

2. 操作要点

（1）原料挑选和处理　原料选择新鲜原料。

① 处理：去头、去鳞、云内脏后，刷洗干净。

② 切块：横切成约 5.5cm 长的均块，清洗一遍。

③ 盐渍：盐水浓度 3%，盐水与鱼之比为 1∶1，盐渍 5 ~ 10min（按鱼大小控制）后沥干水分。

④ 油炸：油温 180 ~ 210℃，时间为 5min，炸制鱼表呈金黄色。鱼与油的比例

为1∶10。

（2）配制汤料　按配料水量与香辛料在锅内微沸30min，过滤加入糖盐等配料煮沸溶解过滤。最后加入味精，调至总量为110g。

（3）装罐　采用860号罐，鱼肉150g，汤汁106g，麻油0.4g

（4）排气密封　中心温度80℃以上，抽气密封0.053MPa。

（5）杀菌及冷却　杀菌式：15－90－15min/116℃，冷却。

四、质量要求

1. 主要原料要求

鱼原料应符合NY/T 1328—2007的规定，其他使用配料符合GB 2760—2011的规定。

2. 感官指标

（1）外观　容器密封完好，无泄漏、胖听现象；容器外表无锈蚀，内壁涂料无脱落。

（2）感官指标　应符合表6－8的要求。

表6－8　红烧鲤鱼罐头成品感官指标

分类	指标		
	色泽	滋、气味	组织状态
红烧类	肉色正常，具有红烧鱼罐头的酱红褐色略带黄褐色，或呈该品种鱼的自然色泽	具有红烧鱼应有的滋味及气味，无异味	组织紧密适度，鱼体不碎散，整条或段装，大小大至均匀，无杂质存在
茄汁类	肉色正常，茄汁为橙红色，鱼皮为该品种鱼的自然色泽	具有茄汁鱼应有的滋味及气味，无异味	组织紧密适度，鱼体不碎散，整条或段装，大小大至均匀，无杂质存在
鲜炸类	肉色正常，表面呈该品种之酱红褐色或棕黄褐色	具有鲜炸鱼应有的滋味及气味，无异味	组织紧密适度，鱼体不碎散，整条或段装，大小大至均匀，无杂质存在
清蒸类	具有鲜鱼的光泽，略显带淡黄色，汁液澄清	具有清蒸鱼应有的滋味及气味，无异味	组织紧密适度，鱼体不碎散，整条或段装，大小大至均匀，无杂质存在
烟熏类	肉色正常，呈该品种应有的酱红褐色	具有烟熏鱼应有的滋味及气味，无异味	组织紧密适度，鱼体不碎散，整条或段装，大小大至均匀，无杂质存在
油浸类	具有新鲜鱼的光泽，汤汁允许有轻微浑浊或沉淀	具有油浸鱼应有的滋味及气味，无异味	组织紧密适度，鱼体不碎散，整条或段装，大小大至均匀，无杂质存在

3. 理化指标

理化指标应符合表6－9的规定。

表6－9 红烧鲤鱼罐头成品理化指标

项目	指标	项目	指标
组胺含量/（g/100g）	≤30	亚硝酸盐含量/（mg/kg）	≤3.0
无机砷（以As计）含量/（mg/kg）	≤0.5	土霉素含量/（mg/kg）	≤0.1
铅（以Pb计）含量/（mg/kg）	≤0.5	硝基呋喃类代谢产物含量/（μg/kg）	不得检出
甲基汞（以Hg计）含量/（mg/kg）	≤0.5	氯霉素含量/（μg/kg）	不得检出
锌（以Zn计）含量/（mg/kg）	≤50	多氯联苯含量/（mg/kg）	≤2.0
镉（以Cd计）含量/（mg/kg）	≤0.1	PCB138含量/（mg/kg）	≤0.5
孔雀石绿含量/（μg/kg）	不得检出	PCB153含量/（mg/kg）	≤0.5

4. 微生物指标

微生物质量标准见表6－10。

表6－10 红烧鲤鱼罐头成品的安全指标

项目	指标	项目	指标
细菌总数/（cfu/25g）	$\leqslant 4\times10^4$	沙门菌/（cfu/25g）	不得检出
大肠菌群/（MPN/100g）	≤30	副溶血性弧菌/（cfu/25g）	不得检出

5. 检验规则

（1）抽样　产品须经厂内检验、部门检验，检验合格后方可出厂。

（2）出厂检验

① 出厂检验项目为感官要求、固形物、商业无菌。

② 从每批产品中随机抽取200g进行出厂检验。若商业无菌不合格，即判该批产品为不合格品；其他指标不合格，可加倍抽样对不合格项进行复查，仍不合格，则判该产品为不合格品。

6. 型式检验

（1）型式检验项目为本标准中规定的全部项目。

（2）型式检验正常生产时每半年进行一次，有下列情况之一时应进行型式检验：

① 原料变化及改变主要生产工艺，可能影响产品质量时；

② 停产3个月以上，恢复生产时；

③ 出厂检验与上次型式检验有较大差异时；

④ 监督机构提出进行型式检验要求时。

（3）判定规则　从出厂检验合格的产品中随机抽取红烧鲤鱼罐头6瓶进行型式检验。若微生物指标不合格则判该批产品型式检验不合格；其他指标不合格可加倍抽样，对不合格项进行复检，复检后仍有一项不合格则判该批产品型式检验不合格。

五、思考题

（1）查询资料，总结淡水鱼加工工艺。

（2）查询资料，总结都有哪些常用鱼的脱腥方法。

六、做一做

查询资料，设计烟熏类罐头的生产方案，并详细介绍烟熏方案的具体操作要点。

任务三　黄花鱼软罐头加工

一、任务目标

（1）掌握鱼类原料的种类、特性及验收，能根据产品要求选择合适的原料鱼；

（2）掌握软罐头产品的加工技术及操作技能；

（3）熟练掌握腌渍汤料的配制技术；

（4）熟练掌握鱼类加工的脱水技术；

（5）熟悉软罐头的封口技术；

（6）熟练掌握软罐头杀菌公式的设计；

（7）能设计软罐头的生产方案。

二、原料和设备

1. 原料

精盐3g，味精8g，红辣椒粉20g，水1kg，醋50g，酱油20g，胡椒粉2g，五香粉2g，花椒15g。

2. 主要设备

盆子、不锈钢锅、不锈钢刀、菜板、电磁炉、反压杀菌釜、蒸煮袋、真空封口机。

三、加工工艺

1. 工艺流程

原料挑选和处理→脱腥→脱水→装袋→真空密封→杀菌→冷却→包装

2. 操作要点

（1）原料挑选和处理　对买来的黄花鱼在大小规格、数量、鲜度进行验收和检查。将合格的黄花鱼去头，切开鱼肚，除去内脏（注意不要弄破鱼胆），在流水中清洗，并刮去贴骨血，剪去鱼鳍，切成4～5cm长的鱼块，洗净控水待用。

（2）脱腥　添加柠檬酸可以使鱼肉蛋白质发生较温和的酸变性，保持和改善了蛋白质的功能性。同时，有机酸对脂肪、色素、腥味物质有溶解萃取的作用，并能将其部分去除，使制品即使在水分含量较低的情况下，也有松软口感，尤其解腥、去脂效果明显，色泽也得到了改善。并且，有机酸能通过螯合作用钝化那些催化脂肪氧化的金属离子，产生的氢离子可以使抗氧化剂再生，增加制品的抗氧化性。另外，有机酸具有杀菌和消除组胺的作用，脱腥效果比较好。

（3）脱水　将鱼块放在常温下自然晾 1d，然后再放在 10% ~15% 的盐水中盐渍 20min，期间搅拌 2 次，盐水与鱼的比例为 1∶1。盐渍结束后捞出鱼块用清水冲洗干净，沥干水分后即可。

（4）装袋　趁热装袋，每袋装 5 ~6 条，摆放整齐。

（5）真空密封　将罐头用真空封口机密封。

（6）杀菌　黄花鱼罐头的杀菌公式为 15 –75 –25min 反压水冷却/118℃，然后冷却至 40℃左右。

四、质量要求

1. 主要原料要求

用新鲜或冷冻良好的黄花鱼，鱼体完整，骨肉有弹性，应符合 GB 2733—2005 的规定。其他使用配料符合 GB 2760—2011 的规定。

2. 感官要求

感官要求应符合表 6 –11 的要求。

表 6 –11　黄花鱼软罐头感官要求

项目	要求
色泽	炸鱼和油呈黄褐色或褐色
滋、气味	具有该产品应有的滋味和气味，无异味
组织形态	鱼体呈条状，去头及内脏，组织较紧密，软硬适度，鱼体排列较整齐

3. 理化指标

理化指标应符合表 6 –12 的要求。

表 6 –12　黄花鱼软罐头理化指标

项目		指标
固形物含量/%	≥	85
盐分/%	≤	4.5
铅（以 Pb 计）含量/（mg/kg）	≤	1.0
甲基汞（以 Hg 计）含量/（mg/kg）	≤	0.5
无机砷（以 As 计）含量/（mg/kg）	≤	1.0
锌（以 Zn 计）含量/（mg/kg）	≤	50
镉（以 Cd 计）含量/（mg/kg）	≤	0.1
多氯联苯含量/（mg/kg）	≤	2.0
PCB 138 含量/（mg/kg）	≤	0.5
PCB 153 含量/（mg/kg）	≤	0.5

4. 微生物指标

微生物质量标准见表 6－13。

表 6－13 虾酱成品的安全指标

项目	指标
细菌总数/（cfu/25g）	≤4×104
大肠菌群/（MPN/100g）	≤30
沙门菌/（cfu/25g）	不得检出
副溶血性弧菌/（cfu/25g）	不得检出

5. 检验规则

检验规则应符合 QB/T 1006—1990 的规定。产品的感官和理化指标如不符合技术要求，应记作缺陷，缺陷分类见表 6－14。

表 6－14 缺陷分类情况

类别	缺陷
严重缺陷	有明显异味，有有害杂质，如：玻璃、金属
一般缺陷	有一般杂质，如：棉线、纤维丝，感官性能明显不符合要求，净重、固形物含量负偏差超过允许公差

五、思考题

（1）查询资料，总结软罐头注意事项。

（2）查询资料，了解软包装袋（盒）质量的检测方法。

六、做一做

查询资料，设计麻辣青鳞鱼的软包装罐头生产方案，并详细介绍脱水腌渍的操作要点。

【项目小结】

水产品罐藏是目前渔业生产上常用的方法，水产品罐藏较好地保存了水产品特有的风味和营养价值，罐头本身易于保存运输，是目前水产品加工行业重要的发展方向之一。随着技术发展、产业升级，利用现代食品加工技术，发展精深加工水产品，逐步加快开发水产罐头制品的即食、小包装和各类新型水产功能食品，使水产品罐头品种越来越多、品质也越来越高。本项目从水产品罐头加工原理、生产技术、常见水产罐头食品加工及质量控制、水产罐头食品常见的变质现象及控制措施、水产软罐头加工几个方面进行了系统讲解，通过海鲜酱加工、原汁鲍鱼罐头加工、红烧鲤鱼罐头加工、黄花鱼软罐头加工几个典型生产任务，让学生在生产性学习环境中完成学习性的水产品罐藏加工学习任务，既保证学生水产品罐藏加工生产技能的掌握，又兼顾了学生职业生涯的可持续发展。

项目七 鱼糜制品加工

【学习目标】

1. 了解鱼糜制品加工的发展；
2. 掌握鱼糜制品生产的基本原理以及生产鱼糜制品的原料；
3. 熟练掌握冷冻鱼糜、鱼糜制品的生产技术；
4. 能够熟练进行鱼糜制品的生产全过程的操作，具备鱼糜及鱼糜制品加工工的职业能力，胜任职业岗位。

知识准备

鱼糜即鱼肉泥，是将原料鱼洗净，去头、内脏，采取鱼肉，加入2% ~3% 的食盐进行擂溃或者斩拌所得到的非常黏稠状的肉糊。在鱼肉中加入2% ~3% 的食盐擂溃成黏稠的鱼浆后，添加一定辅料调味混匀，成型，对其进行水煮、油炸、焙烤、烘干等加热处理使之凝固，形成富有弹性的具有独特风味的胶状水产食品称为鱼糜制品。鱼糜制品营养丰富，蛋白质含量高，脂肪含量低，原料来源广泛，不受鱼种大小的影响，可就地及时加工，且产品具有食用方便、美味可口、风味独特等优点，因此受到消费者的普遍欢迎。鱼糜及其制品加工，可以提高低值小杂鱼加工利用率，增加原料的附加值。

鱼糜及其制品的出现，无论是在我国还是在日本，都已有千年的历史，而作为大规模工业化生产还是在20 世纪60 年代以后才发展起来的。随着近几十年来渔业资源所发生的变化，作为鱼糜制品加工原料的鱼种也在发生变化。虽然鱼糜制品的特点是不受原料鱼种的限制，但如果从凝胶形成能力、肉色、味道、呈味等产品质量要求来严格考虑，能真正适宜加工的鱼种并不多。目前，国内外用于加工成鱼糜制品的主要原料有狭鳕、海鳗、石首科鱼类（小黄鱼、白姑鱼、梅鱼等）、带鱼、鲐鱼、鲛鱼等。具有代表我国传统特色的鱼糜制品有福建的鱼丸、鱼面，江西的燕皮以及山东等地的鱼肉饺子等。目前已研制开发了一系列新型鱼糜水产制品和冷冻调理食品，以鱼丸、鱼糕、虾丸、鱼肉香肠、鱼肉火腿、鱼卷、鱼面、燕皮、模拟蟹肉、模拟虾仁、模拟干贝、鱼排、海洋牛肉、模拟蟹肉、模拟虾仁、竹轮、鱼排和天妇罗等鱼糜制品为代表。

早期的鱼糜制品如我国福州、潮州一带的鱼丸和日本的鱼糕、鱼卷等，都是传统的民间食品，工业化生产鱼糜制品始于日本，早期规模较小。1959 年，日本北海道水产试验场以西谷氏为首的研究小组以狭鳕鱼为原料研究开发了无盐冷冻鱼糜的生产新技术，几乎在同时，京都大学的池内氏等人也成功地开发了加盐冷冻鱼糜技术，解决了原料鱼蛋白质冷冻变性的问题，使原先易腐、价廉、高产的狭鳕，摇身一变成为生产制造高品质、富弹性的传统鱼糕制品的极佳原料，同时引起了传统鱼糜加工制品的重大变革，即鱼糜制品生产分为原料鱼糜的集中生产（冷冻生鱼糜）及鱼糜制品的分散生产两部分，从而使众多生产鱼糜制品的大、中、小工厂，不受地点和季节的限制都能取得原料，均衡生产。于是日本的鱼糜加工迅速发展起来，由此推动了日本鱼糜制品的大幅度增加。此外还在鱼糜制品的品种上推陈出新，于20 世纪 70 年代中期，日本首先研制开发了模拟海味食品，如模拟蟹肉、模拟虾仁、模拟贝柱等。日本的鱼糜制品一直是水产加工品中的主导产品。

近年来，全球渔业捕捞强度逐年增加，海洋负担和水产养殖业压力巨大，优良水产品产量下降。如何有效缓解优良水产品产量不足、提高低值鱼的利用率是未来水产业的发展方向。模拟水产制品主要以低值鱼为原料，将其制成鱼糜后进一步加工为仿天然食品的新型鱼糜制品，是低值鱼类深精加工的最佳途径。模拟虾仁、模拟贝肉、海味牛排、海洋牛肉、海鲜汇等均是较为成熟的模拟水产制品。

我国在冷冻鱼糜、鱼糜制品生产工艺及设备方面的研究与开发也有很大的进展。近年来，我国沿海及内地主产渔区已有数百条冷冻鱼糜、鱼糜制品（如鱼丸、鱼香肠、鱼糕、鱼卷、鱼棉、模拟蟹腿棒等）工业化生产流水线，鱼糜制品出口量有了很大发展。总而言之，研究和生产鱼糜制品方兴未艾。

一、 鱼糜制品加工的原理

鱼糜肌肉中的蛋白质一般分为盐溶性蛋白质、水溶性蛋白质和不溶性蛋白质 3 类。而能溶于中性盐溶液并在加热后能形成具有弹性凝胶体的蛋白质主要是盐溶性蛋白质，即肌原纤维蛋白质，由肌球蛋白、肌动蛋白和肌动球蛋白所组成，是鱼糜形成弹性凝胶体的主要成分。

1. 凝胶化过程

鱼肉在加盐（2% ~3%）擂溃过程中，构成肌原纤维的肌丝（细丝和粗丝）中的 F－肌动蛋白（F－actin）与肌球蛋白（myosin）在受热情况下，高级结构发生松散，分子间产生架桥形成了三维的网状结构。自由水被封锁在网目中不能流动，从而形成了具有弹性的溶胶。这种肌动球蛋白溶胶非常容易凝胶化，即使在10℃以下的低温也能缓慢进行，而且在低温下氢键结合稳定，水不与蛋白质分离，徐徐形成的网状结构包住自由水，所以越是低温凝胶化的鱼糕弹性越好。而在

50℃以上的高温下，会很快失去其塑性，变为富有弹性的凝胶体，即鱼糜制品。

从溶胶体到凝胶体的变化包含了两个反应：一个是通过50℃以下的温度域时进行的凝胶结构形成反应，另一个是以60℃为中心的50～70℃温度带中所发生的凝胶结构劣化的反应。凝胶化反应是因为盐溶性蛋白质充分溶出后，其肌动球蛋白在受热后高级结构解开，在分子之间通过氢键互相缠绕形成纤维状大分子而构成稳定的网状结构。由于肌球蛋白在溶出过程中具有极强的亲水性，因而形成的网状结构中包含了大量的游离水，在加热形成凝胶以后，就构成了比较均一的网状结构而使制品具有较强的弹性。凝胶劣化现象是指鱼糜在通过60℃左右的温度带时会导致凝胶强度急剧下降的现象。其机制有多种假说，其中比较普遍的解释认为在鱼肉的水溶性蛋白质中存在一种对温度特别敏感的碱性蛋白酶，在60℃时活力最强，它可以使已经形成的肌动球蛋白分子组成的网状结构破坏，疏水基团暴露，导致水分游离而使凝胶劣化。

2. 鱼糜制品的弹性形成机制

弹性是鱼糜制品的特性，弹性的强弱是衡量鱼糜制品质量优劣的一个重要标志。鱼糜制品的弹性同琼胶、明胶等富于弹性的凝胶一样，是由纤维状高分子构成三维网目结构所形成的，肌原纤维是鱼糜制品网状结构的构成因素。凝胶有2种类型：一种具有热可逆性，如明胶，加热时呈溶胶，冷却就形成凝胶；另一种为热不可逆性，如蛋清加热形成凝胶，冷却后不能恢复原状。鱼糜制品属于后者。蛋清凝胶化不需要食盐，鱼肉研碎后直接加热时大量脱水，不能形成有弹性的凝胶；但加盐研磨时，即成黏稠状肉糊，经加热即可形成弹性强的凝胶，未见脱水现象。因此，鱼糜制品的特征就是加盐的热不可逆性凝胶。

鱼体肌肉作为鱼糜加工原料，经绞碎后肌原纤维受到破坏，添加2%～3%的食盐后进行斩拌或擂溃，由于机械作用，肌纤维进一步破坏，并促进了鱼肉中盐溶性蛋白质的溶解，它与水混合发生水和作用并聚合成黏性很强的肌动球蛋白溶胶，然后根据产品需要加工成一定的形状，把已经成型的鱼糜制品进行加热。在加热中，大部分呈长纤维的肌动球蛋白溶胶发生凝固收缩并相互联结成网状结构固定下来，其中包括与肌球蛋白结合的水分。加热后的鱼糜便失去了黏性和可塑性，而成为橡皮般的凝胶体，因而富有弹性，它是鱼糜制品的重要特征。

在擂溃中，还加入淀粉、水和其他调味料。它们的作用除了增加鱼糜的风味外，淀粉在加热中其纤维状分子能加强肌动球蛋白网状结构的形成，因而可起到增强制品弹性的作用。

在鱼糜制品的加热中，一般采用煮、蒸、烤、煎、炸等方法，但不论采用哪种方法，由于加热条件不同，制品弹性的强度有很大差别。在加热速度和弹性的关系方面，即使最终温度相同，并且达到最终温度的时间相同，但制品弹性的强度也会有所差异。这主要是因为鱼糜在形成凝胶化过程中存在凝胶化（50℃以下）和凝胶劣化（50～70℃）2个温度带的缘故。为了生产具有较强凝胶强度的鱼糜制品，一般将鱼糜在50℃以下的某一温度段放置一定时间使其凝胶化后，再加热使其迅速通过60℃左右的凝胶劣化温度带，并在70℃以上温度使碱性蛋白酶迅速失活。为了达到杀菌、煮熟并使制品鱼糕化的目的，应将产品加热到中心温度达到75℃以上。一般可根据需要，在75～95℃的温度范围内选择。研究表明，70℃左右的低温长时间加热和80～90℃的高温短时间加热的制品其质量有明显的差别，急速加热时，将使在凝胶化过程中形成的包含水分的网状结构即刻固定下来成为凝胶强度较强的制品，而低温长时间加热则因网状结构的分布不均使制品较脆弱。

思考题 >>

1. 请针对目前鱼糜制品种类及市场现状做个市场调查并写一份调报告。
2. 简述鱼糜制品的弹性形成机理。

二、 冷冻鱼糜加工技术

冷冻鱼糜是将原料鱼经过采肉、漂洗、脱水等加工工序后，加入糖类、复合磷酸盐等防止蛋白质变性，在低温条件下较长时间保藏的一种鱼糜制品。它是进一步加工鱼糜水产制品的中间原料，将其解冻或直接由新鲜原料添加食盐制得的鱼糜，再经擂溃或斩拌、成型、加热和冷却等工序就制成了各种不同的鱼糜水产制品。冷冻鱼糜生产技术，实质上就是使鱼类蛋白质在冷藏过程中不致产生冷冻变性而影响鱼糜制品特性的生产技术。鱼类一般是以先冻结而后冷藏的方法进行长期保藏的，但是经过冻结和长期的低温贮藏，因组织中的水分形成冰晶，蛋白质的结合水部分被冻结，未被冻结的细胞液浓度得到浓缩，因而使蛋白质发生冷冻变性，使鱼糜制品的特性丧失。冷冻鱼糜生产，就是使鱼肉的冷冻变性防止技术在实际生产中的应用，是一种全新的鱼糜制品的原料形态。以冷冻鱼糜为原料生产鱼糜制品具有以下特点：

（1）原料来源丰富，不受鱼种、大小的限制，能就地及时地处理旺季的渔获物，在加工过程中加入了蛋白质冷冻变性剂，使鱼肉的抗冻性提高，储藏期延长，使得过去一经冷冻就失去加工适宜性、不能再制成优质鱼糜及其制品的原料鱼问题得到解决，从而保证原料的鲜度，有利于防止蛋白质变质。

（2）可按消费者的爱好，进行不同口味的调制，形状可以任意选择，产品的外观、滋味、质地与原料鱼皆不同。鱼糜制品加工较其他水产食品加工更具有灵活性、开放性。

（3）鱼糜制品营养价值高，原料鱼在加工过程中将鱼中原有的营养素很好地保存下来，并加工成为营养合理、人体消化吸收率更高的优质食品。

（4）集中处理原料鱼生产鱼糜有很多好处，鱼体的不可食部分被除去后，便于集中回收利用，并改善环境卫生；与鲜鱼相比，可提高运输能力和仓库利用率；可以将鱼糜分成不同的规格、等级，便于用户根据不同需要选购和搭配使用。生产冷冻鱼糜需要较大的场地、一定数量的机械设备和劳动力、大量的供水和相应的处理污水设施。

(5) 冷冻鱼糜和鱼糜制品的生产可以分开在不同的地方进行。为保证原料鱼鲜度，一般冷冻鱼糜的生产是在靠近渔港的地方进行，而鱼糜制品的生产则可以在消费地生产。冷冻鱼糜可以通过冷藏车运输到鱼糜制品生产地，这样鱼糜制品的生产就不受地域和季节的限制，产品可及时销售，及时为消费者所食用。

(6) 有利于冷冻鱼糜产品的质量标准化。冷冻鱼糜可分成不同的规格和等级，便于鱼糜制品生产者根据不同需要选购、搭配使用。

冷冻鱼糜可分为无盐鱼糜和加盐鱼糜，前者在鱼肉中加入糖类和多磷酸盐(0.1% ~0.3%)，后者加入糖及食盐（2.5%左右）。2种方法的目的都在于赋给鱼肉蛋白的耐冻性。

（一） 鱼肉蛋白质的冷冻变性及防止方法

1. 鱼肉蛋白质的冷冻变性的机制

鱼类冻结贮藏时，肉质发生变化，如失去柔性、保水性降低、凝胶形成能力下降等，这些变化都是由于肌原纤维蛋白质的变性所引起的。肌原纤维蛋白质的冷冻变性的速度同各种条件，如原料鱼的种类、鲜度、处理、冻结速度、冻结强度、贮藏温度、解冻方法等有关。

关于蛋白质的冷冻变性机制有多种学说，但目前比较有说服力的有3种：受蛋白质束缚的结合水因冻结造成的脱离引起的蛋白质变性学说；同亲和水之间的相互作用引起的变性学说；冰结晶的形成使体液浓缩引起的蛋白质变性学说。

(1) 结合水的脱离　肌肉组织中的水分，根据同蛋白质的相互关系分为结合水和自由水。结合水是在蛋白质的活性基上形成单分子层被牢固束缚的水；而自由水是不受蛋白质束缚的水，可作为溶媒，移动扩散。冻结时首先结冰的是自由水，而结合水很难结冰。如果仅自由水结冰再解冻的话，蛋白质和水之间的相互关系不发生任何变化。但冻结率提高，结合水的一部分也形成冰晶，水同蛋白质的支链和支链之间的相互关系就会发生不可逆的变化而使蛋白质变性。

(2) 冰和蛋白质亲和水之间的相互作用　蛋白质分子中复杂的三级、四级结构是由非极性基团的疏水键和分子内氢键来维持的，这些键的分布状态和周边的水分子所形成的结构、状态密切相关。一般认为，冰的生成导致了水合层的破坏，从而引起了这些非极性结合的破坏和新结合的生成。由于结冰，非极性基周边的水失去，疏水键被破坏。此外又由于冰晶之间的相互作用，为了维持亲和水（以氢键和蛋白质结合）的稳定结构，氢键的切断和生成必然波及蛋白质分子内部，使得蛋白质变性。

(3) 细胞液的浓缩　由于冰晶的析出，未冻结细胞液的浓度被浓缩，其结果使液相中的离子浓度上升和pH的变化，引起蛋白质的变性。这种观点往往被用来说明细胞内外冰的生成量及生成状态同蛋白质变性之间的密切关系。

2. 蛋白质冷冻变性的主要因素及预防方法

蛋白质冷冻变性的主要因素及预防方法见表7－1。

表7－1 蛋白质冷冻变性的主要因素和预防方法

因素	作用模式	预防方法
冰的形成	机械损伤和细胞壁破裂	提高冷冻速率
重结晶	机械损伤	降低解冻温度和贮藏温度，防止温度波动
脱水	疏水基团暴露增加；结构延伸	低温保护剂
盐浓度	静电作用的变化；结构延伸	低温保护剂
氧化	氨基酸直链的破坏，肽键断裂	抗氧化剂
脂质	蛋白质－脂质复合体的形成	
代谢物	在多肽链间形成甲醛－亚甲基桥	失活三甲基胺脱甲基酶

3. 评价蛋白质冷冻变性的方法

在冷冻和冷藏过程中，衡量蛋白质变性程度的指标有物理的、化学的、生物的，常用的有溶解度、ATP酶活力、巯基数、疏水性、超沉淀等。溶解性测定是评价肌肉蛋白质变性最常用的方法。酶活力的测定也是检测蛋白质冷冻变性的有效方法，如肌球蛋白或肌动球蛋白头部区域的Ca^{2+}－ATP酶活力在冷冻、冻藏和长时间的贮藏过程中会降低，因此可用Ca^{2+}－ATP酶活力变化来判断蛋白质的变性程度。某些专门用于测定与蛋白质伸展有关能量输入和表面特性的理化方法也被用于评估肌肉蛋白质的冷冻变性，如疏水性测定以及差示扫描量热分析(DSC)。

4. 防止蛋白质冷冻变性的方法

冷冻鱼糜的生产理论可以说尚未确定，影响鱼糜的耐冻性的因素有漂洗、糖类和蛋白质变性防止剂的加入。

(1) 添加蛋白冷冻变性抑制剂 冷冻鱼糜技术的开发主要取决于冷冻变性抑制物质的发现，经过多年的研究，发现了很多可以防止蛋白质冷冻变性的物质。表7－2显示了抑制蛋白质冷冻变性的各种化合物及其效果。

表7－2 抑制蛋白质冷冻变性的各种化合物及其效果

分类	效果显著的化合物	中等效果的化合物	效果不明显的化合物
糖类和糖醇类	木糖醇、山梨醇、葡萄糖、半乳糖、乳糖、蔗糖、麦芽糖	甘油（丙二醇）、木糖、核糖、蜜二糖	淀粉、甘露糖醇
氨基酸类	天门冬氨酸、谷氨酸、半胱氨酸、谷胱甘肽	赖氨酸、组氨酸、丝氨酸、丙氨酸、羟脯氨酸	甲硫氨酸、异亮氨酸、缬氨酸、色氨酸、苏氨酸

续表

分类	效果显著的化合物	中等效果的化合物	效果不明显的化合物
羧酸类	马来酸、戊二酸、乳酸、苹果酸、酒石酸、柠檬酸、葡萄糖酸	己二酸	草酸、庚二酸
其他	乙二胺、醋酸	磷酸盐	肌酸酐

① 糖类的添加效果：加入糖类可以在一定程度上有效地防止鱼糜蛋白质的冷冻变性。一般认为，糖类是通过改变蛋白质中存在的水的状态和性质间接地对蛋白质起作用，从而防止变性。糖类对蛋白质热变性的防止效果与糖分子中—OH 数量多少有关，—OH 数目越多，抗冻效果越好。蔗糖和山梨醇比其他带同样数目—OH 的糖类具有更强的效果，一般认为与糖类分子中的—OH 配位有关。还发现防止冷冻变性所需要的糖类浓度很低，只是防止热变性所需浓度的 1/40 左右。糖类对鱼肉蛋白质的变性防止效果与悬浊液的蛋白质质量没有关系，只取决于添加糖类的摩尔浓度，即如果与蛋白质共存的水中的糖类摩尔浓度一样，防止冷冻变性的效果就一样。因此，水分含量多的鱼糜，糖类的添加量就大一些，否则就可以少添加。在同一鱼糜中，糖类的添加量越多，对防止变性的效果就越好。冷冻鱼糜中加糖量一般为脱水肉的 5% ~8%，如果以鱼肉的水分含量为基准进行换算，这个浓度相当于 0.3~0.5mol/L，此时，冷冻鱼糜的 pH 为中性，正是蛋白质最稳定的时候，从而起到防止蛋白质冷冻变性的效果。鱼糜的长时间冷冻储藏，必须使鱼肉保持 pH 中性，同时尽可能脱水，在许可范围内混合高浓度的糖。

② 多聚磷酸盐的添加效果：为了有效防止蛋白质的冷冻变性，在添加糖类的同时，一般要添加复合食品磷酸盐。在添加效果上，以焦磷酸钠和三聚磷酸钠为最佳。其作用机制包括三个方面，一方面是提高鱼糜的 pH 使其保持中性。复合食品磷酸盐本身具有一定的缓冲作用，添加后，可以抵消鱼糜中生成的乳酸对肌原纤维蛋白质和凝胶强度的不良影响，使鱼糜 pH 保持中性。第二方面，复合磷酸盐的加入还能引起离子强度的增加。漂洗除去部分无机盐离子后，使鱼糜的离子强度降低，保水性下降，加速了肌原纤维蛋白的变性，因此，必须添加复合磷酸盐，以达到既可以使蛋白质冷冻变性减少、又可适当增加保水性的目的。第三，复合磷酸盐还能促进冷冻鱼糜中肌原纤维蛋白质的凝胶，在鱼糜 pH 提高、鱼糕的弹性增加以及在解冻时防止滴水现象等方面都有明显的作用（因保水性提高），所以在糖类抑制冷冻变性时起辅助作用。

（2）适当的漂洗可增加鱼糜蛋白的抗冻性　漂洗的作用是将水溶性蛋白除去，提高鱼肉蛋白的抗冻性。但不同的漂洗液对鱼糜进行漂洗结果大不一样，如直接采用 $CaCl_2$ 溶液漂洗可能会造成鱼糜中离子强度过高而导致蛋白质的冷冻变性增加；先用氯化钙溶液漂洗，再用焦磷酸钠或柠檬酸钠溶液漂洗，蛋白质冷冻变性也较大。如果先用柠檬酸钠，后用氯化钙漂洗，可提高蛋白质的抗冻性。

（3）实现快速冻结和深温冻结，并保持冷冻贮藏过程中温度的恒定。

（二）冷冻鱼糜的生产工艺及质量控制

1. 工艺流程

原料鱼→去头、去内脏→清洗（洗鱼机）→采肉（采肉机）→漂洗（漂洗装置）→精滤（精滤机）→脱水（离心机或压榨机）→搅拌混合（搅拌机）→10kg 成型（成型机）→速冻（平板冻结装置）→冻藏

↑

蛋白质变性防止剂

2. 操作要点

（1）原料鱼　所有可食鱼类都可以作为生产鱼糜食品的原料，但是要考虑到产品价格、味道、色泽和制品弹性等问题，那么原料鱼的品种就会受到限制。一般选用白肉鱼类如白姑鱼、狭鳕、蛇鲻、海鳗等作原料。红肉鱼类因肌肉组成成分的特点，生产的鱼糜食品在白度和弹性方面都不如白肉鱼类。但实际生产中由于红肉鱼类如鲐鱼和沙丁鱼等中上层鱼类的资源比较丰富，是重要的加工原料，因此在工艺上需要稍作改进以提高鱼糜制品的弹性和改善色泽。

鱼类的鲜度也是选择原料时必须考虑的重要因素之一。相同的鱼类由于鲜度不同生产出来的鱼糜质量有很大差异，尤其是凝胶形成能力随原料鱼鲜度的下降而明显下降。因此，原料鱼鲜度越好，鱼糜的凝胶形成能力越强，生产的鱼糜制品的弹性就越好。日本全国冷冻鱼糜协会所制订的品质标准也将原料鱼的鲜度列为首位。尽可能使用处于僵硬期鲜度的原料鱼，处理前必须用冰或冰水冷却保鲜。另外，要生产质量好的冷冻鱼糜，必须选择好原料鱼的捕获季节，作为冷冻鱼糜的原料鱼尽量选择产卵前以及鱼肉脂肪含量低的季节所捕获的为宜。

（2）前处理　原料前处理包括三去（去头、去内脏、去鳞和皮）和第二次洗涤等工序。进厂的原料鱼按鱼种分类并按鲜度区分开，然后用洗鱼机或人工方法冲洗，进行第二洗涤除去腹腔内的残余内脏、血液和黑膜等。

① 原料鱼处理及鱼体洗涤：接收的原料鱼按鱼种类分类，并按新鲜度分开，然后用洗鱼机冲洗，除去鱼体表面污物和有害的无机离子。

活鱼的肌肉通常认为是没有细菌的，只有内脏、鳃和体表部分带有细菌。鱼体上的细菌 95% 是由外界传入的。洗涤在一定程度上可减少细菌的污染和酶的作用，彻底洗涤可使鱼体上细菌减少 80 ~90%。

② 剖割、去头、去内脏：剖割的目的是除去不需要的部分，防止内脏的血污在采肉工序中带入，同时还应当切去鱼头、去掉鱼磷，有时还要去掉鱼皮。内脏黑膜务必除尽，否则将影响冷冻鱼糜的品质。

③ 第二次鱼体洗涤：任何内脏残留物存在于鱼糜中，都会影响产品的质量。因为内脏残留物含有高活力蛋白酶和脂酶，在冻结中也能作用，是造成鱼糜品质下降的原因。所以在生产冷冻鱼糜的过程中，已剖割的鱼体在机械采肉前一般要洗 2 ~3 遍，水温在 10℃以下，必须加入碎冰以降温。

（3）采肉　采肉是指利用采肉机械将鱼的肉和皮骨等分开的过程。采肉机的种类可分为滚筒式和履带式等，目前普遍使用的是滚筒式采肉机。滚筒式采肉机的工作原理是：采肉时，将洗净的鱼体送入带网眼的滚筒与滚筒一起转动的宽平大橡胶皮带圈之间，靠滚筒转动和与橡胶皮带圈之间的挤压作用，鱼肉穿过滚筒的网状孔眼进入滚筒内部，而骨刺和与皮在滚筒表面从而达到鱼肉与骨刺鱼皮分离的目的。滚筒式采肉机结构、原理示意如图 7 – 1 所示。

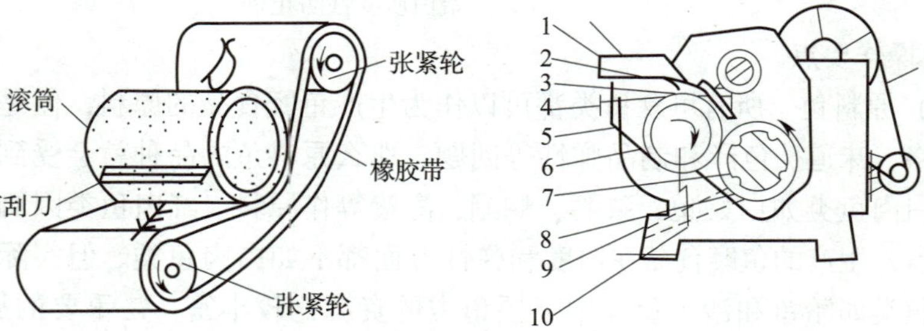

图 7 – 1　滚筒式采肉机结构、原理示意图

1—鱼头　2—压料机　3—多孔滚轮　4—偏心轮　5—压料板　6—多孔滚筒刮刀　7—橡皮滚筒　8—橡皮滚筒刮刀　9—皮骨出口　10—鱼肉出口　11—驱动机构

滚筒式采肉机网眼孔径 3 ~ 5mm，可根据实际生产需要选择。孔径越小，采肉率越低，但采的肉中骨刺少。采肉率因鱼种而不同，一般在 35% ~65% 之间。另外采肉率还可以通过橡皮带圈和滚筒之间的紧密程度来调节。压力太小，采肉得率低；压力太大，鱼肉中混入的骨和皮较多，影响产品质量。因此，应根据生产的实际情况，适当调节，处理好采肉率和产品品质的矛盾，尽量使鱼肉中少混入骨和皮。过于追求采肉率，附于鱼皮的暗色肉、脂溶性色素等也混入鱼肉中，将会影响鱼糜的弹性和色泽，即影响了产品的商品价值。同时，要防止操作中肉温上升，以免影响产品质量。操作中鱼肉温度不得超过 3℃。任何形式的采肉机都不能一次性将肉采取干净，即在皮骨肥料中仍残留少量肉，故可进行第二次采肉，但第二次采肉质量较低一次差，色泽较深，碎骨较多，2 次采肉不能混合，分别存放。生产冷冻鱼糜必须采用第一次采的肉，第二次采的肉不做冷冻鱼糜，一般作为油炸制品的原料。

（4）漂洗　漂洗是指用水或水溶液对所采的鱼肉进行洗涤，以除去鱼肉中的水溶性蛋白、色素、气味、脂肪、残余的皮及内脏碎屑、血液、无机盐类等杂质。它是生产优质冷冻鱼糜的重要工艺技术，对红肉鱼和鲜度差的鱼肉更是必不可少的技术手段，对提高冷冻鱼糜质量及其贮藏性能、拓宽生产冷冻鱼糜的原料鱼品种范围等都起到了很大的作用。通过漂洗除去鱼肉中含有的促蛋白质变性的成分来提高其耐冻性。同盐析变性相关的无机离子，特别是 Ca^{2+}、Mg^{2+} 被认为是变性促进因子。西谷等人的试验表明：漂洗后，随着鱼肉中灰分的减少，冷冻中肌原纤维的不溶性受到抑制。此外，采用 $CaCl_2$、$MgCl_2$、NaCl 等溶液进行漂洗或将这些盐类直接加入鱼肉中，可明显观察到耐冻性的下降。

漂洗过程是将采下的碎鱼肉用3～5倍量的冷水反复数次浸渍、搅拌、静置、排水。漂洗的方法一般有2种：一种是清水漂洗，另一种是稀碱盐水漂洗，如何选择使用要根据鱼类肌肉的性质来决定。一般的白色肉鱼类如海鳗、狭鳕、白鲢等可直接用清水漂洗，而红色肉较多的中上层鱼类如鲐鱼、远东拟沙丁鱼等，由于肌肉组织内含酶量多且活力强，鱼体死后糖原的分解产生乳酸，使鱼肉呈酸性，导致肌原纤维蛋白质不稳定，易产生变性。另外，其水溶性蛋白质因在结构上的特异性而在一般的水溶液中不溶解，用一般常规的清水漂洗不能达到使之除去之目的，所以只有用稀碱盐水来清洗，这样不仅可促进水溶件蛋白质的溶出和除去，而且又可使鱼肉pH提高到6.8，接近中性，以有效地降低蛋白质的冷冻变性，增强鱼糜制品的弹性。

①漂洗方法：清水漂洗，鱼水比例1:(5～10)，根据需要按比例将水注入漂洗池与鱼肉混合，慢速搅拌8～10min，使水溶性蛋白充分溶出，静止10min使鱼肉充分沉淀，倾去表面漂洗液，再加入一定比例的水，反复漂洗3～7次。稀碱水漂洗，主要用于多脂红肉鱼，鱼水比例1:(4～6)，一般漂洗3～5次，先用清水漂洗1～3次，然后用0.1%～0.15%食盐水和0.2%～0.5%的碳酸氢钠溶液进行漂洗，可分别进行，也可以混合进行。

②漂洗次数和用水量：漂洗用水量越大，漂洗次数越多，鱼糜的质量越好；但同时用水量越多，鱼蛋白和呈味物质流失也越大，致使鱼糜得率和制品风味下降。一般来说，漂洗的用水量和次数由原料鱼的鲜度和产品的质量要求来决定，鲜度极好的或产品质量要求不高的，可通过减少用水量和漂洗次数来提高产品得率，降低成本。对大多数鱼来说，普遍采用2～5次漂洗。

③漂洗温度和水质对鱼糜的影响：水质对食味无明显影响，但影响鱼糜的光泽、色泽质量和成品率。水温应控制在3～10℃，过高促使蛋白质变性，过低不利于水溶性蛋白质洗出。过多漂洗得率低、脱水困难。漂洗用水一般使用自来水，基本符合要求，但要避免使用富含多价金属离子的水，如钙离子和镁离子等。水温对漂洗效果和肌肉蛋白质变性有重要的影响，漂洗水温应控制在3～10℃，过低的水温不利于水溶性蛋白质的溶出，过高导致蛋白质变性。

④漂洗液pH和漂洗时间：肌肉蛋白质形成最佳凝胶的最适pH为6.5～7.5，因此，在生产冷冻鱼糜的漂洗工艺中应调节漂洗水pH为6.8，特别是pH较低的红肉鱼类要用稀碱水溶液进行漂洗，使鱼肉pH上升至6.8～7.0，漂洗时间一般每次在10min左右。

(5) 精滤与脱水　精滤的目的是除去残留在鱼肉中的骨刺、鱼皮、鱼鳞等杂质。根据原料鱼种和产品质量要求的不同，生产上有2种不同的工艺。红肉鱼类，经过漂洗脱水后，再通过精滤机将细碎的鱼皮、鱼骨等杂质去除，过滤网孔1.5mm。由于漂洗脱水之后鱼肉水分减少，肉质变硬，在分离过程中，鱼肉和机械之间会摩擦发热，因此，在使用精滤机时，必须经常在冰槽中加冰，降低机身温度，使鱼肉温度保持在10℃以下。白肉鱼类，经过漂洗后先脱水、精滤、分级再脱水。经漂洗后的鱼糜用网筛或滤布预脱水，然后用高速精滤分级机进行分级，网孔直径0.5～0.8mm。使用分级精滤机分级过滤鱼肉，可以得到3种以上的产品质量等级。第一段分离出来的鱼肉色泽洁白，不溶性蛋白质少，质量最好，为一级肉，第二、第三、第四段分离出来的鱼肉色泽逐渐变深，不溶性蛋白质逐渐增多，过滤得到的鱼肉分别为二级、三级和四级。

冷冻鱼糜和鱼糜制品对水分含量有严格的要求。由于鱼肉经漂洗后水量较多，所以必须脱水。脱水的方法有3种：第一种是过滤式旋转筛，第二种是螺旋压榨机，第三种是用离心机离心脱水。鱼糜经脱水后水分含量在80%左右。

（6）添加冷冻变性抑制物质　如前所述，冷冻鱼糜技术的开发主要是取决于冷冻变性抑制物质的发现，现常用的抑制剂有：砂糖、山梨醇、聚合磷酸盐。厂家不同，鱼种不同，其添加剂种类及添加量也不同（表7－3）。

表7－3　日本冷冻鱼糜冷冻变性抑制剂的添加量　单位：%

类别	蔗糖	山梨醇	多磷酸盐	食盐
狭鳕无盐鱼糜	4	5	0.3	0
白姑无盐鱼糜	5	0	0.3	0
狭鳕加盐鱼糜	5	5	0	2.5

搅拌的目的的主要是将加入的抗冻剂与鱼糜混合均匀，以防止或降低蛋白质冷冻变性的程度。搅拌由捏和机完成。目前应用比较多的标准抗冻剂配方为：蔗糖4%、山梨醇4%、三聚磷酸钠0.15%、焦磷酸钠0.15%、蔗糖脂肪酸酯0.5%。其中，蔗糖和山梨醇能通过改变蛋白质中水的存在状态而间接地起到防止蛋白质冷冻变性的作用；复合磷酸盐具有持水和提高鱼糜pH的作用，使鱼糜pH保持在中性，在此条件下肌原纤维蛋白质的稳定性最好；蔗糖脂肪酸酯主要起乳化作用，使抗冻剂与鱼糜充分均匀。如何有效降低鱼糜蛋白质冷冻变性的程度，科研人员一直在探索和研究，目前已经发现谷氨酸钠、乳清蛋白质和谷氨酰胺转氨酶（TGase）都具有较好地防止鱼糜蛋白质冷冻变性的作用。

（7）成型、包装　要求将鱼糜包成厚度6～8cm的长方块。包装袋为聚乙烯塑料有色袋，以区别不同鱼种。为防止氧化，包装适应尽量排除袋内的空气。包装塑料袋表面需表明鱼糜的名称、等级、生产日期、质量、批号。

包装规格，每袋重10kg，为防止塑料袋在生产过程中破损，要求塑料袋单层厚度大于0.04mm。包装后由传送带送入金属检测器检查，确保产品中无金属杂质混入。

（8）冻结、贮藏　根据冻结速率对不向形态鱼肌蛋白质冻结变性的研究显示，冻结速度对肌原纤维蛋白质有一定的影响，这与冰晶形成的大小和部位有关。缓冻时，冰晶首先在肌纤维间隙中生成，并逐渐长大，蛋白质的变性也就严重；而速冻时，冰晶在肌纤维内部和间隙中同步生成，形成的冰晶较小，蛋白质的变性也较小，对鱼糜来说，肌纤维大部分已破裂，所以冻结速度对蛋白质变性的影响比较小。而冻藏温度对鱼糜蛋白质的变性影响较大。一般来说，温度越低，蛋白质的变性速度就越慢，所以，冷冻鱼糜应尽量可能在最短时间内送去冻结。通常使用平板冷冻机，冻结温度为 -35℃，时间 3～4h，使鱼糜的中心温度达到 -20℃。由于平板冻结机具有冻结速度快的特点，能迅速通过 -1～-5℃的最大冰晶生成区，这样就能保持冻结产品的细小冰晶，保证冷冻鱼糜的冻结质量。贮藏温度 -20℃以下。对中上层鱼类，因为在 -20℃以下温度脂肪仍有氧化作用，最好使用更低的温度贮藏。冻藏时间一般以不超过 6 个月为宜。整条冷冻鱼糜生产的工艺设备流程图见图 7-2。

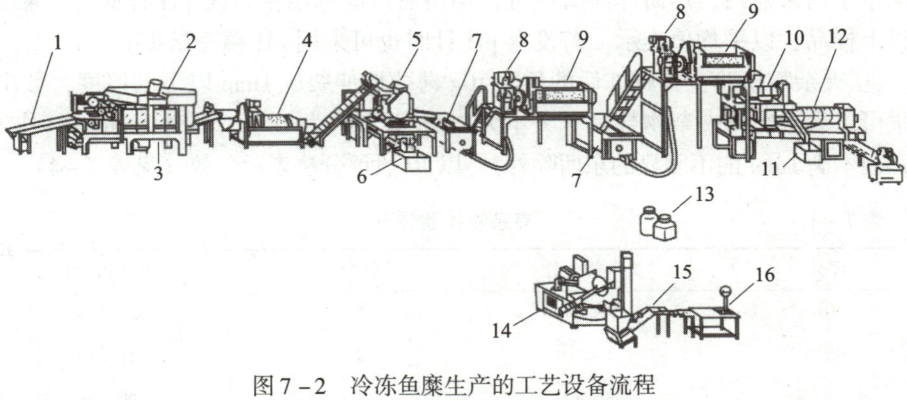

图 7-2 冷冻鱼糜生产的工艺设备流程

1—原料鱼 2—预处理机 3—鱼头内脏 4—洗鱼机 5—采肉机 6—皮和骨
7—漂洗槽 8—泵 9—旋转塞 10—精滤机 11—筋和鳞
12—旋转压缩机 13—抗冻剂 14—混合调配机 15—充填机 16—计量器

（9）流通 低温环境下运输。

（三）冷冻鱼糜的品质及评定

1. 品质规格

冷冻鱼糜同鲜鱼不同，其品质无法从外观上加以判定，这是冷冻鱼糜流通过程中最大的问题。因此厂家设定可信赖的品质规格，严格地进行生产管理，同时流通业者严守运输、贮藏条件也是非常重要的。

2. 贮藏中的品质变化

冷冻鱼糜同鱼一样贮藏温度越低且库温变化越小，其品质越好。采用无漂洗的狭鳕鱼糜进行的试验表明，-35～-20℃之间，贮藏温度几乎无影响，但 -10℃贮藏时，2 个月左右开始品质急剧下降。因此，狭鳕冷冻鱼糜的贮藏界限温度被认为 -20℃。一般的冷冻鱼糜也基本上采用 -18～-20℃库温进行贮藏。

来自贮藏温度的负面影响，越是品质差的鱼糜越是明显。如将 A 级、C 级反复冻结、解冻，C 级鱼糜的品质显著下降。

3. 冷冻鱼糜的质量评定

（1）冷冻鱼糜必检项目

① 水分：将冻结状态的鱼糜连同聚乙烯包装一起或者切成适当大小的块状，放入到另一个聚乙烯塑料袋中以防止水分的蒸发，半解冻后取样。待品温上升到0℃以上后，取 5 ~ 10g 样品在称量瓶内，以 100 ~ 105℃ 干燥到恒重。使用红外线水分测定仪时，薄薄地切取经上述解冻后的鱼糜 5 ~ 10g，直接放入试料器上进行干燥即可。

注意：不可除去聚乙烯塑料袋进行赤裸解冻，以免水分蒸发损失。若将冻结状态的鱼糜直接称量时，由于水分的蒸发会造成误差。

② pH：在解冻的 5g 鱼糜中加入 45mL 蒸馏水或者在 10g 鱼糜中加入 90mL 的蒸馏水于匀浆器内，用研钵研磨也可，均质后过滤取清液，用 pH 计测定。测定 2 个以上样品，以平均值表示。若没有 pH 计时也可采用 pH 精密试纸。

③ 夹杂物检验：将解冻后的鱼糜 10g 薄薄地伸展成 1mm 以下的厚度，数出以肉眼可以看得出的夹杂物数目（大小为 2mm 以上的为 1 个，不满 2mm 的计作 1/2 个，但不满 1mm 的不明显的东西除外），以 10 段评分法表示分数（见表 7 -4）。

表 7 -4　夹杂物检验评分

评分	夹杂物个数	评分	夹杂物个数
10	0	5	12 ~ 15
9	1 ~ 2	4	16 ~ 19
8	3 ~ 4	3	20 ~ 25
7	5 ~ 7	2	26 ~ 30
6	8 ~ 10	1	31 以上

（2）冷冻鱼糜选项检项目

① 白度：将适当量的解冻鱼糜紧密而无空隙地塞入测定用的玻璃容器内，直接用色差计（白度计）测定，根据 CIE（国际照明委员会）系列的 *XYZ*（刺激值）的 *Z* 值来求出以 3 个以上样品的平均值来表示。

就目前现状来看，测定值还不稳定，有待今后确立了适当的测定条件后，提高测定值的可信度，努力使之成为必要项目。

② 明度：与白度测定时同样调制后，用色差计求得 UCS（等色差色）系列的 *L*、*a*、*b* 值，以 3 个以上样品的平均值来表示。

③ 加压滴液：将解冻好的鱼糜 50g 放入到直径为 35mm、长为 150mm 的圆筒内，最初加 500g 负重，5 ~ 10min 后再加 500g 的负重，求出约 20min 为止滴下的液汁量，以相对样品质量的滴液量百分比（%）来表示。

④ 黏度：在解冻后的 143g 鱼糜中加入 3.5% 食盐水 857mL（无盐鱼糜时最终

的食盐量为3%，因此，在加盐鱼糜时为使最终食盐量达到3%，要调节好食盐水的浓度)，将此溶液放入到冷却防泡兼用的混合机（三菱 JM310 型）进行磨碎（1 个刻度为8min，液温为8～10℃），放置40min后，用 Brooksfield 型黏度计（东京计器制 C 型）在液温为（10±0.5）℃下测定转子转速为4r/s时的黏度。

注意事项：3.5%的食盐水应冷却至10℃以下。当鱼糜、食盐水量太多时，各分成一半也行。混合机要特别注明。

思考题 >>

1. 冷冻鱼糜生产技术的发展有什么意义？
2. 简述鱼肉蛋白质的冷冻变性的机制。
3. 影响蛋白质冷冻变性的因素有哪些？应怎样控制？
4. 怎样评价蛋白质的冷冻变性？
5. 在冷冻鱼糜生产中如何控制蛋白质的冷冻变性？
6. 简述冷冻鱼糜的生产工艺。
7. 评价冷冻鱼糜品质的指标有哪些？怎样评价？

三、 鱼糜制品加工技术

（一） 工艺流程

原料的选择和搭配→原料的处理→采肉→漂洗→精滤→脱水
↓
鱼糜→半解冻→擂溃或斩拌→成型→凝胶化→加热→冷却→包装与贮藏

（二） 操作要点

1. 原料的选择和搭配

选择原料应注意：① 鲜度；② 鱼肉的凝胶形成能、耐冻性、味道、色泽、价格等；③ 根据对产品的要求以及已有原料的情况进行合理选择与搭配。

一般将凝胶形成能力大而味道差的鱼配合以美味的鱼；而味道好、凝胶形成能力小的鱼配以凝胶形成能力强的鱼；或者富有美味、凝胶形成能力好、价格高的优质鱼配以鲜度较好的低质杂鱼。

原料鱼如为鲜活或冷冻鱼时，从“三去”处理到脱水等工艺，应按前面讲述过的冷冻鱼糜的加工工艺要求进行操作。如原料为冷冻鱼糜时，要先进行半解冻，解冻方法可采用自然解冻、温水解冻、蒸汽喷解冻和流水解冻等。一般情况使用自然解冻的方法，在室温下放置一段时间后，进切块机切成小块待用。

2. 原料的处理、采肉、漂洗、脱水

这与冷冻生鱼糜工艺一样。

3. 精滤

为增强擂溃效果，将鱼肉在精滤机中进行精滤，可以破坏鱼肉的组织细胞，使其在擂溃时增加与食盐的接触面积，且部分地除去鱼肉半结缔组织、碎皮、碎刺等。由于精滤是通过机械的挤压作用进行的，在精滤过程中会产生一部分热量，为防止蛋白质的变性，一般精滤工序在前、脱水工序在后，使鱼肉中的水分带走一部分由于挤压产生的热量。

4. 擂溃或斩拌

擂溃就是将鱼糜加上制作所需的各种调味品、添加剂进行搅拌、研磨，使鱼肉纤维组织进一步破坏。当加入食盐后能促进盐溶性蛋白质溶出，使鱼糜成为黏性很强的溶胶，这是鱼糜制品生产的一道很关键的工序。要求鱼糜不仅要和添加的辅料充分混合均匀，还要产生较强的黏弹性，这样才能使制成的鱼糜有很好的凝胶强度。

操作过程分为空擂、盐擂、调味擂溃 3 个阶段。高档产品（如鱼糕）一般对鱼糜进行一段时间的空擂，目的是破坏鱼肉细胞组织，为盐溶性蛋白质的溶出创造条件。空擂时间根据具体情况而定，一般为 3～5min；碎鱼肉粒比较粗大或未完全解冻的冷冻鱼糜，其空擂时间可以长一些。然后进行加盐擂溃，加入 2%～3% 的食盐继续擂溃，鱼肉逐渐黏稠，并可成为大块的稠状物，可酌情分次加冰或水，使蛋白质充分水合。盐擂的目的是使盐溶性的肌原纤维在盐水中溶解出来，变为黏稠的溶胶体，再通过擂溃的研磨搓揉作用，更好地形成网状结构。盐擂时间应酌情适度控制，一般在 20～30min，时间过长易引起鱼肉升温，导致蛋白变性而影响凝胶强度。为防止过度擂溃鱼糜的温度升高，盐溶性蛋白质变性程度增加，影响凝胶形成能力，一般在擂溃过程中鱼糜温度要控制在 10℃ 以下，因此，原料鱼糜可以解冻到可以半解冻状态，并在斩拌或擂溃过程中适当加入碎冰以控制温度。有条件的工厂常使用带冷却装置的擂溃机。

调味擂溃：鱼糜制品为了呈味、成型等需要，在鱼糜中常加入各种调味剂、弹性增强剂及其他辅料。这些添加物须在盐擂后才能加入，添加时要注意有些不易溶于水的物质如聚磷酸盐、防腐剂等，需事先制成浓溶液才能加入。此外，添加顺序也需合理掌握，有些辅料如蛋清、凝胶增强剂应在最后加入。

常用的鱼糜制品的辅料及添加剂有如下几种：

（1）油脂　鱼糜制品用的油脂，使用方法一般有 2 种：一种是在鱼糜中直接添加作为配料；另一种是对鱼糜加热处理，同时兼做调味作用，如油炸鱼糜用油。添加油脂的目的是：

① 改变制品的味觉和食感，使制品具有滑润、柔软的感觉；

② 增进食品的营养价值。在鱼糜中加入油脂后，对鱼糜的黏度、可塑性、制品的硬度弹性以及其他添加剂的融合性、分散性、乳化性、亲水性、成型性、与肠衣的接着性都会有一定的影响；同时还有脂肪氧化的问题。油炸食品与一般食品相比，有防止霉菌污染的作用，可以提高鱼糜制品的保藏效果，同时赋予制品以炸制的美味和色泽。

（2）淀粉　在鱼糜制品生产中，有时需加入一定量的淀粉作为弹力增加剂；同时，从降低成本的目的出发，又起到增量剂的作用。

淀粉种类：食品工业上应用的一般有马铃薯，小麦淀粉、山芋淀粉、玉米淀粉。淀粉是葡萄糖脱水缩合后的天然高分子物质，可分为直链淀粉和支链淀粉，一般是20%～25%的直链淀粉和75%～80%的支链淀粉的混合物。

淀粉的作用：淀粉不溶于冷水，在水中形成悬浊液，具有悬浊液特性。浓度高于40%时，显示极高的黏性；浓度达45%以上时，几乎完全失去流动性。淀粉具有糊化现象，在适宜温度下（60～80℃），在水中吸水，溶涨、崩裂、分散形成均匀糊状溶液。其本质是有序及无序态的淀粉分子间的氢键断开，分解在水中成为胶体溶液。淀粉糊化后可以达到很高的黏度，具有凝胶化的性质，因而对一些凝胶形成能力差的鱼肉，加入一定数量的淀粉。可以起到增加黏性和弹性的作用；另外淀粉的加入使鱼糜制品保水性得以提高，并且降低了鱼糜制品的成本。

淀粉在鱼糜制品加工中的添加量一般控制在5%～20%。

（3）植物蛋白　植物蛋白添加到鱼糜制品中起到弹性增强的作用，主要作为鱼糜制品的弹性增强剂使用，常用的有大豆蛋白和小麦蛋白两大类。

（4）蛋清　蛋清是鱼糜制品的弹性增强剂，在鱼糜制品中添加全卵白，不论是立即加热还是经凝胶化以后加热，凝胶强度都有显著的增强，尤其是经凝胶化（10℃凝胶化20h，或40℃凝胶化60min）后加热的制品，其弹性增强更为突出。从破断强度来看，添加10%全蛋清最好。而感官鉴定则加20%为最佳，加量过多不仅弹性增补效果降低，并且会因有卵白而有损风味。

（5）明胶　明胶是加热水时动物的皮、骨、软骨等胶原物质得到的一种蛋白质。添加量一般为3%～5%。明胶能形成高分子凝胶，因而广泛应用于各种食品中，作为悬浮液、油脂乳化剂、色素和香料的分散剂、产品的增亮剂等。鱼糜制品中添加明胶能填渗肌肉纤维的间隙，增加光泽，切薄片时也不易崩坏，各种鱼味溶出成分和香辛料在明胶凝胶中含量均匀，不易产生味的分离现象。

（6）糖类　糖类在冷冻鱼糜生产中作为蛋白质冷变性抑制剂使用。蔗糖与食盐有互减甜味与咸味的作用，与其他味感物质一起有改善风味的作用。在鱼糜制品中添加糖类，除了缓冲咸味外，还有防腐、去腥、解腻、改善风味，并可增强蛋白质保水性的作用。在鱼香肠中加入糖，可防止亚硝酸钠的氧化而起到辅助发色的作用。

（7）磷酸盐　复合磷酸盐（品质改良剂焦磷酸钠和三聚磷酸钠的等量混合物）添加在鱼糜中作为鱼肉蛋白质的冷冻变性防止剂，也可起到增强鱼糜制品弹性的作用。

（8）其他　鲜味剂能赋予鱼糜制品更鲜美的口感。在鱼糜制品中，常用的鲜味剂主要有味精（谷氨酸钠）及特鲜味精（鸟苷酸、肌苷酸）。一般将味精和苷酸类鲜味剂按比例混合使用能产生很强的鲜味口感。有时使用冷冻鱼糜做原料时，由于漂洗工序使鱼肉的原鲜味部分流失，为更突出鱼味，或者在制作仿贝类、仿蟹肉类鱼糜模拟食品时要体现出贝、蟹的鲜味，需要另加鱼、贝、蟹类呈味剂。这些呈味剂大多数是从天然鱼、贝、蟹的下脚料中提取的，带有浓郁的特色香鲜风味，是一类新型的风味呈味剂。解腥剂在鱼糜制品中也是不可或缺的。根据国内消费者的习惯，通常有酒、姜、葱等。加入这些调料，是为了解除鱼糜中的鱼腥味，特别是某些质量较差、腥味较重的红色肉鱼类。鱼糜制品中通常使用醇厚和顺的黄酒，但加酒量不宜过多，以免增加鱼糜中的水分含量。其他香辛料如姜、葱的加入，最好榨取其汁添加到鱼糜之中，否则易破坏鱼糜的弹性。

擂溃时所用的机器，一般为擂溃机。近年来，很多厂家使用斩拌机和真空斩拌机代替擂溃机，擂溃效果更好，并能大大缩短擂溃时间。

影响擂溃效果的因素包括时间、温度、食盐浓度和各种辅助料的添加方法。若擂溃不充分，则鱼糜的黏度不定，加热后制品弹性差；擂溃时间过长，因鱼糜温度升高使蛋白质变性而失去亲水性能，也会引起弹性下降。擂溃时间一般控制在20～30min；擂溃温度一般控制在0～10℃；食盐加入量一般在2%～3%，鱼肉温度在4℃以上时加入最佳。加盐目的一是调味，二是使鱼肉中盐溶性蛋白质充分溶出，提高制品弹性。为提高鱼糜制品的质量，一般可使用真空擂溃机和真空斩拌机，以便把鱼糜在擂溃等加工中混入的气泡驱走，使其对质量的影响减小到最低程度。

5. 成型

擂溃后的鱼糜混合物呈黏稠胶着的糊状体，需立即通过加工使其成为所需的各种形状，如搁置时间过长、室温过高，会逐渐失去黏性和塑性，并形成不可逆的凝胶体，无法继续加工。目前，各种成型机早已代替了过去粗糙缓慢的手工操作，不仅大大节省了劳动力、加快了制作速度，而且还能随需制成多种造型；同时，也大大提高了鱼糜制品的质量。目前使用的成型机有鱼丸机、鱼糕机、天妇罗多功能成型机、鱼肉香肠机、鱼卷成型机、模拟蟹腿肉成型机、仿大虾仁成型机等，可根据各品种的不同要求，加工成各种各样的形状和品种。

6. 凝胶化

鱼糜在成型之后加热之前，一般需在较低温度下放置一段时间，以增加鱼糜制品的弹性和保水性，这一过程称为凝胶化，这种现象俗称为“坐”。“坐”的时间因品种而异，可根据具体情况调整产品的凝胶化温度和时间。需在实践中积累经验，以控制最佳时间。

7. 加热

鱼糜制品经过“坐”以后，虽然初步产生了凝胶化现象，但触摸仍然易散，需经过加热工序将之最后定型。加热不仅能使产品最终定型，而且可以熟化产品，并起到杀灭细菌、延长保藏期的作用。不同的鱼糜制品，根据其不同的要求加热方法各异。最常见的是加热方式有蒸、煮、焙、烤、炸5种或采用组合的方式进行加热。目前，常用的设备有自动蒸煮机、自动烘烤机、鱼丸鱼糕油炸机、鱼卷加热机、高温高压加热、远红外线加热机和微波加热设备。

盐擂鱼糜的加热过程对制品的弹性有很大的影响，而最终达到的温度对制品的保存性又有影响。使鱼糜慢慢地通过凝胶化的温度带以促进网状结构的形成，再使其快速通过凝胶劣化带而避免构造劣化则能得到较强弹性的制品。即两段加热原理：将鱼糜选择在一个特定的凝胶化温度带中进行预备加热后，放入85～95℃温度中进行高温快速加热30～40min，这样，不仅可快速通过凝胶化劣化温度带，而且可使鱼糜制品的中心温度达到80～85℃，达到加热杀菌的目的。

8. 冷却

加热完毕的鱼糜制品大部分都需在冷水中急速冷却，使其吸收加热时失去的水分，防止发生皱皮和褐变等现象，并使制品表面柔软和光滑。急速冷却后制品的中心温度仍较高，要放在冷却架上让其自然冷却，也可通过通风冷却机或自动控制制冷机冷却。冷却室的空气要进行净化处理并控制适当温度，最后用紫外线杀菌灯进行表面杀菌。

9. 包装与贮藏

一般采用真空包装机，放在（0±1）℃的冷库中贮藏。

（三） 质量评定

1. 感官检验

感官检验应在光线充足、无异味、清洁卫生的场所进行，按表7－5逐项检查。

表7－5　　鱼糜制品感官检验

项目	要　求
冻品外观	包装袋完整无破损、不漏气，袋内产品形状良好，个体大小基本均匀、完整、较饱满，排列整齐，丸类有丸子的形状，模拟制品应具有特定的形状
色泽	鱼丸、鱼糕、墨鱼丸、墨鱼饼、贝肉丸和模拟扇贝柱白度较好，虾丸和虾饼要有虾红色，模拟蟹肉正面和侧面要有蟹红色、肉体和背面色泽白度较好
肉质	口感爽，肉滑，弹性较好，10分法评定≥6分
滋味	鱼丸和鱼糕要有鱼鲜味，虾丸和虾饼要有虾鲜味，贝肉丸和模拟扇贝柱要有扇贝柱鲜味，模拟蟹肉要有蟹肉特有的鲜味。味道较好，10分法评定>16分
杂质	允许有少量2mm以下小鱼刺或鱼皮，但不允许有鱼骨鱼皮以外的夹杂物

肉质和滋味的评定方法：首先将鱼糜制品解冻，然后水煮。将1L饮用水倒入洁净的容器中煮沸，放入解冻后的试样100～200g，盖严，煮沸1～2min，停止加热，开盖即嗅气味，取出后品尝。用10分法评定肉质和滋味，以综合分数评定其质量。评分方法见表7－6。

表 7-6　　滋味和肉质弹性评分标准

评分	10	9	8	7	6	5	4	3	2	1
弹性	极强	非常强	强	稍强	一般	稍弱	弱	非常弱	极弱	一触即溃
滋味	极好	非常好	好	稍好	一般	稍差	差	非常差	极差	有异味

2. 理化指标

理化指标见表 7-7。

表 7-7　　鱼糜制品理化指标

项目	指标
失水率	≤6%
淀粉	≤10（模拟蟹肉）；≤15（其他产品）
水分	≤82%
净含量负偏差	≤3%

净含量负偏差：将样品拆除包装，不解冻直接称量，所用衡器的最大称量值不能超过被称样品质量值的 5 倍。净含量偏差按下式计算：

$$A = \frac{m_1 - m_0}{m_0} \times 100$$

式中　A——净含量偏差，%；

m_1——样本标示质量，g；

m_0——样本实际质量，g。

失水率：样品开袋前称量（含袋），打开包装袋，倒出样品后抹去袋上附着水分称袋重。将去除包装袋的样品，放入不渗透的尼龙袋内捆扎封口，置于解冻容器内，以长流水解冻样品至完全解冻为止。将解冻后样品倒入网箱（筐）中倾斜放置 2min，称量。所用衡器的最大称量值不能超过被称样品质量值的 5 倍。失水率按下式计算：

$$A = \frac{(m_2 - m_3) - m_4}{(m_2 - m_3)} \times 100$$

式中　A——失水率，%；

m_2——解冻前样品总质量（含袋），g；

m_3——包装袋质量，g；

m_4——解冻后样品质量，g。

淀粉：样品按测定失水率时的解冻方法解冻，按 GB/T 5009.9—2008 的规定执行。

水分：同上法解冻后，按 GB/T 5009.3—2010 的规定执行。

3. 安全卫生指标

鱼糜制品的安全卫生指标和检测方法见表7-8。

表7-8　鱼糜制品的安全卫生指标和检测

项目	指标	检测方法
汞（以Hg计）含量/（mg/kg）	≤1.0（贝类及肉食性鱼类） ≤0.5（其他水产品）	按GB/T 5009.17的规定执行
砷（以As计）含量/（mg/kg）	≤0.5（淡水鱼）	按GB/T 5009.11的规定执行
无机砷（以As计）含量/（mg/kg）	≤1.0(贝类、甲壳类、其他海产品) ≤0.5（海水鱼）	按GB/T 5009.45的规定执行
铅（以Pb计）含量/（mg/kg）	≤1.0（软体动物） ≤0.5（其他水产品）	按GB/T 5009.12的规定执行
镉（以Cd计）含量/（mg/kg）	≤1.0（以软体动物） ≤0.5（甲壳类） ≤0.1（鱼类）	按GB/T 5009.15的规定执行
菌落总数/（cfu/g）	$\leqslant 5.0\times10^4$	按GB/T 4789.2的规定执行
大肠菌群/（MPN/100g）	≤30	按GB/T 4789.3的规定执行
沙门菌	不得检出	按GB/T 4789.4的规定执行
金黄色葡萄球菌	不得检出	按GB/T 4789.10的规定执行

4. 弹性测定

鱼糜制品的弹性测定有3种评定方法：感官评定法、凝胶强度法、曲折试验法。

（1）凝胶强度法　采用凝胶强度测定装置或流变仪进行测定。将试验样品切成一定高度的圆柱（按测定仪器要求），除去薄膜待测。使切断面的中心位于探头的正下方，将样品放置于测定装置的样品台上，以一定的速度给探头负重，测定样品失去抵抗而破断时的负重量（破断强度，g）及凹陷深度（mm）。注意：探头直径越大弹力值的误差越大，直径越小凹陷深度的误差越大。试验样品切断面的直径约30mm。应注明测定仪器的种类。

（2）曲折试验　将样品切成3mm厚薄圆片，由5级法表示，如表7-9。

表7-9　5分法评分标准

分数	性状
5	折成4折无龟裂
4	折成2无龟裂
3	折成2部分龟裂
2	2折马上龟裂
1	指压即崩溃

思考题 >>

1. 鱼糜制品加工工艺中，哪些工序对产品质量有较大的影响？
2. 如何选择鱼糜制品生产的原料？
3. 用冷冻鱼糜生产鱼糜制品时，解冻方法有哪些？怎样控制解冻程度？
4. 在鱼糜制品加工过程中，擂溃的意义是什么？应怎样进行？
5. 淀粉的添加对鱼糜制品有什么作用？
6. 在鱼糜制品加工中，哪些辅料的添加会提高鱼糜制品的弹性？辅料的添加顺序如何？
7. 为什么说擂溃后的鱼糜要立即成型？你知道哪些成型的机械设备？

四、常见鱼糜制品加工及质量控制

（一）鱼丸

鱼丸（鱼圆）是我国最具代表性的传统鱼糜制品，根据不同原料鱼种、有无包馅、有无淀粉和加热形式不同而分成许多品种，其中福州鱼丸、鳗鱼丸、花枝丸等享誉盛名，目前已由机器自动生产。

1. 工艺流程

原料的选择和搭配→原料的处理→采肉→漂洗→精滤→脱水　备馅

↓　↓

冷冻鱼糜→半解冻→擂溃或斩拌→成丸→加热→冷却→包装→冻藏

2. 操作要点

(1) 原料鱼选择与前处理　为确保鱼丸的良好质量，应选用凝胶形成能力较高、含脂量较低和白色鱼肉比例较高的鱼种，如海鳗、乌贼、白姑鱼、梅童鱼、带鱼等海水鱼以及草鱼、鲢鱼等淡水鱼。此外一般选用鲜活鱼或具有较高鲜度的冰鲜鱼，而淡水鱼以鲜活作为基本要求。为此实际生产过程中在条件许可的情况下常可根据原料鱼的品种及其鲜度状况进行必要的搭配，而用冻淡水鱼原料时，须搭配掺和一定量的鲜活淡水鱼原料（不低于60%）。本工序涉及去头、去内脏、洗涤、采用、漂洗、脱水、精滤或解冻等相关处理工序，具体要求可参照前述的冷冻鱼糜生产工艺。值得一提的是对鳞径较小的鱼（如白鲢），为防止采肉时鳞的混入，采肉前需有除鳞工序（或去皮的同时一并去鳞）。鉴于鱼丸产品的不同要求，在前处理工序上也有区别，如对质量要求（弹性、色泽等）较高的水发鱼丸采用一次采肉鱼糜，并需漂洗、脱水等工艺操作。而对油炸鱼丸，则可用多次重复的采肉，而且漂洗、脱水工艺操作可以省略。此外如采用冷冻鱼糜为原料进行鱼丸生产时，需先将冻鱼糜块做半解冻处理，或最好配置一台冻鱼糜切削机，将冻鱼糜切块成薄片（2～3mm厚），该操作既加快了前处理操作和确保了鱼糜的质量，又方便了后续工序，但应注意解冻的卫生并严防异物混入。

（2）擂溃　这一工序是鱼丸生产过程中相当关键的工序，直接影响鱼丸的质量。经过擂溃使鱼肉蛋白质充分溶出形成网状结构，并使水分包埋于其中，从而保证制品具有一定的弹性。为了保证鱼丸的质量，擂溃后的温度应控制在10℃以下，所以在擂溃之前一般都要预冷到温度在3℃以下，对冻鱼糜原料由半解冻而达到此要求。擂溃时可添加冷水、冰水甚至以碎冰代水来控温，或选用带冰水冷却夹套的擂溃机。由于擂溃时空气混入较多，加热时膨胀，从而影响制品的外观和弹力，为此可采用真空擂溃机。此外还应注意添加配料的次序，首先加入2%～3%的精盐、0.1%～0.2%的磷酸盐和2%的糖等品质改良剂，然后再按序加入5%～12%淀粉及其他调味料，期间按规定的20%～40%水量分次加入，以擂溃至所需的黏稠度为止。这里需说明的是，油炸鱼丸较水发鱼丸加水量略少一些，使鱼糜略稠以防入油锅后散开。至于擂溃时间必须保证擂溃充分又不过度，鱼糜的黏性达到最大。一般整个擂溃时间控制在20～30min内。在实际生产中，许多企业都以高速斩拌机代替擂溃机，只需10min左右即可达到擂溃同样的效果。

鱼丸参考配方：

配方1：冷冻鱼糜50kg、精盐1kg、味精0.2kg、鸟苷酸＋肌苷酸0.02kg、淀粉2.5kg、蛋清2.5kg、黄酒1L，清水适量。

配方2：冷冻鱼糜50kg、精盐0.9～1.5kg、味精0.2～0.5kg、鸟苷酸＋肌苷酸0.02～0.05kg、淀粉2～5kg、蛋清2.5kg、黄酒1～2L，清水适量。

配方3：鱼肉50kg、精盐0.9～1.5kg、味精0.2～0.5kg、鸟苷酸＋肌苷酸0.02～0.05kg、白砂糖2kg、山梨醇2kg、多磷酸盐0.15kg、淀粉2～5kg、蛋清2.5kg、黄酒1～2L，清水适量。

配方4：冷冻鱼糜50kg、精盐0.9～1.kg、味精0.2～0.5kg、鸟苷酸＋肌苷酸0.02～0.05kg、淀粉2～5kg、蛋清2.5kg、黄酒2～3L、猪油脂1～1.5kg，蒜泥适量、姜汁适量、清水适量（油炸鱼丸）。

（3）成丸（成型）　把擂溃好的鱼糜立即装到鱼丸成型机里，按产品要求调校成型机模具，使丸粒大小符合当地习惯和质量要求。现代大规模（工业化）生产时均采用鱼丸成型机连续生产，生产数量较少时也可用手工成型，大小均匀、表面光滑、无严重拖尾现象的成型鱼丸随即投入一盛有冷清水的面盆或塑料桶中，使其收缩定型。夹馅（含馅、有馅）水发鱼丸是以鱼肉、淀粉、精盐、味精等调制的鱼糜为外衣，以剁碎的猪肉（肥瘦肉）和糖、盐等掺和的肉糜为馅心，用手工或机械制作而成。一般8～16g/丸。

（4）加热　鱼丸的加热有2种方式：水发鱼丸用水煮，油炸鱼丸用油炸。水煮鱼丸常用夹层锅，为确保升温迅速，避免在60～70℃停留时间过长，每锅鱼丸的投放量要视供气量的大小而定，一般应控制在5～10min内鱼丸中心温度必须达到75℃左右（以杀灭大肠杆菌为最低标准），此时水温保持在85～95℃，期间鱼丸逐渐受热膨胀而上浮，再保持2～4min，待全部漂起，表明煮熟，随即捞起，沥出水分。另外也可采用分段加热法，先将鱼丸加热到40℃（20min），以形成高强度凝胶化的网状结构，再升温到75℃，这类制品比前者好。油炸鱼丸不但具有鱼肉香味，而且具有油炸制品的香味，产品呈焦黄色，制品保藏性较好，它对色泽和弹性的要求不及水煮鱼丸的要求高，因此，它对原料和辅料的要求相对较低，一般采用红色肉类鱼糜作为油炸制品的原料，油炸时可减少红色肉的腥味，且油炸时可消除腥臭味并产生金黄色。油炸开始时豆油或菜子油的油温须保持在180～200℃之间。油炸1～2min，待鱼丸炸至表面坚实，内熟浮起，呈浅黄色时即可捞起。如用自动油炸锅则经二次油炸，第一次油温120～150℃（物料中心温度50～60℃），第二次油温150～180℃（物料中心温度75～80℃）。此外，也可先将鱼丸先经水中煮熟，沥干水分后油炸而成。这种产品弹性较好，缩短了油炸时间，提高了出成率，且可减少或避免成型后直接油炸所出现的表面褶皱、不光滑现象，故常被采用，但该油炸制品的口味略差。

（5）冷却　鱼丸加热后均应快速冷却，可分别采用水冷或风冷等措施快速降温，使其吸收加热时失去的水分，防止干燥而发生皱皮和褐变等，使制品表面柔软和光滑。冷却可采用风冷方式，对水煮鱼丸更多的是采用水冷方式。

（6）包装　包装前的鱼丸应凉透，同时应按有关质量标准检验鱼丸质量，剔除不成型、焦枯、油炸不透等不合格品，然后按规定分装于塑料袋中封口。如今为延长鱼丸的货架期，出现了鱼丸罐头（包括软罐头），其生产工艺必须完成包装前所述的各个操作，此处包装即装罐，可采用玻璃瓶或软包装。

（7）冷藏　目前，鱼丸产品大部分以冷冻小包装的形势流通销售，冷冻包装产品都必须经过速冻后在低温中储藏和流通。通常使用平板速冻机进行速冻，冻结温度为－35℃，时间为3～4h，使鱼丸中心温度降至－15℃，并要求在－18℃以下低温贮藏和流通。不经速冻的鱼丸必须在5℃以下低温保存，并在数日内销售完毕。

3. 产品质量标准

鱼丸质量要求水煮鱼丸色泽洁白，外形呈球形或卵形，个体大小均匀、完整、饱满，无严重拖尾现象，表面光滑，富有弹性，口感爽滑，无骨刺感，咸淡适宜，味道鲜美。油炸鱼丸呈淡黄色或金黄色，有弹性，口感爽滑，无骨刺感，无焦糊味，不但有鱼的鲜味还具有油炸品的香味。

（二）鱼糕

鱼糕属于高级的鱼糜制品，具有色泽洁白、弹性好的特点。鱼糕花色品种繁多，可根据消费者的嗜好配制成色泽鲜艳的三色鱼糕、双色鱼糕或单色鱼糕；根据加热方式不同又可分为蒸煮鱼糕、焙烤鱼糕和油炸鱼糕。

由于鱼糕对弹性及色泽的要求均较高，因此作为鱼糕用的原料应尽量不用红肉，而使用弹性强的鱼种进行配比。对于一般鱼肉（弹性强、色泽白、呈味好的鱼种除外）均需漂洗。脱水。淀粉也应选用色白、黏性好的上等淀粉。

1. 工艺流程

冷冻鱼糜→解冻
↓
原料鱼→去头、去内脏→洗涤→采肉→漂洗→脱水→精滤→擂溃→鱼糕成型机成型→收缩定型→加热→冷却→包装→速冻→冷藏

2. 操作要点

（1）原料　鱼糕属于较高级的鱼糜制品，其弹性、色泽的要求较高，因此应选用新鲜、含脂量少的原料。如选用冷冻鱼糜则应是高品质等级。鱼糕的加工过程在擂溃之前的预处理与鱼糜制品的一般制造工艺基本相同。

（2）擂溃　擂溃对确保鱼糕良好弹性尤为重要。按配方比例称取鱼肉，置于擂溃机内，先进行空擂然后逐次加盐和适量水，以促进盐溶性蛋白质溶出，并形成一定黏性，再加其他辅料进行擂溃20～30min。

鱼糕参考配方：

单色鱼糕配方1：冷冻鱼糜50kg、精盐1～1.5kg、谷氨酰胺转氨酶0.1kg、味精0.2～0.5kg、鸟苷酸＋肌苷酸0.03～0.06kg、天然调味料0.5～1.5kg、淀粉2～8kg、蛋清2.5kg、黄酒1～2L，冰水适量。

单色鱼糕配方2：脱水鱼肉50kg、精盐1～1.5kg、味精0.2～0.5kg、鸟苷酸＋肌苷酸0.03～0.05kg、天然调味料0.5～1.5kg、白砂糖2kg、山梨醇2kg、多磷酸盐0.15kg、淀粉0～5kg、蛋清2.5b、黄酒1～2L，冰水适量。

三色或双色鱼糕配方：白色为鱼糕原有的本色，其配方如单色鱼糕配方；红色部分的配方在单色鱼糕配方的基础上添加红米粉2.2%，即1.1kg，胡椒粉适量；黄色部分的配方在单色鱼糕配方的基础上添加鸡蛋黄8%，即4kg。

（3）成型　在擂溃完成后，对于单色鱼糕，将擂溃好的鱼糜立即装到单色鱼糕机中，按产品要求调校成型模具机即可。对于双色鱼糕、三色鱼糕还需将鱼糜着色调配，在擂溃最后阶段必须在鱼糜中混入着色剂，着色剂采用红米粉和鸡蛋黄，可分别制成红色和黄色鱼糜，把红色、黄色和白色（鱼糜本色）3种不同颜色的鱼糜凝胶分别放入三色鱼糕机的3个料斗中，按产品的要求调校成型模具机即可开动成型机。如制三色鱼糕，需先将原先配料分成3份，其中一份加6%鸡蛋清、2.2%红米粉和适量胡椒粉，制成红色并具辣味的鱼肉糜；另一份加8%鸡蛋黄制成黄色肉鱼糜；第三份为微本色（白色）鱼肉糜，然后将上述配料制成的红、黄、白三种不同颜色的鱼肉糜分别放置于三色成型机中3个不同的料斗中，开动成型机成型。

（4）加热　鱼糕的加热方式有蒸煮、焙烤和油炸3种，普遍采用的是蒸煮鱼糕，日本多采用连续式蒸煮机，实现机械化连续蒸煮。目前，我国生产的鱼糕基本上都是蒸煮鱼糕，蒸煮的温度为95～100℃，蒸煮至鱼糕中心温度达75℃以上，加热时间视产品大小而定，一般为45min左右。要制得更好弹性的鱼糕，最好的方式是将成型后的鱼糕先在40～45℃保温凝胶化20～30min，再快速升温至95～

100℃蒸煮中心温度达75℃以上。焙烤鱼糕的焙烤是将鱼糕放在传送带上，以20～30s的时间通过隧道式红外线焙烤机，使表面着色有光泽，然后再烘烤熟制。

（5）冷却　鱼糕蒸煮后应立即在10～15℃的冷水中快速冷却，使其吸收加热时失去的水分，防止干燥而发生皱皮和褐变等，使鱼糕表面柔软和光滑。快速冷却后鱼糕的中心温度仍然较高，通常还要放在凉架上自然冷却，冷却室的空气必须经过净化处理并控制适当的温度，最后用紫外线杀菌灯进行鱼糕表面的杀菌。

（6）包装、速冻和冷藏　冷冻包装鱼糕的包装、速冻、冷藏和鱼丸一样，参照鱼丸生产方法。不经速冻的鱼糕必须保存在0～5℃，并尽快销售完毕。一般生产出来的鱼糕在0～5℃的冷库中可保存20～30d，在15～20℃常温下可保存3～5d。

3. 鱼糕质量要求

鱼糕外形整齐美观，大小均匀，口感爽滑，无骨刺感，咸淡适宜，味道鲜美，有鱼糕制品特有的风味，并富有弹性，单色鱼糕色泽洁白，三色和双色鱼糕其红色和黄色的色泽鲜艳而自然。

（三）鱼肉香肠

鱼肉香肠是在碎鱼肉或鱼糜中添加部分禽畜肉糜，配以淀粉、植物蛋白等辅料和抗氧化剂等后，再经擂溃、灌肠和杀菌等工序所得到的成品。其中鱼肉一般占50%以上，禽畜肉占20%左右，植物蛋白质在20%以下，其余为辅料和添加剂，特点是白色鱼肉和褐色鱼肉都可以作为原料，所以原料选择面较广，经高温杀菌后部分产品可在常温下流通，而经烟熏后的产品还具有独特的风味。

1. 工艺流程

冷冻鱼糜→解冻→擂溃→灌肠/充填→结扎→加热、杀菌→冷却→外包装

2. 操作要点

（1）冷冻鱼糜选择与解冻　鱼肉香肠冷冻鱼糜选择比较广，不受原料鱼肉色泽的影响。而加工时所用的禽畜肉有瘦猪肉、牛肉、兔肉、羊肉、鸡肉等，冷冻鱼糜进行半解冻，原料禽畜肉则应经绞肉机绞碎。

（2）擂渍　与一般鱼糜制品生产基本相同，最好使用真空擂溃机，另外对添加禽畜肉的香肠，为改善口感的均匀性，应将禽畜肉充分搅拌后掺入到鱼糜中，然后再按工艺配方添加淀粉、植物蛋白、调味料、着色料等其他配料。实际生产中这一工序由高速真空斩拌机完成。

（3）充填和结扎　将上述鱼肉糜用充填机（灌肠机）压入肠衣内，所用的肠衣有天然肠衣（羊肠衣、猪肠衣）和人工肠衣（塑料肠衣、盐酸橡胶－聚偏二氯乙烯或Kureharon薄膜等制成的具有收缩性及不透气性肠衣）。人工肠衣通常由成卷的塑料薄膜在充填机上当场成型的同时进行鱼糜的灌注和结扎。对天然肠衣通常是8根连成1串，仅需头尾用棉线结扎，而每2根之间可将肠衣扭几圈，一旦受热后便凝固而起到与结扎相同的效果。

（4）加热、杀菌　充填结扎后的鱼肉香肠用清水洗去表面的鱼糜黏着物和杂

物等，以使肠衣表面光滑并具通透性，烟熏加工时便于熏烟成分、水分的渗透。天然肠衣型香肠加热时所用水温一般为85～90℃、水煮时间35～60min，也可采用85℃水煮10min后，再用90℃水煮50min，以减少肠衣的破损率，塑料肠衣型则采用高温短时间杀菌，中心温度为121℃、维持时间在4min以上，严格控制杀菌时间和温度，以确保杀菌完成的同时制品的色泽、弹性等指标良好。

（5）冷却　经加热或杀菌后的香肠应及时于20℃水中迅速冷却。若需烟熏，则进入烟熏设备进行熏制处理。由于受热膨胀和冷却收缩的作用，肠衣会产生很多皱纹，为使肠衣光滑美观，常采用95℃左右的热水中浸泡20～30s，立即取出自然放冷即可展皱。

（6）外包装　将冷却展皱后的制品用冷风干燥表面，检验合格后贴上标签，装箱入库。对天然肠衣制品则应尽快销售，并注意低温贮藏，而对塑料肠衣高温杀菌制品则可在常温下流通。

（7）鱼肉香肠的质量标准（供参考）

① 外观形状：正常、饱满、无皱纹、两端封口良好且结扎部位无内容物的附着物，长度粗细基本均匀。

② 内容物品质：色泽良好、切面色泽均匀光亮、肉质柔嫩细紧，口感爽滑、无骨刺感，具有鱼肉香肠和鱼肉火腿制品特有的香味和滋味。细菌总数小于300个/g，大肠杆菌为阴性，致病菌不得检出。

③ 保存期：要求25℃以下常温能保存半年。

（四）鱼卷

鱼卷是一种串状鱼糜制品，起源于日本，因最初是将调制好的鱼糜用手卷在直径1cm左右的竹子上经火上炙烤而制成，故又称“竹轮”。目前已可工业化生产，竹子也已被不锈钢管或钢管代替，特点是经调味和呈色后，不仅风味佳、口感好，而且外观诱人。鱼卷虽是一种焙烤类食品，但现行市场上仍以冷冻品流通形式居多。

1. 工艺流程

原料鱼→去头、内脏→洗净→采肉→漂洗→脱水→擂溃→成型→焙烤→冷却→包装→袋装→冷藏

2. 操作要点

（1）原料鱼选择与前处理　一般以白色肉居多的鱼种为原料，如狭鳕，海鳗、带鱼、石首科鱼类和淡水鱼等，也可用小杂鱼为原料，原料必须处理，以冰鲜鱼为佳，处理与冷冻鱼糜生产方法相同，也可直接用质量较好的冷冻鱼糜。

（2）擂溃　将鱼糜按前述产品一样进行空擂、盐擂和拌擂，擂溃时间控制在20～30min。

（3）成型　将擂溃后的鱼糜用手工在一根棍子上搓捏加工成长圆筒形，然后将一根根鱼卷按序放在烤鱼卷机的架子上，或用自动成型机形成鱼卷，即将80～

100g 调味鱼糜卷在金属铜管上，并由链条输送带输送到烤鱼卷机上，在由输送带输送过程中让其慢慢进行凝胶化。

（4）焙烤　在焙烤前可先在鱼卷表面涂上一层糖液，目的是利用美拉德反应，让其产生诱人的金黄色泽。焙烤机分为 2 段，前段为干燥部分，目的在于增强成品之弹力；后段为加火的结构（约长 15cm）。鱼卷以滚动方式前进，最初用文火，使鱼卷表面形成一层没有焙烤色的很薄的皮，然后用强火（150 ~ 170℃）烤制，使表面呈金黄色或深黄色。热源可用煤气、液化气或电，焙烤时间 4 ~ 5min。当烤制完成后，卷管可自动拔出（脱管），以便反复使用。至此已获得外表为黄褐色的优质鱼卷。需要时还可在焙烤后的制品表面涂上食用油。

（5）冷却、包装和冷藏　烤熟后的鱼卷，经空气或冷却机冷却后，包装、装箱。

（五）模拟扇贝柱

模拟扇贝柱又称模拟扇贝肉、仿扇贝柱、扇贝鱼糕等，是 1975 年左右日本研制出来的鱼糜制品，最初是以冷冻狭鳕鱼糜为主原料，经擂溃调味并加入 2% ~ 3% 的扇贝肉提取液，制成具有扇贝风味的鱼糕后用切丝机将鱼糕切成细丝，再与调味鱼糜混合连接，制成形状似扇贝柱（扇贝闭壳肌）的制品。

1．工艺流程

冷冻鱼糜→鱼糕→切丝→细丝鱼糕
↓
冷冻鱼糜→解冻→擂溃→混合→成型（圆柱）→切段→冷却→切片→真空包装→速冻→包装→冷藏
↑
辅料

2．操作要点

（1）原料要求　解冻和擂溃过程和模拟蟹腿肉的生产要求相同。

（2）细丝鱼糕的制备　按照模拟扇贝柱的配方要求，并按鱼糕生产工艺把鱼糜和辅料擂溃后制作成 300mm × 600mm × 50mm 长方形的板状鱼糕，并在 40 ~ 50℃ 温度进行 60min 凝胶化或者在 15 ~ 18℃ 放置一夜进行低温凝胶化，再经 85 ~ 95℃ 高温加热 50 ~ 60min，冷却至品温为 18℃ 后，用切丝机将板状鱼糕切成 2.0mm 宽的薄片，改变方向再切一次，切成细丝鱼糕。

（3）混合　在擂溃调味后的鱼糜中加入细丝鱼糕，然后搅拌混合，调味鱼糜主要起连接作用，它只占细丝鱼糕的 10% ~ 20%，并且搅拌混合不能使用斩拌机，以避免破坏细丝鱼糕的纤维状。

（4）压模成型　将混合完成后的细丝鱼糕装入成型机内，经成型机制成直径为 3 ~ 4cm 的圆柱状，并切成每段长 50 ~ 60cm，放入内部尺寸相同、内表呈扇贝褶边的成型模具内压模成型。

（5）加热、冷却、切片　用 85 ~ 95℃ 高温加热 30min 使制品定型，冷却后切成15mm厚的扇贝柱形状，然后按产品要求滚面包粉或不滚面包粉直接包装，包装按产品包装要求进行，一般使用真空包装，较高档产品采用单个独立真空包装。然后按模拟蟹肉的方法和要求对模拟扇贝柱进行速冻和冷藏。

模拟扇贝柱参考配方：

配方1：冷冻狭鳕鱼糜50kg、精盐1~1.5kg、味精0.2~0.5kg、淀粉2~5kg、蛋清3~6kg、天然扇贝肉提取液1~2L、扇贝香精0.2kg、冰水15L。

配方2：冷冻鱼糜50kg、精盐1.25kg、味精0.4kg、淀粉3kg、蛋清4kg、琥珀酸0.03kg、扇贝风味调味料1kg、天然扇贝肉提取液1~2L、鸟苷酸+肌苷酸0.03~0.08kg、黄酒0.5~2L、冰水10~15L。

思考题 >>

1. 说一说怎样做出价廉物美的鱼丸？
2. 根据你所学的知识，设计一种鱼糜制品生产方案，并根据你们学校实验室的条件做出该产品。

五、鱼糜及鱼糜制品加工贮藏过程中的质量变化及控制措施

鱼糜制品是鱼肉糜的熟制品，虽然经过加热，但总会有加热过程中未杀死的细菌；同时，在加热之后的冷却过程中，有可能细菌重新沾染在食品表面，即所谓的二次污染，而且从包装材料及包装操作方面，亦可受到二次污染，如果将这样的制品在常温下放置，这部分细菌就会在适当的温度和条件下（由于鱼糜制品本身的水分、盐分、pH等都适合细菌发育）在制品上繁殖发育，严重影响产品质量，甚至造成制品的腐败。鱼糜制品的腐败变质现象主要是出现黏液、发霉、褐变、组织软化、呈酸臭味等。

防止鱼糜制品质量变化的方法有：一是注意原辅料的清洁，减少细菌污染；二是采用恰当的加热温度和工艺条件，严格控制操作卫生；三是防止二次污染，产品密封包装；四是置低温下保藏流通。

（一）影响鱼糜品质的因素

由不同的鱼种或者同一鱼种经采肉、漂洗、混合等工艺制成的鱼糜，质量不尽相同。衡量鱼糜质量的主要指标有凝胶特性、色泽、质地等，其中凝胶特性是鱼糜质量的重要指标。

1. 内在因素

（1）鱼种　由于鱼种不同，加工成的鱼糜质量有很大差异。如沙丁鱼肉中含有转谷氨酰胺酶，在低温下发生蛋白质重组，能提高鱼糜的凝胶特性；如太平洋无须鳕，由于含有组织蛋白酶B、组织蛋白酶H、组织蛋白酶L，导致鱼糜缓慢加热过程中出现软化现象。

根据鱼肉发生重组和软化的明显程度，可将原料鱼分为以下4类：

第一类：重组明显（30～50℃）、软化不明显（50～70℃），如梭鱼、草鱼等；

第二类：重组不明显（30～50℃）、软化明显（50～70℃），如短鱼、缩鱼等；

第三类：重组明显（30～50℃）、软化明显（50～70℃），如沙丁鱼、温水性的马鲛鱼等；

第四类：重组不明显（30～50℃）、软化不明显（50～70℃），如笆鱼、金枪鱼等。

不同鱼种，组成成分不同。红肉或脂肪含量高的鱼，制成的鱼糜弹性差。红鱼肉和白鱼肉相比，不仅乳酸含量高，pH 偏低，而且水溶性蛋白含量高，肌动球蛋白含量低。再由于蛋白质变性对温度敏感，容易引起蛋白变性导致鱼糜质量下降。一般采用0.1%～0.5%碳酸氢钠溶液漂洗或0.05%～0.1%聚磷酸钠溶液真空漂洗，可以提高 pH，除去水溶性蛋白，提高鱼糜质量。

根据理化性质的不同，可将鱼分成四类：

第一类：负肉本身有弹性，色泽较白，如海鳗、白姑鱼、比目鱼等；

第二类：鱼肉本身弹性差，但和其他弹性好的鱼肉混合在一起才产生弹性，如铣鱼；

第三类：鱼肉本身天弹性，但色泽白，可以与其他有弹性的鱼肉混合起来利用，如鲍鱼、鲤鱼、纺鱼；

第四类：鱼肉没有弹力，色泽也不白鱼糜制作过程中，应根据鱼种的特点强度和白度，如带鱼。

鱼糜制作过程中，应根据鱼种的特点，选择一种或几种混合起来加工，提高鱼糜的凝胶强度和白度。

（2）鱼体的大小　选择一种或几种混合起来加工鱼体大小影响鱼糜的凝胶特性。一般小型鱼加工成的鱼糜凝胶强度比大型鱼的差。以狭鳕因为例，体长 20cm 左右的小型狭鳕蛋白含量低，鱼糜凝胶强度小；而体长为 40cm 左右的大型狭鳕蛋白含量高，凝胶强度大，弹性高。

（3）捕捞季节　鱼的组成成分随着季节的不同而不同。如阿拉斯加鳕鱼 10 月蛋白含量达到最高（19%），5 月降至最低（16.5%）；7 月水分含量最高（82.3%），10 月最低（80.2%）。而太平洋无须鳕，4 月水分含量最高（84.5%），10 月末最低（80%～82%）；蛋白质 4 月最低（14%～15%），随后一直增大，6 月后趋于稳定（15.5%～16.5%）。

—般由育肥期的鱼制成的鱼糜质量最高，这期间鱼肌肉中水分含量、pH 最低，蛋白含量最高；产卵期的鱼由于鱼肉中 pH、水分含量高，制成的鱼糜质量最低。

（4）原料鱼的鲜度　鱼肉鲜度是影响鱼糜凝胶形成的主要因素之一。活鱼肌肉的 pH 为 7.0～7.3，刚捕获的鱼肉 pH 呈弱酸性。当 pH 下降到 6.3 时，肌球蛋白 ATP 酶活性便会加强，ATP 迅速分解，同时肌球蛋白与肌动蛋白结合，形成收缩态的肌动球蛋白，这个过程是不可逆的。当 pH 进一步降低时，就有可能引起肌球蛋白与肌动蛋白的酸变性，所以控制鱼体鲜度十分重要。以狭鳕为例，捕获后 18h 内加工鱼糜可得到特级品，冰鲜 35 ~ 72h 以内加工可得到一级鱼糜。原料鲜度越好，鱼糜的凝胶特性越好。

2. 外在因素

（1）捕捞　鱼糜质量受捕捞条件和方法、船上贮藏条件等因素的影响。海上气候、捕捞方法以及捕捞后存放温度等因素也影响鱼糜的质量。

海鱼的捕捞和运输方法很多。自从抗冻剂问世以来，大型船一次可以在海上捕捞和生产冷冻鱼糜数月。由于在船上加工，鱼肉新鲜，生产的鱼糜质量高。

另外一种捕捞方法是利用小型船进行捕捞，然后将鱼运送到沿海的加工厂或大型船上进行鱼糜加工，这样可以充分利用小型船为鱼糜加工提供原料。

利用冷冻船对鱼进行冷冻，为沿海鱼糜加工厂家提供原料。如马鲛鱼因其蛋白具有一定的抗冻性，经人工去头、去内脏，再在船上冷冻，在特定码头加工。鳕鱼等抗冻性差的鱼肉，冷冻降低了鱼肉蛋白的加工特性，不能采用这种方法。

（2）船上加工　从捕后到加工的时间间隔以及期间的温度影响鱼糜的质量。船上加工可以直接在海上进行，一般在鱼捕获后 12h 内完成。拥有冷却设备的渔船可生产出较好质量的鱼糜，如果渔船上没有冷却设备，必须立即加工，否则鱼的温度上升很快。降低鱼温的方法有多种，常见的有冷却海水、冰水等。

（3）漂洗水质与水温　漂洗是保证鱼糜凝胶特性、色泽等品质的关键工序。漂洗能除去色素、无机盐、脂肪、可溶性蛋白等，提高肌原纤维蛋白的浓度和色糜凝胶强度，改善色泽，降低脂肪氧化，延长冷冻货架期。

漂洗水质与水温影响鱼糜质量。漂洗用水一般为自来水，避免使用富含钙镁等离子的高硬度水及富含铜铁等重金属离子的地下水。水中 Ca^{2+}、Mg^{2+} 影响鱼糜冷冻过程中的质构，而 Fe^{2+}、Mn^{2+} 影响色泽。

漂洗水 pH 影响鱼肉肌原纤维蛋白质的稳定性。当 pH 接近肌肉的等电点时，蛋白所含的静电荷最少，蛋白质聚集变性，鱼糜凝胶保水性也最低；pH 偏离等电点，静电荷增加，电荷之间的静电斥力使蛋白质结构稳定，保水性随 pH 提高而提高。鱼类在刚捕捞后肌肉的 pH 接近中性，随鲜度的变化而发生变化。一般白肉鱼肌肉 pH 为 6.2 ~ 6.6，红肉色肌肉 pH 为 5.8 ~ 6.0，而形成凝胶的最适 pH 为 6.5 ~ 7.5。因此，红身鱼肉需用稀碱水漂洗。

漂洗前鱼肉的盐度接近 0.7%。随着盐浓度的增加，鱼糜凝胶的保水性也相应增加，这是因为一定浓度的盐溶液能使肌原纤维上的负电荷增加、肌原纤维之间的斥力加强、纤维间的空隙加大；同时还打破了维持肌球蛋白、肌动球蛋白、Z 线、M 线之间相互连接的力，这些连接正是限制肌原纤维膨胀的作用力。另外，用氯化钠溶液漂洗，可以抑制鱼肉吸水膨胀，易于脱水。一般采用 0.1% ~ 0.3% 的氯化钠和氯化钙混合溶液进行漂洗。

漂洗水温主要影响漂洗效果和肌原纤维蛋白变性程度。漂洗水温高，有利于溶出水溶性蛋白成分，去除其他杂质，从而提高肉中肌原纤维蛋白的含量；但温度过高，会引起鱼肉蛋白质变性，溶解度变小，降低鱼糜质量。因而漂洗水温一般控制在10℃以下。

根据鱼肉蛋白的热稳定性选择不同的漂洗水温。热带鱼类蛋白热稳定性高于寒带鱼类，漂洗水温可稍高。

（4）水肉比　鱼糜生产厂家采用的水肉比略有不同。一般，漂洗水肉比为（1～10）:1。沿海鱼糜加工厂家采用的水肉比为（4～8）:1；由于淡水资源有限，海上鱼糜加工厂家采用的水肉比为（1～3）:1。漂洗用水量越多，除去的水溶性成分越多，生产出的鱼糜质量越好。但漂洗时除去了过多的鱼肉中水溶性的氨基酸、无机盐、维生素等营养物质，以及部分的盐溶性蛋白，降低鱼糜的营养价值。另外，用水量越多，相对成本越高，污水也越多。实际用水量以5～7倍为好。

（5）漂洗次数和时间　漂洗是鱼糜加工中的重要工序，随着漂洗次数的增加，除去的水溶性蛋白质增加，相应地提高了肌动球蛋白的相对浓度，鱼糜制品的弹性等得以提高。但是从无机盐、水溶性蛋白质溶出的速度来看，第一次漂洗所溶出的水溶性成分最多，随着漂洗次数的增加，盐类和水溶性蛋白质的溶出最后趋向平衡，变化甚微。所以，过多的漂洗实际上并无实际意义，一般认为3次即可。

漂洗时间是漂洗工序中的一个重要指标，漂洗时间太长，会使鱼肉膨胀，难以脱水；漂洗时间太短，水溶性成分难以被充分漂洗除去。因此，每次漂洗时间以3～4min为宜。

（6）肌原纤维蛋白的溶解性　漂洗是保证鱼糜凝胶特性、色泽等品质的关键工序，鱼肉中肌原纤维蛋白占2/3，血液、血浆蛋白、肌浆蛋出、脂肪等占1/3。漂洗除去色素、无机盐、脂肪、可溶性蛋白等，提高肌原纤维蛋白的浓度和鱼糜凝胶特性，改善色泽，降低脂肪氧化，延长冷冻货架期。

漂洗在去除可溶性蛋白的同时损失了部分肌原纤维蛋白，采用连续循环漂洗，可降低盐溶性蛋白的溶出。由于蛋白质的亲水性以及离子强度的降低，鱼肉在漂洗中吸水膨胀，下一工序（机械压榨脱水）也会造成肌原纤维蛋白的损失。

贮藏时间和温度也影响蛋白质的溶解度。在0℃贮藏14h，漂洗中鱼肉总蛋白损失从22.8%上升到33.8%；14h后．鱼肉总蛋白损失略有增加，72h后，达到最高35%。随着贮藏温度的升高，漂洗中鱼肉蛋白溶解性增大。贮藏14h内，温度对鱼肉总蛋白损失影响明显；24h后，鱼肉总蛋白损失不受温度的影响。

恒定的漂洗水肉比、循环次数和时间，将降低鱼肉蛋白的损失程度。

（7）冷藏条件　整鱼肌肉细胞速冻后细胞形态基本保持完整，肌原纤维Ca^{2+}-ATPase活力变化和肌球蛋白尾部的变性都很小。而在慢速冻结后，一部分肌细胞被破坏，在内压力增加和细胞已经部分破坏的情况下，酶的失活利于肌球蛋白的变性增加。而将碎鱼肉速冻或慢速冻结后，肌细胞已经没有完整的形态，这是由于机械的挤压导致大部分细胞破裂，根据细脑生物学概念，细胞结构的破坏会导致大量细胞液流失，使维持细胞内结构稳定性的因素被破坏，这就使酶在冻结条件下活力下降，肌球蛋白变性。又因为鱼肉经漂洗后除去了肌原纤维周围的大部分物质，对内环境的破坏很大，使得酶的失活和肌球蛋白的下降幅度更大。

分子间以及分子内疏水性增强，暴露在分子表面的—SH 氧化成—S—S—，肌肉蛋白质中，—SH 影响 ATPase 参与肌肉收缩，而—SH 数量的减少导致凝胶强度的降低。

（8）辅料

① 抗冻剂：鱼糜在冷冻或冷藏过程中，会引起蛋白质的变性，蛋白质的盐溶性、Ca^{2+} – ATPase 活力及巯基含量下降，同时导致凝胶性能的降低。因此，添加一些抗冻剂能防止鱼糜蛋白质的冷冻变性，提高鱼糜凝胶强度。抗冻剂主要有蔗糖、山梨醇、复合磷酸盐和低聚糖等。蔗糖、山梨醇的—OH 基团能与鱼糜肌原纤维蛋白周围的水分子形成稳定结构，复合磷酸盐能调整肌肉的 pH，防止鱼糜蛋白质的变性。

② 食盐和磷酸盐：肌原纤维蛋白是鱼肉中主要的盐溶性蛋白质，通过添加食盐和磷酸盐可以提高其离子强度，增强鱼糜的凝胶性和保水性。直接利用焦磷酸盐对改善鱼肉组织结构和保水件有良好的效果。食盐还能去除鱼肉中水溶性蛋白以及与游离脂肪共存的一些腥味物质。食盐的添加量以 2.5% ~3.0% 为宜。

（二）影响鱼糜制品品质的因素

除了影响鱼糜品质的因素外，鱼肉中的酶、斩拌条件、加热条件、辅料等也都影响鱼糜制品品质。

1. 鱼肉中的酶

在鱼糜的凝放过程中会出现凝胶软化现象，一般发生在 55 ~ 70℃，此时，鱼糜制品凝胶强度下降，影响鱼糜的品质。事实上这种凝胶软化现象是由激活的内源热稳定性酶快速降解肌球蛋白引起的。

鱼肉中含有大量的蛋白酶，常见的能引起凝胶软化的蛋白酶有组织蛋白酶和热稳定性蛋白酶（HAP）；在沙丁鱼、鲢鱼、鳕鱼及马鲛鱼中发现的 HAP 经过 60℃加热后会降低鱼糜制品凝胶强度。

2. 斩拌条件

斩拌是鱼糜制品加工的重要工序。斩拌效果的主要影响因素是斩拌温度和时间。斩拌温度与鱼肉蛋白的热稳定性密切相关，温水性的鱼类，斩拌温度可高于冷水性的鱼类。例如，冷水性狭鳕斩拌时温度高于 10℃，鱼糜制品凝胶强度会下降，15℃则急剧下降。而温水性鱼如真鲷，斩拌温度可升高至 20℃，25℃则急剧下降。一般来说，温度超过 15℃，活性蛋白乳化性、黏性开始下降，如超过 20℃蛋白容易变性，逐渐失去其亲水性能，所以温度控制在 10℃以下较好。斩拌时间应该充分而不过度，不充分则鱼糜黏性不足；斩拌过度，则会由于鱼糜温度升高，而使蛋白质失去其亲水性能。一般斩拌至鱼浆发胀，有黏弹性，取少量投入水中能上浮为止。

3. 辅料

(1) 凝胶增强剂　在鱼肉形成凝胶之前添加一些凝胶增强剂可以提高鱼糜制品的凝胶程度。凝胶增强剂的种类很多，如钙盐、转谷氨酰胺酶（TGase）、淀粉、非肌肉蛋白质和一些还原剂等。它们都各自具有不同程度的凝胶性能的增强作用。

① 钙离子：对鱼肉蛋白凝胶强度有重要的作用。在鱼糜的正常 pH 下，肌原纤维蛋白带净负电荷，钙离子带二价正电荷，可与两相邻蛋白分子的负电荷位点形成离子键。加入钙离子可增加鱼糜凝胶的强度，但仅靠分子间的离子键还不能诱导鱼糜形成凝胶体。实际生产中通过加入钙盐提高鱼糜凝胶性能方法的主要依据是：钙离子是肌肉中内源转谷氨酰胺酶（TGase）的辅因子。

② 转谷氨酰胺酶（TGam）：可以催化转酰基反应，促使鱼肉蛋白质发生重组，提高鱼糜制品凝胶强度。对于某些鱼种，单独使用转谷氨酰胺酶效果不明显，如果配合其他添加剂使用则可显著提高鱼糜凝胶强度。如配合添加 0.1% $NaHSO_3$ 和 0.01mmolE－64 作为蛋白酶抑制剂使用时，能显著提高带鱼鱼糜的凝胶特性。

③ 还原剂：在解冻的鱼糜中添加一些还原物质可以抑制巯基氧化成二硫键，恢复鱼肉冷藏变性蛋白的活力。在鱼糜凝胶前期加入还原剂（如0.08%～0.10% 的巯基乙醇、亚硫酸氢钠等）可使冷冻贮藏后鳕鱼和鲐鱼蛋白中已被氧化的一部分巯基恢复活力，恢复水平达 83%～98%。

④ 淀粉和非肉蛋白：在鱼肉中添加淀粉可以对凝胶强度起到补充作用。由于淀粉的填充作用，能改善组织结构，有利于分子间网状结构的形成。不同种类的淀粉对凝胶强度的影响不同，支链淀粉含量高的淀粉凝胶结合力强，弹性大又能增加保水性，降低成本。但是添加过多会影响鱼糜制品的风味和口感。同时，在鱼糜中添加一些非肌肉蛋白质可以有效地提高鱼糜凝胶强度。目前，鸡蛋清蛋白、乳清蛋白和大豆浓缩蛋白是使用最多的 3 种蛋白质，因为它们能增加产品的黏着性和持水性，在高质量的鱼糜中加入任何非肌肉蛋白质都会降低其凝胶特性，但在低质量的鱼糜中加入蛋清、大豆蛋白能显著改善凝胶强度。增加乳清蛋白浓缩物的含量（6%～10%）会增加凝胶强度和保水性。

⑤ 食盐：斩拌时加入食盐（通常是氯化钠）以破坏离子键，促进蛋白分散。蛋白的分散对加热凝胶结构的形成是必需的。盐离子（Na^+，Cl^-）选择性地与暴露在蛋白表面的相反电荷结合，肌原纤维蛋白分子间的离子键被破坏，肌原纤维蛋白分子与水分子的亲和力增加，蛋白溶解。加入的盐必须粉碎到一定程度以促进蛋白的溶解和分散。

(2) 氧化剂　临近斩拌时，在鱼糜中添加一些氧化剂如铬酸钾、半胱氨酸、脱氧抗坏血酸等物质能促进凝胶体的形成，主要是因为这些物质能使蛋白质的巯基发生氧化，在分子之间形成 S—S 桥键，即二硫键，强化凝胶结构。在鱼肉肌球蛋白充分溶出后加入氧化剂可促进二硫键的形成，从而提高凝胶强度。

4. 加热条件

鱼糜制品加热的目的有 2 个：一是使蛋白质变性凝固，使鱼糜凝胶化；二是杀灭细菌和霉菌。加热对鱼糜流变学性质有很大影响。不同的加热条件如加热温度、加热时间和加热方式对鱼糜凝胶强度的影响不同。

在加热方法方面，采用微波加热能起到快速形成凝胶的作用，而且对鱼糜制品的风味、色泽等方面的影响较其他方法好。另外，采用高压与热处理结合的方法，产品的质构特性比典型热处理好。

鱼糜制品加热有 3 种不同的方式：一段加热、二段加热和持续加热。一段加热是将成型后的制品加热到 85 ~95℃；二段加热是将成型后的制品在低温下放置一段时间，使其充分重组，然后再加热到较高的温度；持续加热是将成型后的制品以一定的升温速率进行加热。

在实际生产中，要根据鱼肉重组和软化的特点，选择适当的加热方式。一般，先进行重组，然后快速加热，使其迅速通过凝胶劣化温度带，提高凝胶强度。因此，目前对鱼糜加热常采用两段加热法。

（三）鱼糜及鱼糜制品的质量控制

1. 影响鱼糜及鱼糜制品安全性的因素

（1）生产用原辅材料的不安全因素　生产鱼糜制品的主要原料是冷冻鱼糜，抓好鱼糜的安全性是其生产环节安全性的重要环节。冷冻鱼糜的污染主要来源于无安全保证的捕捞海区或养殖基地，若在渔港或海上（也可能在淡水养殖基地）大批量生产不易变性的冷冻鱼糜时，不注意其安全性就可能遭受到各种污染。所以原料进厂除需验收水分、质量、鲜度、色泽、弹性等指标，还包括对原料来自安全水域的确认，即原料产地的溯源。

其他捕料质量指标如达不到相应标准，也会存在鱼糜制品安全性隐患，特别是各种食品添加剂的质量和添加量。

加工用水是指原料的漂洗、冷却、加热等过程中使用的水，应保持清洁不受污染；同时，也应注意消毒水的余氯不应超过规定要求。

（2）生产过程中的不安全因素　每一种鱼糜制品都有特定的工艺过程，整个工艺过程的每一环节都将直接或间接对最终产品的质量产生影响。

在贮藏、运输与销售过程中，成品可能发生物理变化、化学变化、微生物变化。如包装破损，被环境污染导致产品变质生变质；或贮存条件恶劣，也会使产品保质朗缩短或在保质期内发生变质。

（3）生产环境中的不安全因素　车间环境空气质量差、操作人员个人卫生、工器具消毒不彻底、生产加工不规范等可能造成加工时被污染，影响鱼糜制品的安全与质量。

（4）消费者购买后至食用前存在的不安全因素　消费者购买后至食用前的一

段时间，同样存在食品安全性的问题。消费者必须按产品包装规定的贮存方法贮存，注意环境条件以及产品的包装是否完好，关注产品保质期，否则消费者同样不能食用到安全的产品。

2. 鱼糜制品的腐败变质

鱼糜制品营养丰富且含 70% 以上水分，如加热处理不彻底或包装方法和贮藏不当，因微生物繁殖而使制品腐败变质。污染鱼糜制品的微生物有细菌、霉菌，由于操作环境、加热条件及加热前后的包装情况不同，各种鱼糜制品的腐败变质形式差异较大。以下分类讨论腐败变质情况。

（1）无包装或简易包装鱼糜制品的腐败变质现象　简易包装是指在制品熟制后，经充分冷却后不加包装或做简易包装（包装不严密）制品，如传统的普通板状鱼糕、炸鱼卷、油炸鱼丸等均属这一类。

一般，这类制品在冷却过程中极有可能受到污染，而且从包装环境、包装纸、包装操作者等方面也可受到二次污染。在夏季只能贮藏 1 ~ 2d，冬季也仅 1 星期左右。这类制品污染的微生物有以下几类：

① 典型的细菌：在鱼糕（或鱼卷）的表面繁殖，菌落呈现白毛状，用手一摸，黏糊糊的。开始时，表面出现一类点滴样透明物，随后逐渐增加，最后覆盖整个表面。这是肠系膜明串株菌分解砂糖并重新聚合葡聚糖作用的结果，也是腐败现象的一种。制品无臭，风味变化不大，表面清洁干净，还可食用，但丧失了商品价值。

② 引起红变的细菌：在鱼糕（或鱼卷）的表面繁殖，菌落呈红色. 多见于梅雨季节，是由肠内细菌短杆菌属黏质沙雷氏茵引起的。它的繁殖能力很强，在 25℃条件下从加热后附着到肉眼可见，仅需 2d，应引起高度重视。

③ 其他细菌：在鱼糜制品的表面除了以上 2 种情况以外，还有其他色泽的毛状物，呈现出灰白色、乳白色、白色、黄色、淡黄色等多种多样的色调，形状也多种多样，并伴有恶臭。在含糖制品中，这些现象是内链球菌属、微球菌属的细菌引起；在无糖或低糖制品中，是由微球菌属、无色杆菌属、芽孢杆菌属等引起。这些都是由于加热冷却过程中二次污染所致。

④ 霉菌：发霉是由霉菌所致。实际上，在鱼糜制品中，细菌和霉菌交替产生，混合生成。一般，在初期细菌易于繁殖，而后期霉菌居多。在水分含量高的条件厂细菌易繁殖，在水分含量较低的条件下霉菌易繁殖。因此淀粉含量少的制品，尤其是烘烤、油炸制品等干制品，大多是先引起霉变，由曲霉菌属、毛霉菌属、青霉菌属等引起。

⑤ 引起褐变的细菌：褐变是鱼糕、鱼卷等龟糜制品中常见的变质现象。在常温下放置，2 ~ 3d 表面就会山现黑褐色的斑点，接着逐渐扩大，最后遍及整个表面。褐变也会出现在制品内部，先是颜色较浅而后逐渐加深。褐变的产生，使制品 pH 降低、组织硬脆，失去其特有的弹性。褐变是由制品中无色杆菌和黏质沙雷

菌引起的。由于上述 2 种菌在冷冻鱼糜中普遍存在，制品加热不充分，这些菌就很容易残存并在适当条件下繁殖，加之二次污染的因素，因此鱼糜制品的褐变是常见的变质现象。

（2）包装良好的鱼糕类制品的腐败变质现象　这类制品指鱼糜充填后密封、杀菌的产品，其中一部分是真空包装制品，包装封面有各种各样图案，样式新颖、美观。相比之下这类制品二次污染基本被防止，因此贮藏性能较好。此为现代化大规模工业生产之模式。

这类制品的变质是由耐热的芽孢杆菌引起的，长时间贮藏有以下几种腐败变质方式：

① 气泡：小气泡发生在内容物与包装物之间，气泡中残存有水，一般在 37℃保存 2～5d，或在 30℃下保持 10～15d 出现。它是芽孢杆菌繁殖的结果，在原辅料中，这种细菌经常存在，如加热不充分而残存下来，适当条件下繁殖。产生气泡的芽孢菌是地衣芽孢杆菌、多黏芽孢杆菌和凝固芽孢杆菌等。

② 软化：软化是鱼糜制品变软的现象，用手压时，鱼糜制品没有弹性。一般在 30℃保存 10～15d 出现，主要由地衣芽孢杆菌引起；另外枯草芽孢杆菌、环状芽孢杆菌也会引起。这也是出于芽孢残存后又得以繁殖的结果。

③ 斑纹：斑纹是制品内容物表面形成直径 5～10mm 的圆形褐变现象，一般在 30℃保存 10～15d 出现。斑纹是地衣芽孢杆菌和圆形芽孢杆菌的繁殖所致，这些细菌存在于原辅料中，由于加热不充分而残存下来。

④ 斑点状软化：这种现象在制品的表面和内部均可形成，由于在软化部位积有黏液，因此容易被外包装物挤压成凹凸不平的形状。斑点状软化是由地衣芽孢杆菌引起的。

由此可见，包装完好的鱼糜制品都是由于原辅材料中的芽孢杆菌在加热不彻底时残存下来，并在适当条件下繁殖而引起的变质，主要由地衣芽孢杆菌引起。有别于无包装或简易包装的制品，大多由于二次污染细菌致腐的情形。

（3）鱼肉肠制品的腐败变质现象　鱼肉肠是利用鱼肉糜的可塑性在缺氧条件下充填到密封的包装物之中并经加热杀菌所得到的制品。这样可防止二次污染，氧气也不易透过，保藏效果较好。在正常情况下鱼肉肠等灌肠制品，应经过 120℃、4min 高温杀菌，若密封或塑料肠衣无不良缺陷，即使在室温下也可保存数日不变质。因某种原因或经较长时间贮放后，鱼肉肠类制品也会出现下列不良现象。

① 斑点：在制品表面生成直径 1～7mm 的呈现褐色、赤褐色、赤紫色的不定型的斑点，深度在 1mm 以内。斑点的产生是由凝结芽孢杆菌的繁殖所引起。

② 气泡：在包装物与内容物之间的表面或深度 1.2mm 以内的表层，充满了少量的气体，其原因是凝结芽孢杆菌或环状芽孢杆菌在制品表面部位繁殖，使制品中添加的硝酸盐或亚硝酸盐分解产生氮气所致，至于灌肠带入的空气所致的内容

物中出现气泡例外。

③ 斑点状软化：这种软化开始是豆粒状的，而后是整个表面发生星星点点的软化，在软化部位 pH 相当低，淀粉粒子被消化分解，制品丧失食用价值。这种腐败是由一种不常见的芽孢杆菌的繁殖所引起的。

④ 表面软化：这种现象是鱼肉肠制品表面软化、发黏、稍有臭味、包装物呈现膨胀状态，是由凝结芽孢杆菌、地衣芽孢杆菌、枯草杆菌、圆形芽孢杆菌等繁殖所引起的。

⑤ 膨胀：膨胀是一种较明显的腐败现象，包装物呈现膨胀状态，内容物与包装物分离，有时有强烈腐败臭，这是梭状芽孢杆菌繁殖的结果，而没有臭味的现象是乳酸杆菌繁殖的结果，都是二次污染侵入的菌种。大部分是从结扎部侵入的，由结扎部不严密造成，2 ~3d 即可以发生这种现象。

⑥ 酸败：酸败的制品，外观正常，而食用时有酸味。香肠的酸败是由凝结芽孢杆菌繁殖引起的，是原辅料受污染所致。另外，可能是由于结扎不严密、乳酸杆菌侵入所引起。

⑦ 黏液：这是在包装制品之间产生大量黏液的现象。这种现象比以上现象少见，是由于结扎不严密而使明串珠菌属和链球菌侵入繁殖的结果，特别是添加糖较多的制品容易出现这种现象。

3. 鱼糜制品质量控制措施

鉴于引起鱼糜制品的腐败变质是各种细菌、霉菌的繁殖结果。其侵入方式：一是原辅材料中所污染而加热后残留的芽孢杆菌；二是加热后以各种方式二次污染的细菌或霉菌。因而防止其腐败变质，一要提高原辅材料的清洁度，减少细菌污染；二要采用合适的加热温度；三要防止二次污染。其中还包括添加防腐剂、低温贮藏流通等手段，使不可避免残存的芽孢杆菌延缓或杜绝其繁殖。

（1）原辅材料的清洁　提高原辅料的清洁度、降低初始含菌量，也就是使加热后的制品尽可能减少残留的细菌量，因此，鱼体的清洗、内脏等工序是必不可少的。还应对淀粉、白糖、精盐等辅料进行检验，耐热性的芽孢杆菌很多都来自于淀粉、蔬菜等辅料，进厂必要的细菌检验十分重要。有条件的加工厂对原辅料均须杀菌消毒后使用。例如，使用新蛋白时必须注意有无沙门菌污染的问题。

（2）加热杀菌　加热前的成型鱼糜含有多种微生物，包括无芽孢杆菌、芽孢杆菌、球菌等。加热杀菌并辅之以其他保藏手段则制品便可耐藏，在实际生产中在加热包装鱼糜制品时，一般加热到中心温度 80℃以上，但不可低于 75℃以下。

（3）包装　包装的作用是多方面的，而其对制品的贮藏性能具有重要意义。包装的第一作用是防止细菌和霉菌的二次污染。鱼糜制品经过充分杀菌，成为无菌，但此后与空气直接接触，就会使微生物再附着于制品的表面即受到二次污染。由此可见，为防止食品的腐败，加热杀菌是必要的，而采取有效的包装措施对防止污染同样重要。包装的第二个作用是可以使食品保持在线嫌气状态，使残存的细菌繁殖受到抑制。鱼糜中的氧气在加热时已被鱼糜中的还原物质所消耗，加热后的鱼糜制品基本处于无氧状态，因此良好的包装（如真空包装）使制品内部始终处于无氧状态，无氧状态是抑制残存的好气性芽孢杆菌繁殖的重要因素。

综上所述，制品的密封包装既可防止二次污染，又可使制品处于嫌气状态，抑制好气性芽孢杆菌的繁殖。此外包装对制品的商品化、产品外观等众多方面也均有一定意义。可见包装对食品的影响是非常重要的。包装的方法有加热后包装和加热前包装两种。

选择合适的塑料薄膜也是改进包装、增强保藏性能的方法之一。目前各国使用的包装材料有玻璃纸、低密度的聚乙烯薄膜、中高密度的聚乙烯薄膜、聚丙烯、聚碳酸酯、聚酰胺、铝箔等。

鱼糜制品包装已呈现良好发展趋势，除真空包装外，出现了无菌包装、充气包装等先进的包装方式。包装新材料也日新月异，如聚偏二氯乙烯（PVDC）已广泛应用于鱼香肠的包装。我国的食品安全性研究与管理起步较晚，这其中也包括鱼糜制品，随着市场经济发展，人民生活饮食结构不断提高和改变，休闲食品安全面临更高的挑战。国家相继制定了《食品质量法》、《水产品质量管理规范》，众所瞩目的《中华人民共和国食品安全法》已于2009年6月1日颁布实施。目前，鱼糜制品行业标准体系还不够完善，冷冻鱼糜作为鱼糜制品的主要原料，其质量标准目前缺乏国家和行业标准，而只能以地方标准取代之。因此建立与健全其标准体系，对促进水产品行业安全性管理势在必行。其次，不仅要制定冷冻鱼糜的产品标准，其检测方法与规则也必须得到统一，使得生产、流通、使用、监督部门有法可依，有据可循。此外，社会和企业对消费者的食用安全也要给予必要的关注，规范食品标签内容与形式，充分贯彻鱼糜制品安全性管理的全过程。

思考题 >>

1. 影响鱼糜品质的内在因素有哪些？
2. 影响鱼糜品质的外在因素有哪些？
3. 漂洗对鱼糜的品质有哪些影响？漂洗的方法有哪些？漂洗时要注意哪些问题？
4. 影响鱼糜制品品质的因素有哪些？
5. 影响鱼糜及鱼糜制品安全性的因素有哪些？
6. 鱼糜制品在加工贮存过程中有哪些腐败变质现象？应怎样控制？

能力训练

任务一 冷冻鱼糜加工

1960年以前，由于冷冻降低了鱼肉蛋白质的加工性能，鱼糜作为加工原料只能冷藏几天。抗冻剂的问世，解决了原料鱼肉蛋白质冷冻变性问题，为冷冻鱼糜的生产提供了可能，为鱼糜制品加工业提供质量稳定、品质优良的加工原料。冷冻鱼糜是将鱼肉经采肉、漂洗、脱水等工序加工后，又在这种脱水肉中加入糖类、多聚磷酸盐等防止蛋白质冷冻变性的添加物，在低温条件下能够较长时间地贮藏的新型原料。冷冻鱼糜可直接在海上或原料基地生产。由于原料鱼鲜度好，冷冻鱼糜可达到高质量，而且鱼糜制品或冷冻食品的生产厂家可不受地点、季节的限制，随时能得到质量一致、规格化的原料，做到均衡生产。

一、任务目标

（1）了解生产冷冻鱼糜的原料鱼的种类、特性，能根据产品要求选择合适的原料鱼；

（2）掌握冷冻鱼糜生产原理以及生产工艺；

（3）熟练掌握冷冻鱼糜生产技能；

（4）根据选择的原料鱼特点，能够设计冷冻变性抑制剂配方。

二、原料和设备

1. 原料

适合生产鱼糜的鱼皆可，如小黄鱼、鲅鱼等。

2. 主要设备

漂洗器具、采肉机、精滤机、脱水机、成型机、包装机、冷冻设备、金属探测器。

三、加工工艺

1. 工艺流程

原料鱼处理→水洗→采肉→漂洗→精滤→脱水→添加抗冻剂、混合→包装→冻结→金属探测→冷藏

2. 操作要点

（1）原料选择　可用制作鱼糜的原料有100余种，一般选用白肉鱼类，如白姑鱼、梅童鱼、海鳗、狭鳕、蛇鲻等做原料，生产的制品弹性和色泽较好。红色鱼肉制成的产品白度和弹性不及白色鱼肉，但实际生产中由于红色鱼类如鲐鱼和沙丁鱼等中上层鱼类的资源很丰富，仍是重要的加工原料，所以还是要充分利用并在工艺上改进，提高其弹性和改善色泽。目前世界生产鱼糜的原料主要有沙丁鱼、狭鳕、非洲鳕、白鲹等。随着渔业捕捞量的增加，海洋鱼类产量开始出现下降趋势，这种变化必将引起鱼糜产量的下降。淡水鱼如鲢鱼、鳙鱼、青鱼和草鱼等具有产量高、肉质白嫩、含脂少、易于消化的特点，亦是制作鱼糜的优质原料。淡水鱼鱼糜具有良好的营养价值，其加工制品具有很高的经济价值，并且能产生良好的社会效益。根据你所在地区的原料情况，选择时鲜鱼作为原料。

（2）原料前处理　对于鲜活鱼，最好用清水先暂养3～4h，让其排出内脏中的污物。还需洗涤原料鱼，除去表面附着的黏液和细菌，可以很大程度地减少鱼糜

及其制品的腥味，使细菌减少 80% ~90%。然后去鳞或皮、去头、去内脏。

剖割方法有 2 种：一种是背割，即沿背部中部往下剖；一种是切腹，即从腹部中线剖开。再用水清洗净腔内残余内脏、血污和黑膜。

注意，这一工序必须将原料鱼清洗干净，否则内脏会产生令人不适的气味，缩短货架期；内脏或血液中存在的蛋白酶会对鱼肉蛋白质进行部分分解，影响鱼糜制品的弹性和质量。

清洗一般要重复两、三次，水温控制在 10℃以下，以防止蛋白质变性。

（3）采肉　使用采肉机采肉，即用机械方法将鱼皮、骨去除，把鱼肉分离出来。鱼可以先去头、去内脏，也可以先切成鱼片后进行采肉。前一种方法可以保证鱼肉得率，但必须把内脏清洗干净，否则影响鱼糜品质。采肉时温度控制在 10℃以下。

采肉机滚筒上网眼的孔径有 3 ~5mm 的规格，孔径在 3 ~4mm 范围内，采肉得率和肉品质较好。当孔径 >5mm，采肉率较高，但降低了后序的漂洗效率。当孔径 <3mm，漂洗效率提高，鱼肉纤维受到损伤，在漂洗中流失较多，影响鱼糜得率。鱼的大小和质构影响网眼直径的选择。用红肉鱼类如鲐鱼、沙丁鱼制作鱼糜时，由于红色肉在鱼体肌肉组织中是由表及里呈梯形分布的，所以一般通过降低采肉率来控制红色肉的混入量。采肉机一般不能一次性把鱼肉采取干净，即在骨肉中仍留下部分鱼肉。可进行第二次采肉，称二道肉，色泽较深，碎骨较多，2 次采得的鱼肉不宜混合，应分别存放。生产冷冻鱼糜必须采用第一次采得的鱼肉，第二次来得的鱼肉一般作为油炸制品的原料。

（4）漂洗　清水漂洗主要用于白肉鱼，如狭鳕、海鳗、白姑鱼、带鱼、鲢鱼等，根据需要按比例将水注入漂洗池与鱼肉混合，鱼∶水 =1∶（5 ~10），慢速搅拌，使水溶性蛋白等充分溶出后静置，使鱼肉充分沉淀，倾去表面漂洗液，再按上述比例加水漂洗重复几次。清水漂洗法会使鱼肉肌球蛋白充分吸水，造成脱水困难，通常最后一次漂洗采用 0.15% 食盐水进行，以便易于脱水。

稀碱盐水漂洗主要用于多脂红身鱼类。先用清水漂洗两、三次，再以鱼：稀碱盐水 =1∶（4 ~6）漂洗五次左右，稀碱盐水由 0.1% ~0.15% 食盐水溶液和 0.2% ~0.5% 碳酸氢钠溶液混合而成。

漂洗用水一般为自来水，避免使用富含钙镁等离子的高硬度水及富含铜铁等重金属离子的地下水。漂洗用水可用臭氧或紫外线进行消毒，其 pH 必须接近于鱼肉僵硬前的 pH 范围为 6.8 ~7.0，水温一般控制在 10℃以下。

（5）精滤　可以先脱水后精滤，也可以精滤后脱水。精滤机除去的蛋白杂质主要为结缔组织蛋白。一般最初的 15% ~20% 精滤鱼肉含杂质较多，需再次精滤，并用于生产低级鱼糜。过滤网孔直径大小和旋转速度影响精滤效率。过滤网孔直径有 1.5 ~1.7mm 的规格，红身鱼肉所用过滤网孔直径为 1.5mm，白身鱼肉应用直径为 0.5 ~0.8mm 的过滤网。

(6) 脱水　鱼肉经漂洗后水分含量较多，必须进行脱水，使鱼肉水分含量在80%～82%。太低的水分增加成本，而过多脱水容易造成鱼肉升温，引起蛋白质变性。脱水方法有2种：一种是用螺旋压榨机除去水分；一种是用离心机离心脱水。少量鱼肉可放在布袋里绞干脱水。

pH在5.0～6.0时鱼肉脱水性最好，但在此pH范围时鱼糜凝胶特性最差，不宜采用。白肉鱼在pH6.9～7.3，多脂红肉鱼类在pH6.7脱水效果较好，根据需要调节鱼肉pH后进行脱水。

(7) 添加抗冻剂、混合　国外大宗海水鱼糜生产所用的抗冻剂已以配方的形式固定下来，不同的鱼种甚至同一鱼种不同生产厂家配方存在差异。一般的商业抗冻剂配方是4%蔗糖、4%山梨醇、0.3%多聚磷酸盐。淡水鱼糜的抗冻剂配方为2%蔗糖、2%山梨醇、0.3%多聚磷酸盐。在漂洗后鱼肉中添加5%蔗糖、0.1%磷酸、0.3%磷酸三钠对抑制冷冻变性也很有效。

脱水精滤后的碎鱼肉可使用斩拌机、冷却式翼带状混合机、螺旋式高速混合机等，将所定量的添加物加以混合。混合的时间，对无盐鱼糜来说，斩拌机约需3min，冷却式冀带状混合机约需15min，高速混合机约需8min。加盐鱼糜通常使用斩拌机，混合时间为5～8min。鱼肉先进行冷却或在混合过程中加入适量的冰块，控制在温度10℃以下。

(8) 包装、冻结　将混匀后的鱼糜按规格要求进行定量包装，2、4、6、10kg不等，包装为聚乙烯塑袋，包装后的厚度为4～6cm。为了防止氧化，包装时应尽量排除袋内的空气。包装袋表面需标明鱼糜的名称、等级、生产日期、质量、批号。冻藏时间以不超过6个月为宜。

冷冻鱼糜应尽可能在最短的时间内冻结，通常使用平板冻结机，冷冻温度为-35℃，时间为3～4h，使鱼糜的中心温度较快达到24℃。冷冻鱼糜的品温越低，越有利于冷冻鱼糜的长期保藏，所以冷冻鱼糜的冷藏温度要在-25℃以下，并要求冷库温度稳定、少波动，以减小浓缩效应和防止冰晶长大。

(9) 金属探测　金属探测是HACCP体系中的关键控制点，冷冻鱼糜产品最后要经过金属探测。

四、产品质量要求

参见本项目的二、三的内容。

五、思考题

(1) 生产冷冻鱼糜时应怎样选择原料鱼？

(2) 原料鱼的前处理工序要注意哪些问题？

(3) 保证冷冻鱼糜产品质量的关键在哪些方面？

六、做一做

试设计一种冷冻鱼糜产品加工，说明原料、设备以及阐明工艺流程和操作技术要点？

任务二 鱼丸加工

鱼丸（鱼圆）是我国最具代表性的传统鱼糜制品，深受人们喜爱。各地生产的鱼丸各具特色，根据有无包馅、有无淀粉和加热形式不同而分成许多品种，其中福州鱼丸、鳗鱼丸、花枝丸等享誉盛名。

一、任务目标

（1）熟悉常见原料鱼的品种、特性，能够根据鱼丸生产需要选择合适的原料；

（2）熟练掌握鱼丸生产技术；

（3）能够设计出生产物美价廉、味道鲜美、营养丰富的鱼丸的生产方案，并熟练掌握鱼丸生产的操作技能，胜任鱼糜及鱼糜制品加工工作。

二、原料和设备

1. 原料

冷冻鱼糜、淀粉等辅料。

2. 主要设备

斩拌机、鱼丸成型机、蒸煮槽、速冻设备。

三、加工工艺

1. 工艺流程

添加辅料
↓
冷冻鱼糜→半解冻→擂溃或斩拌→成丸→加热→冷却→速冻→包装→冷藏

2. 操作要点

（1）原料选择　为确保鱼丸的良好质量，应选用凝胶形成能力较高、含脂量较低和白色鱼肉比例较高的鱼种生产的冷冻鱼糜。鉴于鱼丸产品的不同要求，在前处理工序上也有区别，如对质量要求（弹性、色泽等）较高的水发鱼丸采用一次采肉鱼糜，并需漂洗、脱水等工艺操作；而对油炸鱼丸，则可用多次重复的采肉，而且漂洗、脱水工艺操作可以省略。

（2）解冻　采用冷冻鱼糜为原料，需先将冻鱼糜块进行半解冻处理，或最好配置一台冻鱼糜切削机，将冻鱼糜切块成薄片（2～3mm 厚），该操作既加快了前处理操作和确保了鱼糜的质量，又方便了后续工序，但应注意解冻的卫生并严防异物混入。根据配方从冷库提出鱼糜，提出前进行空气自然解冻，严禁在注水或蒸汽等加热条件下加速解冻，在气温较低的季节和地区可以进行吹风解冻，中心温度控制在 -5～-2℃，按等级分类存放，标识清楚。

（3）擂溃（斩拌）　擂溃（斩拌）是决定鱼丸弹性的重要工序之一，直接影响产品的质量。经过擂溃使鱼肉蛋白质充分溶出形成网状结构，并使水分包埋于其中，从而保证制品具有一定的弹性。为了保证鱼丸的质量，擂溃后的温度应控制在 10℃以下，所以在擂溃之前一般都要预冷到温度在 3℃以下，对冻鱼糜原料由半解冻而达到此要求。擂溃时可添加冷水、冰水甚至以碎冰代水来控温，或选用带冰水冷却夹套的擂溃机。由于擂溃时空气混入较多，加热时膨胀，从而影响制品的外观和弹力，为此可采用真空擂溃机。此外还应注意添加配料的次序，首先加入2% ~3% 的精盐、0.1% ~0.2% 的磷酸盐和2% 的糖等品质改良剂，然后再按序加入5% ~12% 淀粉及其他调味料，期间按规定的20% ~40% 水量分次加入，以擂溃至所需的黏稠度。对擂溃时间的控制，必须保证擂溃充分又不过度，鱼糜的黏性达到最大。一般整个擂溃时间控制在20 ~30min 内。

参考配方（kg）：

水发鱼丸：鱼肉20，砂糖0.2，淀粉4，黄酒2，食盐0.5，味精0.1，冰水适量。

油炸鱼丸：鱼肉50，味精0.5，淀粉5，砂糖0.8，姜末1.2，黄酒0.7，冰水适量。

（4）成型　擂溃好的原料立即放到鱼丸成型机的料斗内，迅速成丸，鱼丸直接落入100℃沸水中蒸煮8min 左右，然后转移到冷水中冷却至40℃左右，捞出沥水。参见本项目四内容（一）。

（5）冷却　鱼丸加热后均应快速冷却，可分别采用水冷或风冷等措施快速降温。

（6）速冻　蒸煮好的鱼丸在 -35℃的单冻机中迅速冻结至中心温度为 -18℃，然后在4℃的冰水中镀冰衣，以防止贮藏过程中发生干耗与氧化，保证品质。

（7）称量、包装、贮藏　根据客户要求的规格称量、装袋、封口、装箱。包装前的鱼丸应凉透，同时应按有关质量标准检验虾丸质量，剔除不成型、焦枯、油炸不透等不合格品，然后按规定分装于塑料袋中封口。如今为延长鱼丸的货架期，出现了鱼丸罐头（包括软罐头），其生产工艺必须完成包装前所述的各个操作，此处包装即装罐，可采用玻璃瓶或软包装。

四、质量要求

感官指标：有弹性、不发黏，无异臭、无杂质，煮汤较清不浑浊。

微生物指标：见表7 -10。

表7 -10　鱼丸的微生物指标

项目	指标
细菌总数/（个/g）	$\leqslant 5\times10^4$
大肠菌群/（个/100g）	≤450

五、思考题

（1）鱼丸加工过程中，影响其弹性质量的因素有哪些？

（2）应通过哪些措施提高鱼丸质量？

六、 做一做

从原辅料的选择以及工艺优化等方面考虑，设计一种物美价廉的鱼丸生产方案，并进行加工和产品质量检测。

任务三 模拟蟹肉加工

模拟蟹肉是以狭鳕为主要原料制作的具有新鲜海蟹口味的鱼糜制品。目前国内模拟蟹肉的技术和设备主要是从日本引进或者在此基础上进行改良的。模拟蟹肉作为高技术、高质量、高附加值的水产方便食品具有很好的竞争力和广阔的发展前途。

一、任务目标

（1）能够根据产品要求正确选择和搭配原料鱼糜；

（2）熟练掌握水产模拟食品的生产工艺和制作技术；

（3）能正确操作斩拌机处理原料，准确控制斩拌温度、辅料添加顺序，调配好加工后模拟蟹肉原料；

（4）能根据模拟蟹肉生产的 HACCP 计划控制好原料、凝胶温度、蒸煮杀菌条件，生产出合格的产品。

二、 原料和设备

1. 原料

冷冻鱼糜、玉米淀粉、土豆淀粉、蟹肉味精、食盐、砂糖、蛋白粉、山梨酸、冰水。

2. 主要设备

斩拌机、模拟蟹肉生产线全套设备、杀菌设备、冷却设备、速冻设备等。

三、 加工工艺

1. 工艺流程

冷冻鱼糜→解冻→斩拌与配料→涂片→蒸煮→火烤→自然冷却→轧条纹→起片→成卷→涂色→包薄膜→切段→蒸煮→淋水冷却→强制冷却→脱包衣（薄膜）→切小段→真空包装→整形→冷冻→外包装→贮存与运输

2. 操作要点

使用的设备为蟹腿棒连续生产线。

（1）选料的选择与鱼糜解冻　一般选择白肉鱼加工的冷冻鱼糜，如鳕鱼、石首科的鱼等，也可以用几种鱼糜搭配使用。鱼糜解冻采用以下几种方式：

① 自然空气解冻：即将冷冻鱼糜置于自然室温下，使其缓缓解冻，解冻后的最终鱼糜温度为 -2 ~ -3℃较为适宜。要防止解冻过度，在后续工序中使鱼糜加速升温，而造成成品质量下降。

② 微波解冻机解冻：其特点是解冻速度快，表、里温度均匀，易于控制。

③ 平板快速解冻机解冻：其工作原理与平板快速冻结机类似，只是平板中流

通的是温水。

有的工厂不对冷冻鱼糜进行解冻，而用切削机将冷冻鱼糜切成2mm的薄片，直接送入斩拌机斩拌后配料。实际上这种方法最好，可以保证鱼糜在较低的温度下完成加工，成品的质量非常好。

（2）斩拌与配料　斩拌使用的机器是绞刀式斩拌机，目的是利用绞刀的高速旋转将鱼肉斩拌破碎，使盐溶性蛋白充分溶出，同时使各种物料充分搅拌均匀。

原料的参考配方（kg）：

主原料（鱼糜）	180	马铃薯淀粉（漂白）	10
玉米淀粉（漂白）	6	食盐	4.2
砂糖	8.4	CM调味料（日本）	2.4
蛋白粉	1.8（或折合添加鲜蛋清）	水	123
味西林（日本）	900mL	蟹肉味精	1.32
蟹露	1	山梨酸	适量

（3）涂片　将鱼糜送入充填涂膜机的送肉泵贮料斗内，贮料斗的夹层内要放冰水，以防鱼糜温度升高。将鱼糜泵入充填器内形成薄片，涂贴在不锈钢传送带上。薄片的厚度为2.5mm、宽590mm。涂片成型前的鱼糜温度不要高于10℃。

（4）蒸煮　涂片随着传送带进入蒸汽箱，用蒸汽加热，温度为90℃，时间为30s，蒸煮可使涂片定形。要注意的是，这一工序的目的只是使涂片定形而非蒸熟，切忌蒸煮过度。

（5）火烤　涂片随着传送带送入烤炉，火源为液化气，火苗距涂片3cm，火烤时间为40s。火烤前要在涂片边缘喷淋清水，以防止火烤后涂片与不锈钢板粘连而难于取下。

（6）自然冷却　涂片随传送带经过烤炉后，开始自然冷却，时间为2.25min，冷却后涂片的温度为35~40℃。冷却可使涂片富有弹性。

（7）轧条纹　轧条纹的目的是使成品表面接近于真正蟹腿肉表面的条纹，增加食品的美观性。轧条纹是利用带条纹的轧辊与一定含水量并富有弹性和可塑性的涂片之间的挤压作用来完成。涂片上挤轧条纹的深度和宽度为1mm×1mm，条纹间距为1mm，经过这样处理的涂片与真实蟹腿肉极为相似。

（8）起片　用不锈钢铲刀紧贴在正在转动的不锈钢传送带上，将涂片铲下，制品进入下道工序。

（9）成卷　将铲下的薄片利用成卷器自动卷成卷状，卷层为4层。从一个边缘卷起的称为单卷，卷的直径为20mm；也有的为双卷，即从两端的边缘同时向中心卷起。

（10）涂色　选取与虾、蟹颜色相似的几种红色素配料涂于鱼卷的表面，使仿制的蟹腿肉在外观上更逼真。涂色的面积占圆柱体表面积的2/5~1/2，有的采用直接涂于圆柱体表面的办法，也可涂于包装薄膜上，当薄膜包在鱼卷的表面上时，色素即可附着在制品表面了。

涂色液的配方：

食用红色素	800g	食用棕色素	50g
鱼糜	10kg	水	9.5kg

将上述原料搅拌均匀后稍呈黏稠状，即可涂用。

（11）包薄膜　将制品用聚乙烯薄膜包装，薄膜厚度为0.02mm。薄膜为带状，随制品的不断制出，自动包装并热合缝口。

（12）切段　将用薄膜包装的制品切段，段长为50cm，将其整齐地装在塑料箱内，一般只装2层，以利于蒸煮和冷却。

（13）蒸煮　采用连续式蒸煮箱，温度98℃，时间18min。采用淋水法冷却，水温为18～19℃，时间为3min，冷却后的温度为33～38℃。

（14）强制冷却　采用连续式冷却柜进行冷却，冷却柜内的温度分为4段：第一段（入口处）为0℃；第二段为－4℃；第三段为－16℃；第四段（出口处）为－18℃。制品通过连续式冷却柜出来所需的时间为7min，冷却后的温度为21～26℃。

（15）脱包衣（薄膜）　制品冷却后，薄膜需要脱去。脱膜要注意防止制品断裂变形。

（16）切小段　将制品切分成小段有2种切法：一为斜切段，其斜切角度为45°，斜切刀距为40mm；二为模切段，其刀口切断面垂直于卷柱的轴线，一般段长为10mm左右，也可按不同要求切不同长段，这样有利于消费者自由改刀。切段由切段机来完成，刀距的调整由制品的进料速度和刀具旋转速度来决定。

（17）真空包装　包装材料用聚氯乙烯袋，厚度为0.04～0.06mm。每袋净重可按不同要求规定。日本向西欧国家出口的产品通常每袋净重为470g，用真空自动封口机在0.08～0.1MPa真空度下封口。

（18）整形　经封口机封口后，塑料袋内容物易于聚集在一起，影响产品的美观，可以用辊压式整形机整形，使之外观均匀一致而且美观。

（19）冷冻　先将袋装制品装入铁盘中，分为上、下2层，层间用铁板隔开，以防止冻结在一起及制品变形，然后将装入制品的铁盘送入平板速冻机内，在－40℃下冷冻2h。

（20）外包装　为了制品外观美观，便于运输和贮存，通常要按商品流通要求对制品进行一次外包装。

（21）运输和贮存　本产品属于冷冻食品，因此运输与贮存的温度条件要求在－15℃以下。

四、质量要求

感官评价：先检查包装袋是否完整、有无破损，再剪开包装袋检查袋内蟹棒产品形状、个体大小是否完整和饱满，蟹棒排列是否整齐，再检查蟹棒色泽、风干程度。

仿蟹腿肉的感官质量：肉质洁白，口感细腻，具有与天然蟹肉相似的特有口感与味道，无其他异味。

卫生指标：蟹棒制品的安全卫生指标如表 7－11 所示。

表 7－11　　蟹棒制品的安全卫生指标

项目	指标
汞（以 Hg 计）含量/（mg/kg）	≤0.5
无机砷（以 As 计）含量/（mg/kg）	≤1.0
铅（以 Pb 计）含量/（mg/kg）	≤0.5
镉（以 Cd 计）含量/（mg/kg）	≤0.5
菌落总数/（cfu/g）	≤5.0 × 10 000
大肠杆菌/（MPN/100g）	≤30
沙门菌	不得检出
金黄色葡萄球菌	不得检出

五、思考题

（1）根据什么原则选择鱼糜制品加工的原料鱼糜进行合理搭配？

（2）斩拌过程要注意哪些事项？

（3）说说模拟蟹肉生产的关键点。

（4）你认为水产模拟食品的发展趋势如何？

六、做一做

试设计一种海洋模拟食品加工工艺，说明原料、设备以及阐明工艺流程和操作技术要点。

【项目小结】

鱼糜在我国具有悠久的历史，目前鱼糜已成为一种新型的水产调理食品原料，具有较高的科技含量。鱼糜制品种类繁多，而且调理简便、细嫩味美、营养价值高，又耐贮藏，这类制品既能大规模工厂化制造，又能家庭式手工生产，既可提高低值鱼的经济价值，又能为人们所接受，因而是一种很有发展前途的水产制品。随着鱼糜及鱼糜制品生产技术的不断完善和工艺水平的提高，鱼糜及其制品质量也趋于标准化。鱼糜加工业的迅速发展，对于充分有效及时利用水产资源、推动水产加工业的发展都有着重要的意义，而且还能满足人们对高档次海产品的需要。本项目从理论上详细介绍了冷冻鱼糜加工技术、鱼糜制品加工技术，并通过大量的鱼糜制品生产案例，说明鱼糜制品生产工艺以及操作要点和产品质量控制，内容全面，系统性强；并根据高职学生的认知规律和职业成长规律，按照鱼糜制品生产工艺由简单到复杂的规律设计了冷冻鱼糜加工、鱼丸加工、模拟蟹肉加工 3 个技能训练任务，使学生能够胜任鱼糜及鱼糜制品加工岗位工作。

项目八 水产调味品加工

【学习目标】

1. 掌握水产调味品分类和原料选择；
2. 掌握抽出型水产调味品加工技术；
3. 掌握分解型水产调味品加工技术；
4. 掌握鱼露、耗油等典型水产调味品生产技术；
5. 掌握水产调味品加工过程中的质量变化及控制措施。

知识准备

一、 水产调味品概述

我国古老的饮食文化产生了许多具有地方特色的原始调味品和酿造调味品。在各类天然调味品中，水产天然调味品（亦称海鲜天然调味品）因其含有丰富的氨基酸、多肽、糖、有机酸、核苷酸等呈味成分和牛磺酸等保健成分因而在各类调味品中占有重要的地位。《齐民要术》早已详细记载了鱼露、虾油等水产调味品制作工艺，后来传至东南亚甚至日本，成为当地重要的调味品。

（一） 水产调味品的原料

1. 水产品

包括鱼贝类、甲壳类水产动物及海藻类水产植物。我国海域辽阔，水产资源丰富，尤其低值海洋产品较多。若能充分利用这些现有资源，开发新型调味品，将为低值海洋产品深加工提供一条新途径。

2. 水产加工副产品

包括贝类、甲壳类、硬骨鱼类、海藻类的煮汁或下脚料。目前，我国水产加工厂的副产品典型的如各种贝类（软体动物扇贝、牡蛎、蛤仔等）的煮汁，已有部分被利用制成调味汁用于生产模拟蟹肉等，其中牡蛎煮汁调制品“蚝油”已成为我国水产调味品的主要代表，名扬海内外。

甲壳类也是重要的原料，虾、蟹类煮汁经浓缩制成的天然调味品，在家庭、食品加工等方面有着广泛应用。此外，海水硬骨鱼类的加工中，尤其是罐头制品生产中的煮汁，也是一个重要资源。海藻类煮汁、棘皮类如海胆等均是生产水产天然调味品的良好来源。

（二）水产调味品的特殊风味

根据传统的食品风味理论，味有甜、酸、咸、苦4种原味，任何其他的味道都可以由这4味调出。多年来，在亚洲地区普遍盛行一种除了四原味之外的味道，它就是鲜味。鲜味在中国和日本尤为盛行，通常评价食品味道的好坏看它是否具有很强的鲜味。鲜味物质在一些肉禽类、蛋类、蔬菜、水产品中含量丰富；特别是在水产品中，具有很多和独特的鲜味物质。各种呈味物质以不同的组分组合，使各种水产品具有鲜美的独特风味。

1. 水溶性风味——滋味

水产品中的水溶性风味，主要包括含氮化合物（游离氨基酸、核酸类物质、有机碱和相关的化合物等）、不含氮的化合物（糖类、有机酸、无机盐等）以及其他化合物（如维生素、矿物质和色素等）。在水产品中所共有的几种主要呈味物质是：谷氨酸钠、谷氨酸联氨、次黄嘌呤核苷酸、琥珀酸、鸟苷、1-羟脯氨酸、肌苷酸。水产品的鲜美味道不仅取决于以上几种主要呈味物质，并以此为核心，还有许多增强副成分，如甘氨酸、丙氨酸、脯氨酸、甜菜碱等，无机的有硫化氢、甲硫醇、三甲胺等。因副成分组成不同，所引起味道变化也不相同，这才有了丰富多彩的各种鲜味。鲜味的副成分，在水产品的味中起到了重要的作用。谷氨酸与肌苷酸、鸟苷酸复合使用，其鲜味有相乘的效果，这已被人们所熟知。鲜味中的副成分与主要成分的共同存在也起到了同样的效果。几种主要呈鲜物质与其他呈味物质一起构成了复杂而独特的海鲜风味，水产天然调味品的魅力正源于此。

2. 挥发性风味——气味

人们越来越多地重视食品的风味，各种挥发性化合物是风味质量最重要的决定因素，挥发物对于风味的贡献取决于它们的认别阈值和浓度。通常，鱼和贝类香气的阈值均很低，浓度较低时气味芳香。当硫化氢、三甲胺等浓度稍高时，则鱼和贝呈现腥臭味。目前应用于海鲜香味料中的单体香料主要包括醇、醛、酮、酸、酯及内脂、杂环化合物（尤其是含硫的杂环化合物）等，常用的有三甲胺、四氢吡咯、二甲硫醚、己酸、3-甲硫基丙醛、2，3-二甲基呋喃硫醇等。

（三）水产调味品的营养价值

水产调味品的营养价值和呈风味的含氮营养物质密不可分，例如氨基酸、肽和核苷酸等营养物质。水产调味品都含有游离氨基酸，而无一例外，它们是最重要的呈味成分。调味品的味道，由各种氨基酸的阈值、含量或者其他成分相互作用来决定。与原料有关的主要氨基酸有以下几种：谷氨酸、甘氨酸、丙氨酸、组氨酸、精氨酸、蛋氨酸、缬氨酸、脯氨酸，其中一些是人体必需氨基酸，这些氨基酸对人体有重要的营养价值。

肽类也是水产调味品中的呈味成分，人类摄食蛋白质经消化酶作用后，不像以前认为的那样仅以氨基酸的形式吸收，更多的是以低肽（如二肽、三肽）形式吸收。某些低肽不仅能提供人体生长、发育所需的营养物质，且同时具有防病治病、调节人体生理机能的功效。

黎景丽对蚝油营养成分与保健作用做了深入的研究，研究表明原蚝汁是蚝香的主体，蚝汁中的营养成分是氨基酸、核糖核酸、糖、盐、有机酸、酯和微量元素——矿物质等。氨基酸、核糖核酸、糖、盐、有机酸、酯是呈味的主体，蚝香的源泉，它们的含量多少直接影响蚝油的质量。蚝油含有18种以上的氨基酸，其中9种是人体新陈代谢的必需氨基酸和药用氨基酸。蚝油还含有核酸、多种有机酸、糖、微量元素（Cu、Zn、Cr、Se、I）等，这些微量元素参与各种组织新陈代谢。这均说明蚝油的营养成分非常丰富，是极好的保健食品，又是极好的调味佳品。

（四）水产调味品的分类

我国常见的水产调味品，包括鱼露、虾油、蚝油等传统水产调味品和化学鱼酱油、虾头汁、虾味素、黑虾油等利用化学或生物技术开发的新产品。按生产工艺分类，大致可分为两大类，如下所示。

- 水产调味品
  - 分解型
    - 酶法水解型
      - 传统发酵法：虾油、鱼露、虾酱
      - 快速自溶法：黑虾油
      - 加酶法：贻贝油、蚝油
    - 酸法水解性——水产HAP：复合氨基酸型调味品等
  - 抽出型
    - 鱼贝类抽提物：沙丁鱼、鲐鱼、虾头、蛏、扇贝、牡蛎等抽提物
    - 海藻抽提物：海带抽提物

1. 抽出型

抽出型是传统的水产调味品制造方法，用于生产天然调味品。抽出型水产调味品是以水产品或水产类的加工副产品等动植物为原料，经煮汁、分离、混合、浓缩等工序制成的富有原料特色香气的调味品。抽出方法有水抽出中的低温抽出（50~90℃），此温度下抽出物能保持原料风味；热水抽出法是在沸腾状态进行抽出，还有用1%~6%的乙醇进行抽出的。采用抽出方法制备水产调味品时，应针对不同的原料选择溶剂。例如虾头中含有脂溶性色素，用乙醇作溶剂，不仅可以抽提其风味，而且还保留了虾的色泽。对于贝类，其呈味物质大部分是水溶性的，用水作溶剂是非常经济的。例如，蚝油也称贝肉调味汁，在日本被看作是中国式调味品中最有代表性的产品。

2. 分解型

分解型水产调味品使用富含蛋白质的水产动植物原料，利用原料本身的酶或自然界微生物作用以及外加酶作用和利用盐酸水解，形成富含氨基酸、肽类、无机盐的调味液。蛋白质分解物调味品分为动物蛋白分解物（hydrolysis animal protein，HAP）和植物蛋白分解物（hydrolysis vegetable protein，HVP）2种，是属于不同于动植物提取物的另一类调味品。

分解型水产调味品包括2种类型：酸法水解型和酶法水解型。

酸法水解型水产调味品已形成规模生产。通常是把植物蛋白质原料添加盐酸，在100～120℃加热10～24h进行水解，然后把水解物冷却，用碳酸钠或氢氧化钠中和至pH4.10～6.10，再除去固体的水解物，调配后即为成品。酸法水解型由于条件过于剧烈而趋于淘汰，现在较多采用酶解法。

酶法水解型是利用原料本身的酶和外界蛋白分解酶对原料进行蛋白质水解而制造调味品。根据不同的原料控制发酵条件，会改变产品的风味、得率等。现在已形成的产品有鱼露、虾脑酱、贻贝汁、鱼汁等。此法在开发水产调味品中研究较为广泛，多数用于改进水抽出工艺，以鲜味抽出为主要目的，同时增加蛋白质利用率，并使煮汁中可溶性氨基酸增加。

思考题 >>

1. 水产调味品具有哪些营养价值？
2. 水产调味品按其加工方法的不同可分为哪几类？
3. 水产调味品具有哪些特殊风味？

二、抽出型水产调味品生产技术

（一）抽出型水产调味品特点

天然海鲜调味品的一般生产方法是抽提法，即用热水将鱼贝类中的游离氨基酸、低聚肽、核苷酸、有机酸、有机盐基、碳水化合物等呈味物质抽出，再经精制、浓缩而成。参照GB 10133—2014《食品安全国家标准 水产调味品》和NY/T 1710—2020《绿色食品水产调味品》。

抽提法简单，保持了鱼贝类独特的风味，但对原料鲜度要求高，产品得率较低，有时也辅以轻度的加酶处理以提高得率。我国传统产品蚝油亦属此类。日本的海鲜调味品以抽出型为主，由于抽出型调味品呈味成分丰富、味浓厚且持味时间长，在快速面的汤料、调味作料、调面酱油、粉状作料、鱼糜制品等方面得到广泛的应用。这类产品品种繁多，包含了从海藻、鱼类、软体动物、棘皮动物类、甲壳类、硬骨鱼类等不同原料的各种产品，其呈味特性、成分和用途也各有千秋。表8-1列出了各种抽出型天然海鲜调味品的特征和用途。

（二）一般生产工艺

1. 原料

鱼贝类抽提物的原料一般是生产鲣节类、煮干品时得到的煮汁和罐头生产时得到的蒸煮液等，其余包括鱼肉漂洗液、鱼肉自溶水解液等，归纳如表8-2所示。

要生产高品质的产品，对原料鲜度要求高，鲜度差的原料，由于挥发性盐基氮和腐败生成物会给产品带来异味、异臭，使得产品商品价值下降。

表 8－1　　各种抽出型天然调味品的特征和用途

原料	呈味力	独特风味和香气	价格	资源	主要用途
海藻	◎	○	高	多	酱汁、汤、红烧制品
海胆	◎	△	极高	少	珍味、快餐、高级鱼糜制品
乌贼	○	○	高	多	家常菜（冷食）、珍味、鱼糜制品
扇贝	◎	○	普通	多	家常菜（冷食）、珍味、鱼糜制品、罐头
牡蛎	◎	◎	普通	多	加工食品、保健食品、调味品
蛤仔	◎	○	普通	少	家常菜、罐头
虾	○	◎	高	多（头壳）	家常菜、珍品、快餐
蟹	○	◎	高	少	家常菜、鱼糜制品、珍品
红色鱼肉（鲣，金枪鱼，鲐鱼，秋刀鱼）	◎	○	便宜	多	通用性（汤面、卤汁）、罐头、红烧制品、培养剂
鳕鱼	○	△	便宜	多	鱼糜制品、家常菜
黄鱼，海鳗	◎	○	高	少	高级鱼糜制品
鲑鱼	○	◎	高	多	菜渍、鱼糜制品、珍味
鲸	◎	○	高	少	代替牛肉作通用性培养剂

注：◎＞○＞△。

表 8－2　　鱼贝类抽提物的主要来源

加工品	抽提物来源	鱼贝类种类
鲣节（木鱼）	煮汁	鲣、鲐、沙丁鱼
煮干品	煮汁	沙丁鱼、扇贝、牡蛎、江珧、蛤仔、贻贝等
罐头	蒸煮液	鲣、金枪鱼类、鲐、蟹、蛤仔、扇贝、秋刀鱼等
鱼糜	漂洗液	狭鳕、蛇鲻、海鳗等
鱼粉	蒸煮液、压榨液	沙丁鱼、鲐、狭鳕等
浓缩提取液	自溶液	鲐、沙丁鱼、虾类

2. 抽出

鱼贝类在热水中煮沸，可溶性成分被溶出，用离心机将油和热凝固的蛋白质分离，得到清液，直接利用其他产品煮汁时可不必进行抽出。煮汁和蒸煮液易腐败，所以必须注意保持其品质。

3. 精制

抽出液中含有的蛋白质凝固物、油脂等是造成抽出液混浊和产生异臭的原因，必须采用离心机或过滤装置除净。

原料中如富含胶原蛋白，浓缩时会生成稠状物，应先用蛋白酶进行水解处理。

4. 浓缩

一般采用减压加热浓缩，但也有用冻结干燥法和喷雾干燥法的。产品一般浓缩至水分含量25%～40%；但随着浓缩进行，有时会产生褐变或新的悬浊物。

（三）主要鱼贝类抽提物的生产

日本主要生产的鱼贝类抽提物中，主要有鱼类（鲣鱼、金枪鱼、鲐鱼）提取物、贝类（牡蛎、蛤仔、扇贝等）提取物、其他（如虾、蟹、海带等）提取物，其中以鲣鱼提取物、牡蛎提取物、扇贝提取物等生产量最大，生产工艺也较为确定。

1. 鲣鱼抽提物

鲣鱼的提取物成分占鱼体的5%～6%，其肉具有独特的风味。鲣鱼提取物是以生产鲣节的煮汁和生产罐头蒸煮液为原料进行的。生产工艺如下：

煮汁（蒸煮液）→酶处理→离心分离→第一次浓缩→脱臭→处理→过滤→第二次浓缩→产品

为了防止煮汁及蒸煮液的腐败，将温度加热到80℃左右保存，其后为了防止胶原蛋白造成的溶胶，将温度调至50℃，加入蛋白酶将胶原蛋白水解；随后，用离心机或过滤装置将油脂和残渣除去，将温度升至80℃灭酶。降压条件下进行第一次浓缩，除去油脂和凝集物，用离子交换树脂或活性炭进行脱臭、脱色处理后进行第二次浓缩，将水分减压浓缩到20%～30%，产品于室温条件下密封于容器或贮液槽中。

2. 贝类抽提物

主要是以牡蛎油渍罐头、水煮蛤仔罐头生产时的蒸煮液、扇贝煮干品时的煮汁等为原料进行精制浓缩而成。贝类抽提物富含糖原、有机酸（琥珀酸等）、游离氨基酸（Gly、Ala、Arg），具有贝类特有的风味。

思考题 >>

1. 简述抽出型水产调味品生产工艺流程。
2. 抽出型水产调味品的特点是什么？
3. 抽出型水产调味品原料的主要来源是什么？

三、鱼露生产技术

鱼露是传统的水产调味品，亦称鱼酱油，福建称为鲭油，是我国沿海一带及日本、东南亚各国人民所喜爱的传统调味品。鱼露是以经济价值较低的鱼、虾及水产品加工的下脚料为原料，利用鱼体自身所含的蛋白酶及其他酶，以及原料鱼中各种微生物所分泌的酶，对原料鱼中的蛋白质、脂肪等成分进行分解、酿制而成的。鱼露营养丰富，风味独特，富含氨基酸，还有有机酸、钙、铁等微量元素，最近又发现鱼露中还有许多生物活性物质。

鱼露是盐渍和发酵二者相结合的产物，即利用盐渍手段，来抑制腐败微生物的作用，通过蛋白酶对鱼体蛋白质进行水解（即发酵过程），从而达到生产鱼露的目的。

鱼露的发酵方法对鱼露的质量有直接影响，即使同一原料，发酵方法不同，质量也不一样。鱼露发酵方法可分为天然发酵和现代速酿法。天然发酵法一般要经过高盐盐渍和发酵两步。其生产周期长，时间长达10~18个月，产品的盐度高，达到20%~30%。但是产品的味道鲜美，气味是氨味、奶酪味和肉味这3种气味的混合。将传统方法与现代方法相结合的速酿技术通过保温、加曲、加酶等手段，可以缩短鱼露生产周期，降低产品盐度，同时又减少产品的腥臭味，但若方法不对的话风味就会很差。

（一）鱼露生产工艺

1. 工艺流程

原料鱼→盐渍发酵→成熟→杀菌灭酶→分离→调配→成品

2. 操作要点

（1）原料选择　应选择蛋白质含量高、肉嫩、发酵后风味好的鱼类为原料，如鲲鱼、鳗鱼、七星鱼、三角鱼等。

（2）盐渍　将新捕捞的鲜鱼放入浸泡池内，条形大的鱼需用绞碎机绞碎，加入鱼重30%~40%的食盐，搅拌均匀，每层用盐封闭，腌渍半年到1年。期间要多次进行翻拌，使腌渍后的鱼体含盐在24%~26%。

（3）发酵酶解　发酵可分为自然发酵和人工发酵。厂家可根据自己的实际情况，采取不同的发酵方法。

① 自然发酵：是在常温下，利用鱼体的自身酶和微生物进行发酵。一般将发酵池建在室外，将腌渍好的鱼放入池中，充分利用自然气候和太阳能，靠日晒进行发酵。为使发酵温度均匀，每天早晚各搅拌一次，发酵程度视氨基酸的含量而定。当氨基酸的增加量趋于零，发酵液香气浓郁、口味鲜美时，即为发酵终点，一般需几个月的时间。

② 人工发酵：是利用夹层保温池进行发酵，水浴保温，温度控制在50~60℃，经半个月到1个月的时间发酵基本完毕。期间用压缩空气搅拌，使原料受热均匀。为了加速发酵进程，可外加蛋白酶加速蛋白分解，可利用的蛋白酶有菠萝蛋白酶、木瓜蛋白酶、胰蛋白酶、复合蛋白酶等，发酵周期可缩短一半。

（4）过滤　发酵完毕后，将发酵醪经布袋过滤器进行过滤，使发酵液与渣分离。

（5）浸提　过滤后的渣可采用套浸的方式进行，即用第二次的过滤液浸泡第一次的滤渣，第三次过滤液浸泡第二次的滤渣，以此类推。浸提时将浸提液加到渣中，搅拌均匀，浸泡几小时，尽量使氨基酸溶出，过滤再浸提，反复几次，至氨基酸含量低于0.002g/mL为止。最后将滤渣与盐水共煮，冷却后过滤，作为浸提液备用。

（6）调配　浸提后的鱼露根据不同等级进行混合调配，较稀的可用浓缩锅浓缩，蒸发部分水分，使氨基酸含量及其他指标达到国家标准。

（7）装瓶　将调配好的不同等级的鱼露分别灌装于预先经清洗、消毒、干燥的玻璃瓶内，封口、贴标，即为成品。

（二）鱼露生产质量控制

为了保障鱼露的质量，制作时应注意以下生产质量控制。

1. 防止黑变

鱼露黑变的主要原因是原料中混进了虾类，因虾类酪氨酸含量较高，在发酵过程中，酪氨酸以及色氨酸会氧化导致鱼露黑变。控制鱼露黑变的关键点是原料的整理，如已混进虾类，挑出另行处理。

2. 防止沉淀

成品鱼露在贮存一段时间后，有时会出现絮状沉淀。主要原因是发酵时间短，蛋白质水解不完全或鱼露酸碱度、含盐量不适当引起的。控制的关键点是延长发酵时间，使蛋白质水解完全；调配鱼露的煮鱼水要充分冷却，待可凝性蛋白质析出后过滤；调整鱼露 pH 及含盐量。

3. 防止结晶

当鱼露中含盐量处于饱和状态、天气变化时便可能出现食盐结晶析出现象。鱼露中还会出现碎玻璃状的磷酸镁铵结晶，这是鱼露中多种成分形成的，对人体无害，但影响商品外观，可用柠檬酸或醋酸调整 pH 到消除结晶。

对过滤的鱼露清汁成品进行质量检验，应按照标准调整氨基酸态氮含量。如氨基酸态氮含量太低，可加入一定量的特等鱼露提高氨基酸态氮含量。

出口鱼露采用玻璃瓶和塑料桶包装，装瓶前必须再用棉花细布过滤，以除去脂肪。

（三）改善鱼露加工及产品质量的方法

1. 利用太阳能进行鱼露发酵

研究表明，利用太阳能内循环加热器可促进鱼露的成熟发酵，该新工艺已经取得了较好的效果。太阳能内循环加热器装置由高位储藏罐、内循环加热器、密闭保温发酵池等主要设备组成。这种技术不仅能提高鱼露的质量、改善风味，而且提高了鱼露的产量，减少了飞虫和尘土的污染。

2. 采用新鲜的鱼原料

鱼体死亡后不久即发生僵硬现象，处于这一阶段的原料鱼新鲜度良好，经过僵硬阶段后，鱼体组织逐渐变软，这说明鱼体开始自溶，继而发生腐败，释放出许多腐败物质。这些腐败物质在发酵过程中除一部分挥发外，大部分将带入鱼露成品中，使成品带有严重的腥臭味。因此，腌渍鱼露的原料一定要新鲜。

3. 拌盐要均匀，搅拌要勤，日晒要充分

食盐的防腐原理是对鱼体和微生物菌体的脱水作用。只有将原料鱼与食盐充分拌匀，才能加速食盐的渗透，防止在盐渍过程中鱼体组织内部腐败变质。

同时，应加强日晒和搅拌。在日光照射下可促进多种氧化作用，鱼体中的脂肪将会氧化为脂肪酸，以及脂肪酸与醇类进行缓慢的酯化等，成品鱼露的风味也将越好。然而鱼醒经过日晒后，由于表面水分的不断蒸发，表面逐渐形成一块“盐镜”，阻碍了挥发性物质的挥发。因此还要不断搅拌才可加速挥发性物质的挥发，同时，使缸的表面与底部达到同步成熟的效果。只有这样才能得到风味纯正、口感圆滑、味道鲜美、色泽鲜艳、清澈透明、久贮不坏的鱼露。

4. 加热浓缩进行脱腥

由于鱼露中的主要成分氨基酸与低分子化合物的挥发度有着显著的差异，因此通过加热浓缩可加速低分子化合物的挥发，同时只有食盐析出，而不可能有氨基酸等有效成分析出。相对来说，提高了鱼露中氨基酸的浓度，加速了低沸点挥发性组分的挥发，达到了去腥除臭的目的，提高了鱼露的质量。

思考题 >>

1. 简述鱼露生产工艺。
2. 鱼露生产如何质量控制？
3. 改善鱼露产品质量的方法有哪些？

四、虾类调味品生产技术

（一）虾油

虾油并非油质，是以新鲜虾为原料经发酵提取的汁液，加工季节为清明前1个月。

1. 工艺流程

新鲜虾→清洗→盐渍→发酵→炼油→抽油→成品

2. 操作要点

（1）选料　取清明到夏至间的麻线虾，要求新鲜、无异味，无腐败变质。

（2）淘洗　在麻虾起网前用手捏握麻虾网袋的两端，用海水淘洗干净，倒入麻虾箩里，迅速运回。

（3）日晒夜露　将鲜虾称好后，放在陶缸里，容量为缸的一半，放室外日晒夜露。过2d，开始每天早晚用耙子上下搅动一次。

（4）盐渍　一般3～5d后，缸里液面出现红沫。每天早晚搅动时各加0.5～1kg盐，15d后，搅动时不见上浮或上浮很少，说明发酵基本完成，每次用盐量可减少5%。30d后只在早上搅动加少量盐。

（5）晒熟　继续每天早晚搅动，日晒夜露。搅动时间越长，次数越多，则晒熟度越足，越均匀，腥味越少，质量越高。3个月后，有精油析出，呈浓黑色。

（6）炼油　一般初秋炼油。先用勺子舀起缸面上的浮油12.5kg，备用，再加5%～6%食盐水于缸中（食盐水要煮沸凉至室温后加入），然后搅匀，早晚各搅动一次，促使虾油与杂质分离。

(7) 烧煮　将篓子放进缸里，使虾油滤进篓内，再用勺子渐次舀出。将虾油入锅烧煮，去杂质和泡沫，即为成品。

成品为浅红褐色，澄清，咸鲜，具有鲜虾油特有的香气，无腥气，无异味。

3. 虾油质量标准

虾油质量标准见表8－3。

表8－3　虾油质量标准

指标项目	具体标准
感官指标	黄棕色到棕褐色，无沉淀，具虾油固有滋味，无杂质，无异味
理化指标	氨基酸态氮含量≥0.85mg/100mL，氯化钠含量≥25%
细菌指标	细菌总数≤2×10^3个/mL，大肠菌群≤30个/100mL，无致病菌检出

（二）虾酱

虾酱又名虾糕，是以各种小鲜虾为原料加盐发酵后，经磨细制成的一种黏稠状酱，以河北唐山、山东惠民、浙江和广东出产最多。虾酱的形状略似甜酱，分一、二、三等。质细味纯香，盐足，含水分少，具有虾米的特有鲜味，无虫，无臭味者为佳。唐山、沧州产品质量最好。有的加工时混入小蟹、小蛤等，影响质量，颜色多是灰黄色，也不鲜明。

1. 操作要点

(1) 原料处理　原料以小型虾类为主，常用的有小白虾、眼子虾、蚝子虾、糠虾等。选用新鲜及体质结实的虾，用网筛筛去小鱼及杂物，洗净沥干。

(2) 盐渍发酵　加虾质量30%～35%的食盐，拌匀，渍入缸中。用盐量可根据气温及原料的鲜度而确定。气温高、原料鲜度差，适当多加盐，反之则少加盐。每天2次每次20分钟，用木棒搅拌捣碎。捣碎时必须上下搅匀，然后压紧抹平，以促进分解、发酵均匀。连续进行15～30d，至发酵大体完成为止。酱缸置于室外，借助日光加温促进成熟。缸口必须加盖，不使日光直照原料，防止发生过热黑变。同时就避免雨水、尘沙的混入。虾酱发酵完成后，色泽微红，可以随时出售。如要长时间保存，必须置于10℃以下的环境中贮藏，得率为70%～75%。如捕捞后不能及时加工，需先加入25%～30%的食盐保存。这种半成品称为卤虾，运至加工厂进行加工时，将卤虾取出，沥去卤汁，并补加5%左右的食盐装缸发酵。

(3) 增香　在加食盐时，同时加入茴香、花椒、桂皮等香料，混合均匀，以提高制品的风味。

若要制成虾酱砖，可将原料洗净后，加原料质量10%～15%食盐，盐渍12h，压取卤汁。腌制后的小虾经粉碎，日晒1d后倒入缸中，加0.2%白酒和0.5%茴香、花椒、橘皮、桂皮、甘草等混合香料，充分搅匀，压紧抹平后表面洒1层酒，促进发酵。当表面形成1cm厚硬膜时，夜晚缸上加盖。发酵成熟后，通过过滤分离出发酵渗出的虾卤，取出浓厚的虾卤即是虾油成品。如不取出虾卤，时间久又复渗回酱中。成熟后的虾酱首先除去表面硬膜，取出软酱，放入木制模匣中，制成长方形，去掉膜底，取出虾酱，风干12～24h即可包装销售。

2. 保管方法

宜用缸盛装，亦可用木桶装。必须严密封口，防止雨淋和沾生水。存放于阴凉通风处。开缸取货和零售后，都要及时加盖，防止苍蝇叮爬、污染、生蛆、生虫、发霉变质。如发现有翻泡现象尚未变质时，及时加少许白酒，密封保存。如已翻泡变质和有臭味者，不能食用。有些地区喜欢生食，更要注意防止污染。

3. 成品质量等级

虾酱成品质量等级见表8－4。

表8－4　　虾酱成品质量等级

成品等级	色泽	气味	咸度	纯度	质感
一级品	紫红色	气味鲜香无腥	盐度适中	无杂鱼	呈黏稠状、酱质细腻
二级品	紫红色	无腥味	咸味重或发酵不足	有小杂鱼等混入	鲜香味差、酱质较粗且稀
三级品	颜色暗红不鲜艳	有腥味	味咸	杂鱼杂物较多	酱稀、粗糙

（三）虾头调味品

对虾的虾头占全虾质量的1/3左右，我国每年加工无头对虾处理的鲜虾头即有7000～8000t。因此虾头的综合利用，特别是在调味品开发应用上较为多见。常见的产品有虾头酱、虾脑油、虾黄酱、虾黄粉等。

1. 虾脑油

虾脑油的制备方法有以下2种。

(1) 油浸取法　取虾头肉的肝脏和性腺等部分，加1～2倍量的混合油（由精炼的豆油与花生油1∶1混合而成），于100℃提取5min，冷却，离心，即得虾脑油。

(2) 溶剂抽出法　将虾头的肝脏和性腺以5倍的溶剂抽出，溶剂的组成为石油醚、丙酮和水（其比例为15∶75∶10，体积比）。振摇放置过夜，过滤，最后在40℃蒸去石油醚，即得虾脑类脂物。使用时取出一定量的虾脑类脂物，溶入已知体积的植物油中即得虾脑油。

虾脑油富含脂肪、虾黄质酯类、虾黄质、虾红素和类胡萝卜素等营养成分，虾味浓郁，可作为食品工业和家庭用餐的调料。

2. 虾精粉

将虾头去掉胸甲和杂物，洗净，用绞肉机绞碎，然后加少量水煮沸，再用胶体磨研磨，使之成为比较均匀的液汁状，用纱布过滤，将滤液浓缩，再加入食盐和抗氧化剂，必要时还可加入少量味精，最后喷雾干燥即成。

该产品具有独特的海鲜风味，可作为方便面、虾片、虾味苏打饼干、儿童营养及老年人保健等食品的配料和调味品。

思考题 >>

1. 虾类调味品有哪些？
2. 虾酱应如何保管？

五、蚝油生产技术

蚝油是我国福建、广东两省的传统调味品，目前主要产地在香港，但用作原料的蚝油浓缩液却由广东、福建等地区供应。蚝油是牡蛎煮汁经加工配制而成的复合调味品，味鲜美而带蚝香，可广泛应用于各类食品，是我国港澳地区、东南亚以及日本等地的家庭和餐馆的常备调味品。

（一）传统加工法

蚝油加工在我国已有相当悠久的历史，多是从蚝干加工所得的蚝汁经煮沸浓缩而得到的。其加工工艺如下图所示：

```
                  酱色    增味剂、增香剂、防腐剂
                   ↓        ↓
浓缩蚝汁→搅拌→加热→调色→增味调香
         ↑
水、糖、盐、淀粉→过滤→装瓶→巴氏灭菌→成品
```

1. 原料处理

鲜蚝去壳，在水中煮熟，使其中水分渗出，以便干燥成干蚝肉。将煮熟蚝肉与汤汁分离后静置沉淀，取上清液过滤，使滤液通过 0.130mm 筛孔，再经减压浓缩成水分低于65%、氨基酸高于1%的浓缩液，即可转入配制工序。此浓缩液常加盐及防腐剂以便贮运。熟蚝肉可制成商品蚝干，或经调味灭菌后制成蚝肉罐头。

2. 蚝油配制

一般常以浓缩蚝液为原料进行配制。流程说明：先在夹层加热锅中加入所需的水，在搅拌情况下依次序加入各料，搅拌均匀后，加热至沸，并保持20min。配料目前尚无统一规定，但以下各点基本上已有共识：

加水量以使蚝汁稀释至氨基酸含量 >0.4%、总固形物含量 >28%、总酸含量 <1.4% 为度。

加盐量以使蚝汁含氯化钠达到7% ~14% 为度。

淀粉作为增稠剂，以支链淀粉含量高者为佳，用量以使蚝油呈稀糊状为度。

蚝油呈鲜、甜、咸、酸调和的复合味感，主味为鲜味，甜味为次味。含糖量不可过多，否则会掩盖蚝油鲜味。

增香主要取决于蚝汁新鲜程度及配料量，一般可以少量优质酒作为增香剂，

用之得当可使酯香明显，并可去腥味，使蚝香纯正。

配料完毕，以0.130mm筛过滤，趁热灌入已洗净灭菌的加热瓶中，已装瓶蚝油再经巴氏灭菌或再在热水流水线上灭菌。

上述基本上是传统工艺，但蚝油效率、质量、工耗、能耗等方面仍有不足之处，尤为突出的是原料利用的问题。原料处理只利用煮蚝水，提取时单纯依靠热水浸出，只能获得可溶性成分，蚝肉中丰富的蛋白质未能全部利用，而蚝肉酶解法则可解决这一难题。

（二）酶解法

蚝肉酶解法国内外均已有研究及生产应用，酶法生产工艺简单，可摆脱粗加工分散于民间作坊式提取蚝汁生产的弊病，便于大规模工业化生产，可减轻劳动强度及提高劳动生产率，具有较高的经济效益。工艺流程如下：

牡蛎→洗涤→磨碎→加酶水解→过滤浓缩→调配→装瓶→杀菌→成品

1. 蛋白酶的选择

蛋白酶是牡蛎酶解生产的关键所在，不同蛋白酶对牡蛎酶解有很大的影响。周新月研究了11种蛋白酶对牡蛎酶解的影响，结果发现，碱性蛋白酶的水解度高，但产品风味欠佳；酸性蛋白酶解对牡蛎酶解无作用；中性蛋白酶酶解效力适中，蚝油的色、香、味均较好。

2. 改色

一般食品都含有糖类和蛋白质，在加工贮藏过程中易发生褐变，食品化学上称之为非酶褐变，通常是在高温下进行的，包括脱水、裂解、聚合等几个复杂的化学反应过程。已基本弄清的包括焦糖褐变反应和羰氨褐变反应。利用褶牡蛎作为蚝油原料时，因色泽灰暗、外观不佳，可利用焦糖反应和羰氨反应达到蚝油改色的目的。具体操作如下：

先将铁锅加热，抹一层花生油，然后放入糖加热熔化，温度控制在200℃以下，至糖脱水，使糖液起泡黏稠至金黄色后，加入水和蚝汁，加水量以稀释后游离氨基酸含量符合标准为原则，再加热到90℃以上，使颜色转变为红色。

3. 增稠

采用一定比例的淀粉及食用羧甲基纤维素作为增稠剂，使液体不分层，并具有浓厚的外观，提高产品的质量。

4. 增鲜剂

构成蚝油的成分很多，除各种游离氨基酸之外，还有糖原、低肽、甜菜碱类、琥珀酸等，它们是构成蚝油独特风味的特征物质。蚝的糖原含量较高，它本身无味，但具有调和抽提物成分的味，增加味的浓厚感和持续性的功效，保持蚝油的鲜美感。蚝油的鲜美感是以谷氨酸为核心，加上各种氨基酸、有机酸等形成的复杂而有特色的味。由于IMP、GMP等核苷酸关联化合物同Glu有相乘作用，故添加一定量的I+G可调整蚝油的整体风味。

思考题 >>

1. 简述蚝油传统加工法生产工艺。
2. 简述蚝油酶解法生产工艺。

六、水产品水解动物蛋白（水产 HAP）生产技术

利用鱼贝类等动物蛋白质作原料，经加酸水解的产物称水产品水解动物蛋白。一般采用盐酸水解法，原料的蛋白质被水解成氨基酸和少量二肽，水解度超过70%。同时糖类也被分解，色氨酸、酪氨酸、苯丙氨酸也同时生成黑腐物，外观很难被人接受，所以必须进行脱色。酸解型天然调味品的关键技术是正确的水解和脱色。

20 世纪 90 年代初，日本林哲仁等发现在脂肪存在条件下进行酸解型 HAP 生产时，会产生致癌变异物质，对酸法生产的食品完全性提出了质疑，引起了轰动。虽然目前尚未定论，但采用更为安全、更为温和的方法如酶法生产水产 HAP 的研究在悄然兴起。湛江海洋大学利用双酶法研究开发的青鳞鱼、翡翠贻贝的 HAP，蛋白质水解率亦可达到盐酸水解的水平。酶法是通过酶的分解作用将生物组织中的大分子或结合基团分解为小分子，以便将其分离。酶还能制备某些小分子产品，如水解蛋白等。目前国内外使用酶法生产水产药物和保健食品的技术发展得非常快。

酶解法中根据原料的不同，酶的选择也不尽相同，主要包括利用鱼体内脏的蛋白酶和外加酶 2 种形式。例如，沙丁鱼酱汁是利用鱼体内脏蛋白酶生产的 HAP 产品，而青鳞鱼 HAP 是外加酶的产品。

1. 酸解型水产 HAP

化学鱼酱油实际上是酸解型水产 HAP 的最终产品，由于鱼贝类蛋白质含量高，特别是富含豆类酱油易缺乏的赖氨酸，其营养价值和鲜味均高于鱼类。

（1）工艺流程

原料→盐酸水解→中和→过滤→调节 pH→过滤→调 pH→脱色→浓缩→脱盐→进一步浓缩→杀菌→包装

（2）操作要点

① 预解：先将原料浸入盐酸，进行分解，用酸量为鲜原料的 15% ~20%（如果用其他鱼副产品或废弃物，则视原料的干、卤、鲜等具体情况而确定用酸量）。

② 加热：用盐酸浸过原料，置于耐酸缸或蒸发皿内，以文火加热，保持 80 ~105℃，缸盖上面穿孔，插一长玻璃管，将蒸汽冷凝，回收盐酸，加热分解的时间为 8 ~10h。

③ 保温：停止沸腾后，保温 1h，使其分解完全，然后再倒入缸内，准备中和。

④ 中和：待温度冷却至 60℃，逐渐加入碳酸钠，用量为盐酸的 50% 左右，中

和残余盐酸，中和时不断搅拌，最后以蓝色石蕊试纸试之，至不呈酸性为止。

⑤ 过滤：将中和后的液渣静置至泡沫停止，用布袋过滤，即得鱼酱油液汁。

⑥ 制成酱油：将过滤的液汁进行蒸煮消毒（煮沸后保持 10~20min），再测其浓度，应在相对密度 1.16~1.18，如不足此浓度须加浓盐水补足，超过时须加开水稀释，最后掺和 5% 的酱色，即成化学鱼酱油。

2. 酶解型 HAP

酶解型包括利用鱼体内脏的蛋白酶和外加酶 2 种形式。沙丁鱼酱汁是利用鱼体内脏蛋白酶生产的 HAP 产品，而青鳞鱼 HAP 则是外加酶的产品。

（1）沙丁鱼酱汁　沙丁鱼内脏抽提物可能含有胰酶等几种蛋白酶，用钙离子可以稳定这些酶的活力，当这些酶在 pH8.0、50℃以及有钙离子存在时，沙丁鱼的水解率最高，而加入 NaCl 或鱼肉经热处理（100℃，5min）之后，会降低鱼肉的水解率。在上述指定的条件下，将沙丁鱼内脏抽提物加到沙丁鱼碎肉中，发酵 5h，用离心机将发酵物进行分离，得到澄清液后再加入 25% NaCl 溶液，调节盐浓度即可得到沙丁鱼鱼酱汁。

（2）青鳞鱼 HAP　邓尚贵等利用双酶法开发的青鳞鱼 HAP 工艺流程为：

青鳞鱼→预处理→匀浆→枯草杆菌中性蛋白酶水解→胃蛋白酶水解→脱臭→浓缩→青鳞鱼 HAP

青鳞鱼为南海多获性低值鱼，粗蛋白按干基计为 68.3%。将原料鱼除去内脏，连头均浆，加入枯草杆菌中性蛋白酶（100u/mL），在 pH7.0 反应温度 50℃进行酶解 2h 后，加热灭酶，调 pH 为 3.5，加入胃蛋白酶（3u/mL），反应温度 40℃，反应 2h，用 β-CD 和活性炭进行脱臭、脱色处理，再经减压浓缩可制得青鳞鱼 HAP，氨基态氮含量≥0.015g/mL，具有浓郁的鱼香味。此产品可作为儿童食品的作料，不仅可以提高儿童对鱼类的摄入量，还能丰富儿童食品的蛋白质来源。此外，还可加入其他水产调味品中（如蚝油、虾油）中，以降低产品的成本，也可加入植物性食品中以提高植物性食品（如面粉、面条、饼干）蛋白质的生物价。

思考题 >>

试述以罗非鱼下脚料为原料，生产水产品水解动物蛋白（水产 HAP）调味品工艺流程。

能力训练

任务一　虾脑油的提取

一、任务目标

（1）掌握虾头部分营养组成；

（2）掌握虾类调味品种类及特点；
（3）掌握虾类调味品的生产技术；
（4）能熟练利用抽提技术生产调味品；
（5）能熟练掌握虾脑油的提取工艺和质量控制。

二、原料和设备

1. 原料

对虾头、花生油、豆油。

2. 主要设备

专用分液漏斗、均质机、离心机、杀菌锅。

三、加工工艺

1. 工艺流程

对虾头→取虾头内容物→均质→离心→分离→装瓶→杀菌→成品

2. 操作要点

（1）原料选择　选择新鲜干净的对虾头，水产品企业加工对虾的新鲜虾头，要求具有对虾特有的气味，无异味，色泽正常。

（2）取虾头内容物　取虾头肉的肝脏和性腺等部分，注意别把对虾消化部位混入。

（3）均质　加入1～2倍量的混合油（由精炼的豆油与花生油1∶1混合而成），利用消毒好的均质机均质，将原料均质为均匀的浆状，于100℃提取5min。

（4）离心、分离　将冷却好的原料放入离心机离心分离去掉残渣，可以进行2次离心分离，使虾脑油澄清无杂质。

（5）装瓶　用小玻璃瓶灌装，瓶盖虚掩。

（6）杀菌　用水浴杀菌40min/100℃，瓶内油煮沸3min排气以后，立即封口，杀菌至终点，取出产品，自然冷却。

四、质量要求

用植物油提取的虾脑油是虾脑类脂物，色泽呈显著的红色，无虾腥味，较黏稠。其特性为酸价为94.6，皂化价为182.5，碘价为42.6，折射率（20℃）为1.4725，不皂化物为3.57。

虾脑油富含脂肪、虾黄质酯类、虾黄质、虾红素和类胡萝卜素等营养成分，虾味浓郁，可作为食品工业和家庭用餐的调料。

五、思考题

为保证虾脑油的质量，生产过程中要注意哪些问题？

六、做一做

请以小海蟹为原料，设计一种水产调味食品，阐明工艺流程和操作要点。

任务二 酶解法虾酱制作

一、 任务目标

（1）掌握酶解法制作海鲜调味品的基本原理；

（2）掌握酶解法制作海鲜调味品的基本方法；

（3）学会控制虾酱制作质量控制。

二、 原料和设备

1. 原料

虾、木瓜蛋白酶、风味酶、山梨酸钾、食盐、CMC、黄原胶、淀粉、味精、I+G。

2. 主要设备

打浆机、水浴锅、玻璃瓶、杀菌锅、电子秤、温度计、80 目筛等。

三、 加工工艺

1. 工艺流程

原料虾→清洗→匀浆→酶解→过滤→浓缩→调 pH→调配→装瓶→封口→杀菌→成品

2. 操作要点

（1）匀浆　洗净的虾放进打浆机内加水匀浆，加水量不超过原料质量的 50%。

（2）加酶水解　先用 pH 试纸检测一下虾浆的 pH，要求在中性范围，一般在 6.0~7.0 内均可，否则需要调 pH。

酶解时先用木瓜蛋白酶酶解，添加量为 0.4%（按虾的质量计，下同）；

1.5h 后加风味酶酶解，添加量为 1%，温度均为 55℃，酶解时间不得少于 4h。酶解过程中要经常搅拌。

（3）过滤　80 目筛网过滤，得水解液。

（4）浓缩　将水解液浓缩，再用柠檬酸调 pH 为 5.5。

（5）调配　按配方顺序投入各种配料，边加热投料边搅拌。

基本配料（按水解液质量计）：山梨酸钾 0.12%、食盐 15%、CMC0.25%、黄原胶 0.25%、淀粉 5%、味精 0.6%、I+G0.1%。

（6）装瓶、封口　用小玻璃瓶灌装，立即封口。

（7）杀菌　杀菌方法有 2 种：一是高压杀菌：10—15—10min/121℃，杀菌完毕，待高压杀菌锅内温度下降到 40℃以下，慢慢打开高压杀菌锅盖子，取出产品，自然冷却；二是水浴杀菌：25min/100℃，先将水加热至 50℃，放入已装瓶封盖的产品，煮沸后开始计算时间，达到杀菌条件，取出产品，自然冷却。

四、 质量要求

1. 感官指标

虾酱的感官指标见表 8-5。

表 8-5 虾酱的感官指标

项目	指　标
色泽	紫红色或灰紫色
香气	具有发酵虾酱的香气
滋味	具有发酵成熟的虾酱滋味、无异味
体态	幼滑或含碎虾的酱状，黏稠适中，质地均匀，无外来异物

2. 理化指标

虾酱的理化指标见表 8-6。

表 8-6 虾酱的理化指标

项　目		指标
挥发性盐基氮含量/（mg/100g）	≤	450
水分/（g/100g）	≤	60.0
氨基酸态氮（以 N 计）含量/（g/100g）	≥	1.1
食盐（以 NaCl 计）含量/（g/100g）	≤	28.0
甲基汞含量/（mg/kg）	≤	0.5
无机砷含量/（mg/kg）	≤	0.5
铅含量/（mg/kg）	≤	0.5
多氯联苯含量/（mg/kg）	≤	2.0

3. 微生物指标

虾酱的微生物指标见表 8-7。

表 8-7 虾酱的微生物指标

项　目	指标
菌落总数/（cfu/g）	≤8000
大肠菌群/（MPN/100g）	≤30
致病菌（沙门菌、金黄色葡萄球菌、副溶血性弧菌、志贺氏菌）	不得检出

五、思考题

(1) 酶法制作海鲜调味料的基本原理是什么？

(2) 酶法制作的海鲜调味料与其他调味料相比有什么特点？

六、做一做

请以牡蛎为原料，设计一种水产调味食品，阐明工艺流程和操作要点。

任务三 淡水鱼下脚料制作鱼露

鱼露是一种传统的调味品，是以鱼为原料历经数月酿造而成的一种味道鲜美、营养价值高的氨基酸调味液，含有18种以上的氨基酸，其中7种是人体所必需的氨基酸，还含有人体新陈代谢所必需的微量元素，深受我国人民喜爱。随着技术的发展和资源充分利用，开发水产品加工下脚料的综合利用技术成为行业发展的重点方向之一。

一、任务目标

（1）掌握淡水鱼下脚料的综合利用价值；

（2）掌握鱼露生产的基本原理；

（3）掌握鱼露生产技术；

（4）能组织管理鱼露生产；

（5）能控制鱼露生产过程的质量。

二、原料和设备

1. 原料

淡水鱼加工下脚料、胰蛋白酶：木瓜蛋白酶=1:1、食盐、米曲酶。

2. 主要设备

蒸煮锅、杀菌锅、电子秤、温度计等。

三、加工工艺

1. 工艺流程

下脚料→蒸煮→冷却→加酶水解→杀酶→加盐→冷却→接种→发酵→过滤→罐装→杀菌→冷却→成品

2. 操作要点

（1）将淡水鱼鱼头、鱼皮、鱼刺以及鱼肉用水漂洗整理好待用。

（2）将上述原料蒸煮15min，冷却至室温。

（3）加入原料重0.15%的复合蛋白酶（胰蛋白酶：木瓜蛋白酶=1:1）和18%~22%的食盐，pH调至7，水解1.5h后杀酶。

（4）接入鱼露发酵菌种，37℃保温发酵3个月。

（5）过滤、分装后，采用100℃、15min杀菌，冷却至室温，即为成品。

四、质量要求

1. 感官指标

（1）气味　应具有鱼露特有的香气，不得有腐败臭味。

（2）滋味　应具有鱼露特有的鲜美滋味，不得有其他异味。

（3）色泽　橙红色或棕黄色。

（4）透明度　澄清透明。

2. 理化指标

鱼露的理化指标见表8-8。

表8-8　雨露的理化指标

项目	一级	二级	三级
氨基氮/（g/100mL）≥	0.90	0.65	0.40
全氮/（g/100mL）	1.20	0.87	0.54
食盐/（g/100mL）	25	25	25

3. 鱼露的氨基酸组成

氨基酸的总量越高，鱼露的质量越好。鱼露中呈鲜味特征的天门冬氨酸和谷氨酸含量最高，丙氨酸、甘氨酸等甜甘味氨酸亦丰富，丝氨酸、蛋氨酸（胱氨酸）等同鲜味亦有相关。此外，同大豆酱油相比，其赖氨酸、精氨酸的含量高，是其营养特征。

从不同国家鱼露的游离氨基酸组成中可以看出，亦是谷氨酸、天门冬氨酸、丙氨酸、甘氨酸、苏氨酸等呈味氨基酸较高，而濒氨酸、异亮氨酸、亮氨酸、苯丙氨酸、赖氨酸等必需氨基酸的含量也较为丰富。因此可以认为鱼露不仅呈味性好，且营养价值亦高。

五、思考题

（1）淡水鱼加工下脚料综合利用途径有哪些？

（2）怎样控制鱼露生产过程的质量？

【项目小结】

近年来，人们对调味品的要求已从单一的鲜味型转向复合的天然风味型、营养型、功能型。人们倾向于天然物的原有风味，即追求食品的原汁原味，天然海鲜调味品因含有丰富的氨基酸、多肽等呈味物质，及浓郁的海鲜风味而深受消费者的喜爱，尤其是这类海鲜调味品中还富含对人体健康有益的生理活性物质（如牛磺酸、生理活性肽、核苷酸等）及微量元素，同时赋予了海鲜调味品特殊的营养保健功能。因此，海鲜调味品将是调味品工业今后发展的一个方向。本项目对水产调味品的营养、风味、分类以及不同类型调味品的加工技术与质量控制等方面进行了讲解，并通过酶解型虾酱调味品的典型生产任务来达到与教学于一体，巩固知识，强化技能。

项目九 水产品综合利用技术

【学习目标】

1. 掌握水产品综合利用价值；
2. 掌握海洋生物中的活性物质和有毒物质；
3. 具备鱼虾贝藻的综合利用技术；
4. 具备水产医药保健品加工工职业技能。

知识准备

一、水产品综合利用技术概述

近些年来，人们对海洋水产资源长期过度捕捞，使经济生物资源逐渐衰退，而低值的资源生物产量不断提高。加强对低值生物资源开发和利用，提高其利用价值和附加值，是21世纪我国面临的迫切任务。

一方面，海洋是一个巨大的天然生物宝库，占地球面积71%的海洋生活着约40万种生物，占地球生物物种的80%。生长在海洋环境中的海洋生物，在其生长和代谢过程中，产生并积累了大量具有特殊化学结构并具特殊生物活性和功能的物质，是开发新型海洋药物和功能食品的重要资源。另一方面，人们在加工或食用水产品时，往往将其下脚料等加工副产品抛弃。例如，鱼品在加工的过程中，必然会产生大量的下脚料（包括鱼头、鱼皮、鱼鳍、鱼尾、鱼骨及其残留鱼肉），其质量占原料鱼的40%～55%，如果不进行有效处理，不仅会造成环境的污染，而且会浪费大量的宝贵资源。

水产品综合利用简单地说就是变废为宝。水产品综合利用的主要对象是被视为低值的水产原料、或者原来没有开发的水产原料和水产品加工过程中产生的废弃物。水产品综合利用大大提高水产品的附加值，降低主导产品的成本，取得较高的经济、生态和社会效益。其综合利用涉及的领域很广，包括食品、饲料、医药、化工等多种行业。水产综合利用的各种产品已渗透到各行各业，起着不可低估的作用。

思考题 >>

1. 水产品综合利用的意义和作用是什么？
2. 水产品综合利用的主要对象是什么？

二、虾蟹的综合利用

（一）甲壳素的利用

虾、蟹壳是提取甲壳素的主要原料，其含量因壳的种类而不同，虾壳中含量14% ~25%，蟹壳中含量10% ~25%。我国每年都产有大量的虾、蟹壳等副产品，其中，仅对虾加工的副产品——虾头就超过1万t。而其中仅一部分用于饲料添加剂等低值产品，绝大部分被当作垃圾废弃，既污染环境又造成资源的浪费。若将这些资源回收用于提取甲壳素，不但能变废为宝，还可获得可观的经济效益。

甲壳素又称甲壳质、几丁质和壳多糖，是一种多聚乙酰氨基葡萄糖，属含氮多糖类，它不溶于水、有机溶剂及酸、碱溶液中，只有经过浓碱处理或其他方法脱去其分子中的乙酰基后，才能溶解于稀酸中，成为可溶性甲壳素。

1. 工艺流程

虾、蟹壳→捣碎→浸碱→水洗→浸酸→氧化脱色→水洗→还原→水洗→甲壳素→浓碱保温→水洗→脱水→壳聚糖

如对某种甲壳质产品的颜色不做严格要求，只需将虾、蟹壳洗净干燥，在浓度1% ~5%的碳酸钠溶液中煮沸，然后用盐酸脱钙即可。有的工艺是先浸酸、后浸碱，也有用碱一次处理，直接制备甲壳胺。

2. 操作要点

（1）原料处理　将新鲜的虾、蟹壳中的残肉除去，用清水冲洗干净。

（2）浸碱　旨在除去蛋白质及脂肪，一般是在8% ~10%的氢氧化钠溶液中煮沸1 ~2h，期间一部分色素也遭到破坏。

（3）浸酸　旨在除去碳酸钙等，一般用浓度5% ~15%的盐酸浸泡5d左右，浸泡期间要经常翻动，待虾、蟹壳中的钙全部溶出，盐酸溶液不再产生气泡时，即可停止浸酸。

（4）氧化脱色　将上述虾、蟹壳投入1%浓度的高锰酸钾浸泡1 ~2h，即可制得白色的不溶性甲壳质。

（5）还原　用清水冲洗压干水分，再投入浓度为1%的草酸溶液中浸泡1h。捞出用清水冲洗，挤干水分，烘干或晒干，即成为洁白的甲壳素。

（6）浓碱保温　将烘干的甲壳质投入浓度为41%的工业烧碱溶液中，加热至80 ~90℃，保温24 ~36h，直至脱去乙酰基为准，即得可溶性甲壳素，即甲壳胺。检查方法：取少量试样，用水洗至中性，压干水分，投入浓度为1%的冰醋酸溶液中，如在30min内完全溶解，表明脱乙酰基已经完成，否则应继续保温。

（7）水洗　脱乙酰基完成后，捞出虾、蟹壳用清水反复冲洗，直至其呈中性为止。

（8）脱水　将虾、蟹壳压干水分晒干或烘干后即为壳聚糖。

3. 甲壳素及其衍生物用途

甲壳质和甲壳胺是天然多糖中少见的带正电荷的高分子物质，具有许多独特的性能，并可以通过酚化、醚化等反应制备多种衍生物，在食品、生化、医药、日用化妆品及其污水处理等许多领域具有广泛的用途。其生理功能主要表现在以下几个方面：

（1）降低胆固醇　研究表明，摄取甲壳胺可使人体血中总胆固醇含量明显减少，而高密度脂蛋白则明显上升；但停止摄入甲壳胺后，胆固醇有复原的倾向。

（2）调节肠内代谢　人体在摄入甲壳胺后，可明显减少肠内致癌菌（卵磷脂酶－阴性芽胞梭菌）。另外，在摄入甲壳胺后，肠内细菌所产生的腐败物质中粪便中的 NH_3、苯酚、p－甲酚、吲哚等均明显减少。而据动物试验的结果，上述腐败物质是肝癌、膀胱癌及皮肤癌等癌症的催化剂。

（3）调节血压　甲壳胺可抑制由高盐食物所引起的血压升高。

（4）抗菌性　甲壳胺具有较强的抗真菌性。一般地，当甲壳胺的浓度达到100μg/mL时，即可表现出抗真菌性，且抗真菌性与甲壳胺颗粒的大小呈反比。甲壳胺的聚合度对其抗真菌性有较大的影响，聚合度降低，则甲壳胺所能抑制的真菌种类减少，但抑制的程度加强。七聚体的甲壳胺具有最强的抗真菌性。

（5）其他　甲壳素或甲壳胺的完全水解物D－葡糖胺盐酸盐，可作抗菌消炎药物、治疗骨关节疾病的药物等。

（二）虾黄酱和虾黄粉

1. 虾黄酱的制备

（1）剔除虾头中的杂物，剪须，除去甲壳，洗净，用绞肉机绞碎，加入蛋白酶，于40℃、pH7条件下水解3h，然后加入12%（质量分数）食盐及少量BHT抗氧化剂和苯甲酸钠防腐剂，在30℃下保温消化10d，煮沸10min，趁热过1.10mm筛，冷却，得棕红色虾黄酱。

（2）将剔除胸甲、去杂物、洗净的虾头绞碎后，加少量水于锅中煮沸，过1.10mm筛。将滤液浓缩至含水量约45%，再加入7.5%（质量分数）食盐、少量BHT和苯甲酸酸钠，搅拌均匀后即为棕红色虾黄酱。

2. 虾黄粉的制备

虾黄粉的生产方法比较简单，就是使已制得的虾黄酱蒸发，除去其中的水分，在温度100℃以下烘干，粉碎即成。

3. 虾黄酱和虾黄粉的应用

虾黄酱营养比较丰富，含粗蛋白约30%，脂肪5%～6%，水分约40%。其蛋白质中含有人体所需的各种氨基酸，而且苏氨酸、缬氨酸、赖氨酸、谷氨酸的含量都比较丰富；此外，还含有各种维生素、激素、无机物等。特别是，它具有一种独特的浓厚香味，味道鲜美，能促进食欲，是宾馆和家庭佳肴中的美味作料。而虾黄粉则可作为汤类、方便面、饼干、糕点等食品的添加剂。

思考题 >>

1. 简述甲壳素的生产工艺。
2. 简述虾黄酱的生产方法。

三、鱼的综合利用

（一）鱼粉生产

世界每年有1/3左右的渔获物被用来生产鱼粉，可见鱼粉在渔业中占有重要地位。鱼粉是饲料的主要原料，是国际市场上畅销的产品。生产鱼粉的主要国家有智利、秘鲁、日本、丹麦、美国、南非和冰岛等。我国近年来鱼粉生产发展很快，但因其品质及数量无法满足市场需求，对进口鱼粉的依赖性依然很大。随着国内水产养殖业的迅速发展，我国已成为世界上鱼粉需求量最大的国家。

1. 鱼粉原料种类和特点

各国生产鱼粉的原料不尽相同，我国鱼粉的原料主要是经济价值比较低的鱼类和原料鲜度比较差的鱼类以及水产品加工的废弃物，包括鱼的头、尾、骨、鳍和内脏等。而智利、秘鲁则是利用鳀鱼全部加工成鱼粉，而欧洲国家主要利用鲱鱼、沙丁鱼和鳕鱼加工鱼粉，也有一些国家是利用鲐鱼、鲹鱼、鳓鱼、马面鲀等鱼种来进行加工。近年来，由于鱼粉需求量的增加，贝类、海藻、鳞虾、海洋浮游生物（轮虫、卤虫、小球藻等）也可作为鱼粉的原料或部分原料加以利用。

按照鱼粉的色泽的深浅可将其分为2类，一类为褐色鱼粉，色泽较深，主要由褐色肉含量较高的鲐、鲹、鲱和沙丁鱼等鱼种加工而成，含脂量相对较高，捕捞后需立即加工，否则脂肪氧化易导致产品质量下降，也不易保藏。由于这类产品经济价值较低，捕捞量大，故生产成本较低。利用内脏废弃物生产的鱼粉也属褐色鱼粉，蛋白质含量相对较低。另一类为白色鱼粉，色泽较淡，一般由白色肉原料加工而成，如鳕鱼、带鱼等鱼种，因其含脂量较低、蛋白质含量高，故鱼粉质量好，也易于贮藏。

2. 鱼粉原料贮藏

鱼的鲜度直接影响到鱼粉的产量和质量。鱼体死后，在微生物和酶的作用下，将会发生一系列的生物化学变化，使得蛋白质降解为脲、胨、肽和氨基酸等，这些物质进一步分解便产生各类胺类、硫化合物和吲哚等产物，这些产物都能溶于水中，有的并具有挥发性、呈特殊臭味。鱼油中的不饱和脂肪酸易氧化而生成挥发性的低分子醛酮类物质，有难闻的异味，含脂量高的鱼类容易发生这种情况。在加工过程中，虽然可采用全封闭的管道化生产和除臭装置，但仍有一部分挥发性物质将散发到空气中而污染环境，因此必须对原料进行防腐保鲜处理。一般有以下一些方法。

(1) 低温贮藏　利用低温抑制微生物生长和自溶酶作用的原理来保藏原料，是目前比较理想和有效的方法，特别是对未开腹的整条原料鱼，低温贮藏尤能显示其优越性，因为化学防腐剂往往不能均匀地达到鱼体内部。低温贮藏的方式一般有冻结、微冻、冰藏及冷却海水保鲜。

(2) 甲醛防腐　甲醛溶液是一种防腐剂，能使原料中蛋白质凝固、自溶酶失活并防止微生物污染而延长保藏期，一般每吨鱼用40%的甲醛溶液1kg，可保藏12d左右。甲醛在加工中会挥发掉，不会残留在饲料中，因此，对家禽、家畜和水产动物是无害的，但甲醛在鱼肉中含量不能超过0.4%，否则会使肌肉组织变硬而给压榨工序造成困难。由于目前食品安全意识日益强化，对于甲醛使用要更加慎重，一定要考虑到影响，决不要超量添加。

(3) 亚硝酸钠防腐　亚硝酸钠也是一种防腐剂，很多国家普遍采用它保藏鱼类和鱼类废弃物。100g鱼粉中亚硝酸钠含量不超过20mg，作为饲料是无害的。根据处理方法和时间以及保藏要求的不同而选用1%～10%的亚硝酸钠溶液。使用时可以采用浸渍法和喷淋2种方法。需要指出的是，大部分亚硝酸钠在干燥和压榨液浓缩等高温处理过程中会分解掉；但因亚硝酸钠与胺作用能产生致癌物质亚硝胺，为安全起见，一般必须严格控制使用或设法在热处理中将其除去。

值得指出的是，单独使用亚硝酸钠防腐，鱼体因自溶作用而变软；而单独使用甲醛溶液，也将因鱼肉组织坚硬而给压榨带来困难。试验证明，采用20%甲醛和2.5%亚硝酸钠混合溶液对原料防腐有良好的效果。

(4) 酸防腐　用酸使自溶酶活力下降并抑制腐败微生物的生长来达到防腐的目的。所用酸主要有硫酸、盐酸、甲酸或这些酸的混合物。长期贮藏（半年以上）时，用硫酸或盐酸应保持pH2.0～2.5，用甲酸应保持pH3.7～4.0。短期贮藏(1～2个月）时，硫酸或盐酸应保持pH3.0～3.5，甲酸应保持pH4.3～4.5。

应该指出，在酸防腐的过程中，蛋白质会发生一定程度的水解，维生素也会遭到一定程度的破坏，所以这种方法适用于酸贮饲料。如果单独使用强酸，需要在中和之后再喂养动物。

(5) 焦亚硫酸盐防腐　焦亚硫酸盐具有防腐作用，与酸防腐相比，其特点如下：① 焦亚硫酸盐是一种粉末，适用和贮藏比较方便；② 这种防腐饲料在应用时不需要中和（但需加热以除去SO_2）；③ 对贮藏条件无特别要求。

将新鲜或冷冻的原料磨碎，盛于搅拌机中，在不断的搅拌过程中加入2%的焦亚硫酸钠（或钾），全部混合过程为10～15min，然后将其贮藏于密闭容器中，一般在4个月之内质量不会发生变化。

3. 鱼粉营养价值

鱼粉是一种营养物质含量均衡的饲料原料，蛋白质是饲料的主要成分，其含量的高低是决定鱼粉价格的主要指标。鱼粉中蛋白质含量为50%～70%，其消化率在90%以上，鱼粉中含有丰富的必需氨基酸，构成鱼粉蛋白质的某些氨基酸是一般植物蛋白所缺乏的，如赖氨酸、蛋氨酸和胱氨酸，而这些氨基酸都是家禽、家畜和鱼类生长所必需的。

鱼粉不仅蛋白质、能量、矿物质（如钙、磷）含量比较高，维生素（包括B族维生素、生物素、维生素A、维生素D和维生素E）以及微量元素（如碘、硒）等含量也比较丰富。它是一种与众不同的天然营养物质复合体，尤其是含有丰富的 $n-3$ 长链多不饱和脂肪酸，$n-3$ 多不饱和脂肪酸具有促进幼小动物的卵化率、成活率、生长率和抗病力等功效。鱼粉是目前普遍使用的日粮中含 $n-3$ 多不饱和脂肪酸最丰富的饲料原料。

4. 鱼粉生产工艺

鱼粉生产的方法主要分为干法和湿法2种，其中干法又分为直接干燥和干压榨法，而湿法又分为湿压榨法和离心法；此外，还有萃取法和水解法。不同的加工方法具有不同的工艺特点和优劣，至于具体选择哪一种方法生产鱼粉，一般取决于原料鱼种的差异、对产品质量的不同要求和投资能力的大小等因素。也可将上述方法结合起来生产鱼粉，取得较好的效果。

目前国内外生产鱼粉的方法，主要是采用湿压榨法生产工艺，该生产工艺具有生产成本低而产品质量好的优点。所以下面重点介绍湿法鱼粉生产工艺，其他工艺略作简述。

(1) 湿压榨法生产工艺

① 工艺流程：

原料 → 切碎 → 蒸煮 → 压榨 → 压榨饼 → 撕碎 → 干燥 → 除金属
↓
压榨饼
↓
倾析分离 → 粗渣（→ 干燥）
↓
油、汁水
↓
离心分离 → 汁水 → 浓缩（→ 干燥）
↓
粗油 → 精制 → 成品鱼油

（除金属 →）粉碎 → 筛析 → 集粉 → 称重 → 包装 → 成品

此工艺先将原料鱼切碎，通过螺旋输送器送至蒸煮器蒸煮，由输送机送到压榨机中进行压榨，使油和水与肌肉分离，压榨饼经撕碎机撕碎后送入干燥机进行干燥，干燥后的粗鱼粉经磁性分离器除去金属等杂质后由粉碎机粉至所要求的粒度，然后通过筛析机到自动称按需要的质量包装。而压榨液经倾析器分离，使沉淀呈泥状的粗渣被送至干燥机中与撕碎的压榨饼一起干燥。液体经油水分离机使油水分离，得到的粗油经精油分离机分离而得到成品油。出来的汁水经多效蒸发器浓缩至一定浓度后送入干燥机与压榨机饼一起干燥，由此得到的鱼粉称为全鱼粉，而浓缩液不回收得到的鱼粉为半鱼粉。

② 工艺要求和特点：

a. 蒸煮：蒸煮的作用在于使鱼体蛋白质加热凝固，从而破坏其组织细胞，促进油水与肌肉蛋白质的分离，以利于下一步的压榨；同时也可破坏鱼体肉的酶和杀灭附着在鱼体上的微生物，达到防腐的目的。

蒸煮的程度和效果直接影响到鱼粉和鱼油的质量，而决定蒸煮效果的因素主要是加热温度、时间和 pH。加热温度一般选择 80～95℃，在此温度下，蒸煮的鱼肉中不溶性蛋白质维持了最高的含量，而分离出的鱼肉也能达到最高的含量。加热时间控制在 15～20min，一般蒸煮至鱼肉经轻微振摇易从骨骼上脱落而又没有血迹即可。pH 越接近鱼肉蛋白质的等电点，压榨液产量越高，而这意味着油水与固形物分离的效果好。

b. 压榨：压榨的目的是从蒸煮过的原料中最大限度地压出油和水，缩短压榨饼干燥的时间和降低干燥过程中的能耗。

大规模生产多采用双螺杆压榨机进行压榨，一般压榨温度为近 80℃，时间 15min，蒸煮后趁热压榨，对油、汁水的分离非常有效。经过压榨工艺后，可压出 30%～40% 的含油液体，其中除了含有大量的水分和鱼油外，还含有不少可溶性蛋白质等固形物。因此，对压榨液需进一步加以分离回收和利用。

c. 干燥：干燥主要是为了使压榨饼的含水量由 40%～50% 下降至 10% 左右，从而达到抑制微生物的生长，使鱼粉能够长期贮藏。

干燥分为天然干燥和人工干燥，小型鱼粉厂采用经济的天然干燥法，干燥 2～3d 即可；而大规模的鱼粉厂采用人工干燥，即利用干燥机进行干燥。不论是天然干燥或人工干燥，在干燥之前必须用锤磨机将压榨饼轧碎，以增加对热的接触面，提高干燥效率。

鱼粉在热空气中干燥，除了水分的蒸发外，还发生着油脂的氧化和蛋白质消化率下降等变化。为了降低和防止鱼粉中油脂在干燥过程中的氧化，一般可以采用添加抗氧化剂和真空干燥等方法。为了防止蛋白质消化率的下降，一般可通过降低干燥温度、缩短干燥时间等方法来实现。

d. 粉碎、筛析和包装：干燥后的鱼粉先通过磁力净粉机除去可能夹带的金属等杂质，然后经粉碎机粉碎，使颗粒变得细小而均匀，再通过 16 目的振动筛筛析而得到饲料用鱼粉。用纸袋或塑料袋以每 50kg 一袋包装即可，经抽样化验合格后便可出厂。

e. 压榨液处理和利用：压榨液包括油、水和一部分粗渣，这 3 部分物质经一定处理后均可被利用。

压榨液经倾析式离心机分离后，分为粗渣和含油汁水2部分。粗渣被输送到干燥器中与撕碎后的压榨饼一起干燥；含油汁水部分经油水分离机分离后分成油和汁水2部分。油经精制后得到成品鱼油。剩下的水溶液为汁水，通常为原料质量的60%～70%，含有较多的水溶性蛋白质、氨基酸、维生素、无机盐等固形物成分。这部分汁水经多效蒸发器浓缩后，使固形物含量从原来的6%～7%提高到45%～50%而成为浓缩鱼汁，将其输送到干燥器与磨碎的压榨饼混匀后一起干燥，以这种方式生产的鱼粉成为全鱼粉，而不利用浓缩鱼汁生产的鱼粉称为半鱼粉。

（2）直接干燥法生产工艺

① 工艺流程：

原料→切碎→蒸煮→干燥→粉碎→筛析→称量→包装→成品

② 工艺要求和特点：将原料鱼切碎后送入蒸煮机进行蒸煮，然后送入干燥机中干燥。由于没有压榨工艺，为除去相当鱼粉质量2倍的水分，需要干燥3h左右，这样不仅需要耗费大量燃料，而且长时间高温干燥，又会造成油脂氧化程度增加和蛋白质消化率的下降，从而影响鱼粉的品质。因此，直接干燥法一般只适合于少脂鱼类加工。此方法的特点是设备投资费用低，且原料中的水溶性成分基本上全部保存于成品鱼粉中。

（3）干压榨法生产工艺

① 生产工艺流程：

原料→切碎→蒸干→粗筛→压榨→粉碎→筛析→称量→包装

压榨↓ 粗鱼油→炼制→成品鱼油

包装↓ 成品

② 工艺要求和特点：干压榨法是将原料的热处理和鱼粉的干燥合并在压油之前一次完成（称为蒸干）。因此，干法压出的液体主要是鱼油，鱼油经炼制可得成品鱼油，压榨饼经粉碎、筛析、称量和包装后即成为成品。如果原料含油量很高，采用热空气蒸干法将使其中的鱼油质量下降，从而影响到鱼粉的质量。因此，该生产工艺适合于中脂鱼和少脂鱼。

（4）离心法生产工艺　原料经绞碎后进行蒸煮，煮成浆状，送到卧式离心机中被分离成固相、油和液相3部分，然后固相被送去干燥，油进入精制设备中进一步精制，而液相中仍含有一部分粗渣和油，因此将液相输入到立式离心机中进一步分离，液相又被分成粗渣、油和汁水3部分，它们的回收利用与湿压榨法基本相同。此法的最大特点是可以加工各种原料，甚至对一些不新鲜的原料用压榨法无法分离鱼油时，它也能分离，而且产品的含油量较低，设备的占地面积又小。

（5）萃取法生产工艺　如果要使鱼粉中的含油量降至1%以下，压榨法和离心法都无能为力，此时必须采用有机溶剂萃取法。萃取法脱脂彻底，因此鱼油产量高，鱼粉质量好，但有机溶剂能溶解大量色素，使得萃取油的颜色较深。与压榨法相比较，此法的工艺设备比较复杂，技术条件要求高，生产成品也高。除食用鱼粉外，采用萃取法生产饲料鱼粉并不普遍。

5. 鱼粉的包装和贮运

鱼粉在贮藏运输过程中会发生自发热（油脂氧化）和吸湿。这种自发热现象发生于多脂鱼粉，有时在制造后立刻发生，有时在贮藏和运输过程中发生。油脂氧化本身是放热反应，当这种热不能被及时排除时，鱼粉温度便会升高，甚至达到自燃温度。另外鱼粉吸湿后易使微生物得以繁殖也可引起温度上升。鱼粉中油脂氧化会使鱼粉发臭、变质、自燃，氧化产物（过氧化物、醛类）具有毒性；鱼粉吸湿后，给微生物繁殖创造条件，使蛋白质被分解，有时也会因霉和细菌作用使鱼粉结块变质。

（1）鱼粉的包装　鱼粉自干燥机出来后，需在空气中冷却，不能立即装袋，堆放不宜过厚，包装前必须添加抗氧化剂防止油脂氧化。常用抗氧化剂有丁基羟基甲苯（BHT）或没食子酸丙酯等。添加量一般控制在0.01%～0.10%。鱼粉的包装材料常用纸袋，为了更有效地防止鱼粉在贮藏中氧化、吸潮和虫蛀等影响，目前很多包装都用塑料袋。

（2）鱼粉的贮藏　鱼粉在贮藏过程中，应堆放整齐并预留空隙，以利于通风。但只有部分通风被认为是危险的，因为在那种情况下，在氧气供给充分的地方，油脂进行氧化，而空气的量又不足以将过程所产生的热及时带走，所以，通风不好，比不通风更糟。袋内的温度应控制在50℃以内，鱼粉敞开堆放时，应用防水物料覆盖。

6. 食用鱼粉

食用鱼粉又称为“鱼蛋白浓缩物”，是人类补充动物性蛋白最有效、最富营养价值的食品之一，它蛋白含量极高，达到74.8%～83.5%，远远高于一般的动植物蛋白，而且必需氨基酸齐全，赖氨酸含量较高；脂肪含量非常低；且富含Ca、Fe、Mg、P等矿物元素，每天在食物中增加3%的食用鱼粉，能提供儿童所需钙质的60%；还含有较多的B族维生素。这些物质都是代谢不可缺少的重要促生长因子。

此外，经医院临床试验证明食用鱼粉可以作为婴幼儿的代乳品，不仅易吸收、可防止佝偻病和贫血，还能治疗小孩腹泻和矫正小孩营养不良症。

（1）生产工艺流程　主要有以下两种方式：

① 原料切碎→蒸煮→压榨→干燥→有机溶剂萃取→离心→干燥→粉碎→产品

② 原料切碎→蒸煮→压榨→有机溶剂萃取→离心→干燥→粉碎→产品

（2）生产操作要求

流程①为先干燥再脱脂，不形成乳化层，油脂易分离除去。而流程②为先脱脂再干燥，则可避免油脂在干燥过程中的氧化。

食用鱼粉生产的关键是脱脂、脱臭，而因方法的不同主要取决于采用何种有机溶剂进行萃取。一般可选用的有机溶剂有：乙醇、乙烷、异丙醇、醋酸乙酯等。

干燥的方法可选用热空气干燥、真空干燥和喷雾干燥等方法。

实际生产中可选择压榨饼进行脱脂，也可直接对已生产好的鱼粉进行脱脂。

（二）鱼油和鱼肝油生产

鱼油泛指鱼体油、鱼肝油以及水产哺乳动物油。鱼体油主要是生产鱼粉的产品，鱼肝油主要是从富含维生素 A 和维生素 D 的鱼类肝脏中提取的油脂，水产哺乳动物油主要是来自鲸、海豹、海豚等的皮下脂肪。

1. 鱼油的提取

用水产动物皮下脂肪提取油脂，其分离油脂的方法主要由加热熔出、压榨、电熔以及酸、碱等法。

（1）间接蒸汽加热法　蒸汽通入夹层或蛇管，以加热原料，温度易于控制。在密封的熔出锅内，排除空气，从而减少空气对油脂的氧化，一般加热 2 ~ 3h，即可熔出油脂。

（2）直接蒸汽加热法　此法是用高压蒸汽在密封的加热容器中熔出油脂。高压蒸汽直接加热油脂，虽有效破坏细胞组织，但会使油脂产生较稳定的乳胶体，影响质量。

（3）真空溶出法　此法一般分为 3 个阶段：开始在真空条件下，使原料脱水；接着在 1.5 ~ 2.5 倍大气压中熔油；最后在真空下脱水。当油脂呈现透明状时，说明脱水完全。

（4）酸碱溶出法　酸和碱有加速破坏组织细胞的作用，碱还能中和油脂中的游离脂肪酸，使成品油的色泽较浅、酸价较低，且浓度不大的碱液对维生素 A 的破坏程度小，为此稀碱水解广泛地用于鱼肝油加工厂中。此法的缺点是碱和油脂容易发生皂化反应，引起产量降低。所以控制碱的浓度至关重要。一般浓度为 1.50% ~ 1.75%，用量为原料重的 40%。酸法虽然可以提高油脂的产量，但只能生产工业用油，不宜提炼食用油，残渣用作肥料，但不能作饲料。

（5）电流熔出法　将油脂原料切碎，浸于 3% 的食盐水中，通以直流电电解，在电流的作用下，组织细胞遭到破坏，使油脂流出，然后采用离心分离方法分离油脂。其优点为生产时间短、出油率高；缺点是溶液发热，油脂与水极易产生稳定的乳化液，分离困难。

（6）冷压榨提油法　利用机械法加压，将组织细胞破坏，从而分离其中油脂。

① 鱼油的精制：原料经压榨、萃取或溶出法提取的油脂，通过沉降、离心或压榨、过滤等初步精制之后，其中水分和机械性杂质已经被除掉；但油中或多或少会存在些蛋白质颗粒、色素、无机盐、游离脂肪酸及一些挥发物质等，不利于长期贮藏，因此需要进一步精制，主要包括脱胶、脱酸、脱色、脱臭和冬化。

② 鱼油的脱胶：鱼油的脱胶主要是去除其中的蛋白质和黏液之类的杂质，当然这要看原料油的品质、性质和提油方法，如果油中的胶质含量不高，就不必脱胶。另外值得一提的是：如果是被用来提取 EPA 和 DHA 制剂的鱼油，还应保留其中的磷脂，因为在通常磷脂中结合的脂肪酸中，EPA 和 DHA 含量很高。

③ 鱼油的脱酸：脱酸主要是除去油脂中的游离脂肪酸。在中和脱酸的方法中，产生肥皂可以吸附一部分色素和其他杂质。主要方法有蒸馏脱酸法和碱液脱酸法，亦称中和脱酸，所用碱有石灰、纯碱、烧碱和纯碱－烧碱混合法等。目前普遍采用烧碱脱酸法，其优点是脱色力强，能有效地除去油中的蛋白质和黏液等杂质，而且设备较简单；缺点是中性油损耗较大。

④ 鱼油的脱色：鱼油颜色变动很大，鳕鱼肝油几乎无色，而鲑鳟油呈暗红或褐色，多数鱼油呈黄褐色。鱼油呈色有 2 个原因：一是天然色素，例如胡萝卜素、叶黄素和虾青素等；二是鱼油发生化学变化而呈色。脱色主要除去天然色素，而对于化学变化而产生的颜色，则很难脱去。

鱼油脱色的方法：a. 化学法——化学法是借氧化还原作用来破坏油中色素。采用氧化法实际应用少，因为鱼油本身极易氧化酸败。氢化法具有很大的实用价值。鲱鱼油在 180℃，用 0.7% 的镍作催化剂，以 1.36MPa 的氢压进行氢化 10min，颜色即从黄色变到淡黄。此外，锌粉在 150℃以上与油的混合可达脱酸脱色的双重效果。b. 物理法——此法不会使鱼油发生化学反应，因此适用广。采用一种表面积很大、不溶于油的物质，靠表面吸附作用除去油中的色素。吸附剂有活性炭、活性白土等。吸附剂的活性取决于单位质量上的表面积大小以及其表面性质。鱼油脱色多采用酸性白土，价格便宜，效果好。为了提高活性，可用酸进行处理，为达到目的，还必须将其所含水分烘干，提高脱色效果。

⑤ 鱼油的脱臭：鱼油中臭味来源于 2 方面：一是加工或贮藏中由外界混入的污物及原料蛋白质等分解产物；二是油脂本身氧化酸败产生许多臭味物，如醛类、酮类、低级酸类、过氧化物等。一般食用的油脂、人造奶油等都要脱臭。鱼油带有令人不快的腥味，如要彻底脱臭需采用特殊的加工方法如氢化工艺等。脱臭的一般方法：a. 气体吹入法——将油加热到适当温度（不起聚合），通过惰性气体，如 CO_2、N_2、H_2 等，使臭味挥发。此法仅用于一般植物油。b. 真空脱臭法——一方面减低脱臭器内的压力，一方面通入惰性气体。c. 蒸汽脱臭法——在减压和水蒸气蒸馏结合的基础上进行脱臭，是国内外植物油脱臭应用最广泛的方法，鱼油的脱臭也可采用此法，只是温度不宜太高。

⑥ 冬化：冬化即冷却处理，也称脱硬脂或脱蜡。一般油脂都是固体脂肪酸和液体脂肪酸组成的甘油酯混合物，在气温低的季节，其中较高凝固点的甘油酯便会析出结晶，使油混浊，甚至变为半固体状态。对于要求始终保持清澈透明的油脂，必须事先将其冷却，再用压滤机将析出的固体甘油酯滤除。

2. 鱼肝油

鱼类的肝脏中，一般都含有较高的油脂，即鱼肝油。鱼肝油含有丰富的维生素 A 和维生素 D 等成分，具有防治夜盲症和佝偻病、保护皮肤组织、促进动物生长发育等功效，是一种重要的药用油。

（1）鱼肝油提取方法

① 蒸煮法：在蒸煮加热的情况下，使鱼肝的细胞破坏，从而使鱼肝油分离出来。这种方法设备简单，是传统的加工方法，一般以加工多脂鱼肝为主，分为间接蒸汽加热和直接蒸汽加热 2 种方法。前者第一阶段溶油 75～90min，静置 60min；第二阶段溶油 120min，静置 90～120min。后者第一阶段加热 50～70min，溶油 20～30min，静置 90～120min；第二阶段加热和溶油的时间同第一阶段，静置 60～120min。蒸发后的肝油可用沉降法或离心法将其中的蛋白质颗粒和水分离，然而经洗涤、脱水即可得到粗制肝油，而肝渣仍含有23%～25% 的油，可通过压榨的方法进一步提取肝油。

② 淡碱水解法：淡碱水解法也称消化法，主要是采用淡碱液将鱼肝蛋白质组织分解，破坏蛋白质与肝油之间的结合，从而可更充分地分离肝油，适用于多脂鱼肝。此法特点是出油率和维生素得率都较高，肝油颜色淡、酸价低，是目前国内外普遍采用的方法。

③ 萃取法：利用食用油或有机溶剂自鱼肝中萃取肝油的方法，对含油量低却又富含维生素的鱼肝特别适合。用清油萃取一般采用水解－萃取法，即先用稀碱（10% 浓度的烧碱）水解提取，再用清油萃取，而有机溶剂萃取一般采用逆流方式的液－液萃取法。当有机溶剂的相对密度大于水解液相对密度 1.05 时，水解液应由下往上，而有机溶剂则由上往下；反之则二者的流向相反。此外，2 种方法都必须在萃取前先对原料进行真空脱水，以增加提取效率。

④ 低温提油法：利用低温冻结和研磨，使肝脏细胞内形成冰晶而导致细胞破裂并使肝油分离的一种方法。此方法是先将肝脏磨成浆，再冻结，解冻后加入适量的水，用离心机分离肝油。鲨鱼肝采用此法出油率达 90% 以上，而且肝油的质量较好。

⑤ 酶解法：将蛋白酶加入肝浆中，控制蛋白酶最适 pH 和温度进行水解，破坏细胞组织结构，然后用离心机分离肝油。此法最大的特点是肝渣可进一步回收加工饲料。

其他还有超声波、脉冲等方法，都能在不同程度上分离肝油。

（2）淡碱水解法提取鱼肝油　淡碱水解法在鱼肝油生产中占有重要地位，是国内外大型鱼肝油厂普遍采用的方法，适用于多脂的鱼肝。利用淡碱在加热情况下，将鱼肝蛋白质组织分解，破坏油脂与蛋白质的结合，从而使油脂分离出来。淡碱水解法与蒸煮法比较，不但出油率高，维生素含量也高，而且碱也能中和原料中的游离脂肪酸，降低酸价，并有一定的脱色作用，使鱼肝油质量好、透明、美观。缺点是蛋白质遭到彻底破坏，肝渣不能很好利用，而且肝中 B 族维生素都遭到破坏，不能很好地加以摄取利用。

① 工艺流程

鱼肝→水洗→切碎→水解→过筛→油水溶液→分离→油→洗涤→离心分离→粗油→冷滤→固体脂肪→清油

② 操作要点：

a. 鱼肝的检查与切碎：鱼肝在切碎前，先检出已腐败变质的鱼肝；对鱼肝冻品，需要解冻。对盐藏的鱼肝，先用水冲洗，再把鱼肝放在切肝台上，加适量的热水（为鱼肝量的1~2倍），放入切肝机中均匀切碎。

b. 鱼肝的水解：将肝浆放入水解锅中，加入定量水及碱液，pH达9左右，搅拌加热至40℃左右时，进行水解。

加碱量：碱的用量要求适中，过多、过浓都会使油脂皂化，不但增加了损耗，而且会形成乳浊液，增加分离困难；过少则水解不完全，会影响油脂的得率和成品质量。因此，在确定碱的用量时，保持pH9左右；而盐藏鱼肝保持pH10左右。碱液应分2次加入，防止多量的碱与油脂皂化及避免pH超过范围允许值，碱的浓度根据不同鱼肝种类而定。总之，含油量多的鱼肝，碱浓度可以稀一些；含油量少的鱼肝，碱浓度高一些。

加水量：鱼肝水解时，水量不足会使蛋白质水解慢又不均匀，且易使油脂水解，也不利于离心分离；而水量多时，则冲淡碱液的浓度，增加碱液消耗。一般在生产中加水量为（包括碱水在内）：新鲜的鲨鱼肝、鳕鱼肝与水的比例为1∶1，大黄鱼肝、鳗鱼肝与水的比例是3∶2。

水解温度和时间：在水解过程中，加热可促使蛋白质水解加速，而且在热的状态下，油的黏度低，容易分离，肝中所含的脂肪酸和臭味液可在加热时被破坏和驱除。温度不宜太高，太高会促使大量的油脂皂化及维生素被破坏，一般以80℃为宜。并且开始加碱时，温度要低（约40℃），因为温度高，蛋白质凝固得较紧密，势必要消耗较多的碱量，并延长水解时间。而且在高温下油脂和碱接触，会皂化产生大量肥皂，增加肝油损耗，还会生成乳浊液给分离造成困难，所以要先加热到40℃左右加碱，加碱完毕，继续升温到80~90℃。水解时间因肝品种而异，一般含油量高的新鲜鱼肝，水解时间可以短些（约1h），反之时间长些（约2h）。因盐藏鱼肝的蛋白质组织变硬，不易水解，时间长些。

c. 肝油的分离与洗涤。

分离：肝经水解后，在水解锅中的油、水溶液和肝渣等组分，用离心机进行分离。由于密度不同，在离心力作用下，将分为3层：密度大的肝渣在最外层，附在离心机的内壁上，油最轻在最内层，从内层壁管上的出油孔排出机外；而水溶液介入二者之间。因此，从中层管上面的出水孔排出机外。肝油和水溶液可连续不断地分别从导管流出，而肝渣要拆洗时取出。若有自动排渣装置，则可不停地连续排出。

盐析：经过第一次分离而获得的肝油中，含有较多水分、蛋白质和肥皂等杂质，基本上呈乳状液体，需要用一定浓度的盐水来进行盐析，在不断搅拌下加入肝油中，滤后加热到80℃，便可再一次进行分离。

水洗：第二次分离出来的油中还有一部分碱，必须用热水洗油数次，直至洗涤水呈中性为止。一般采用7000～8000r/min的离心机，将新鲜鱼肝的肝油分离3～4次即可。经过分离、盐析、水洗的粗制鱼肝油，在室温下应该澄清、透明，并有光泽。酸价<2.0mgKOH/g油；无酸败反应；水分应在0.1%以下。

肝渣处理：肝渣一般是直接做饲料或肥料，对肝渣中残存相当数量的维生素，可适当用油萃取回收。

鱼肝油的低温处理：分离所得的鱼肝油，含有30%～40%固体脂质（主要是硬质酸甘油酯），其凝固点较高，因此必须在规定的温度下进行低温处理，使其中较高凝固点的甘油酯先析出，经过压滤，这样所得的鱼肝油即使储藏于冬季，仍是清澈透明的状态。鱼肝油的低温处理包括预冷、冷却、冷滤3部分内容。

肝油预冷：先将肝油置于冷库预冷间7～10℃一周左右，采用逐渐降温的方法，目的是为了获得大晶粒的硬脂，以提高压榨效果。

肝油的冷却：一般最低温度达到－2～4℃。从预冷室把肝油移入低温冷库中，继续冷却3d以上，这样析出固体脂肪，结晶完善，便于过滤。

压滤：已经冷却并析出沉淀的肝油，采用板框压滤机分离清油。压滤要求在0～1℃的条件下进行。固体脂肪可用作工业用油，用于制革、制皂等方面。

（三）鱼鳞、鱼皮、鱼头的利用

1. 鱼鳞胶的加工

鱼鳞含有丰富的蛋白质和多种矿物质，其中有机物占41%～55%，有机物组成中除生胶质外，大部分为鱼类特有的鱼鳞硬蛋白、脂肪、色素、黏液质等。如果能充分利用这些成分，不仅可以提高鱼类加工的附加值，而且可减少环境污染、创造良好的经济与社会效益。

以鱼鳞为原料生产的明胶称鱼鳞胶。鱼鳞中胶原蛋白的含量比较高，所以一般鱼鳞主要作为生产明胶的原料。带有无毒鳞片的海、淡水食用鱼类大多均可作为生产鱼鳞胶原料，如加工时废弃的大小黄鱼、青鱼、草鱼、鲤鱼、鲢鱼、罗非鱼等鱼的鳞片。根据测定，鱼鳞占鱼体质量的1%～3%，淡水鱼鳞占鱼体质量的比重大于海水鱼。用鱼鳞生产明胶，其成品率一般在13%左右。

从鱼鳞中提取鱼鳞胶在食品开发中具有广泛的应用。鱼鳞胶含有除色氨酸以外的全部必需氨基酸，若补充色氨酸，其营养价值更高。鱼鳞胶是强有力的保护胶体，乳化力强，既有利于食物消化，又可抑制牛奶、豆浆等蛋白质因胃酸而引起的凝集作用。鱼鳞胶在食品工业中可以作为增稠剂、乳化剂、稳定剂、澄清剂等，广泛应用于罐头、饮料、乳品加工、肉制品加工、果酒酿造等方面。鱼鳞胶还是不可多得的滋补品，我国许多地方有食用鱼鳞胨的习惯，现代研究也表明其具有生血、养颜、美容、降低血清总胆固醇和甘油三酸酯等众多功效。日本已经有了专门以鱼鳞胶原蛋白为原料的片剂。

（1）工艺流程

原料处理→浸灰→浸碱→浸酸→熬胶→浓缩→凝胶→切片→干燥

（2）操作要点

① 原料处理：将不同鱼类的鳞片分类，拣出其中的杂质，用清水冲洗，除去污物和部分黏液；对于干鱼鳞则应予以浸水使之恢复柔软状态。气温在20℃左右时，浸水时间为1～2d，但需经常换水，以免其发生腐败变质。

② 浸灰：将洗净的鱼鳞浸于浓度为0.2%～0.4%的石灰水中，在15℃以下浸泡7～10d。如温度较高，石灰水的浓度可低一些。浸灰的目的是去除球蛋白、黏蛋白，破坏黑色素，造化脂肪。

③ 浸碱：将浸灰完毕的鱼鳞投入浓度为5%的烧碱溶液中，迅速搅拌5min，立即捞出，用清水洗涤至中性为止。浸碱是为了进一步去除黑色素，以提高产品的透明度。

④ 浸酸：将工业盐酸配成所需要的浓度，然后投入鱼鳞，并不断搅拌，直至滴入溴酚蓝指示剂显蓝色为止。浸酸主要是为了除去原料中的磷酸钙等无机盐。浸酸后的鱼鳞应柔软透明，捞出水洗至pH5～6时即可熬胶。每次浸酸时的酸液浓度、用量及时间如表9－1所示。

表9－1 鱼鳞胶浸酸时酸液浓度、用量及时间

次数	酸液浓度/%	酸液用量（为鱼鳞的倍数）	浸酸时间/min
1	2	2.5	10～15
2	1	2.5	20
3	0.5	3	30～60
4	0.3	3	120

⑤ 熬胶：处理好的原料放入熬胶锅内，添入原料1倍量的热水，缓慢加热1h，温度控制在60℃左右，再提高5℃继续加热1h，如此熬3～4次，温度每次提高5℃，时间每次增加0.5h。每次熬出的胶浓度约为5%，所得的稀胶液在60℃趁热用板框压滤机压滤，助滤剂可用活性炭、硅藻土等；也可用真空抽滤或离心过滤。

⑥ 浓缩、凝冻：稀胶液在浓缩锅中进行减压或真空浓缩，浓缩到原液的20%左右即可冷凝，将浓缩胶趁热倒入金属盘或模具中，冷却至室温，胶液会完全凝冻成有弹性的胶冻。

⑦ 切片、干燥：将胶冻切成适当大小的薄片，先用冷风后用热风干燥至胶片中水分含量为10%～12%时为止，再经粉碎即为成品。

2. 鱼皮胶的加工

以各种鱼皮为原料生产的明胶称为鱼皮胶。鱼皮的组织结构与陆产动物皮相比，鱼皮的组织较松散，胶原易于水解提取。此外，鱼皮的脂肪及色素等含量较多，所以必须除去脂肪和色素，才能提高鱼皮胶的质量。鱼皮的厚度，脂肪、色素等的含量因鱼种不同差别很大。因此，在制胶过程中对不同的鱼种要采取不同的处理方法。

鱼皮占鱼体质量的比重，因鱼种不同差别很大。例如海鳗皮和河豚皮都占体重的12%左右，而马面鱼皮则为9%左右。其含胶量差别也很大，河豚鱼皮的提胶率为15%左右，而马面鱼皮仅有4.5%左右。生产鱼皮胶的主要原料有鲨鱼皮、河豚鱼皮、马面鱼皮和鳕鱼皮等。

鱼皮胶的生产技术与鱼鳞胶基本相同，只是原料浸酸、浸灰的顺序应根据原料的种类灵活掌握，例如马面鱼皮和鲨鱼是同一种类型，河豚鱼皮和鳗鱼皮是另一种类型。其生产工艺不再重复。

3. 鱼头的加工

淡水鱼的鱼头比较大，往往占到鱼体总质量的24%～34%，因此鱼头的处理不单单关系到产品的价格，也会对环境产生巨大的影响。虽然淡水鱼的鱼肉口感往往比海水鱼要差，但鱼头则有比较好的风味。淡水鱼鱼头作为营养滋补品在我国已有悠久的历史，素有“一个鱼头三钱参”的说法。首先鱼头中含有丰富的卵磷脂和EPA、DHA，这2类物质对儿童大脑的发育以及预防老年人的反应迟钝都有显著的疗效。以鳙鱼的鱼头来讲，其粗脂肪中EPA、DHA含量分别为6.37%和7.29%，而海水鱼中的沙丁鱼、金枪鱼、虹鳟鱼中不饱和脂肪酸的含量分别为1.7%、1.3%、1.2%。下面介绍将鱼头生产鱼头骨粉和汤料方法。

（1）工艺流程

原料鱼头 → 洗净去鳃 → 高温蒸煮 → 粉碎 → 离心 → 滤渣 → 烘干 → 粉碎 → 鱼头骨粉

离心 → 滤液 → 脱除脂肪 → 精滤 → 汤料

（2）操作要点

① 将去鳃鱼头在高温釜中120℃加热30min，使鱼头软化。

② 将软化的鱼头用粉碎机打成浆状。

③ 在浆状物中加入等量1%盐水，以粗孔尼龙筛为过滤介质，离心过滤，滤渣以等量1%盐水洗涤再次过滤，合并液汁。

④ 将过滤残渣加入等量热水，充分搅拌后离心，弃去水洗液，残渣烘干、粉碎即为鱼头骨粉。

⑤ 将步骤③中的滤液置0～5℃下过夜，取出上层析出的脂肪，加热熔化冻状液汁过滤或精滤，即可制得汤料。

思考题 >>

1. 鱼粉原料的种类和特点是什么？
2. 鱼粉生产的方法有哪些，国内主要采用哪种方法？
3. 简述水解鱼蛋白生产工艺。
4. 简述鱼油的精制过程。
5. 简述鱼鳞胶、鱼皮胶的生产工艺。

四、 贝类的综合利用

我国的扇贝养殖发展很快，目前已成为主要养殖品种之一；但加工技术落后，特别是扇贝加工废弃的大量裙边，至今尚未得到很好利用，造成资源浪费和环境污染。

以贝类加工副产物或废弃物为原料，利用多种不同的酶对贝类副产品进行分段酶解，利用超滤膜分离和反渗透等高新技术手段，可制造出富含活性多肽、短肽、游离氨基酸等营养活性成分的水解动物蛋白、保健品、海洋药物。扇贝的副产品是指其外套膜（即扇贝边）、内脏团、扇贝汁及贝壳而言。目前利用情况简介如下。

（一）外套膜的利用

扇贝在加工干贝、冻扇贝柱以及扇贝罐头时，其外套膜就成了下脚料，约占鲜贝质量的20%，其产量比鲜贝柱高出1倍。扇贝边裙富含氨基酸、无机盐、维生素等营养元素。

将扇贝边酸解或蒸煮，将被浓缩调配可加工成调味品，其味道鲜美、营养丰富。此外，扇贝边也可加工成软罐头食品。扇贝边裙软罐头的工艺较为复杂严格，首先是收集新鲜边裙，然后经清除杂质及内脏→清洗→煮沸→漂洗→沥水→装袋→加入原汁→真空封口→杀菌冷却→擦袋检袋→保温检验等环节，即可出厂销售。下面简要介绍其他加工利用方式。

1. 冷冻扇贝边

在加工扇贝时将剩下的部分再去掉内脏，只留下外套膜，用洁净的海水洗净，放在100℃的开海水中漂烫0.5min，再放到凉透了的熟开水中洗净，然后捞到筐中沥水10min，定量装盘（包）进行速冻入冷即可。

2. 珍味贝丝

珍味贝丝形状美观，色泽嫩黄透明，口感软嫩，味鲜美，商品档次较高，常温下保质期6个月以上。

（1）工艺流程

扇贝边→清洗→去杂→漂烫→干燥→酸处理→调味→焙烤→冷却→检验→包装→成品

（2）操作要点：

① 扇贝边原料：用加工扇贝当天废弃的无污染扇贝边，大量收获时不能当天加工成半成品的，冻结贮藏。

② 清洗：用扇贝边清洗机或人工水中清洗，除去胃袋鳃丝等，同时洗掉裙边表面褐色膜至洁白。

③ 去杂：人工拣去足丝等杂物。

④ 漂烫：90℃以上热水旺火漂烫至裙边完全收缩、变色，捞出立即投入冷水中，充分冷却后捞出沥干。

⑤ 干燥：65℃左右热风干燥或天然干燥，至裙边干透呈半透明，但不宜太干以免破碎。冷却后的半成品装入内衬塑料袋的编织袋，放置干燥、阴凉的仓库中。半成品贮藏期一般不要超过4个月。

⑥ 酸处理软化：将半成品干丝浸入1%冰醋酸溶液15s，捞出沥干放置2h左右。

⑦ 调味：将酸处理后表面尚湿润的贝丝拌上粉碎成末的白糖、精盐、鲜味剂等，充分拌匀，放置渗透。

⑧ 焙烤：远红外150℃焙烤6min。

⑨ 检验、包装：制品水分含量检测和感官指标合格后，装入包装袋、封口、装箱、入库。

（二）扇贝汁的利用

所谓扇贝汁是指在加工干贝时，经蒸煮多遍鲜柱的原汤。目前，山东、辽宁等地有些厂家将其收集起来，经多次提炼制成高档调味剂——扇贝油。

（三）内脏团的利用

扇贝脱壳后，取出贝柱和外套膜，剩下的就是扇贝的内脏部分。目前的利用形式，只是将它装盘速冻入冷库，做鱼虾的鲜饵料用。

（四）扇贝壳的利用

（1）将贝壳洗净、消毒后，串起来做贝类育苗的附着基用。

（2）将贝壳洗净后，用球磨机粉碎后制成贝壳粉做饲料的添加剂用。

（3）选择形状完整、壳表干净、色泽鲜艳的贝壳作为贝雕的原料。

思考题 >>

1. 简述冷冻扇贝边的生产方法。
2. 简述珍味贝丝生产工艺。
3. 扇贝汁如何利用？

五、海藻的综合利用

海藻除了可以供食用外，人们发现可以从海藻中提取各种抗生素，还发现许多海藻中含有较多的碘、钾、褐藻胶、甘露醇、琼胶、卡拉胶等用途较广的工业用品和医药用品。随着科学技术的发展，海藻的新用途不断被发现，因此海藻的综合利用已经引起人们的广泛重视，合理利用海藻会产生较好的社会效益和经济效益。

（一）褐藻胶生产

褐藻胶是一种由碳、氢、氧等元素组成的多糖聚合物，主要存在于海带、马尾藻、巨藻等褐藻植物中。褐藻胶广泛应用于食品添加剂、药用、纺织和印刷等方面，因此褐藻胶的提取成为海藻精深加工的又一重要方向。

1. 褐藻胶生产的原理

褐藻胶生产是一种典型的离子交换过程，即海藻在碱和加热的作用下，使藻体中的水不溶性褐藻酸和褐藻酸盐转化为水可溶性的碱金属盐而从藻体中溶解出来，反应如下：

$$2HAlg + Na_2CO_3 \longrightarrow 2NaAlg + H_2O + CO_2\uparrow$$

$$2NaAlg + CaCl_2 \longrightarrow 2nNaAlg + M(CO_3)_n$$

M 代表 Ca^{2+}、Fe^{2+}、Al^{3+} 等金属离子；HAlg 代表褐藻酸。

水溶性的褐藻酸钠在无机酸或钙离子的作用下，与溶液分离，形成水不溶性的褐藻酸或褐藻酸钙而从溶液中沉淀出来，反应式如下：

$$NaAlg + HCl \longrightarrow HAlg\downarrow + NaCl$$

$$2NaAlg + CaCl_2 \longrightarrow Ca(CO_3)_2\downarrow + 2NaCl$$

再将获得的褐藻酸钙用盐酸脱钙，使其转化为褐藻酸，反应如下：

$$Ca(CO_3)_2 + 2HCl \longrightarrow HAlg\downarrow + CaCl_2$$

褐藻胶成品通常为水溶性的褐藻酸盐，因此须将褐藻酸与钠盐、钾盐或铵盐充分混合，形成不同类型的褐藻酸盐。国内生产的褐藻胶主要是钠盐，反应式如下：

$$2HAlg + Ca(CO_3)_2 \longrightarrow 2NaAlg + H_2O + CO_2\uparrow$$

$$HAlg + NH_4Cl \longrightarrow NH_4Alg + HCl$$

$$HAlg + KCl \longrightarrow Kalg + HCl$$

2. 工艺流程

海带→浸泡→切碎→消化→稀释→粗滤→高压泵打泡→漂浮→过滤→脱钙→脱水→（固相中和 / 液相中和）→烘干→粉碎→筛粉→混料→包装

浸泡→（浸泡液提取碘、甘露醇）

脱钙←漂白剂

3. 操作要点

（1）原料浸泡　原料浸泡的目的是为了使碘、甘露醇、钾等可溶性成分溶解出来，以利于提取褐藻胶。其中要注意藻体会大量吸水膨胀而影响浸出液的得率。

（2）杂质处理　浸泡后的原料中大部分可溶性物质已经溶于水中，但藻体中还含有褐藻糖胶、褐藻淀粉、色素等杂质，尤其是碱不溶性褐藻黏质物、色素等会影响产品的纯度和色泽。杂质处理方法主要有以下几种。

① 水洗：水洗简单便捷，但不彻底。将藻体切成大小约为 10cm 的小块，用清水逆流充分洗涤多次，直到附着在藻体表面的黏质物去除，而水质不再浑浊为止。

② 甲醛处理：甲醛具有固定蛋白质和色素的作用，用甲醛时，藻体蛋白质变

性，大部分色素被固定；同时，甲醛对藻体内的有机物质具有溶胀作用，并能破坏和软化细胞壁纤维组织，从而在碱提取过程中有利于褐藻酸盐的置换与渗出。实际操作中用0.5% ~1.0%甲醛溶液常温下浸泡干海藻4h即可。

③ 稀酸处理：稀酸处理的目的是使藻体中的水溶性杂质进一步去除，但这种处理也会使需要的产物褐藻胶有不同程度的降解，因此在实际操作中以0.1mol/L的HCl处理1h为宜。

④ 稀碱处理：稀碱处理的目的是去除藻体中的色素和碱溶性物质。实际操作中将藻体进行浸泡，再以0.03mol/L的NaOH处理4h为宜。

（3）消化　褐藻胶在藻体内主要以褐藻酸钙的形式存在，还存在少量的铁、铝等不溶性金属盐形式，消化就是指将藻体内的不溶性褐藻酸盐转化为可溶性的褐藻酸盐的过程。在消化过程中加入Na_2CO_3，其用量为藻体干重的0.8% ~1.0%，消化温度为60℃左右，消化时间为3~4h，最后消化成可溶性褐藻酸钠和难溶性碳酸钙沉淀。

（4）过滤　经消化后，得到的消化液是原海藻重的20~40倍，是一种黏度很高的溶液，其中含有大量的可溶性褐藻酸钠以及其他不溶性物质。由于消化液黏度大，过滤不容易，因此生产上采用稀释、降沉和漂浮、精滤等方法进行过滤。

（5）凝析　经过消化过滤后得到的澄清胶液中褐藻酸钠的浓度仅为0.2%左右，凝析的目的是使其中水溶性的褐藻酸钠或褐藻胶转化为水不溶性的褐藻酸或褐藻酸钙凝胶；其次在凝析过程中又使水溶性无机盐、色素和杂质进一步去除。凝析方法主要有酸析法和钙析法。

① 酸析法：酸析法是用无机酸作为凝析剂，常用的酸有盐酸和硫酸。酸加入后，除与褐藻酸钠进行反应外，大部分与胶液中多余碳酸钠反应生成二氧化碳气体，此时褐藻酸钠的凝析是借助二氧化碳的逸出上浮到液面与废酸分离。实际操作中每生产1t褐藻酸钠，一般要消耗4.5~5.0t浓盐酸或2~2.5t浓硫酸。酸析法得到的凝胶要用清水洗净，目的是去除其表面残留的酸和杂质。

② 钙析法：钙析法是用$CaCl_2$作为凝析剂，钙析法得到的产物是不溶性的褐藻酸钙。钙析法比酸析法的得率要高10%左右，且钙析法得到的褐藻酸钙的纤维组织坚韧、弹性好、脱水容易。

如果采用钙析法生产褐藻胶则要进行脱钙处理。一般采用盐酸进行脱钙，使褐藻酸钙转化成褐藻酸。脱钙的方法有间歇式和连续式2种。实际操作中通常采用间歇式脱钙，即褐藻酸钙经一次酸洗40min后，沥去废酸水，再加3%的盐酸酸洗20min，最后用清水清洗一次，即可得到褐藻酸。

（6）脱水　经凝析得到的褐藻酸中含有大量的水分和盐酸、氯化钙、氯化钠等物质，去除这些物质有利于中和与干燥实际操作中将水洗后的褐藻酸凝胶先经螺旋压榨级，使凝胶含水量下降至75% ~80%，再经二次螺旋压榨脱水，得到凝胶的含水量在70%以下。

（7）中和　褐藻酸是一种性质很不稳定的天然高聚物，中和的目的是使性质不稳定的褐藻酸转化成性质稳定的褐藻酸钠。中和的方法有液相转化和固相转化。

① 液相转化：将水分含量为75%～80%的褐藻酸凝胶经粉碎后与90%以上的酒精按照1:1的比例投入反应罐，边搅拌边注入少量4% NaOH碱液，使pH趋于中性或微酸性，加入漂白液NaClO，充分作用后，再慢慢加入NaOH，使pH维持在8左右，不断搅拌，直至pH不变为止。

② 固相转化：将水分含量为65%～70%的褐藻酸凝胶与一定比例的碱经捏合机充分搅拌均匀。固相转化的条件是捏合转化均匀，呈色均一，胶样pH应介于6.0～7.5之间，显黄绿色；纯碱应先通过100目的筛网过筛。

（8）干燥　中和转化好的湿褐藻酸钠水分含量在70%左右，必须进行干燥，使其水分含量降到15%以下，以利于长期贮存。

中和后的湿褐藻酸钠呈不规则的块状，先将湿褐藻酸钠进行造粒，使其成为大小均匀的颗粒，不仅美观也有利于干燥。造粒后的褐藻酸钠采用沸腾床干燥器进行干燥，干燥时，水分不断被热空气带走，物料很快被干燥。用沸腾床干燥器进行干燥时应控制进风温度控制约为90℃，物料终温约为70℃，烘干时间约为20min。干燥后的褐藻酸钠应立即摊开，使其迅速冷却，以免长时间高温堆放而解聚。

（二）碘的生产

碘是人体生命活动中极为重要的微量元素之一。海带中含有丰富的碘，其碘的含量一般在0.3%以上，有些含量高达0.7%～0.9%，我国海带碘含量多数在0.5%左右，因此海带可以作为碘的提取物。

（1）工艺流程

原料处理→炭化→浸灰→浓缩→氧化、蒸馏→提纯→成品

（2）操作要点

① 原料处理：原料在晒干时应除去泥沙，同时避免雨淋湿或水洗。因为海带中的碘约90%以有机态存在，大部分结合成大分子质量的链状不饱和化合物，也有部分以无机状态的碘化物存在，这些碘的有机物或无机化合物绝大部分是水溶性的，所以易溶于水，另外藻体死后碘颗粒变小，一旦溶于水则溶解度会增大，最终容易导致产量的减少。

② 炭化：将晒干的原料进行炭化前进行碱处理，这是由于单质碘容易升华，会导致海带灰中的碘大量损失，因此采用KOH浓溶液浸泡干海带，破坏原料的有机组织，然后进行炭化。碱浸泡的原因是在碱性条件下，碘以碘盐的形式存在，不容易被空气氧化，从而减少了碘的损失。炭化时严格控制温度，先将坩埚置于电炉上灼烧，然后转移到马福炉中灰化1.5h。

③ 浸灰：将灰放入浸灰池中以1:1水量浸泡，在浸灰池夹层中通蒸汽使温度保持在70～80℃，浸泡几天，当浸泡液的浓度达到19°Bé时，碘化物则能够尽量

溶出，最后进行浓缩。

④ 浓缩：将浸泡液加热浓缩到25°Bé，以增加碘化物浓度。在加热和冷却过程中有大量无机盐析出，当碘含量约为4%时即可进行蒸馏提碘。

⑤ 氧化、蒸馏：海带经过灰化后，主要形成无机碘化物，用氧化剂氧化即可析出单质碘。常用的氧化剂有重铬酸钾、氯气、过氧化氢、氯酸钾、二氧化锰等。将浓缩液装入蒸馏器内用工业硫酸调节其pH1～2，煮沸后加入二氧化锰继续蒸馏，直到紫色蒸汽全部蒸发为止，蒸出的紫色蒸汽在冷凝器内结晶即为粗碘。

⑥ 提纯：将粗碘放在升华器内以60～70℃升华，将凝结在升华器壁上的碘取下包装即为精制碘。

（三）甘露醇生产

海藻、海带中的甘露醇含量较高。海藻、海带洗涤液中甘露醇的含量分别为2%和1.5%，因此是提取甘露醇的重要资源。

1. 工艺流程

原料浸泡→提取→碱化→中和→浓缩→沉淀→精制→干燥→包装→成品

2. 操作要点

（1）浸泡、提取、中和　海藻加20倍水，室温浸泡2～3h，浸泡过程中不断搅拌，使海藻表面的甘露醇洗入水中。

一般浸泡套液用作第二批原料的提取溶剂，可套用4批。

（2）碱化　取上述浸泡液用30% NaOH调节pH为12左右，静置16h，凝集沉淀多糖类黏性物质。

（3）酸化　虹吸上清液，用1∶1H_2SO_4酸化，进一步去除胶状物，中和至pH为6.0～7.0，得中性提取液。

（4）浓缩、沉淀　中性的清液用蒸汽（或减压）蒸发，既要保持沸腾蒸发，又要防止烧焦。洗液浓缩到相对密度为1.30～1.32时，放料于缸内冷却到60～70℃。再取上清液重新进行浓缩，加入2倍量95%乙醇，搅拌均匀，得到相对密度为1.42～1.45时，趁热离心除盐，浓缩冷却到室温，结晶，离心分离，得到灰白色松散沉淀物，即甘露醇粗制品。

（5）精制　将甘露醇粗制品用0.9倍的水稀释，加热使其溶解，保持沸腾5min左右，放冷结晶，得到第一次重结晶物。取此样品再溶解于适量蒸馏水中，加入1/10～1/8倍量活性炭，保温0.5h，在80℃左右减压过滤得滤液。滤液冷却到室温得结晶，离心分离洗涤得到精品甘露醇。

（6）干燥　结晶甘露醇于90～105℃烘干。

（四）琼胶生产

琼胶也称琼脂，又名洋菜、冻粉等，是从石花菜、江蓠、紫菜等红藻中提取出来的一种多糖类物质，相对分子质量为5000～160000。琼脂特点是热可逆性凝胶，加热时融化，冷置时凝固，能重复进行，凝固点一般在35～43℃，融点一般在 80～95℃，融点比凝固点高 45～50℃，具有凝固性、稳定性，能与一些物质形成络合物等物理化学性质，除作胶冻直接食用外，还可用作凝固剂、悬浮剂、乳化剂、保鲜剂、缓泻剂、赋型剂、生物培养基等。

生产琼胶的原料称为原藻（agarophyte）。目前可利用的原藻有150 余种，主要包括江蓠、石花菜、麒麟菜、沙菜和鸡毛菜等。但提取琼脂一般以石花菜和江蓠为主，其中被利用的原藻中江蓠属占 60%，石花菜属占 35%，鸡毛菜属占 5%。从形态上考虑，用条状或枝状海藻提取的琼胶质量比叶状海藻好，而多肉质的海藻一般不宜作为提取琼胶的原藻。

1. 石花菜中琼胶提取工艺流程

原料→煮胶→过滤→凝冻→切条→冻结→脱水→干燥→成品

2. 操作要点

（1）原料处理　将原藻石花菜用水洗后，日晒 5～6d，每天用清水喷淋 3～4次。对于杂质较多的原料可以采用 30%～40% 的氢氧化钠处理 5～7d；0.2%～0.3% 的硫酸在 30℃处理 8h，充分水洗去除处理后的酸、碱。必要时可以采用漂白剂使之漂白，之后用清水浸泡，除去附在藻体上的沙粒等杂质，再放入水池内充分水洗，捞出晒干备用。

（2）煮胶　用密闭的不锈钢夹层锅将石花菜、水和其他物料投入锅内，在一定蒸汽、压力、时间等技术条件下进行提取，加水量满足提取的琼胶为 1%。

（3）过滤　将胶液趁热进行粗滤和精滤，澄清的滤液可以进行凝冻，滤渣进行第二次提取，提取后用同上的方法过滤，合并滤液。

（4）凝胶　将过滤后得到的胶液泵入凝胶槽中，静置自然冷却 4～6h，使胶液完全凝结成胶冻，先切成大条，再用推条器切成细条。

（5）冻结　将胶冻细条放入盘内，先在 0～7℃的条件下预冷 6～7h，再置于 -15～-10℃的冷库中冻结 10～20h，使之冷透为止。

（6）脱水　脱水的方法有冻结融化脱水和压榨脱水。将冻结成块的胶冻细条放在日光下或用自来水冲洗解冻，再将解冻后的胶冻条压榨脱水，通过烘干（温度小于 70℃），除去其中多余的水分。

（7）干燥　可采用日晒、热风干燥、低温干燥、喷雾干燥、红外干燥等方法，干燥后的琼胶水分含量为 6%～8%，干燥后即得琼胶产品。

（五）卡拉胶生产

卡拉胶，又称鹿角菜胶、角叉菜胶，是从海洋植物红藻中提取的天然多糖亲水胶，一般为白色或淡黄色粉末，无臭、无味。卡拉胶形成的凝胶是热可逆的，即加热凝胶融化成溶液，溶液冷却时又能形成凝胶。

1. 原料

在亚洲靠近赤道附近、菲律宾和印度尼西亚有大量分布，美国、丹麦、法国、中国和日本等国家都从那里进口这些藻类生产卡拉胶。此外，还从角叉菜、杉藻、银杏藻和叉红藻等藻类中提取卡拉胶。

2. 工艺流程

麒麟菜→碱处理→水洗→熬胶→凝冻→切条→冻结→脱水→干燥→粉碎→包装

3. 操作要点

（1）原料处理　将晒干的麒麟菜先用水洗，以除去其中的砂石、盐分及其他杂物。

（2）碱处理　将洗净的麒麟菜投入浓度为5%的NaOH溶液中，加热到90℃，保温1h，再用水反复洗涤，直至其为中性时为止。

（3）熬胶　将经碱处理过的麒麟菜投入熬胶锅，加入为干原料量50倍的水，加热到90℃保温1h，胶液pH应在6.5~7。

（4）过滤　趁热将上述胶液过滤，采用板框式过滤机，除去其中的残渣。过滤后的胶液必须澄清。

（5）凝冻　将上述过滤液加入凝固剂，充分搅拌均匀后静置，等到胶液自然冷却后，胶液即成为胶冻状态。

（6）压榨脱水　脱水的方法采用压榨脱水，然后通过切条机切成细条。

（7）干燥　可采用日晒、热风干燥、低温干燥、喷雾干燥、红外干燥等方法，干燥后的卡拉胶水分含量为6%~8%。干燥后粉碎后即得卡拉胶产品。

4. 卡拉胶的应用

由于卡拉胶所具有的特性，其用途非常广泛，在食品工业上可用作凝固剂、增稠剂、黏合剂、悬浮剂和乳化剂等。

（1）在巧克力牛奶中加入κ或λ-卡拉胶可增加黏度和稳定性，用量为0.05%。

（2）在浓缩牛奶中加入κ-卡拉胶可避免脂肪分离，且口感好，用量为0.01%。

（3）在富钙牛奶中加入卡拉胶可避免钙离子的沉淀。

（4）在面包类制品中加入卡拉胶可改进其膨胀度和口感，并具有较好的外观。

（5）在果冻和果酱中加入卡拉胶可增加其黏度，用量为0.6%~1.2%。

（6）在肉罐头制品中加入卡拉胶可使其具有良好的凝固性，用量为0.2%~0.5%。

（7）在啤酒生产中加入卡拉胶可除去使啤酒发浑的蛋白质，起到澄清啤酒的作用。

（8）在冰淇淋制作中加入卡拉胶作为稳定剂，使脂肪和其他固体成分均匀分布，使冰淇淋组织细腻、润滑适口。

（9）可作为制作透明水果软糖的原料，在硬糖生产中加入卡拉胶可使产品均匀、光滑、稳定性好。

（10）在牙膏中使用卡拉胶，可使其膏体组织好、光泽均匀、发泡程度较高、口感佳。

此外，由于卡拉胶价格比琼胶便宜，因此在一些食品工业上可代替琼胶使用。

（六）螺旋藻粉生产

螺旋藻是一类低等植物，属于蓝藻门、颤藻科。它们与细菌一样，细胞内没有真正的细胞核，所以又称蓝细菌。蓝藻的细胞结构原始，且非常简单，是地球上最早出现的光合生物，在这个星球上已生存了35亿年。它生长于水体中，在显微镜下可见其形态为螺旋丝状，故而得名。

螺旋藻是人类迄今为止所发现的最优秀的纯天然蛋白质食品源，并且是蛋白质含量高达60%～70%，相当于小麦的6倍、猪肉的4倍、鱼肉的3倍、鸡蛋的5倍、干酪的2.4倍，且消化吸收率高达95%以上。其特有的藻蓝蛋白，能够提高淋巴细胞活性，增强人体免疫力，因此对胃肠疾病及肝病患者康复具有特殊意义。其中维生素及矿物质含量极为丰富，包括维生素 B_1、维生素 B_2、维生素 B_6、维生素 B_{12}、维生素E、维生素K等，并含锌、铁、钾、钙、镁、磷、硒、碘等微量元素，其生物锌、铁比例基本与人体生理需要一致，最容易被人体吸收，能快速改善小孩厌食症，提高食欲。其类胡萝卜素含量是胡萝卜的1.5倍，维生素B12含量是猪肝的4倍，铁含量是菠菜的23倍，是铁含量最丰富的食物，因此，螺旋藻对防治贫血有积极意义。螺旋藻还含有大量的γ-亚麻酸，这是一种人体必需的不饱和脂肪酸，是健脑益智、清除血脂、调节血压、降低胆固醇的理想物质。螺旋藻中的螺旋藻多糖具有抗辐射损伤和改善放、化疗引起的副反应作用，因此对肿瘤患者是食疗佳品。螺旋藻中叶绿素含量极为丰富，是普通蔬菜含量的10倍以上，对促进人体消化、中和血液中毒素及改善过敏体质、消除内脏炎症等都有积极作用。

目前我国几乎所有的螺旋藻都是人工养殖的，许多螺旋藻的食品都是以螺旋藻干粉为原料加工而成的，因此螺旋藻干粉的加工是螺旋藻产业中的重要环节。

1. 工艺流程

鲜螺旋藻藻体→采收→洗涤过滤→喷雾干燥→整理包装→藻粉

2. 操作要点

（1）采收　螺旋藻藻体及培养液捞出后，用筛过滤，去除培养液，得到螺旋藻藻泥。

（2）洗涤过滤　螺旋藻采收后，得到的藻泥在滤框内冲洗，利用重力自然脱水。筛网可用尼龙筛绢或不锈钢丝网（一般为300目左右）。洗涤过滤后藻体水分含量为90%～95%。由于螺旋藻培养液比较黏稠，为了加快过滤，并减少各种污染，可采用真空吸滤机，增加洗涤强度。洗涤水要达到生活用水标准。

（3）干燥　目前在国内外螺旋藻行业中使用的干燥设备主要有真空干燥机、冷冻干燥及喷雾干燥机等设备，工业上主要采用喷雾干燥机。喷雾干燥机还有离心喷雾干燥机和压力喷雾干燥机两大类型。进料水分为90%～92%，出料水分为≤7%，干燥温度为130～160℃，时间≤10s。若经过均质化或胶体磨均质后干燥，则干燥效果更好，产品粒度也更均匀。

(4) 整理包装　由于螺旋藻生产的特点以及加工出来的藻粉产品的物理指标不能完全一致，所以为了确保质量，必须对产品进行整理、调配。整理调配方式是分级、混合、包装及贮存。整理车间卫生应该符合食品卫生标准，避免由于车间的原因给藻粉带来二次污染。如用作药品原料，还需经过辐射杀菌或紫外线杀菌。

思考题>>

1. 简述褐藻胶生产工艺。
2. 简述甘露醇生产工艺。
3. 简述石花菜中琼胶提取工艺流程，并说明技术要点。
4. 简述卡拉胶生产工艺。

六、其他海洋生物的综合利用

（一）牛磺酸

牛磺酸即α-氨基乙基亚磺酸，最早由牛黄中分离出来，故得名。纯品为无色或白色斜状结晶，无臭，化学性质稳定，溶于水、酒精以及极性溶剂，不溶于乙醇等有机溶剂，是一种含硫的非蛋白氨基酸，在体内以游离状态存在，不参与体内蛋白的生物合成。

1. 牛磺酸的生理功能

牛磺酸虽然不参与蛋白合成，但它却与胱氨酸、半胱氨酸的代谢密切相关。人体合成牛磺酸的半胱氨酸亚硫酸羧酶（CSAD）活力较低，主要依靠摄取食物中的牛磺酸来满足机体需要。牛磺酸对维持人体正常生理功能具有的主要作用如下。

(1) 促进婴幼儿脑组织和智力发育　人及哺乳类动物初乳中牛磺酸含量高于成熟乳，幼小动物脑中牛磺酸远高于成年动物，提示牛磺酸可能在新生儿大脑发育中起重要作用，同时新生儿体内合成牛磺酸的酶CSAD尚不成熟，活力较成人低得多，更有赖于从食物中获取牛磺酸。牛磺酸与幼儿、胎儿的中枢神经系统及视网膜等的发育有着密切的关系，长期单纯的牛奶喂养，易造成牛磺酸缺乏。

(2) 提高神经传导和视觉机能　婴幼儿如果缺乏牛磺酸，也会发生视网膜功能紊乱与生长、智力发育迟缓。长期的全静脉营养输液的病人，若输液中没有牛磺酸，会使病人的视网膜电流图发生变化，只有补充大剂量的牛磺酸才能纠正这一变化。

(3) 防止心血管病　牛磺酸在循环系统中可抑制血小板凝集，降低血脂，保持人体正常血压和防止动脉硬化；对降低血液中胆固醇含量有特殊疗效，可防治胆结石。

（4）改善内分泌状态，增强人体免疫力　牛磺酸能促进垂体激素分泌，活化胰腺功能，从而改善机体内分泌系统的状态，对机体代谢以有益的增节；并具有促进有机体免疫力的增强作用。

（5）其他　牛磺酸是人体肠道内双歧杆菌的促生长因子，优化肠道内细菌群结构；还具有抗氧化作用。试验表明牛磺酸能在细胞内预防次氯酸及其他氧化剂对细胞成分的氧破坏，降低许多药物的毒副作用，如抗肿瘤药物、阿霉素、异丙肾上腺素等。

2. 牛磺酸在海洋生物中的分布

牛磺酸几乎存在于所有的生物之中，哺乳动物的主要脏器，如心脏、脑、肝脏中含量较高；含量最丰富的是海鱼、贝类，如墨鱼、章鱼，贝类的牡蛎、海螺、蛤蜊等。鱼类中的青花鱼、竹荚鱼、沙丁鱼等牛磺酸含量很丰富。在鱼类中，鱼背发黑的部位牛磺酸含量较多，是其他白色部位的5~10倍。因此，多摄取此类食物，可以较多地获取牛磺酸。牛磺酸易溶于水，进餐时同时饮用鱼贝类煮的汤是很重要的。

3. 牛磺酸的制备

天然牛磺酸可从鱼、贝类软体动的肉中提取，其中海螺、毛蚶、杂色蛤等单双壳贝类中牛磺酸含量最高，每千克新鲜可食部分中含量5~8g，贻贝与扇贝中牛磺酸含量分别为655和827mg/kg，扇贝加工的下脚料扇贝边中的牛磺酸含量为3~4mg/kg，因此扇贝边为提取牛磺酸的良好材料。

天然牛磺酸生产工艺要点：

① 先将扇贝边清洗干净，冻存，用时直接解冻，勿洗，以防解冻时引起汗液损失；

② 将扇贝边粗碎后，以水抽提取其中的氨基酸，粗滤去后备用；

③ 将扇贝边进一步破碎，过滤，除去固形物，得滤液；

④ 在滤液中入1%~2%活性炭脱色，过滤，得无色透明液；

⑤ 将脱色液经过离子交换柱后，真空浓缩，冷却结晶，即得较纯的牛磺酸。

天然牛磺酸的产量虽然不高，但其价格在市面上要比合成品高出10倍以上，因此利用牛磺酸含量丰富的贝类制取天然牛磺酸前景广阔。

（二）鲨鱼软骨素

鲨鱼生活在地球上已经4亿多年，却几乎不受疾病侵扰，即使较大的创伤也能很快摆脱感染，而且从不生癌。美国科学家Car Luer曾做过这样研究，将致癌物质黄曲霉素混入食物中长期给鲨鱼喂食，在近8年的研究中发现鲨鱼没有产生肿瘤。这其中的奥秘是由于鲨鱼的免疫系统，更重要的是鲨鱼具有特殊的骨架，它完全由软骨组成，软骨具有独特的抗炎、抗癌作用。近10年来鲨鱼软骨被广泛地应用于治疗癌症、骨关节炎等疾病取得较好的效果。鲨鱼软骨是一种无血管组织，它的主要成分是蛋白质39%，碳水化合物12%，矿物质41%，水分7%，脂质0.3%以下，以及其他一些稀有元素。矿物质中60%是钙，30%为磷，几乎不含重金属，碳水化合物所含的新多糖为硫酸软骨素A、B、C和D。

鲨鱼软骨中富含的鲨鱼软骨素可以活化人体结缔组织、活化细胞，延缓衰老，从而达到提高机体免疫力的作用。鲨鱼软骨中的ATT（抗新生血管生长因子）可以抑制肿瘤新生血管的生长，断绝癌细胞的营养供应，使其因无法取得养分及氧气而萎缩消失，令肿瘤自然坏死萎缩，从而达到预防癌症的目的。由于许多发炎性及自体免疫性疾病都伴随有血管异常增生的情况，如风湿性关节炎、干癣、红斑性狼疮等，所以，鲨鱼软骨中的ATT对此类疾病也具有改善效果，并能缓解发炎及剧痛反应。鲨鱼软骨中的软骨素所富含的黏性多糖体，可以重建关节软骨，对软骨退化有很大帮助。

1. 工艺流程

鲨鱼→取骨→前处理→碱盐混合液提取→盐解→除酸性蛋白→沉淀→干燥→成品

2. 操作要点

（1）原料　将鲨鱼去肉取骨（最好是鱼脊骨），鱼骨洗净后晒干备用。

（2）碱盐混合液提取　称取原料，投入3～3.5mol/L的氯化钠溶液中浸泡，并用50%浓氢氧化钠调节pH，使浸液pH在12～13，间歇搅拌均匀。浸泡10～15h后过滤，滤渣再重复浸泡，最后合并滤液。

（3）盐解　用2mol/L的盐酸调节提取液的pH至7～8，迅速升温到80～90℃，保持20min，然后冷却过滤，得盐解液。

（4）除酸性蛋白　将盐解液调至pH至2～3，搅拌10min后静止过滤，再调pH至6.5，加2倍量去离子水，使盐解液内氯化钠溶液浓度为1mol/L左右。

（5）沉淀干燥　上述溶液加入95%乙醇，使醇浓度达到50%～60%，存放至清，取沉淀，脱水干燥，即得鲨鱼软骨素C、D成品。

有些地方采用真空冷冻干燥的方法也可得到鲨鱼软骨全粉，此法优点是能较好保留活性成分，但纯度较低。

还有的地方用稀碱提取，然后在胰酶中降解，最后用活性炭脱色、去除杂质，再用有机溶剂沉淀，脱水干燥，也能得到鲨鱼酸性黏多糖的成品。

（三）河豚毒素

河豚毒素是河豚鱼体内仅含有的一种有毒物质，其结构是氨基过氢喹唑啉型化合物，属于生物碱类天然毒素，是一种剧毒的神经毒素。河豚毒素主要分布于河豚鱼的肝脏、卵巢、血液和皮肤中，毒性将会随季节和生息环境而发生变化。肌肉一般视为元毒，但如鱼体死后时间较长，内脏和血液的毒素会渗入到肌肉中，必须引起高度重视。河豚毒素除存在于河豚鱼外，还广泛存在于其他动物物种中，如蝾螈、云斑节鰕虎鱼、斑足蟾、螺类、海星类、花纹爱洁蟹和扇虫等。

河豚毒素是一种毒性极强的天然毒素，该毒素的LD50为8.7μg/kg，其毒性是氰化钠的1000多倍。河豚毒素在医学上极有应用价值，具有镇痛和解毒等生理作用。纯品河豚毒素结晶在国际市场的价格不菲。

1. 工业上河豚毒素的提取方法

（1）工艺流程

原料→抽提→过滤→煮沸→离心→过滤→离子交换树脂→洗脱→结晶析出→纯化→重结晶→水洗→干燥

（2）工艺要求

① 原料：一般选用新鲜河豚鱼的肝脏和卵巢，当量多来不及处理时可先将原料冻藏或用甲醛溶液浸泡。

② 抽提：将原料切碎，用热水反复浸泡 3~4 次，然后将抽提液合并。

③ 除杂蛋白：将上述抽提液煮沸 10min，使蛋白质凝固，然后冷却，使蛋白质析出，经离心除去杂蛋白。

④ 过滤：将上述滤液用纸浆再进行一次过滤，以防微粒将树脂堵塞。

⑤ 上柱：选用弱酸性阳离子交换树脂，将滤液上柱，控制流速 35mL/min，直至柱饱和。

⑥ 洗脱：采用水冲洗，洗去未被吸附的杂质，然后用 10% ~15% 的乙酸进行洗脱，控制洗脱液流速 15mL/min。

⑦ 沉淀：将洗脱液放入 -10℃ 冰箱冷冻 3d，然后用 NH_4OH 调 pH 至 8.7~8.9，并放在 2℃ 环境中使河豚毒素结晶析出。

⑧ 纯化：将结晶粗品用 5% 乙酸溶解、过滤，再用 NH_4OH 调 pH 至 8.8，2℃ 放置，河豚毒素再次结晶析出，除去溶液，用清水对沉淀的结晶洗涤 2 次。然后加入苦味酸，形成河豚毒素盐酸盐。

⑨ 结晶：用 NH_4OH 调 pH 至 8.8，使河豚毒素再次出现结晶析出，除去溶液，用水对结晶洗涤，通过离心除去溶液。

⑩ 干燥：采用真空冷冻干燥方法得到纯度较高的河豚毒素产品。

2. 实验室中河豚毒素的提取方法

（1）工艺流程

原料→捣碎→抽提→过滤→离子交换→洗脱→脱色→洗脱→浓缩→冷却结晶→分离→重结晶→成品

（2）工艺要求

① 提取：加入原料 2~3 倍的水捣碎后抽提 24~40h，再煮沸 5~10min，或于 90℃ 热水中抽提 0.5~1h，重复抽题 2~3 次，合并滤液，也可用 2 倍无水甲醇匀浆，再用含有 10% 硫酸的甲醇抽提 2h，然后再过滤。

② 离子交换吸附：采用 H^+ 型或 NH_4^+ 型弱酸型阳离子交换树脂进行分离。将滤液 pH 调至 6.5 后上柱，使毒素与树脂充分交换与吸附。

③ 洗脱：用 2.5 倍体积的水洗柱，除去树脂间未被吸附的杂质，然后用 1mol/L 醋酸以每小时约柱体积 1/5 的流出量在 pH6.5~4.0 范围内进行洗脱，收集洗脱液并合并级分。

④ 脱色：用 NH_4OH 调河豚毒素分离液 pH 至 8 ~ 9，上活性炭柱进行吸附，然后用 0.5% 乙酸的 20% 乙醇液进行洗脱，收集洗脱液。

⑤ 浓缩：采用减压浓缩的方法，在减压并以低于 70℃ 的条件下进行蒸发浓缩，至油状残留物即可。

⑥ 冷却结晶：用少量 5% 乙酸使油状残留物溶解成淡黄色透明液，再用 NH_4OH 调 pH 至 8 ~ 9，于 2 ~ 5℃冷却静置过夜，溶液中出现白色结晶沉淀。

⑦ 离心：用离心法进行离心，可得到河豚毒素结晶粗品。

⑧ 重结晶：对结晶粗品用少量水洗涤，再离心分离，重复 3 ~ 4 次，可得到纯度较高的河豚毒素的白色结晶，得率大约在 0.015‰。

（四） 鲎试剂

鲎是栖息于海洋中的低等无脊椎动物，种类很少，现存的只有 3 个属、5 个种，其中东方鲎（中国鲎）属有 3 种：东方鲎（中国鲎）、南方鲎、黄鲎。其血液能提取鲎试剂，还可分离得到抗革兰阴性及阳性菌、真菌、口腔疱疹病毒、HIV - 1 的鲎素类抗菌肽。鲎是有待于进一步开发的珍贵海洋药用动物资源。

1. 鲎试剂

鲎试剂就是鲎变形细胞溶解物，是用无菌法采集鲎血，离心分离血球和血浆，去掉血浆，低渗破裂血细胞，最终添加辅助剂而得到的一种大分子多肽。

（1） 原理　把待检物加入一定量鲎试剂，这种鲎变形细胞溶解物遇内毒素能迅速形成凝胶，根据鲎试剂产生凝胶与否来检测待检物的内毒素存在与否。

（2） 特点　灵敏、快速、简便、经济、重复性好。

（3） 生产规模　美国食品与药物管理局（FDA）于 1973 年 11 月将鲎试剂列为许可生物制品。目前，我国厦门、湛江等地已建有专门生产鲎试剂的工厂。

（4） 分布　鲎血细胞含 2 种颗粒，体积大而电镜下密度较小的大颗粒和体积小而电镜下密度大的小颗粒，鲎试剂成分主要存在大颗粒上。鲎试剂主要成分包括凝固酶原、凝固酶、凝固蛋白质、抗脂多糖因子，激活因子 C、B、G 等多种蛋白质、多肽。

内毒素与鲎试剂的基本凝固反应机制：内毒素与因子 C 作用，启动整个凝集反应。

2. 鲎试剂生产工艺

（1） 工艺流程

活鲎（洗净、消毒） —（采血）抗凝血剂 / 头胸、肢节处→ 鲎血 —（分离细胞）/ 离心分离→ 白色血细胞 —（洗涤）/ 3%NaCl→ 变形细胞 —（细胞崩解）/ 离心分离→ 变形细胞溶解液 —（分装）/ 冷却干燥→ 鲎试剂

（2）操作要点

① 试剂制备

a. 鲎血抗凝剂：咖啡因浓度为 0.02mol/L 的 3% NaCl 溶液，用 Tris－HCL（三羟甲基氨基甲烷－HCL）缓冲液调 pH 至 7.2。

b. 鲎血细胞洗涤液：3% NaCl 溶液，用 0.1mol/LHCL 调 pH 至 8.0。

c. 鲎血细胞崩解液：注射用生理食盐水用 0.05mol/LTris－HCL 缓冲液调 pH 至 6.8。

d. 硅烷化试剂：2% 二甲基二氯硅烷的甲苯溶液。

② 器皿硅烷化：将所有与鲎血细胞接触的玻璃器皿均经清洁液处理，先用蒸馏水洗净烘干，然后浸渍在硅烷化试剂中 0.5h，用蒸馏水洗净，再用注射用水冲洗一次，置 250℃ 温度下烘烤 30min 备用。

③ 采血：用水将鲎体表的泥沙洗净，然后用 1% 碘酒和 70% 的酒精消毒其头胸与腹部关节部位，用玻璃插管刺入鲎心室，蓝色血液即流入 250mL 有刻度的血浆瓶中，瓶内预先加入抗凝血剂 125mL，并保温于 40～42℃，当血流量达到 125mL 时，另换一血浆瓶收集鲎血。保持抗凝血剂与鲎血量的比例为 1∶1。

④ 鲎血细胞的分离与洗涤：将收集的鲎血立即以 800～1000r/min 速度离心分离 10min，弃去上层蓝色血清，收集沉淀的白色粉状细胞，加入 5 倍 3% 的氯化钠溶液洗涤血细胞 2 次，离心分离出去上层清液，得到采血量 4%～5% 的白色血细胞。

⑤ 溶解物的提取：将鲎血细胞以 1∶4 的比例加入崩解液，充分搅拌之后，置 4℃ 冰箱中放置 48h，之后用 3000r/min 之离心机离心 10min，除去沉淀，取上清液即为鲎血细胞溶解物。得率约为采血量的 12%～15%。将鲎血细胞溶解物冷冻保存。

⑥ 冻干：取鲎血溶解物加入 2 倍的氯仿振摇，静置后分层，除去氯仿，在加入溶解物体积 5% 的赋形剂，分装与安瓿中，于－60℃ 真空冷冻干燥，熔封后即得成品。

（五）胰岛素

胰岛素是从动物胰脏中提取的一种纯度较高的降血糖物质，是一种相对分子质量较小的蛋白质，其相对分子质量为 6000 左右，由 51 个氨基酸组成。胰岛素广泛存在于高等动物胰脏中，在鱼类中胰脏主要附着于胆囊，胆管或肠系膜中。用鱼类胰脏作原料，能分离出纯度较高的胰岛素，其主要原因是鱼类胰脏中的胰岛素没有被胰蛋白酶分解。

能被利用提取胰岛素的鱼为数不多，主要有金枪鱼、鳕鱼、鲉科鱼、鲑、鲸等。金枪鱼胰脏中的胰岛素比较稳定，即使是新鲜度较差的金枪鱼，分离出来的胰岛素的量也能达到捕后 24h 新鲜金枪鱼的一半。新鲜金枪鱼经速冻冷藏数月后，其胰岛素的得率变化不大。但鳕鱼胰脏中的胰岛素很不稳定，捕捞后 24h，其胰岛素含量降低2/3，48h后降低至原来的1/9。

生产胰岛素的方法很多，目前普遍采用的是酸醇提取法。下面介绍酸醇提取法的生产工艺。

1. 工艺流程

原料处理→胰浆→提取→提取液→碱化→酸化→浓缩→脱脂→盐析→粗品→除酸性蛋白→沉淀→除碱性蛋白→结晶→洗涤→干燥→精品

2. 操作要点

（1）原料处理　应立即将在海上捕到的鱼剖腹取出胰腺，投入饱和苦味酸溶液中并放在低温处，或者将其速冻冷藏；也可将原料放入丙酮或酸性乙醇中浸渍。

提取前应将胰腺用不锈钢绞碎机绞成胰浆。

（2）提取　将胰浆投入用硫酸酸化的88%的乙醇中，其pH为2.5~3.0，在15℃以下搅拌提取3h。过滤后的残渣再用酸性乙醇提取2h，离心分离。将2次提取液合并。

（3）碱化、酸化　将提取液在15℃以下在不断搅拌之下加入浓氨水调pH至8.0~8.4，立即过滤，除去滤渣。滤液应立即用盐酸调节pH至3.6~3.8，置5℃以下静置5h，使酸性蛋白充分沉淀，过滤。

（4）浓缩　将滤液在30℃以下减压浓缩至原体积的1/9，浓缩液的相对密度为1.04~1.06。

（5）脱脂、盐析　将浓缩液放入脱脂锅内，于5min之内加热至50℃并搅拌均匀，立即用冰盐水降温至5℃静置5h，使浓缩液中的脂肪充分上浮并分离除去。用氨水调节pH至5.0，在10℃以下加入固体氯化钠使其饱和，静置过夜，粗制胰岛素即浮于液面。收集上浮物用丙酮、乙醚洗涤后再真空干燥，可得到粗制胰岛素。

（6）精致　将粗制胰岛素的干品在蒸馏水与丙酮中溶解，比例为粗制胰岛素干品∶蒸馏水∶丙酮=1∶7∶3，在溶解液中加4mol/L氨水调节其pH至4.3，置5℃以下静置过夜，次日过滤除去沉淀。在过滤液中再加4mol/L氨水调至pH至6.3，加入3.6%的浓度为20%的醋酸锌溶液，置5℃以下静置过夜，次日过滤，沉淀用丙酮洗涤后，真空干燥。

将上述干品每克加2%柠檬酸50mL、6.5%醋酸锌2mL、丙酮16mL，再加冰水稀释至100mL，使干品充分溶解，在5℃以下，用4mol/L氨水调pH至8.0，立即过滤除去沉淀，滤液迅速用10%柠檬酸调pH至5.5，搅拌之后置5℃以下静置4d左右，使其充分结晶。

将结晶用丙酮、乙醚洗涤并脱水后，在P_2O_5真空干燥器中干燥，即得胰岛素精品。

（六）鱼精蛋白

鱼精蛋白存在于鱼类的精巢中，是一种相对分子质量较低（4000~10000）的碱性蛋白质，通常与DNA结合在一起，以核蛋白形式存在，微溶于水、稀氨水、酸和碱，加热不凝固且较为稳定。构成鱼精蛋白的氨基酸有80% ~90% 为精氨酸，根据鱼精蛋白的氨基酸组成可将其分为3类：一元精蛋白只含精氨酸1种氨基酸；二元精蛋白除了含精氨酸外，还含有赖氨酸或组氨酸；三元精蛋白则含有3种碱性氨基酸。

1. 鱼精蛋白的利用

鱼精蛋白具有抑菌活性，是一种天然防腐剂，并已经成功应用于保鲜和食品工业。鱼精蛋白还可以与山梨醇等其他食品防腐剂复配使用，在抗菌性方面起到明显的互补作用，并可拓宽防腐剂使用的pH范围。此外，鱼精蛋白还能刺激垂体释放促性激素、增强肝功能、阻止血液凝固、血糖浓度及血压的上升等重复的生理利用。

2. 鱼精蛋白的提取

（1）工艺流程

鱼类卵巢→捣碎→过滤→酸化沉淀→离心分离→酒精洗涤→过滤→硫酸抽提→乙醇沉淀→离心分离→鱼精蛋白硫酸盐粗品→水溶解→调pH（碱性）→冷却→离心→水溶解→调pH（酸性）→冷却→离心→乙醇沉淀→离心→丙酮、乙醚洗涤→鱼精蛋白硫酸盐→水溶解→乙醇沉淀→离心→干燥→鱼精蛋白纯品

（2）操作要点

① 原料处理：原料要求新鲜而成熟。一经排过精液的卵巢，即不能利用。取新鲜成熟的鱼精，除去表面附着的结缔组织，放入组织捣碎机中，加3倍量的水，匀浆30s，用纱布过滤，进一步除去结缔组织等杂质，得到乳白色滤液。

② 酸化沉淀：加入冰醋酸，使滤液pH调至4 ~5，边加边搅拌，然后静置，使鱼精蛋白和核酸沉淀，经离心分离，除去上清液，对沉淀部分用乙醇洗涤。

③ 硫酸抽提：将沉淀物捣碎，加入5% H_2SO_4搅拌2h，使鱼精蛋白与核酸分离，经离心得到上清液，对沉淀部分可用硫酸再抽提一次，将2次上清液合并，然后进行真空抽滤得到滤液，再加入乙醇溶液中乙醇浓度达70% ~72%，于低温静置，经离心分离便得到浆液状沉淀物，然后再用热水溶解，真空过滤，再用乙醇沉淀。

④ 精制：精制主要是为了除去酸不溶性蛋白、碱不溶性蛋白及其他有机物。将上述沉淀物进行热水解，用1mol/LNaOH调pH 9 ~10，于0℃静置，有碱不溶性蛋白析出，经离心除去，上清液用95%乙醇沉淀，经离心分离得到沉淀物，再用热水溶解，然后用10% H_2SO_4调pH5，冷却静置，经离心除去沉淀，上清液再用95%乙醇沉淀。用丙酮对沉淀洗涤2 ~3次，再用乙醚洗涤1次，以除去沉淀物中的其他有机杂质，最后经真空干燥，得到鱼精蛋白硫酸盐成品。

为了得到游离态鱼精蛋白，可将鱼精蛋白硫酸盐用热水溶解，用调溶液中性，然后再加入95%乙醇使游离态的鱼精蛋白沉淀，经离心分离后，将沉淀物真空干燥，便得到游离态的鱼精蛋白纯品。

思考题 >>

1. 简述利用扇贝裙边制备牛磺酸的工艺。
2. 简述鲨鱼软骨素加工工艺。
3. 简述河豚毒素的实验室提取方法。

能力训练

任务一 甲壳素的制备

一、任务目标

（1）掌握原料验收方法，会正确选择加工甲壳素的原料；
（2）掌握虾蟹壳原料处理的方法；
（3）熟练掌握甲壳素制备的原理和方法。

二、原料和设备

1. 原料

新鲜虾蟹壳、冰醋酸、工业盐酸、工业烧碱、重铬酸钾（高锰酸钾）、草酸。

2. 主要设备

捣碎机、电炉、烘箱、托盘天平、高压消毒锅、恒温水浴锅等。

三、加工工艺

1. 工艺流程

蟹（虾）壳→清理除杂→浸酸脱钙→洗净→碱煮→洗涤→氧化脱色→水洗→还原→水洗→脱水干燥→甲壳质→浓碱保温→压榨→洗涤→烘干→可溶性的甲壳素

2. 操作要点

（1）清理除杂　将蟹（虾）壳进行清理（去除其中的杂质）、烘晒，据产品要求决定是否粉碎，以及粉碎的程度。

（2）浸酸脱钙　把蟹（虾）壳置于0.5～2.5mol/L的盐酸溶液浸泡1～10h，壳与盐酸的比例一般为1∶5～1∶10（m/V），实际操作以淹没完为宜。整个泡酸过程的温度应控制在20℃或更低些。盐酸溶液不再产生气泡时，即可停止加酸。

（3）洗净　捞出蟹（虾）壳用清水洗净，洗至pH 6～7时，沥干其中的水分，此时，蟹（虾）壳已全部变软。

（4）碱煮、洗涤　将脱钙后的蟹（虾）壳用2%～10%浓度的NaOH溶液在65～95℃下浸泡1～5h（或者加热煮沸1h），壳与碱液用量之比通常在1∶5～1∶10（m/V），在实际操作中，以碱液正好淹没壳为限。用清水冲洗至中性，沥干其中的水分。

（5）氧化脱色、水洗和还原　将上述产物投入浓度为1%的高锰酸钾溶液（或重铬酸钾溶液）中浸泡1h后，用清水冲洗压干水分，再投入浓度为1%的草酸溶液中浸泡1h。

（6）水洗、脱水干燥　捞出用清水冲洗，沥干水分，烘干或晒干，即成为洁白的甲壳素。

（7）浓碱保温、压榨　将甲壳与浓的 NaOH（40% ~50%）溶液混合后加热（80 ~100℃）反应（10 ~20h）直至脱去乙酰及为止。

（8）洗涤、烘干和成品　脱乙酰基后，用清水反复冲洗，直至成中性为止。捞出压干水分晒干或烘干后即成为可溶性的甲壳胺。

四、质量要求

甲壳素感官要求应符合表 9 –2 的规定。

表 9 –2　甲壳素感官要求

项目	指标
色泽	白色
气味	无臭
性状	片状或粉末状
杂质	不允许有外来杂质或异物

五、思考题

试分析甲壳素制备过程中，应从哪些方面注意产品的质量？

六、做一做

结合甲壳素制备工艺，试设计一项甲壳素氨基葡萄糖盐酸盐的制备方案。

任务二 牛磺酸的提取及纯化

一、任务目标

（1）了解原料牡蛎的种类、特性，能根据产品要求选择合适的原料牡蛎；

（2）掌握牡蛎的处理方法；

（3）掌握牡蛎中牛磺酸的提取及纯化方法。

二、原料和设备

1. 原料

长牡蛎、茚三酮、羧甲基纤维素钠、Na^+ 型强酸性苯乙烯系阳离子交换树脂[001 ×7（732）]。

2. 主要设备

XWT –S 小型台式记录仪、DDS –11A 电导仪、BS –100A 自动部分收集器、HD –9704 紫外检测仪、HL –2 恒流泵、紫外分光光度计、电热恒温鼓风干燥器等。

三、加工工艺

1. 工艺流程

新鲜牡蛎肉→匀浆→抽提→离心→上清液→离心→上清液→浓缩→阳离子交换树脂→牛磺酸粗品→结晶→牛磺酸晶体

2. 操作要点

（1）匀浆　将新鲜的牡蛎肉加入蒸馏水进行机械匀浆，原料与蒸馏水的比为1:2，得到匀浆液。

（2）抽提、离心　60℃水抽提3次，每次1h，离心，得到上清液，调节pH7.0，2次离心，得到上清液。

（3）浓缩　采用旋转蒸发仪进行浓缩，浓缩至原体积的1/10。

（4）纯化　样品浓度为12g/L，pH为3.0，采用732#强阳离子树脂进行分离纯化，并用蒸馏水洗脱，强电解质盐类较牛磺酸先出来，采用2，4－二硝基氟苯法检测含有牛磺酸组分，经旋转蒸发浓缩后，将60%乙醇加到浓缩液中，然后将其放到4℃冰箱中，放置2h，得到牛磺酸粗品结晶。

（5）重结晶　固液分离，再加入乙醇至60%，放置于4℃重结晶，如此重复3次，可以得到牛磺酸纯品，其纯度达98.5%以上。

四、质量要求

牛磺酸感官要求应符合表9－3的规定。

表9－3　牛磺酸感官要求

项目	指　标
色泽	白色
气味	无臭
组织状态	结晶或结晶性粉末
杂质	不允许有外来杂质或异物

五、思考题

试分析牛磺酸提取和纯化过程中，应从哪些方面注意产品的质量？

六、做一做

试设计一项以扇贝加工下脚料——扇贝边为原料的牛磺酸实验室提取和纯化过程方案。

任务三 鱼胶原蛋白的制备

一、任务目标

（1）了解用于制备鱼胶蛋白的主要原料；

（2）掌握原料处理方法；

（3）熟练掌握鱼胶蛋白的制备工艺。

二、原料和设备

1. 原料

鱼皮、鳞（骨）料、盐酸、亚硫酸、硫酸、石灰乳、阴阳离子交换树脂。

2. 主要设备

高速搅拌机、板框压滤机、多效真空蒸发设备、降膜式蒸发器、高温高压灭菌锅、烘干设备等。

三、 加工工艺

1. 工艺流程

鱼皮、鳞（骨）料→准备→脱脂→脱矿物质→胶原提纯→萃取→澄清、过滤→离子交换→蒸发→灭菌→冷却成型→烘干→成品

2. 操作要点

（1）准备 将鱼皮、鱼骨、鱼鳞分门别类切碎。

（2）脱脂 使用75～85℃的热水，加入少量HC1，调pH为6，与原料一同进行高速搅拌，使脂肪球壁破裂，油脂从中释放出并进行分离，此过程2～3min。

（3）脱矿物质 使用低浓度的HC1、H_2SO_3、H_2S0_4对胶原浸渍处理，脱除其矿物质。

（4）胶原提纯 用浓度2%～5%的石灰乳浸渍，以破坏胶原中存在的某些交联键，并除去杂质、非胶原蛋白质和糖类等，让残留的油脂转化为不溶性钙皂。浸灰温度15～20℃，浸灰时间4～10周或更长时间。浸灰后水洗、中和，此为碱法处理。新鲜皮、鳞可用酸法处理，采用HCl、H_2SO_3、H_2SO_4，浓度在5%以下，pH4左右，处理温度15～20℃，时间10～48h，再水洗、中和。

（5）萃取 常压下热水多道萃取（3～8道）。萃取温度第一道45℃左右，以后每道升高5～10℃；直至邻近沸腾。每道萃取到胶液浓度3%～8%时，将萃取液放出，每道胶分别处理，以生产不同档次和用途的明胶产品。

（6）澄清、过滤 用以棉浆板为过滤介质的板框压滤机过滤，过滤后的淡胶液用阴阳离子交换树脂处理。

（7）蒸发 常使用多效真空蒸发设备和最后采用带刮板的降膜式蒸发器蒸发。

（8）灭菌 浓明胶采用5s的短时间和141℃的高温加热法灭菌，所用的设备如管道、包装容器、操作场均需严格消毒灭菌。

（9）冷却、成型、干燥 浓缩的胶液冷却后成凝胶，做成薄片状或小块状。然后采用卡网式烘干设备进行干燥，物料进口处空气40℃，干物料出口处空气75℃，干燥后即成品。

四、 质量要求

鱼胶蛋白感官要求应符合表9－4的规定。

表9－4　　鱼胶蛋白的感官要求

项目	指　标
色泽	白色或淡黄色
滋味及气味	胶原蛋白特有气味，无异味
性状	粉末状，无结块
杂质	不允许有外来杂质或异物

五、思考题

试分析鱼胶原蛋白制备过程中，应从哪些方面注意产品的质量？

六、做一做

试设计一项鱼胶原蛋白的实验室制备方案。

任务四 褐藻胶的提取

一、任务目标

（1）了解用于提取褐藻胶的主要原料特点，经济价值；

（2）掌握褐藻胶提取的原理和方法。

二、原料和设备

1. 原料

海带下脚料、甲醛、碳酸氢钠、乙醇。

2. 主要设备

旋转蒸发仪、干燥箱等。

三、加工工艺

1. 工艺流程

海带下脚料→切碎→甲醛固色→消化→冲稀静置→过滤→浓缩→沉淀→干燥→成品

2. 操作要点

（1）切碎　海带要尽量切碎，以使褐藻胶尽可能溶出，提高其产量。

（2）固色　甲醛会使藻体蛋白质变性而固定，同时部分与蛋白质结合的色素也会被凝聚而固定，可得到颜色较淡的产品。固色时用0.5%（体积分数）的甲醛浸泡海带14h。

（3）消化稀释　各取100g干海带下脚料，以3000mL6%的$NaHCO_3$溶液在55~65℃范围内对其消化2h，消化后的消化液很稠，需加水稀释。加水量为干海带质量的100倍。

（4）静置过滤　静置14h后，分次加水将滤液稀释后过滤，完毕取其滤液使用量。

（5）浓缩　为减少沉淀剂的使用量，提高沉淀效果，要对海带消化后的稀释汁进行浓缩。采用旋转真空浓缩的方法产品的产率较高。

（6）沉淀　采用95%的乙醇作为沉淀剂，按海带消化汁体积∶95%酒精体积=1∶1，分别加入乙醇沉淀效果更佳。

（7）干燥　中和转化好的湿褐藻酸钠含水量在70%左右，必须进行干燥，使其水分含量降到15%以下，以利于长期贮存。

四、质量要求

褐藻胶感官要求应符合表9-5的规定。

表 9－5　　褐藻胶的感官要求

项目	指　标
色泽	乳白色至浅黄色或浅黄褐色
气味	无臭
性状	粉状或粒状
杂质	不允许有外来杂质或异物

五、思考题

试分析褐藻胶提取过程中，应从哪些方面注意产品的质量？

六、做一做

试设计一项以裙带菜下脚料为原料的褐藻胶实验室提取方案。

【职业岗位】

水产医药保健品加工岗位技能要求：能够使用各种制药设备，经水解、溶解、乳化、过滤、浓缩、干燥等操作，将鱼肝油、鱼粉、琼脂、明胶等原料加工制成医疗保健品。具体包括：鱼肝油配油、鱼肝油溶胶、鱼肝油酸钠、鱼肝油丸成型、水产品琼脂糖、鱼肝油乳白糖浆、水产品水解蛋白、水产品要素合剂、鱼蛋白胨。

【项目小结】

水产品的综合利用在我国具有独特的含意，它包括水产食品以外的所有加工品种，例如：利用低值鱼类和食品加工中的废弃物生产鱼粉和鱼油，利用海藻生产褐藻、琼胶、卡拉胶、甘露醇和碘等，利用虾、蟹壳生产甲壳质和氨基葡萄糖等，利用鱼鳞、鱼皮生产鱼鳞和鱼皮胶产品等，利用海洋动、植物体中品种繁多的生物活性生产海洋药物等。因此，水产品综合利用产品种类多，应用范围广，经济效益高，不仅大大提高了水产品加工的附加值，而且还利用了不曾利用的低值原料和废弃物，大大降低了环境污染。

参考文献

[1] 中国水产杂志社编. 中国经济水产品原色图集. 上海：上海科学技术出版社，2001

[2] 姚祖榕编著. 东海地区经济水产品原色图集. 北京：海洋出版社，2003

[3] 李里特. 食品原料学. 北京：中国农业出版社，2001

[4] 沈月新. 水产食品学. 北京：中国农业出版社，2001

[5] 谢忠明. 海水经济蟹类养殖技术. 北京：中国农业出版社，2002

[6] 刘玉田主编；姜爱莉，孙丽芹编著. 藻类食品新工艺与新配方. 山东科学技术出版社，2002

[7] 刘红英. 水产品加工与贮藏北京：化学工业出版社，2006

[8] 汪之和. 水产品加工与利用北京：化学工业出版社，2003

[9] 薛长湖等. 岩藻聚糖硫酸酯体外抗氧化特性的研究. 海洋大学学报 . 2002，30（4）：583～588

[10] 居占杰等. 中国水产品加工业现状及发展趋势研究. 世界农业，2013，5（2）：138～142

[11] 范晓等. 我国常见食用海藻的营养成分分析. 中国海洋药物杂志，1993，4：32～38

[12] 李乃胜，薛长湖等编著. 中国海洋水产品现代加工技术与质量安全. 北京：海洋出版社，2010

[13] 周惠萍等. 紫菜多糖的抗凝血和降血脂作用. 中国药科大学学报 . 1990，21：358～360

[14] 张全斌等. 紫菜的营养价值研究概况. 海洋科学，2005，29（2）：69～72

[15] 张林楠. 鲐鱼加工新产品的研制和生产. 食品科学，1998，19（5）：58～59

[16] 李泽瑶主编. 水产品安全质量控制与检验检疫手册. 企业管理出版社，2003

[17]（日）鸿巢章二，（日）桥本周久编，郭晓风，邹胜祥译. 水产利用化学. 北京：中国农业出版社，1994

[18] 林洪等编著. 水产品保鲜技术. 北京：中国轻工业出版社，2001

[19] 谢宗墉编著. 海洋水产品营养与保健. 青岛：青岛海洋大学出版社，1991

[20] 鹿山光编. 综合脂质科学. 东京：恒星社厚生阁，1989，831～844

[21] 山口胜已编. 水产生物化学. 东京：东京大学出版社，1991，34～116

[22] 李八方主编. 功能食品与保健食品. 青岛：青岛海洋大学出版社，1997

[23] 王丽哲编著. 水产品实用加工技术. 北京：金盾出版社，2000

[24] 纪家笙等编著. 水产品工业手册. 北京：中国轻工业出版社，1999

［25］（英）G. M. Hall 著 夏文水等译．水产品加工技术．北京：中国轻工业出版社，2002.

［26］（日）野中顺三九等原著；孙泰恒译．最新水产食品学．台湾：徐氏基金会，1978.

［27］（日）须山三千三，（日）鸿巢章二编著，吴光红等译．水产食品学．上海：上海科学技术出版社，1992

［28］吴光红等编著．水产品加工工艺与配方．上海：科学技术文献出版社，2001

［29］赵洪根，黄慕让主编．水产品检验．天津：天津科学技术出版社，1987

［30］曾潲青等．水产品加工 7 日通．北京：中国农业出版社，2004

［31］郝涤非主编．水产品加工技术．北京：中国农业科学技术出版社，2008

［32］鲍家善等．微波原理．北京：高等教育出版社，1985

［33］潘永康等．现代干燥技术．北京：化学工业出版社，1998

［34］高福成．微波食品．北京：中国轻工业出版社，1999

［35］刘承初．海洋生物资源综合利用．北京：化学工业出版社，2006

［36］郭雅翠等．真空冷冻干燥技术在食品工业中的应用．长春大学学报，2008，18（1）：101～103

［37］段洁利．微波干燥食品的现状及其发展前景．现代农业装备，2006，（6）：45～47

［38］张立彦等．微波干燥食品技术．食品工业，1999，（1）：45～47

［39］朱蓓薇，曾明湧．水产品加工工艺学．北京：中国农业出版社，2010

［40］中国农业科学院研究生院　组编．水产品质量安全与 HACCP．北京：中国农业科学技术出版社，2008

［41］郭梅．食品微波干燥、杀菌技术及其发展．天津农学院学报，2003，10（3）：56～58

［42］曾丽芬．超声波在食品干燥中的应用．广东化工，2008，35（2）：49～51

［43］刘书成主编．水产食品加工学．郑州：郑州大学出版社，2011

［44］曾庆孝等编．食品加工与保藏原理．北京：化学工业出版社，2002

［45］冯志哲等编．水产品冷冻工艺学．北京：中国农业出版社，1997

［46］冯志哲等编．食品冷藏学．北京：中国轻工业出版社，2001

［47］肖旭霖．食品加工机械与设备．北京：中国轻工业出版社，2000

［48］马美湖等．动物性食品加工学．北京：中国轻工业出版社，2003

［49］李雅飞等编．食品罐藏工艺学．上海：上海交通大学出版社，1988

［50］许顺干．水产品软罐头．水产科技情报，1996，23（5），210

［51］王叔淳．食品卫生检验技术手册．北京：化学工业出版社，2002

［52］吴祖芳，翁佩芳．海带全浆的开发及其系列食品的加工．中外技术情报，1996，（6）：43～44

［53］杨重庆．海带挂面的研制．食品研究与开发．1994，15（2）：45～46

［54］张英，沈建福，洪天德．海带面包的研制．浙江农业大学学报，1994，20（2）：144～148

［55］刘铁玲，赵林征．海带保健茶的研制．食品工业，1997，（2）：18～19

［56］黄曙光，胡益化，朱军等．用真空干燥设备生产海带速溶茶．食品科学，1995，16（3）：27～28

［57］崔蕊静，赵建功，王峰等．海带冰淇淋的研制．食品工业，1996，（1）：10～12

[58] 新井健一，山本常治著；万建荣，洪玉青译. 冷冻鱼糜. 上海科技出版社，1991，37 ~ 261

[59] 周爱梅等. 冷冻鱼糜蛋白在冻藏中的物理化学变化及其影响因素. 食品科学，2003，3：153 ~ 157

[60] 周爱梅等. 冷冻鱼糜蛋白在冻藏中的物理化学变化及其影响因素. 食品科学，2003，3：153 ~ 157

[61] 章超桦. 日本鱼肉香肠的种类及其生产. 广州水产，1996，43（4）：40 ~ 43

[62] 杨晋，陶宁萍，王锡昌，水产调味料的研究现状和发展趋势. 食品科技，2006，31（11）：51 ~ 54

[63] 路红波，刘俊荣. 水产调味料概述. 水产科学，2005，24（3）：44 ~ 46

[64] 杨华，吴涛，等. 水产品加工中发酵技术的应用. 科学养鱼，2003（9 ~ 10）

[65] 韩书文，鹿叔锌主编. 山东水产. 济南：山东科学技术出版社，2002

[66] 朱莉霞，宁喜斌等. 鱼露的生产技术及风味物质. 广州食品工业科技，2004，20（3）：136 ~ 138

[67] 金骏、林美娇主编. 海藻利用与加工. 科学出版社，1993.10

[68] 陶红朋，朱志伟，等. 鱼露快速发酵技术研究进展. 食品研究与开发，2008，29（3）：161 ~ 164

[69] 张雪花，陈有容，等. 鱼露发酵技术的研究现状. 上海水产大学学报，2000，（9）355 ~ 358

[70] 张骏. 低值淡水鱼综合利用新技术研究. 江南大学，2006 江南大学硕士学位论文

[71] 袁永俊，高健. 水解鱼肉蛋白的酶法制备. 食品与机械，2002，3：13 ~ 16

[72] 戴志远等. 酶法水解梅鱼蛋白的实验研究. 中国食品学报，2005，5（4）91 ~ 95

[73] 张冠南等. 硫酸软骨素生化提取方法的改进. 中国生化药物杂志，1992，1

[74] 陈来同，唐运编著. 生物化学产品制备技术. 上海：科学技术文献出版社，2003

[75] 陈来同编著. 生化工艺学. 北京：科学出版社，2004